STEAM EDUCATION SERIES

융합교육 시리즈 8

덧셈 프랙탈 디자인을 만나다

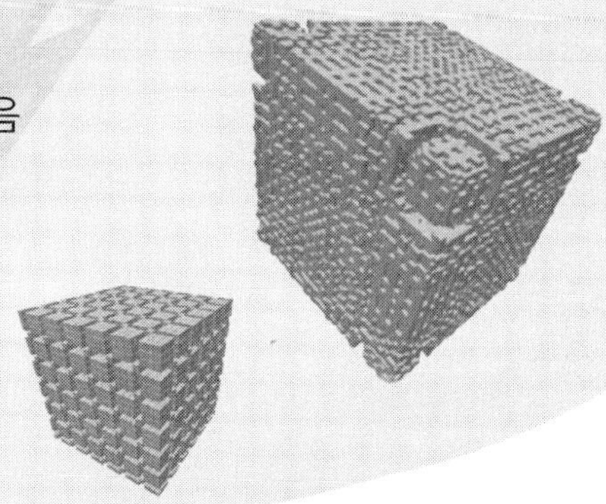

안대영 지음

교우사
KYOWOOSA

머리말

시대의 흐름에 따라 디자인은 변화해 왔다. 20세기 후반 포스트포더니즘이 대두 되면서 현대 디자인은 더 이상 단일한 원리와 기준에 지배받지 않고 다양하게 전개되었다. 하이테크 디자인은 테크놀리지 아트와 하이테크 미술의 영향을 받아 주로 각종 산업용 재료와 산업기계의 부품을 소재로 건축과 가구를 제작하고 인테리어 공간은 컴퓨터 그래픽 패턴으로 채워졌다.

현대는 고품질의 출력을 배경으로 컴퓨터는 필수적인 도구가 되었다. 컴퓨터를 이용한 디자인은 디자인 전반의 질적인 향상을 가져왔다.

이 책에서는 컴퓨터와 프랙탈이론이 만나서 디자인을 만드는 과정을 설명한다. 수학의 점, 선, 면은 디자인을 구성하는 기본요소이다. 여기서는 디자인을 구성하는 기본 요소로 프랙탈 이론을 사용한다.

프랙탈 디자인은 프랙탈을 구성하는 원리를 이용하여 디자인을 만든다. 일반적으로 사용하는 프랙탈 이론은 곱셈 프랙탈로 이해할 수 있다. 곱셈 프랙탈은 자기반복을 이용한다. 곱셈 프랙탈은 안정감이 있지만, 엄격한 자기닮음의 규칙을 이용하기 때문에 단조로움이 있다. 덧셈 프랙탈은 단계에 따라 곱셈 프랙탈보다 차원이 증가한다. 단계에 따라 예측이 가능하지만 곱셈 프랙탈 보다 변화를 많이 느낄 수 있다.

프랙탈은 수학적 원리로 만들어지기 때문에 기본적으로 통일감을 가지고 있다. 자기 안에 자신이 있기 때문에 반복을 가지고 있다. 이러한 반복은 안정감을 준다. 프랙탈을 만드는 과정에서 가로, 세로로 분할하기 때문에 비례를 항상 생각할 수 있다. 엄격한 수학적 논리에 변화를 어떻게 줄 것인가를 생각해 본다. 단조로움에서 벗어나는 방법으로 덧셈, 뺄셈, 나눗셈 프랙탈을 만들어 보았다. 변화는 통일감을 손상시키지 않는 범위에서 만드는 것이 필요할 것이다. 연산을 이용한 프랙탈은 대체로 통일감을 유시하려고 한다.

기학학적으로 깨끗한 디자인을 얻는 방법은 가로와 세로선의 만남이 기본이다. 실내공간을 간결하면서도 세련된 선의 느낌으로 디자인 한 것을 볼 수 있다. 디자이너는 공간속에서 자신의 아이디를 조화롭게 만들고자 한다.

이 책은 프랙탈을 통해서 디자인을 접근하려고 한다. 어떤 디자인에서나 비례를 구성하는 원리, 비례를 만들어가는 과정은 비슷할 수 있다. 디자인에서는 형태 요소 하나 하나의 비례를 구성하면서 자기의 전체적인 짜임새를 만들어 간다. 디자이너는 본능적으로 비례를 생각

한다. 이러한 과정은 많은 경험과 시간을 요구한다. 우리는 수학적 지식을 디자인을 만드는 데 이용하고 싶다.

프랙탈을 배우는 것이 수학적 지식을 풍부하게 하고, 그 속에서 아름다움을 느끼는 것에서 디자이너로서의 삶을 시작하기를 바란다. 프랙탈은 다양한 반복을 통하여 자신을 모습을 변화시켜 나간다.

1장은 덧셈-덧셈 프랙탈을 이용하여 디자인을 만든다. 2단계에서는 덧셈 프랙탈을 이용하고, 3단계 프랙탈은 덧셈을 이용한다. 3×3에서 8×8까지의 프랙탈을 다룬다.

2장은 덧셈-곱셈 프랙탈을 이용하여 디자인을 만든다. 2단계에서는 덧셈 프랙탈을 이용하고, 3단계 프랙탈은 곱셈을 이용한다. 3×3에서 8×8까지의 프랙탈을 다룬다.

3장은 덧셈-뺄셈 프랙탈을 이용하여 디자인을 만든다. 2단계에서는 덧셈 프랙탈을 이용하고, 3단계 프랙탈은 뺄셈을 이용한다. 3×3에서 8×8까지의 프랙탈을 다룬다.

3차원 프린터의 사용으로 누구나 제품을 만들 수 있는 환경이 되었다. 디자인의 감각이 있으면 필요한 물건을 생산하는 시대가 온다. 디자인이 중심이 되는 사회를 준비해야 한다. 이 책에서는 수학이 디자인을 위해 무엇을 할 것인가를 고민해 보았다. 디자이너의 관점에서는 수학을 디자인에 적용하는 방법에 대한 생각이 필요하다. 디자이너와 프랙탈이 서로에게 큰 도움이 되기를 바란다. 이 책이 세상에 의미를 갖게 도와 주신 오판근 사장님을 비롯한 임직원 여러분의 수고에 깊이 감사드립니다.

2015년 4월
안대영

차례

3장 덧셈-뺄셈 프랙탈 디자인 / 205

제 1 장

덧셈-덧셈 프랙탈 디자인

1 덧셈-덧셈 프랙탈

덧셈-덧셈 프랙탈은 1단계 프랙탈을 이용하여 2단계 프랙탈을 만들 때, 덧셈 프랙탈을 이용한다. 1단계와 2단계를 이용하여 3단계 프랙탈을 만들때 덧셈 프랙탈을 이용한다.

(1) 1단계 프랙탈

① 1단계의 프랙탈이 다음과 같이 주어져 있다.

0	0	0
0	1	0
0	0	0

(2) 2단계 덧셈 프랙탈

① 2단계의 프랙탈을 만들어 보자. 1단계 프랙탈을 어떻게 이용하였는지 살펴보자.

0	0	0	0	0	0	0	0	0
0	0	0	0	0	0	0	0	0
0	0	0	0	0	0	0	0	0
0	0	0	1	1	1	0	0	0
0	0	0	1	1	1	0	0	0
0	0	0	1	1	1	0	0	0
0	0	0	0	0	0	0	0	0
0	0	0	0	0	0	0	0	0
0	0	0	0	0	0	0	0	0

0	0	0	0	0	0	0	0	0
0	1	0	0	1	0	0	1	0
0	0	0	0	0	0	0	0	0
0	0	0	0	0	0	0	0	0
0	1	0	0	1	0	0	1	0
0	0	0	0	0	0	0	0	0
0	0	0	0	0	0	0	0	0
0	1	0	0	1	0	0	1	0
0	0	0	0	0	0	0	0	0

② 두 개의 대응하는 수의 합을 구해보자. 오른쪽의 결과를 살펴보자.

0+0	0+0	0+0	0+0	0+0	0+0	0+0	0+0	0+0
0+0	0+1	0+0	0+0	0+1	0+0	0+0	0+1	0+0
0+0	0+0	0+0	0+0	0+0	0+0	0+0	0+0	0+0
0+0	0+0	0+0	1+0	1+0	1+0	0+0	0+0	0+0
0+0	0+1	0+0	1+0	1+1	1+0	0+0	0+1	0+0
0+0	0+0	0+0	1+0	1+0	1+0	0+0	0+0	0+0
0+0	0+0	0+0	0+0	0+0	0+0	0+0	0+0	0+0
0+0	0+1	0+0	0+0	0+1	0+0	0+0	0+1	0+0
0+0	0+0	0+0	0+0	0+0	0+0	0+0	0+0	0+0

0	0	0	0	0	0	0	0	0
0	1	0	0	1	0	0	1	0
0	0	0	0	0	0	0	0	0
0	0	0	1	1	1	0	0	0
0	1	0	1	2	1	0	1	0
0	0	0	1	1	1	0	0	0
0	0	0	0	0	0	0	0	0
0	1	0	0	1	0	0	1	0
0	0	0	0	0	0	0	0	0

(3) 3단계 덧셈 프랙탈

① 2단계와 같은 방법으로 3단계의 덧셈 프랙탈을 만들 수 있다.

0	0	0	0	0	0	0	0	0	0	0	0	0	0	0	0	0	0	0	0	0	0	0	0	0	0	0
0	0	0	0	0	0	0	0	0	0	0	0	0	0	0	0	0	0	0	0	0	0	0	0	0	0	0
0	0	0	0	0	0	0	0	0	0	0	0	0	0	0	0	0	0	0	0	0	0	0	0	0	0	0
0	0	0	0	0	0	0	0	0	0	0	0	0	0	0	0	0	0	0	0	0	0	0	0	0	0	0
0	0	0	0	0	0	0	0	0	0	0	0	0	0	0	0	0	0	0	0	0	0	0	0	0	0	0
0	0	0	0	0	0	0	0	0	0	0	0	0	0	0	0	0	0	0	0	0	0	0	0	0	0	0
0	0	0	0	0	0	0	0	0	0	0	0	0	0	0	0	0	0	0	0	0	0	0	0	0	0	0
0	0	0	0	0	0	0	0	0	0	0	0	0	0	0	0	0	0	0	0	0	0	0	0	0	0	0
0	0	0	0	0	0	0	0	0	0	0	0	0	0	0	0	0	0	0	0	0	0	0	0	0	0	0
0	0	0	0	0	0	0	0	0	1	1	1	1	1	1	1	1	1	0	0	0	0	0	0	0	0	0
0	0	0	0	0	0	0	0	0	1	1	1	1	1	1	1	1	1	0	0	0	0	0	0	0	0	0
0	0	0	0	0	0	0	0	0	1	1	1	1	1	1	1	1	1	0	0	0	0	0	0	0	0	0
0	0	0	0	0	0	0	0	0	1	1	1	1	1	1	1	1	1	0	0	0	0	0	0	0	0	0
0	0	0	0	0	0	0	0	0	1	1	1	1	1	1	1	1	1	0	0	0	0	0	0	0	0	0
0	0	0	0	0	0	0	0	0	1	1	1	1	1	1	1	1	1	0	0	0	0	0	0	0	0	0
0	0	0	0	0	0	0	0	0	1	1	1	1	1	1	1	1	1	0	0	0	0	0	0	0	0	0
0	0	0	0	0	0	0	0	0	1	1	1	1	1	1	1	1	1	0	0	0	0	0	0	0	0	0
0	0	0	0	0	0	0	0	0	1	1	1	1	1	1	1	1	1	0	0	0	0	0	0	0	0	0
0	0	0	0	0	0	0	0	0	0	0	0	0	0	0	0	0	0	0	0	0	0	0	0	0	0	0
0	0	0	0	0	0	0	0	0	0	0	0	0	0	0	0	0	0	0	0	0	0	0	0	0	0	0
0	0	0	0	0	0	0	0	0	0	0	0	0	0	0	0	0	0	0	0	0	0	0	0	0	0	0
0	0	0	0	0	0	0	0	0	0	0	0	0	0	0	0	0	0	0	0	0	0	0	0	0	0	0
0	0	0	0	0	0	0	0	0	0	0	0	0	0	0	0	0	0	0	0	0	0	0	0	0	0	0
0	0	0	0	0	0	0	0	0	0	0	0	0	0	0	0	0	0	0	0	0	0	0	0	0	0	0
0	0	0	0	0	0	0	0	0	0	0	0	0	0	0	0	0	0	0	0	0	0	0	0	0	0	0
0	0	0	0	0	0	0	0	0	0	0	0	0	0	0	0	0	0	0	0	0	0	0	0	0	0	0
0	0	0	0	0	0	0	0	0	0	0	0	0	0	0	0	0	0	0	0	0	0	0	0	0	0	0

② 2단계의 프랙탈을 9번 반복해보자.

0	0	0	0	0	0	0	0	0	0	0	0	0	0	0	0	0	0	0	0	0	0	0	0	0	0	0
0	1	0	0	1	0	0	1	0	0	1	0	0	1	0	0	1	0	0	1	0	0	1	0	0	1	0
0	0	0	0	0	0	0	0	0	0	0	0	0	0	0	0	0	0	0	0	0	0	0	0	0	0	0
0	0	0	1	1	1	0	0	0	0	0	0	1	1	1	0	0	0	0	0	0	1	1	1	0	0	0
0	1	0	1	2	1	0	1	0	0	1	0	1	2	1	0	1	0	0	1	0	1	2	1	0	1	0
0	0	0	1	1	1	0	0	0	0	0	0	1	1	1	0	0	0	0	0	0	1	1	1	0	0	0
0	0	0	0	0	0	0	0	0	0	0	0	0	0	0	0	0	0	0	0	0	0	0	0	0	0	0
0	1	0	0	1	0	0	1	0	0	1	0	0	1	0	0	1	0	0	1	0	0	1	0	0	1	0
0	0	0	0	0	0	0	0	0	0	0	0	0	0	0	0	0	0	0	0	0	0	0	0	0	0	0
0	0	0	0	0	0	0	0	0	0	0	0	0	0	0	0	0	0	0	0	0	0	0	0	0	0	0
0	1	0	0	1	0	0	1	0	0	1	0	0	1	0	0	1	0	0	1	0	0	1	0	0	1	0
0	0	0	0	0	0	0	0	0	0	0	0	0	0	0	0	0	0	0	0	0	0	0	0	0	0	0
0	0	0	1	1	1	0	0	0	0	0	0	1	1	1	0	0	0	0	0	0	1	1	1	0	0	0
0	1	0	1	2	1	0	1	0	0	1	0	1	2	1	0	1	0	0	1	0	1	2	1	0	1	0
0	0	0	1	1	1	0	0	0	0	0	0	1	1	1	0	0	0	0	0	0	1	1	1	0	0	0
0	0	0	0	0	0	0	0	0	0	0	0	0	0	0	0	0	0	0	0	0	0	0	0	0	0	0
0	1	0	0	1	0	0	1	0	0	1	0	0	1	0	0	1	0	0	1	0	0	1	0	0	1	0
0	0	0	0	0	0	0	0	0	0	0	0	0	0	0	0	0	0	0	0	0	0	0	0	0	0	0
0	0	0	0	0	0	0	0	0	0	0	0	0	0	0	0	0	0	0	0	0	0	0	0	0	0	0
0	1	0	0	1	0	0	1	0	0	1	0	0	1	0	0	1	0	0	1	0	0	1	0	0	1	0
0	0	0	0	0	0	0	0	0	0	0	0	0	0	0	0	0	0	0	0	0	0	0	0	0	0	0
0	0	0	1	1	1	0	0	0	0	0	0	1	1	1	0	0	0	0	0	0	1	1	1	0	0	0
0	1	0	1	2	1	0	1	0	0	1	0	1	2	1	0	1	0	0	1	0	1	2	1	0	1	0
0	0	0	1	1	1	0	0	0	0	0	0	1	1	1	0	0	0	0	0	0	1	1	1	0	0	0
0	0	0	0	0	0	0	0	0	0	0	0	0	0	0	0	0	0	0	0	0	0	0	0	0	0	0
0	1	0	0	1	0	0	1	0	0	1	0	0	1	0	0	1	0	0	1	0	0	1	0	0	1	0
0	0	0	0	0	0	0	0	0	0	0	0	0	0	0	0	0	0	0	0	0	0	0	0	0	0	0

③ 대응하는 셀의 합을 구해보자.

0	0	0	0	0	0	0	0	0	0	0	0	0	0	0	0	0	0	0	0	0	0	0	0	0	0	0
0	1	0	0	1	0	0	1	0	0	1	0	0	1	0	0	1	0	0	1	0	0	1	0	0	1	0
0	0	0	0	0	0	0	0	0	0	0	0	0	0	0	0	0	0	0	0	0	0	0	0	0	0	0
0	0	0	1	1	1	0	0	0	0	0	0	1	1	1	0	0	0	0	0	0	1	1	1	0	0	0
0	1	0	1	2	1	0	1	0	0	1	0	1	2	1	0	1	0	0	1	0	1	2	1	0	1	0
0	0	0	1	1	1	0	0	0	0	0	0	1	1	1	0	0	0	0	0	0	1	1	1	0	0	0
0	0	0	0	0	0	0	0	0	0	0	0	0	0	0	0	0	0	0	0	0	0	0	0	0	0	0
0	1	0	0	1	0	0	1	0	0	1	0	0	1	0	0	1	0	0	1	0	0	1	0	0	1	0
0	0	0	0	0	0	0	0	0	0	0	0	0	0	0	0	0	0	0	0	0	0	0	0	0	0	0
0	0	0	0	0	0	0	0	0	1	1	1	1	1	1	1	1	1	0	0	0	0	0	0	0	0	0
0	1	0	0	1	0	0	1	0	1	2	1	1	2	1	1	2	1	0	1	0	0	1	0	0	1	0
0	0	0	0	0	0	0	0	0	1	1	1	1	1	1	1	1	1	0	0	0	0	0	0	0	0	0
0	0	0	1	1	1	0	0	0	1	1	1	2	2	2	1	1	1	0	0	0	1	1	1	0	0	0
0	1	0	1	2	1	0	1	0	1	2	1	2	3	2	1	2	1	0	1	0	1	2	1	0	1	0
0	0	0	1	1	1	0	0	0	1	1	1	2	2	2	1	1	1	0	0	0	1	1	1	0	0	0
0	0	0	0	0	0	0	0	0	1	1	1	1	1	1	1	1	1	0	0	0	0	0	0	0	0	0
0	1	0	0	1	0	0	1	0	1	2	1	1	2	1	1	2	1	0	1	0	0	1	0	0	1	0
0	0	0	0	0	0	0	0	0	1	1	1	1	1	1	1	1	1	0	0	0	0	0	0	0	0	0
0	0	0	0	0	0	0	0	0	0	0	0	0	0	0	0	0	0	0	0	0	0	0	0	0	0	0
0	1	0	0	1	0	0	1	0	0	1	0	0	1	0	0	1	0	0	1	0	0	1	0	0	1	0
0	0	0	0	0	0	0	0	0	0	0	0	0	0	0	0	0	0	0	0	0	0	0	0	0	0	0
0	0	0	1	1	1	0	0	0	0	0	0	1	1	1	0	0	0	0	0	0	1	1	1	0	0	0
0	1	0	1	2	1	0	1	0	0	1	0	1	2	1	0	1	0	0	1	0	1	2	1	0	1	0
0	0	0	1	1	1	0	0	0	0	0	0	1	1	1	0	0	0	0	0	0	1	1	1	0	0	0
0	0	0	0	0	0	0	0	0	0	0	0	0	0	0	0	0	0	0	0	0	0	0	0	0	0	0
0	1	0	0	1	0	0	1	0	0	1	0	0	1	0	0	1	0	0	1	0	0	1	0	0	1	0
0	0	0	0	0	0	0	0	0	0	0	0	0	0	0	0	0	0	0	0	0	0	0	0	0	0	0

④ 계산 결과가 0보다 큰 수에 색을 칠해 보자.

0	0	0	0	0	0	0	0	0	0	0	0	0	0	0	0	0	0	0	0	0	0	0	0	0	0	0
0	1	0	0	1	0	0	1	0	0	1	0	0	1	0	0	1	0	0	1	0	0	1	0	0	1	0
0	0	0	0	0	0	0	0	0	0	0	0	0	0	0	0	0	0	0	0	0	0	0	0	0	0	0
0	0	0	1	1	1	0	0	0	0	0	0	1	1	1	0	0	0	0	0	0	1	1	1	0	0	0
0	1	0	1	2	1	0	1	0	0	1	0	1	2	1	0	1	0	0	1	0	1	2	1	0	1	0
0	0	0	1	1	1	0	0	0	0	0	0	1	1	1	0	0	0	0	0	0	1	1	1	0	0	0
0	0	0	0	0	0	0	0	0	0	0	0	0	0	0	0	0	0	0	0	0	0	0	0	0	0	0
0	1	0	0	1	0	0	1	0	0	1	0	0	1	0	0	1	0	0	1	0	0	1	0	0	1	0
0	0	0	0	0	0	0	0	0	0	0	0	0	0	0	0	0	0	0	0	0	0	0	0	0	0	0
0	0	0	0	0	0	0	0	0	1	1	1	1	1	1	1	1	1	0	0	0	0	0	0	0	0	0
0	1	0	0	1	0	0	1	0	1	2	1	1	2	1	1	2	1	0	1	0	0	1	0	0	1	0
0	0	0	0	0	0	0	0	0	1	1	1	1	1	1	1	1	1	0	0	0	0	0	0	0	0	0
0	0	0	1	1	1	0	0	0	1	1	1	2	2	2	1	1	1	0	0	0	1	1	1	0	0	0
0	1	0	1	2	1	0	1	0	1	2	1	2	3	2	1	2	1	0	1	0	1	2	1	0	1	0
0	0	0	1	1	1	0	0	0	1	1	1	2	2	2	1	1	1	0	0	0	1	1	1	0	0	0
0	0	0	0	0	0	0	0	0	1	1	1	1	1	1	1	1	1	0	0	0	0	0	0	0	0	0
0	1	0	0	1	0	0	1	0	1	2	1	1	2	1	1	2	1	0	1	0	0	1	0	0	1	0
0	0	0	0	0	0	0	0	0	1	1	1	1	1	1	1	1	1	0	0	0	0	0	0	0	0	0
0	0	0	0	0	0	0	0	0	0	0	0	0	0	0	0	0	0	0	0	0	0	0	0	0	0	0
0	1	0	0	1	0	0	1	0	0	1	0	0	1	0	0	1	0	0	1	0	0	1	0	0	1	0
0	0	0	0	0	0	0	0	0	0	0	0	0	0	0	0	0	0	0	0	0	0	0	0	0	0	0
0	0	0	1	1	1	0	0	0	0	0	0	1	1	1	0	0	0	0	0	0	1	1	1	0	0	0
0	1	0	1	2	1	0	1	0	0	1	0	1	2	1	0	1	0	0	1	0	1	2	1	0	1	0
0	0	0	1	1	1	0	0	0	0	0	0	1	1	1	0	0	0	0	0	0	1	1	1	0	0	0
0	0	0	0	0	0	0	0	0	0	0	0	0	0	0	0	0	0	0	0	0	0	0	0	0	0	0
0	1	0	0	1	0	0	1	0	0	1	0	0	1	0	0	1	0	0	1	0	0	1	0	0	1	0
0	0	0	0	0	0	0	0	0	0	0	0	0	0	0	0	0	0	0	0	0	0	0	0	0	0	0

(4) 엑셀을 이용한 덧셈-덧셈 프랙탈

① 엑셀에서 2단계 덧셈 프랙탈, 3단계 덧셈 프랙탈을 이용하여 만들어 보자.

F2 f_x =$B$2+B2

0	0	0
0	1	0
0	0	0

0	0	0	0	0	0	0	0	0
0	1	0	0	1	0	0	1	0
0	0	0	0	0	0	0	0	0
0	0	0	1	1	1	0	0	0
0	1	0	1	2	1	0	1	0
0	0	0	1	1	1	0	0	0
0	0	0	0	0	0	0	0	0
0	1	0	0	1	0	0	1	0
0	0	0	0	0	0	0	0	0

0	0	0	0	0	0	0	0	0	0	0	0	0	0	0	0	0	0	0	0	0	0	0	0	0	0	0
0	1	0	0	1	0	0	1	0	0	1	0	0	1	0	0	1	0	0	1	0	0	1	0	0	1	0
0	0	0	0	0	0	0	0	0	0	0	0	0	0	0	0	0	0	0	0	0	0	0	0	0	0	0
0	0	0	1	1	1	0	0	0	0	0	0	1	1	1	0	0	0	0	0	0	1	1	1	0	0	0
0	1	0	1	2	1	0	1	0	0	1	0	1	2	1	0	1	0	0	1	0	1	2	1	0	1	0
0	0	0	1	1	1	0	0	0	0	0	0	1	1	1	0	0	0	0	0	0	1	1	1	0	0	0
0	0	0	0	0	0	0	0	0	0	0	0	0	0	0	0	0	0	0	0	0	0	0	0	0	0	0
0	1	0	0	1	0	0	1	0	0	1	0	0	1	0	0	1	0	0	1	0	0	1	0	0	1	0
0	0	0	0	0	0	0	0	0	0	0	0	0	0	0	0	0	0	0	0	0	0	0	0	0	0	0
0	0	0	0	0	0	0	0	0	1	1	1	1	1	1	1	1	1	0	0	0	0	0	0	0	0	0
0	1	0	0	1	0	0	1	0	1	2	1	1	2	1	1	2	1	0	1	0	0	1	0	0	1	0
0	0	0	0	0	0	0	0	0	1	1	1	1	1	1	1	1	1	0	0	0	0	0	0	0	0	0
0	0	0	1	1	1	0	0	0	1	1	1	2	2	2	1	1	1	0	0	0	1	1	1	0	0	0
0	1	0	1	2	1	0	1	0	1	2	1	2	3	2	1	2	1	0	1	0	1	2	1	0	1	0
0	0	0	1	1	1	0	0	0	1	1	1	2	2	2	1	1	1	0	0	0	1	1	1	0	0	0
0	0	0	0	0	0	0	0	0	1	1	1	1	1	1	1	1	1	0	0	0	0	0	0	0	0	0
0	1	0	0	1	0	0	1	0	1	2	1	1	2	1	1	2	1	0	1	0	0	1	0	0	1	0
0	0	0	0	0	0	0	0	0	1	1	1	1	1	1	1	1	1	0	0	0	0	0	0	0	0	0
0	0	0	0	0	0	0	0	0	0	0	0	0	0	0	0	0	0	0	0	0	0	0	0	0	0	0
0	1	0	0	1	0	0	1	0	0	1	0	0	1	0	0	1	0	0	1	0	0	1	0	0	1	0
0	0	0	0	0	0	0	0	0	0	0	0	0	0	0	0	0	0	0	0	0	0	0	0	0	0	0
0	0	0	1	1	1	0	0	0	0	0	0	1	1	1	0	0	0	0	0	0	1	1	1	0	0	0
0	1	0	1	2	1	0	1	0	0	1	0	1	2	1	0	1	0	0	1	0	1	2	1	0	1	0
0	0	0	1	1	1	0	0	0	0	0	0	1	1	1	0	0	0	0	0	0	1	1	1	0	0	0
0	0	0	0	0	0	0	0	0	0	0	0	0	0	0	0	0	0	0	0	0	0	0	0	0	0	0
0	1	0	0	1	0	0	1	0	0	1	0	0	1	0	0	1	0	0	1	0	0	1	0	0	1	0
0	0	0	0	0	0	0	0	0	0	0	0	0	0	0	0	0	0	0	0	0	0	0	0	0	0	0

② 2단계 덧셈 프랙탈에 다음과 같이 입력한다.

0	0	0
0	1	0
0	0	0

F	G	H	I	J	K	L	M	N
=$B$2+B2	=$B$2+C2	=$B$2+D2	=$C$2+B2	=$C$2+C2	=$C$2+D2	=$D$2+B2	=$D$2+C2	=$D$2+D2
=$B$2+B3	=$B$2+C3	=$B$2+D3	=$C$2+B3	=$C$2+C3	=$C$2+D3	=$D$2+B3	=$D$2+C3	=$D$2+D3
=$B$2+B4	=$B$2+C4	=$B$2+D4	=$C$2+B4	=$C$2+C4	=$C$2+D4	=$D$2+B4	=$D$2+C4	=$D$2+D4
=$B$3+B2	=$B$3+C2	=$B$3+D2	=$C$3+B2	=$C$3+C2	=$C$3+D2	=$D$3+B2	=$D$3+C2	=$D$3+D2
=$B$3+B3	=$B$3+C3	=$B$3+D3	=$C$3+B3	=$C$3+C3	=$C$3+D3	=$D$3+B3	=$D$3+C3	=$D$3+D3
=$B$3+B4	=$B$3+C4	=$B$3+D4	=$C$3+B4	=$C$3+C4	=$C$3+D4	=$D$3+B4	=$D$3+C4	=$D$3+D4
=$B$4+B2	=$B$4+C2	=$B$4+D2	=$C$4+B2	=$C$4+C2	=$C$4+D2	=$D$4+B2	=$D$4+C2	=$D$4+D2
=$B$4+B3	=$B$4+C3	=$B$4+D3	=$C$4+B3	=$C$4+C3	=$C$4+D3	=$D$4+B3	=$D$4+C3	=$D$4+D3
=$B$4+B4	=$B$4+C4	=$B$4+D4	=$C$4+B4	=$C$4+C4	=$C$4+D4	=$D$4+B4	=$D$4+C4	=$D$4+D4

③ 먼저 입력할 부분을 영역설정 한다.

	A	B	C	D	E	F	G	H	I	J	K
1											
2		0	0	0							
3		0	1	0							
4		0	0	0							

④ F2셀에 '=$B$2+B2'를 입력하자.

	A	B	C	D	E	F	G	H
1								
2		0	0	0		=$B$2+B2		
3		0	1	0				
4		0	0	0				

⑤ Ctrl를 누른 상태에서 Enter↵를 누른다. 아래와 같이 입력된다. 앞 부분은 절대셀로 고정한다. 뒤쪽은 상대셀을 이용한다.

	A	B	C	D	E	F	G	H
1								
2		0	0	0		=$B$2+B2	=$B$2+C2	=$B$2+D2
3		0	1	0		=$B$2+B3	=$B$2+C3	=$B$2+D3
4		0	0	0		=$B$2+B4	=$B$2+C4	=$B$2+D4

⑥ 다른 셀에 대해서도 같은 방법으로 2단계 덧셈 프랙탈을 채워보자.

⑦ 3단계 덧셈 프랙탈도 2단계와 같은 방법으로 입력해 보자. 덧셈-곱셈 프랙탈은 3단계에서 곱셈을 사용한다. 덧셈-뺄셈 프랙탈은 3단계에서 뺄셈을 사용한다.

	A	B	C	D	E	F	G	H	I	J	K	L	M	N	O	P	Q	R	S	T	U	V	W	X
1																								
2		0	0	0		0	0	0	0	0	0	0	0	0		=$B$2+B2	=$B$2+C2	=$B$2+D2	=$C$2+B2	=$C$2+C2	=$C$2+D2	=$D$2+B2	=$D$2+C2	=$D$2+D2
3		0	1	0		0	1	0	0	1	0	0	1	0		=$B$2+B3	=$B$2+C3	=$B$2+D3	=$C$2+B3	=$C$2+C3	=$C$2+D3	=$D$2+B3	=$D$2+C3	=$D$2+D3
4		0	0	0		0	0	0	0	0	0	0	0	0		=$B$2+B4	=$B$2+C4	=$B$2+D4	=$C$2+B4	=$C$2+C4	=$C$2+D4	=$D$2+B4	=$D$2+C4	=$D$2+D4
5						0	0	0	1	1	1	0	0	0		=$B$3+B2	=$B$3+C2	=$B$3+D2	=$C$3+B2	=$C$3+C2	=$C$3+D2	=$D$3+B2	=$D$3+C2	=$D$3+D2
6						0	1	0	1	2	1	0	1	0		=$B$3+B3	=$B$3+C3	=$B$3+D3	=$C$3+B3	=$C$3+C3	=$C$3+D3	=$D$3+B3	=$D$3+C3	=$D$3+D3
7						0	0	0	1	1	1	0	0	0		=$B$3+B4	=$B$3+C4	=$B$3+D4	=$C$3+B4	=$C$3+C4	=$C$3+D4	=$D$3+B4	=$D$3+C4	=$D$3+D4
8						0	0	0	0	0	0	0	0	0		=$B$4+B2	=$B$4+C2	=$B$4+D2	=$C$4+B2	=$C$4+C2	=$C$4+D2	=$D$4+B2	=$D$4+C2	=$D$4+D2
9						0	1	0	0	1	0	0	1	0		=$B$4+B3	=$B$4+C3	=$B$4+D3	=$C$4+B3	=$C$4+C3	=$C$4+D3	=$D$4+B3	=$D$4+C3	=$D$4+D3
10						0	0	0	0	0	0	0	0	0		=$B$4+B4	=$B$4+C4	=$B$4+D4	=$C$4+B4	=$C$4+C4	=$C$4+D4	=$D$4+B4	=$D$4+C4	=$D$4+D4
11																=$B$3+F2	=$B$3+G2	=$B$3+H2	=$B$3+I2	=$B$3+J2	=$B$3+K2	=$B$3+L2	=$B$3+M2	=$B$3+N2
12																=$B$3+F3	=$B$3+G3	=$B$3+H3	=$B$3+I3	=$B$3+J3	=$B$3+K3	=$B$3+L3	=$B$3+M3	=$B$3+N3
13																=$B$3+F4	=$B$3+G4	=$B$3+H4	=$B$3+I4	=$B$3+J4	=$B$3+K4	=$B$3+L4	=$B$3+M4	=$B$3+N4
14																=$B$3+F5	=$B$3+G5	=$B$3+H5	=$B$3+I5	=$B$3+J5	=$B$3+K5	=$B$3+L5	=$B$3+M5	=$B$3+N5
15																=$B$3+F6	=$B$3+G6	=$B$3+H6	=$B$3+I6	=$B$3+J6	=$B$3+K6	=$B$3+L6	=$B$3+M6	=$B$3+N6
16																=$B$3+F7	=$B$3+G7	=$B$3+H7	=$B$3+I7	=$B$3+J7	=$B$3+K7	=$B$3+L7	=$B$3+M7	=$B$3+N7
17																=$B$3+F8	=$B$3+G8	=$B$3+H8	=$B$3+I8	=$B$3+J8	=$B$3+K8	=$B$3+L8	=$B$3+M8	=$B$3+N8
18																=$B$3+F9	=$B$3+G9	=$B$3+H9	=$B$3+I9	=$B$3+J9	=$B$3+K9	=$B$3+L9	=$B$3+M9	=$B$3+N9
19																=$B$3+F10	=$B$3+G10	=$B$3+H10	=$B$3+I10	=$B$3+J10	=$B$3+K10	=$B$3+L10	=$B$3+M10	=$B$3+N10
20																=$B$4+F2	=$B$4+G2	=$B$4+H2	=$B$4+I2	=$B$4+J2	=$B$4+K2	=$B$4+L2	=$B$4+M2	=$B$4+N2
21																=$B$4+F3	=$B$4+G3	=$B$4+H3	=$B$4+I3	=$B$4+J3	=$B$4+K3	=$B$4+L3	=$B$4+M3	=$B$4+N3
22																=$B$4+F4	=$B$4+G4	=$B$4+H4	=$B$4+I4	=$B$4+J4	=$B$4+K4	=$B$4+L4	=$B$4+M4	=$B$4+N4
23																=$B$4+F5	=$B$4+G5	=$B$4+H5	=$B$4+I5	=$B$4+J5	=$B$4+K5	=$B$4+L5	=$B$4+M5	=$B$4+N5
24																=$B$4+F6	=$B$4+G6	=$B$4+H6	=$B$4+I6	=$B$4+J6	=$B$4+K6	=$B$4+L6	=$B$4+M6	=$B$4+N6
25																=$B$4+F7	=$B$4+G7	=$B$4+H7	=$B$4+I7	=$B$4+J7	=$B$4+K7	=$B$4+L7	=$B$4+M7	=$B$4+N7
26																=$B$4+F8	=$B$4+G8	=$B$4+H8	=$B$4+I8	=$B$4+J8	=$B$4+K8	=$B$4+L8	=$B$4+M8	=$B$4+N8
27																=$B$4+F9	=$B$4+G9	=$B$4+H9	=$B$4+I9	=$B$4+J9	=$B$4+K9	=$B$4+L9	=$B$4+M9	=$B$4+N9
28																=$B$4+F10	=$B$4+G10	=$B$4+H10	=$B$4+I10	=$B$4+J10	=$B$4+K10	=$B$4+L10	=$B$4+M10	=$B$4+N10

(4) 엑셀을 이용한 덧셈-덧셈 프랙탈 조건부 서식

① 엑셀 메뉴의 [파일][옵션][고급]에서 [0 값이 있는 셀에 0표시]체크를 하지 않는다.

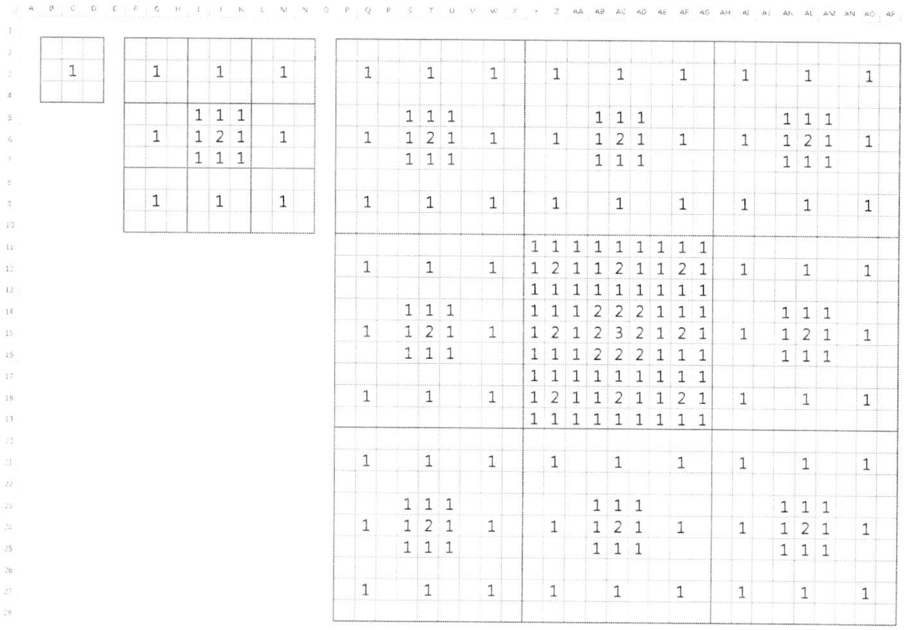

② 엑셀 메뉴의 [홈] [조건부 서식] [셀 강조 규칙]에서 [보다 큼]에서 0 보다 큼을 선택한다.

③ 사용자 지정 서식에서 원하는 색으로 채워보자.

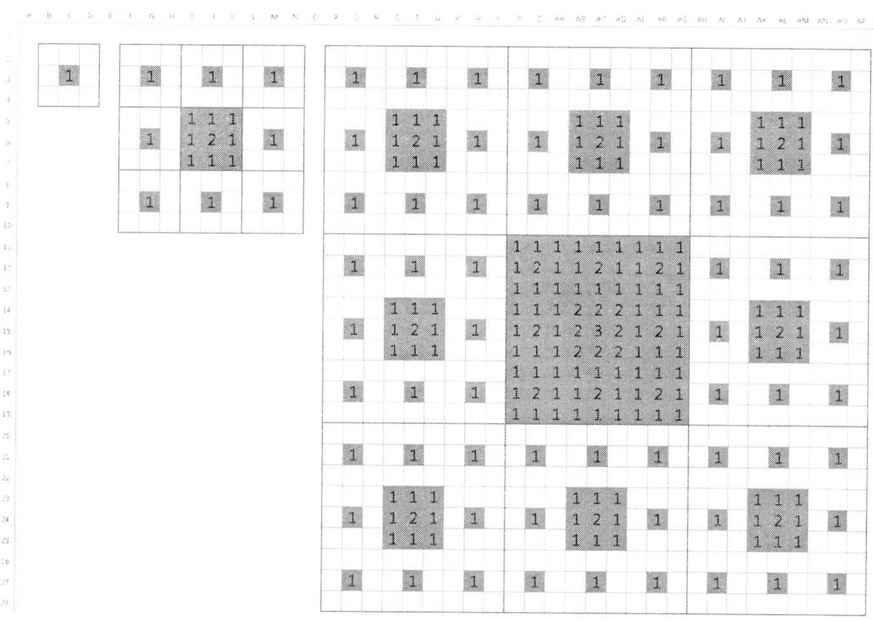

2 3×3 덧셈-덧셈 프랙탈

(1) 1단계 1개

① $\log_3 1 = 0$	② $\log_9 17 = 1.289$	③ $\log_{27} 217 = 1.632$
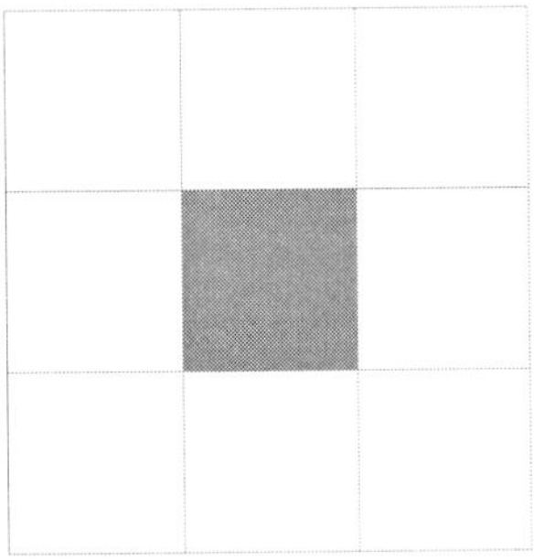	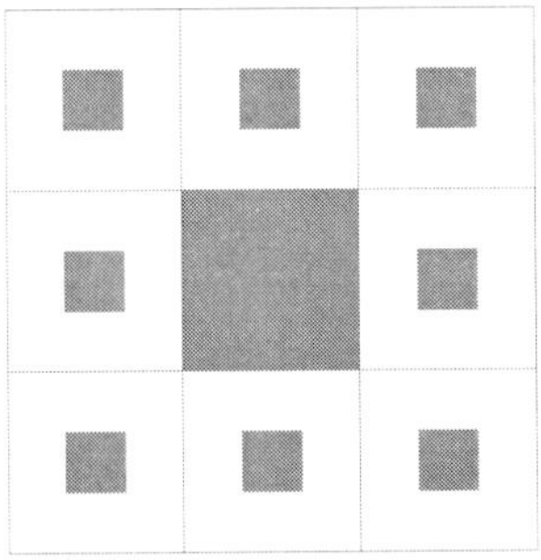	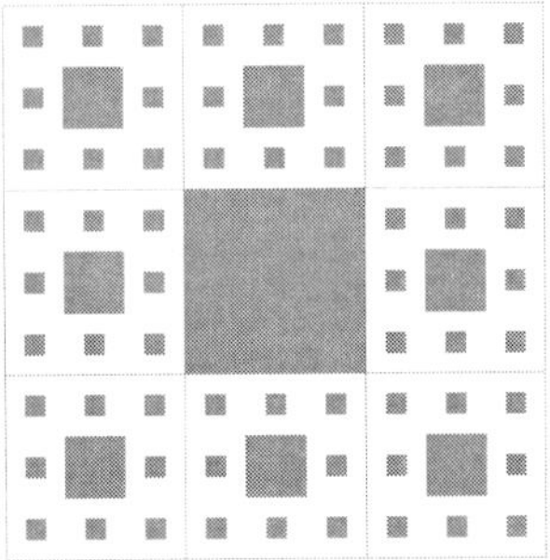
	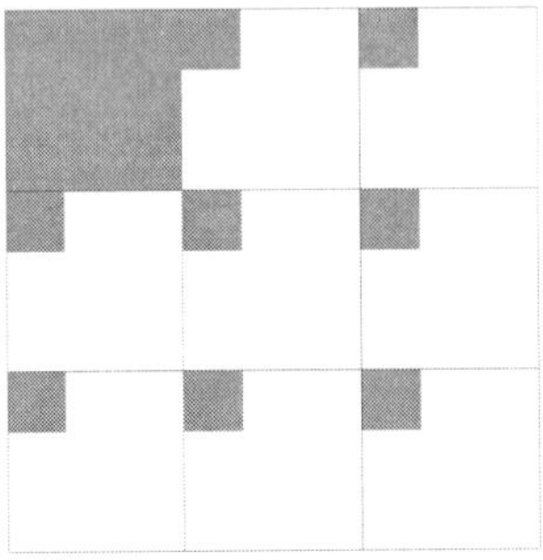	
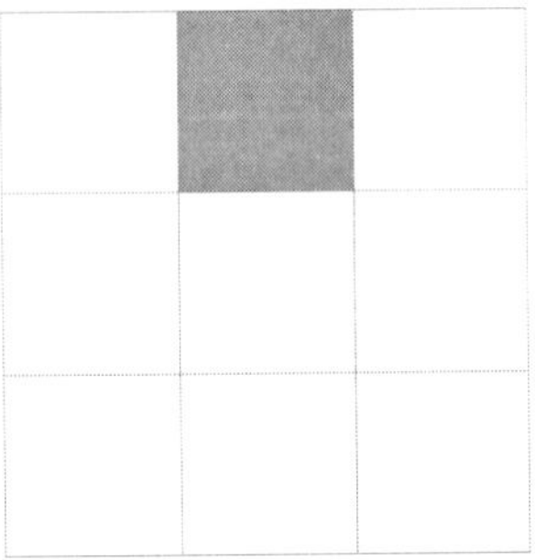	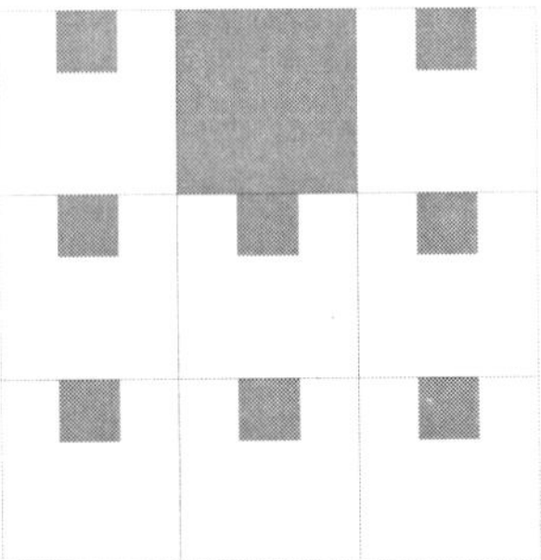	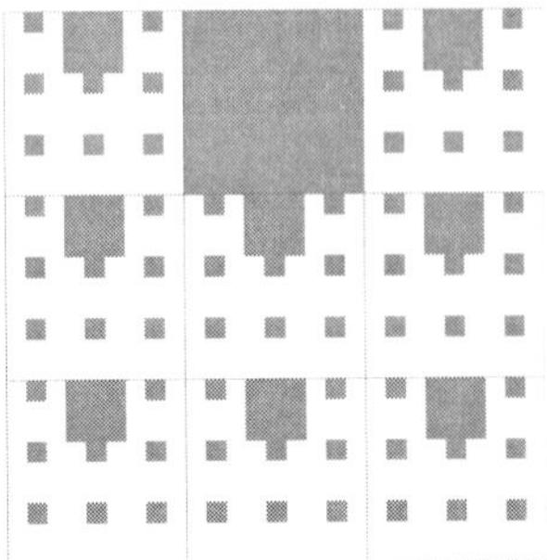
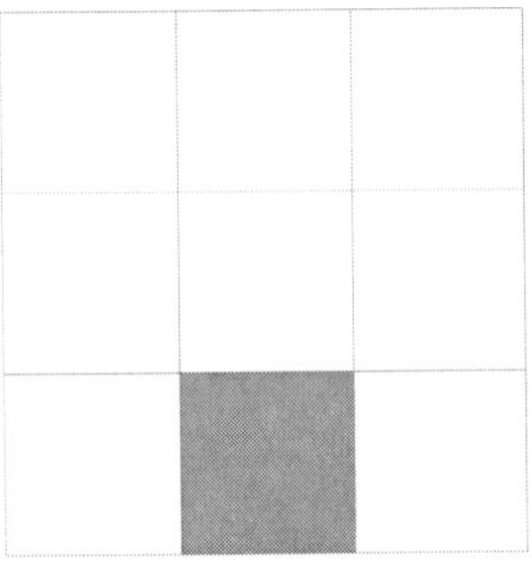	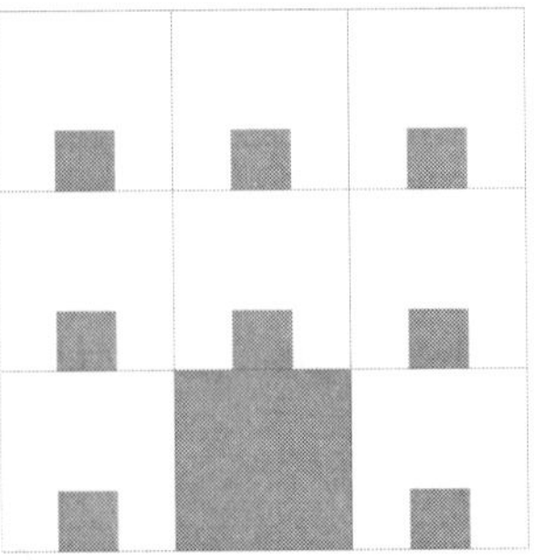	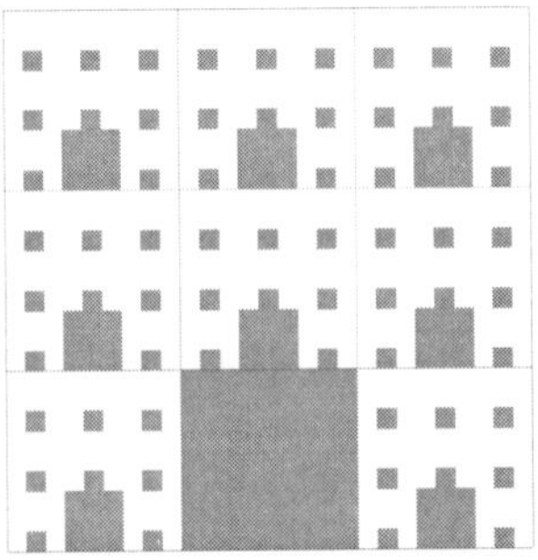

(2) 1단계 2개

① $\log_3 2 = 0.631$	② $\log_9 32 = 1.577$	③ $\log_{27} 386 = 1.807$

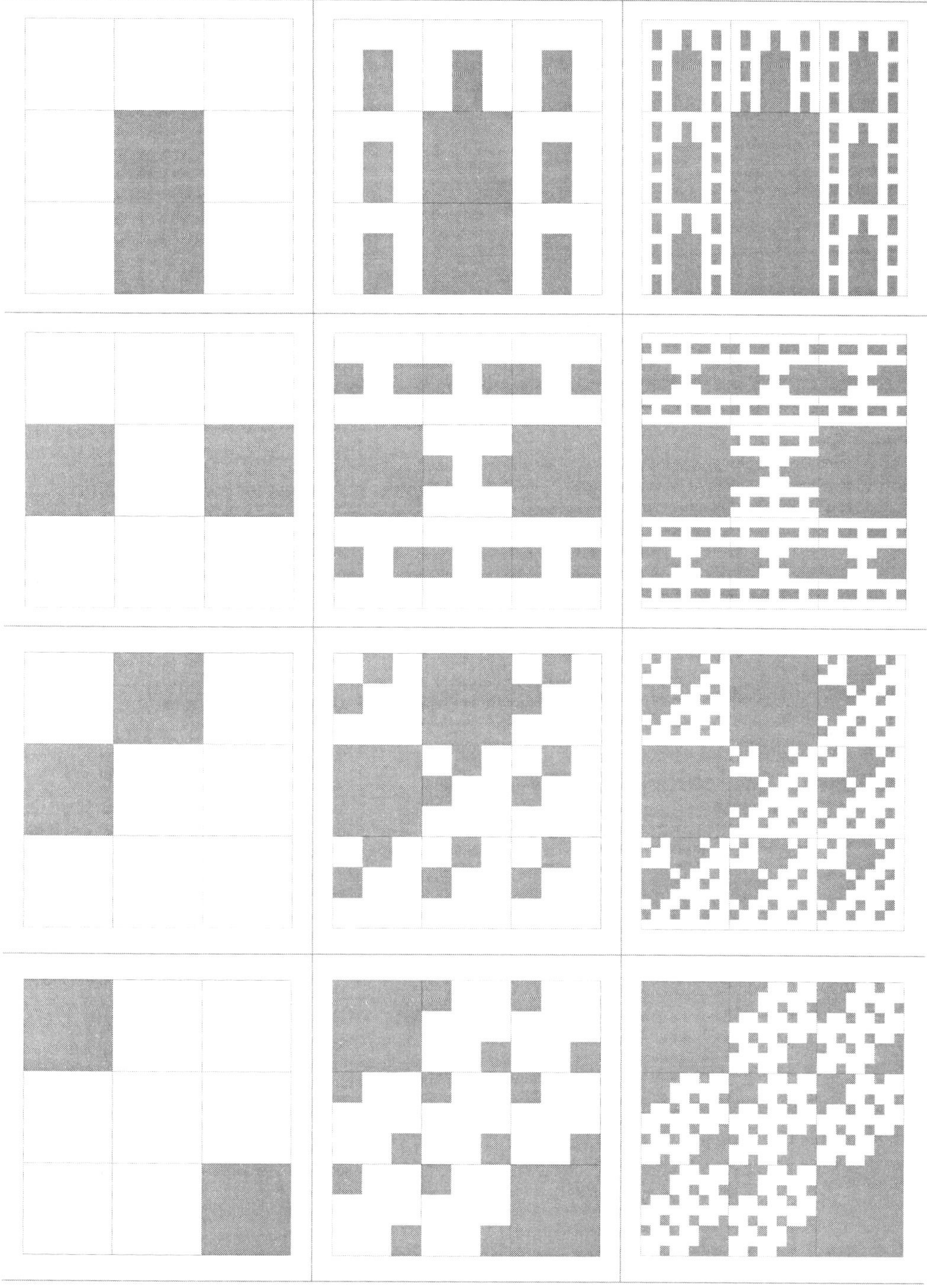

(3) 1단계 3개

① $\log_3 3 = 1$	② $\log_9 45 = 1.732$	③ $\log_{27} 513 = 1.893$

	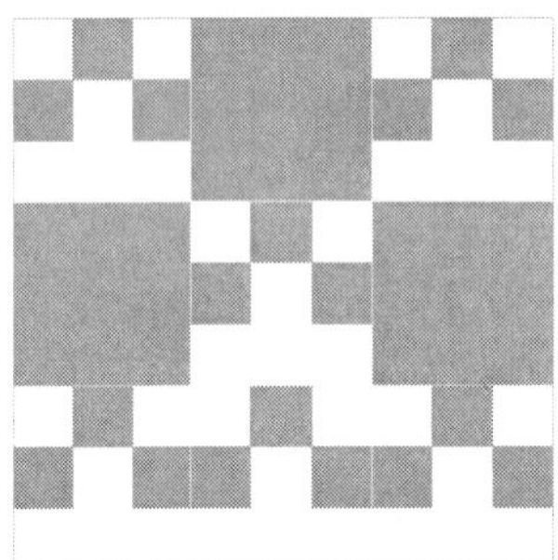	

(4) 1단계 4개

① $\log_3 4 = 1.262$	② $\log_9 56 = 1.832$	③ $\log_{27} 604 = 1.943$
		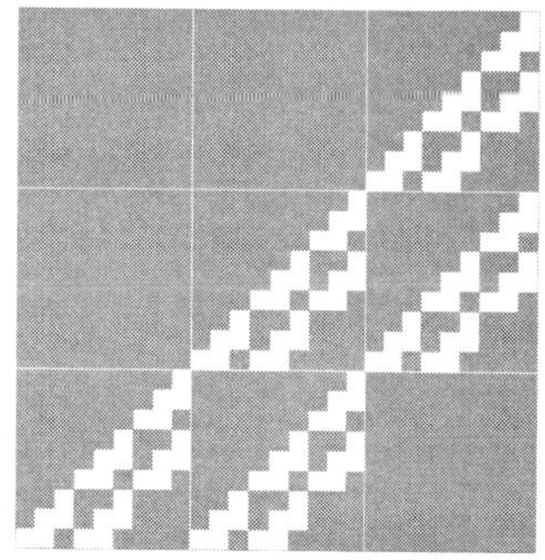
		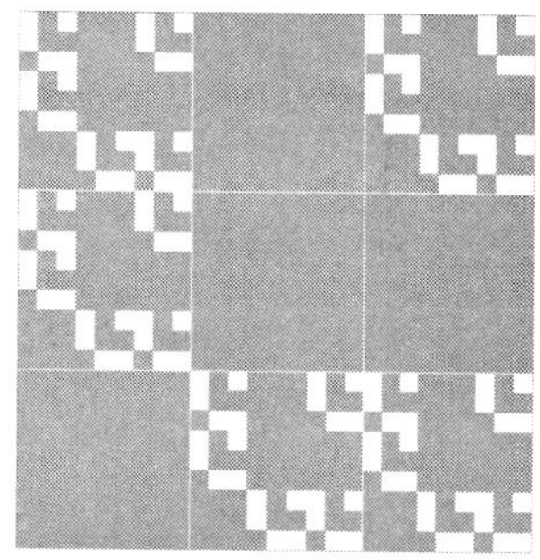

	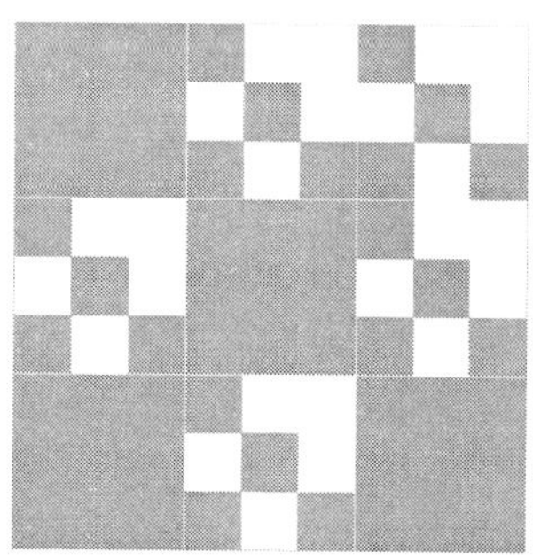	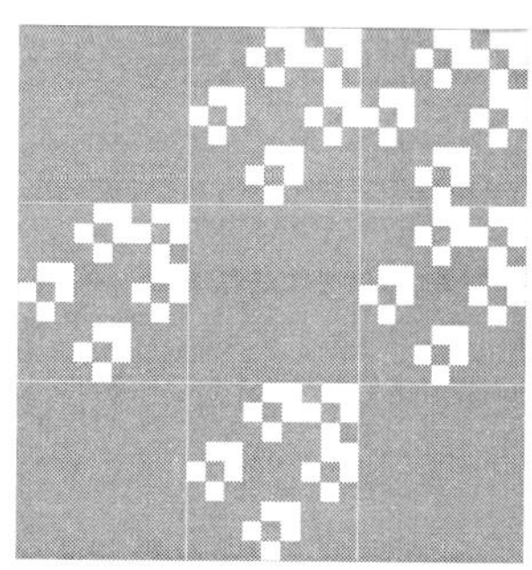

(5) 1단계 5개

① $\log_3 5 = 1.465$	② $\log_9 65 = 1.9$	③ $\log_{27} 665 = 1.972$
		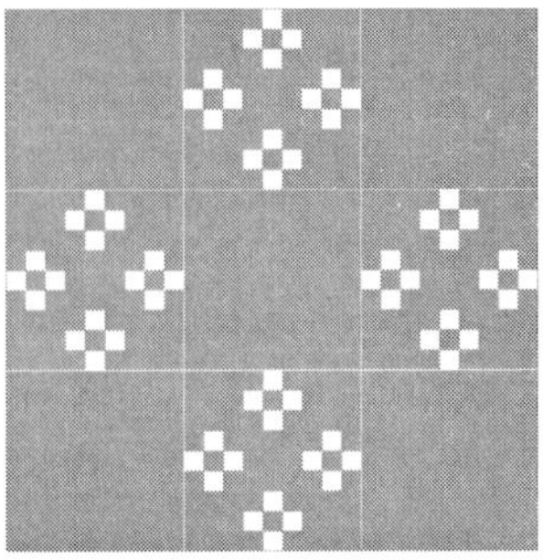

	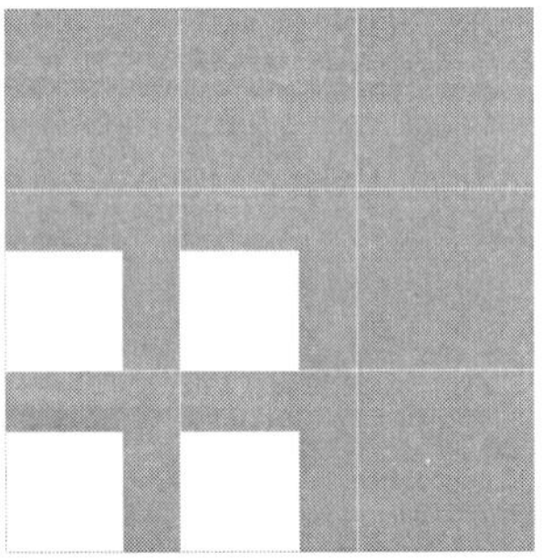	

(6) 1단계 6개

① $\log_3 6 = 1.631$	② $\log_9 72 = 1.946$	③ $\log_{27} 702 = 1.989$
	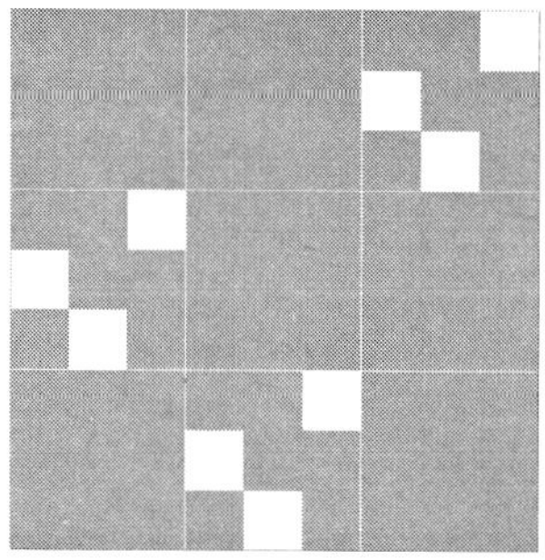	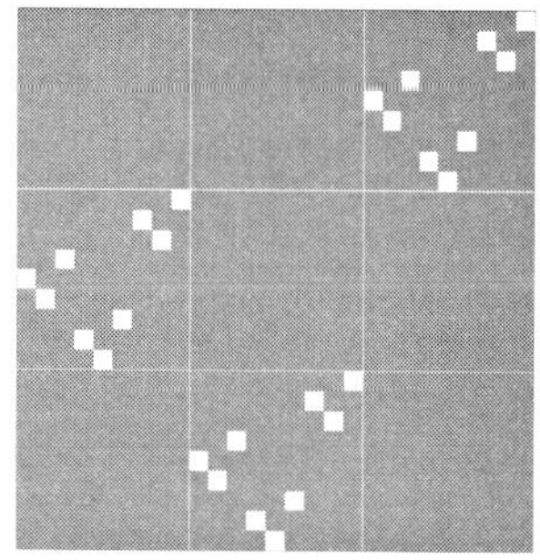
	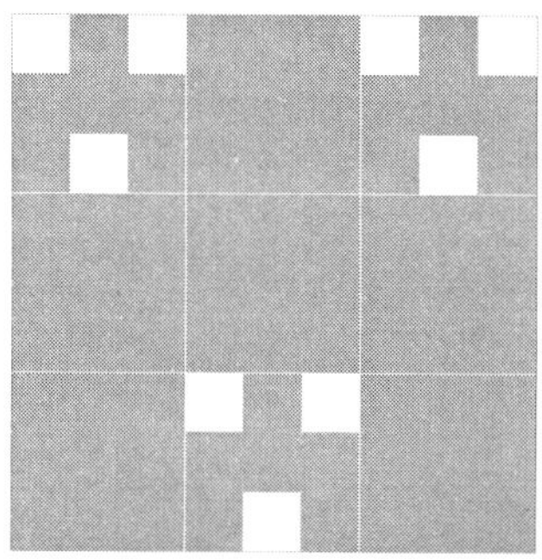	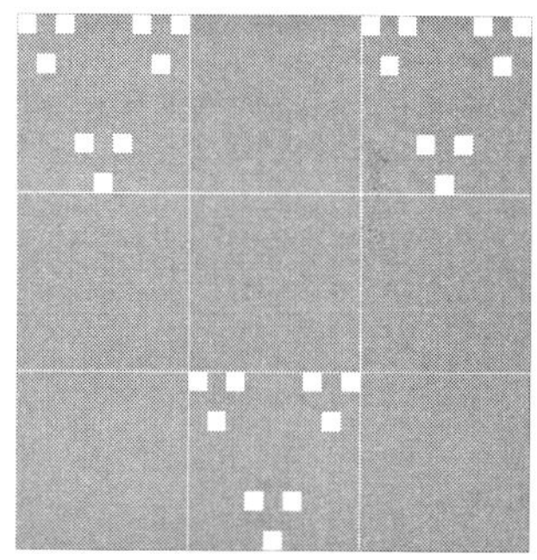
	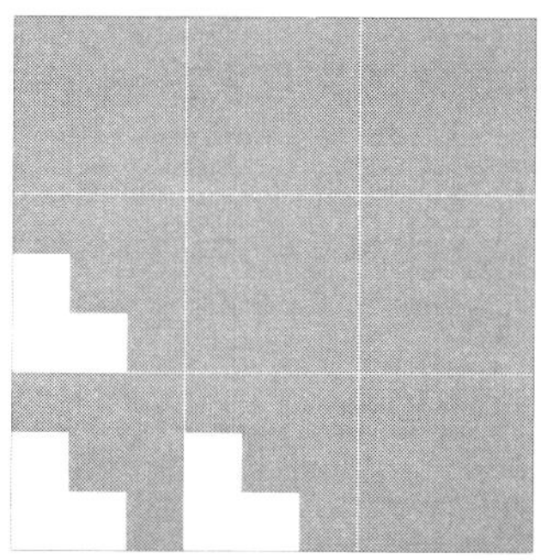	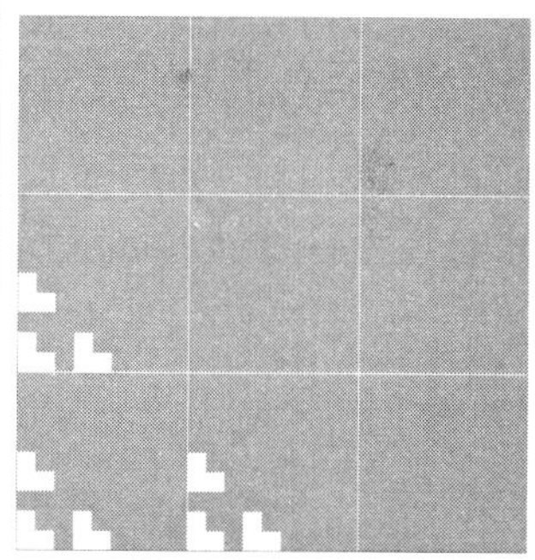

(7) 1단계 7개

① $\log_3 7 = 1.771$	② $\log_9 77 = 1.977$	③ $\log_{27} 721 = 1.997$
	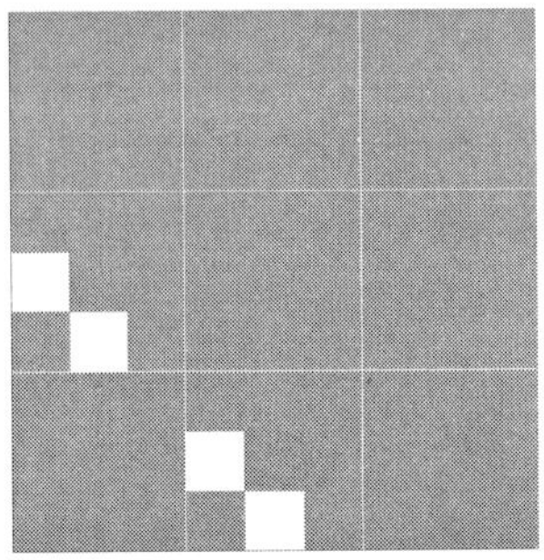	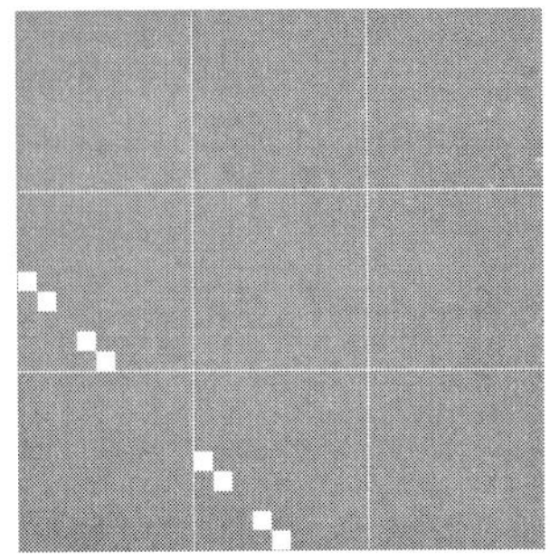

① $\log_3 7 = 1.771$	② $\log_9 77 = 1.977$	③ $\log_{27} 721 = 1.997$
	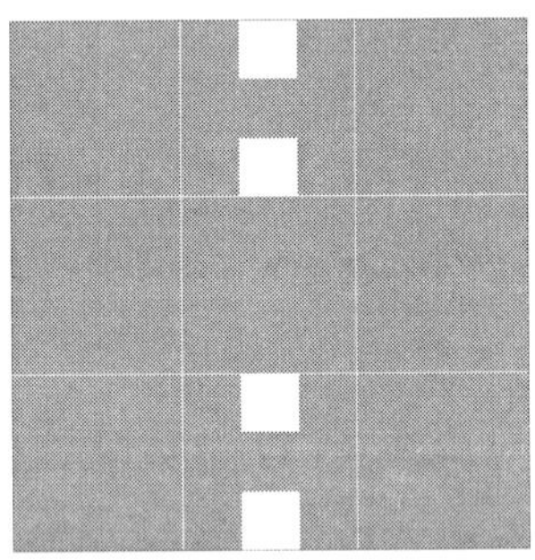	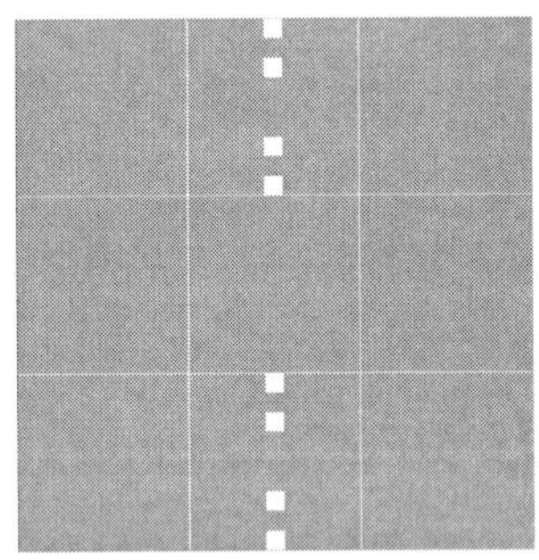

(8) 1단계 8개

① $\log_3 8 = 1.893$	② $\log_9 80 = 1.994$	③ $\log_{27} 728 = 2$
		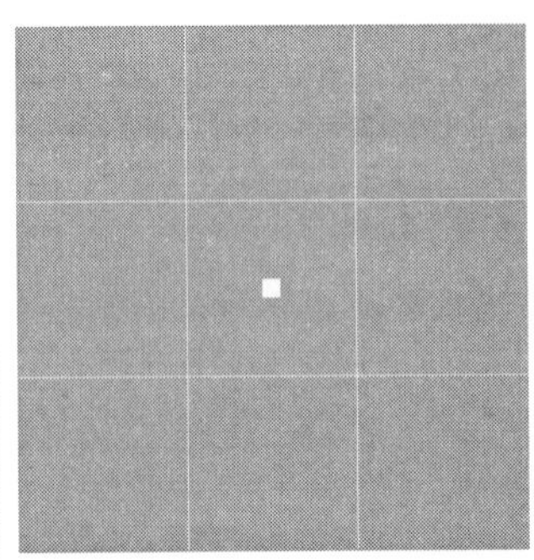

3 4×4 덧셈-덧셈 프랙탈

(1) 1단계 1개

① $\log_4 1 = 0$	② $\log_{16} 31 = 1.239$	③ $\log_{64} 721 = 1.582$
	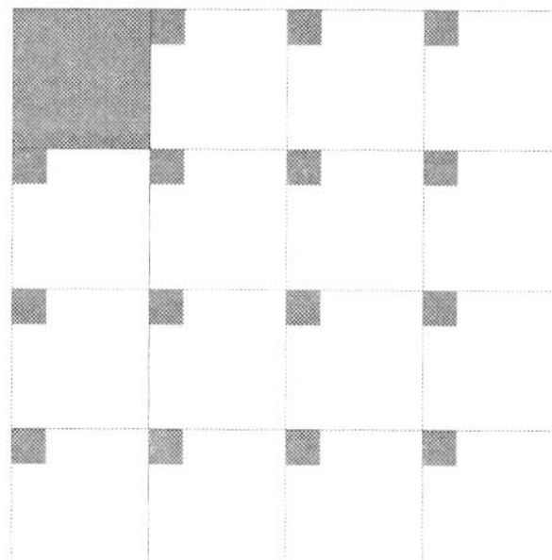	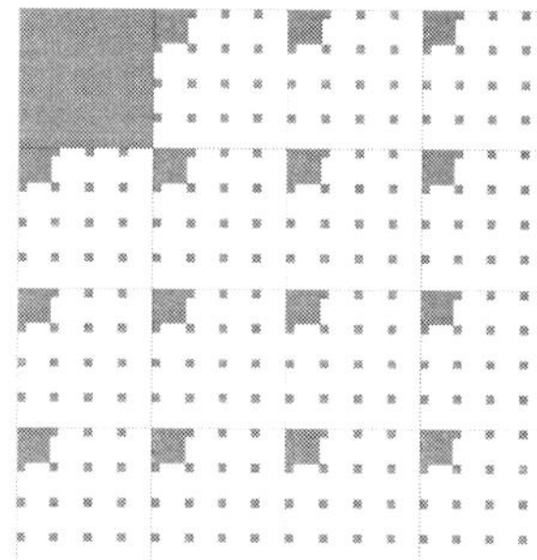
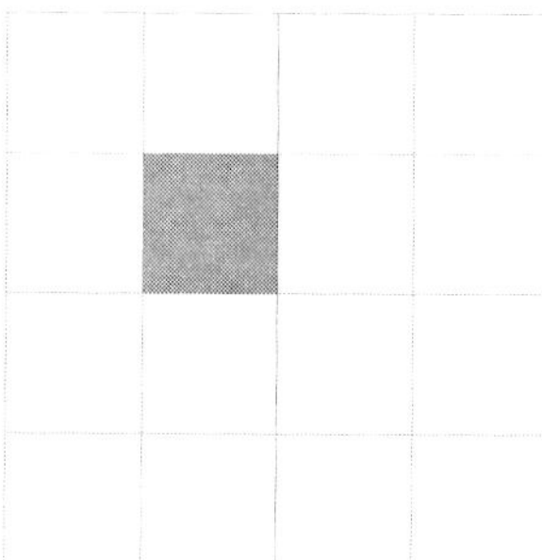	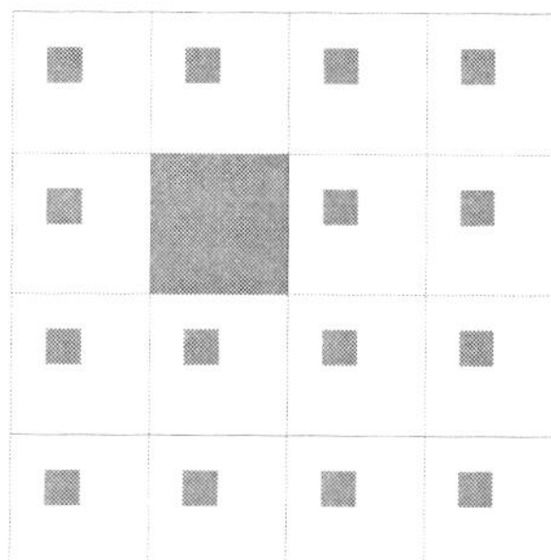	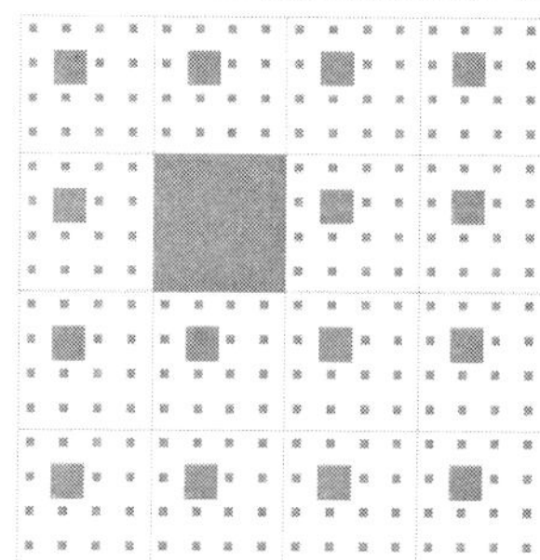
	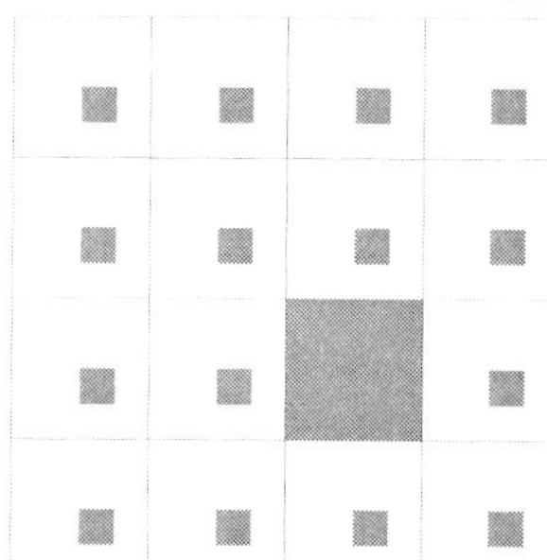	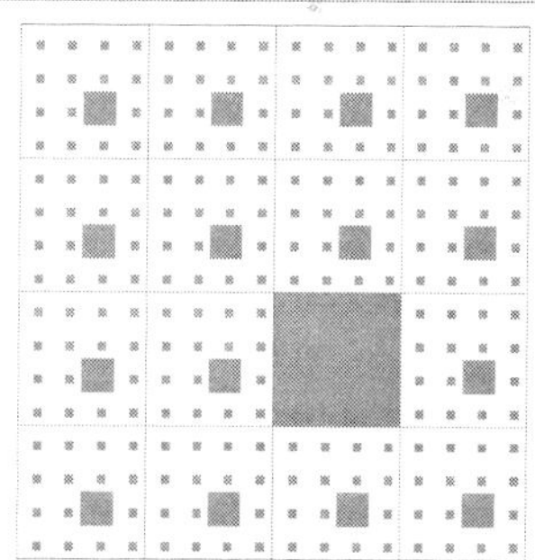
	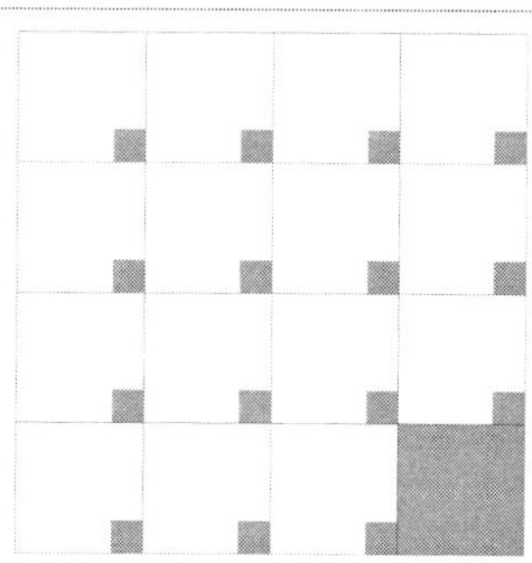	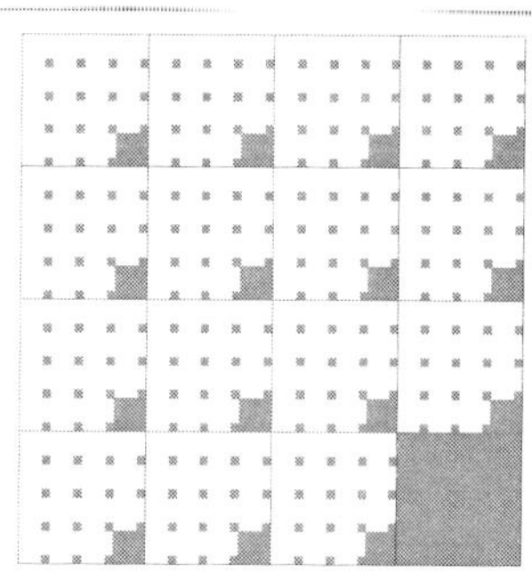

(2) 1단계 2개

① $\log_4 2 = 0.5$	② $\log_{16} 60 = 1.477$	③ $\log_{64} 1352 = 1.733$
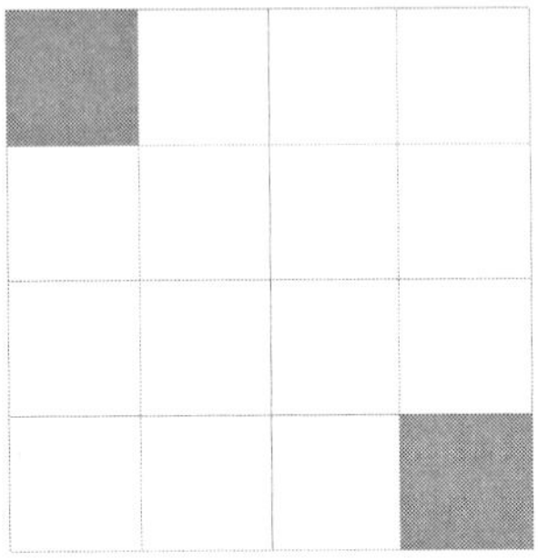	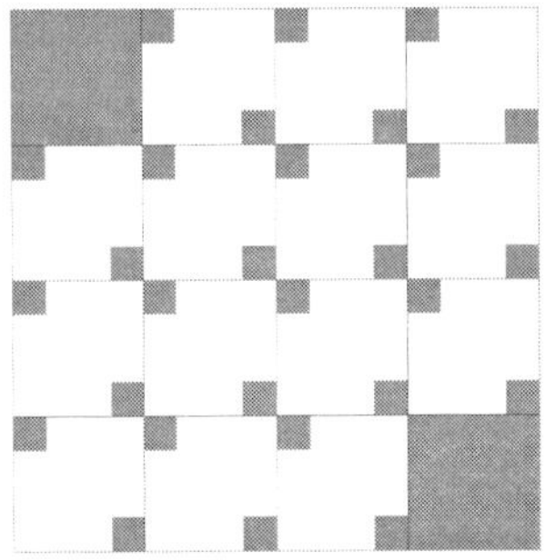	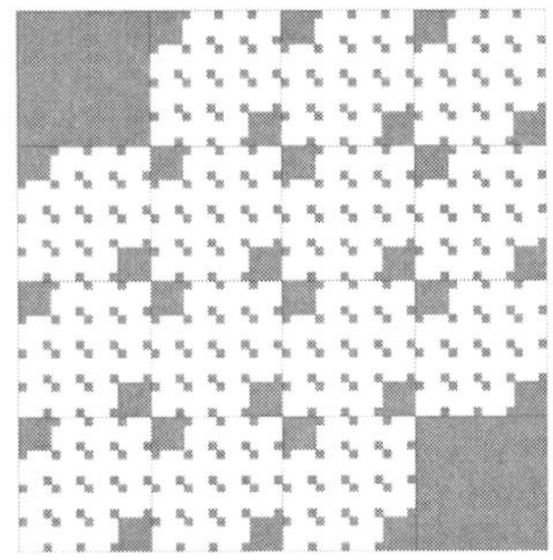
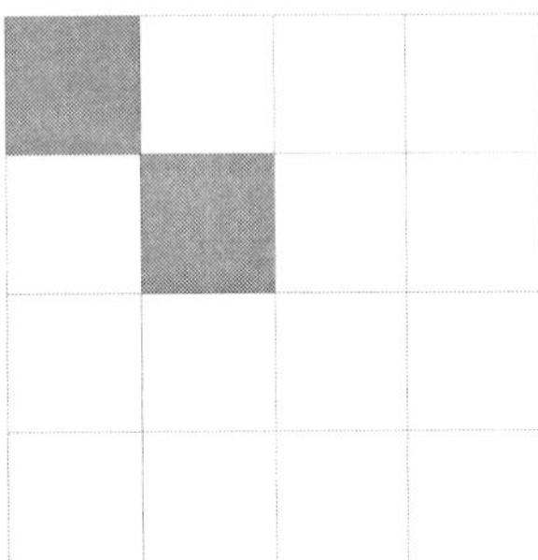		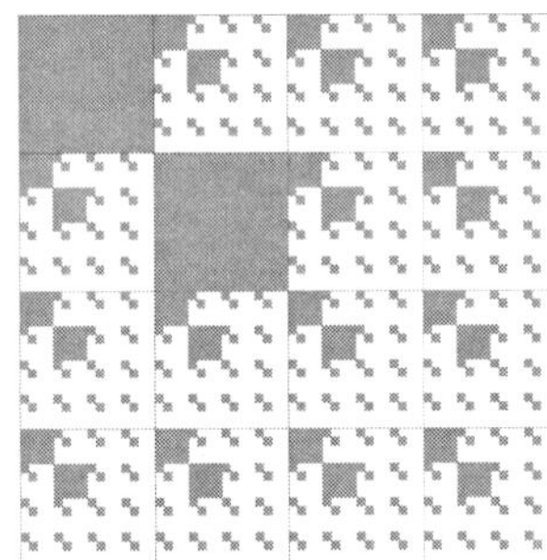
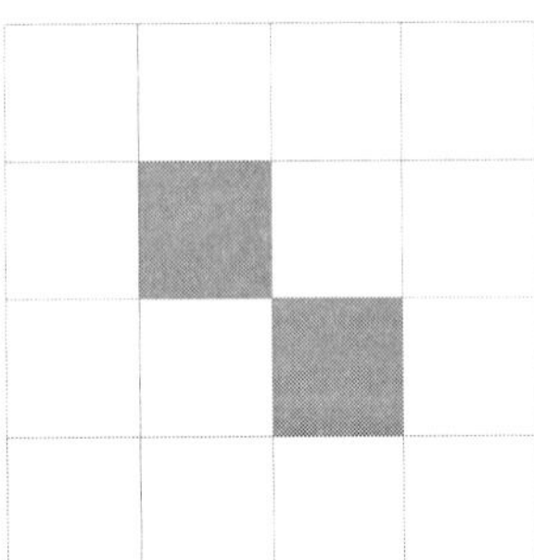	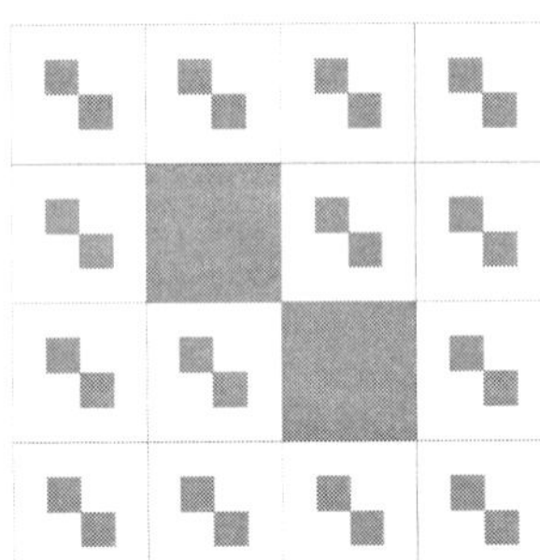	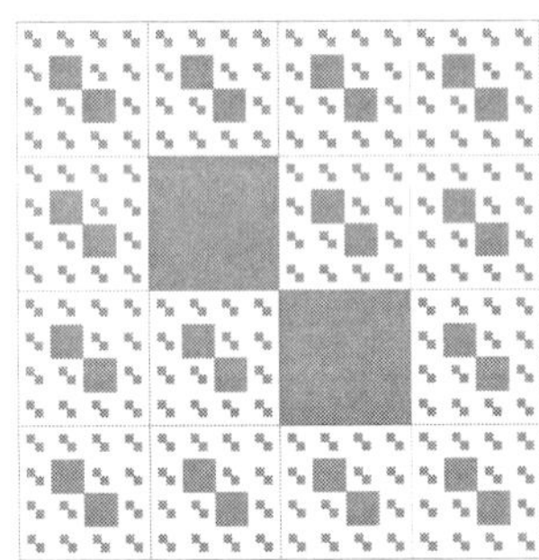
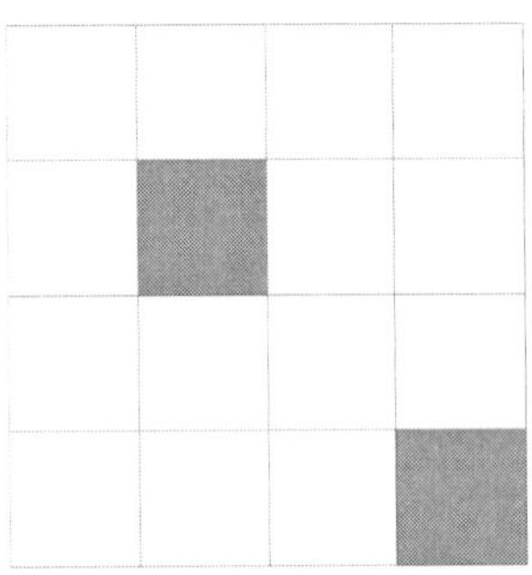	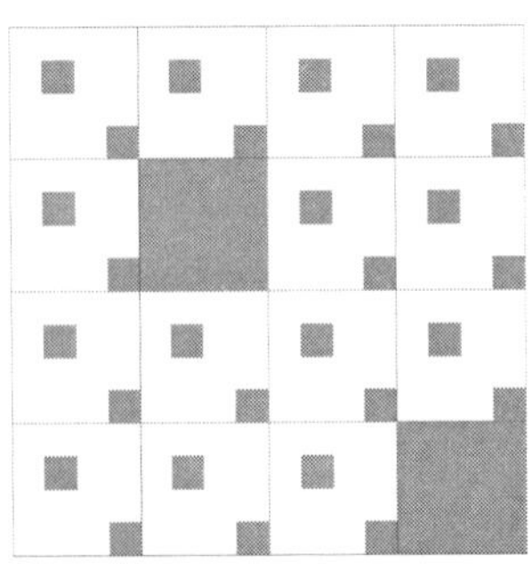	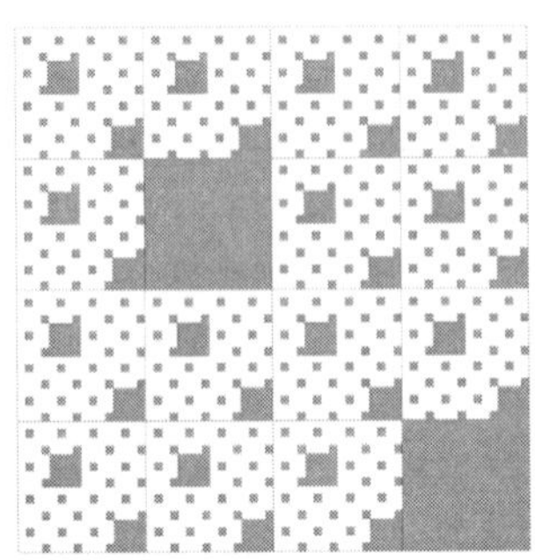

(3) 1단계 3개

① $\log_4 3 = 0.792$	② $\log_{16} 87 = 1.611$	③ $\log_{64} 1899 = 1.815$
	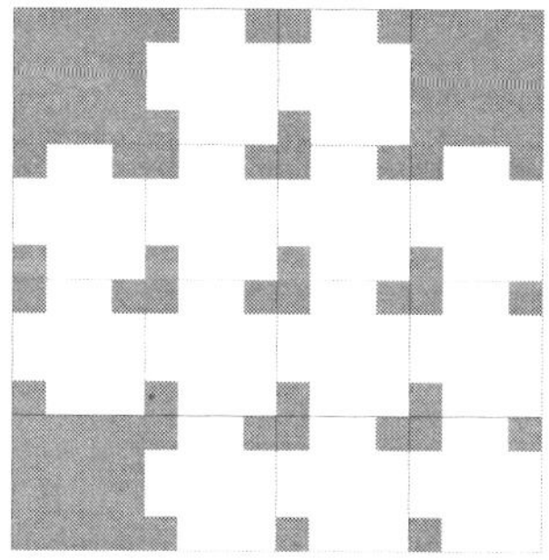	
	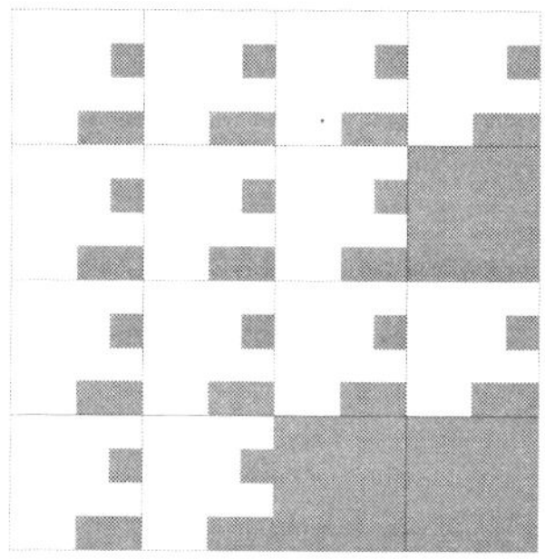	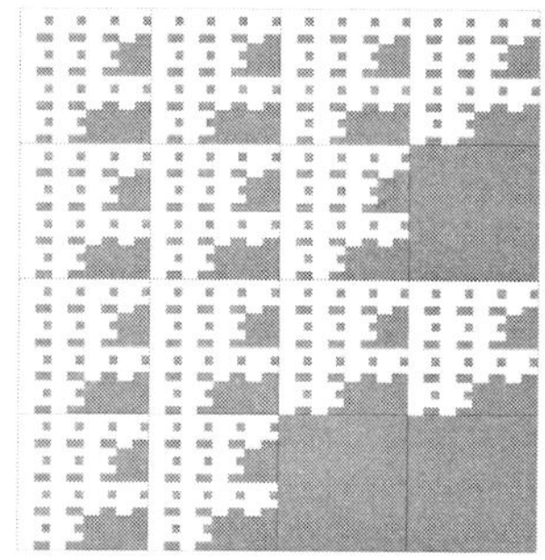
	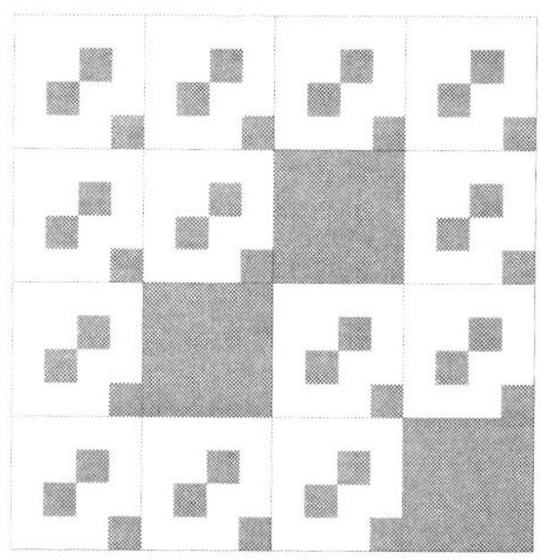	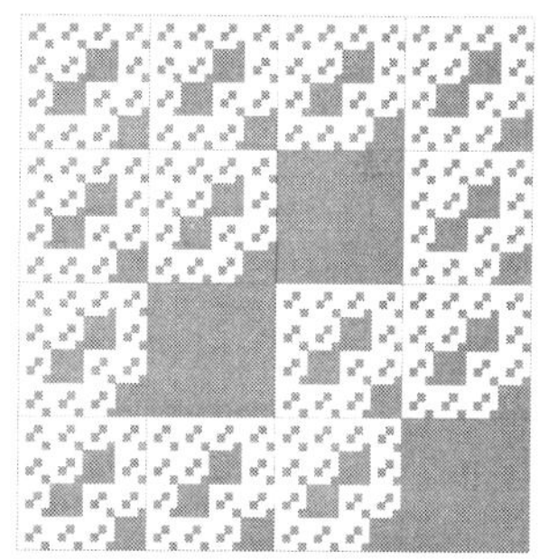
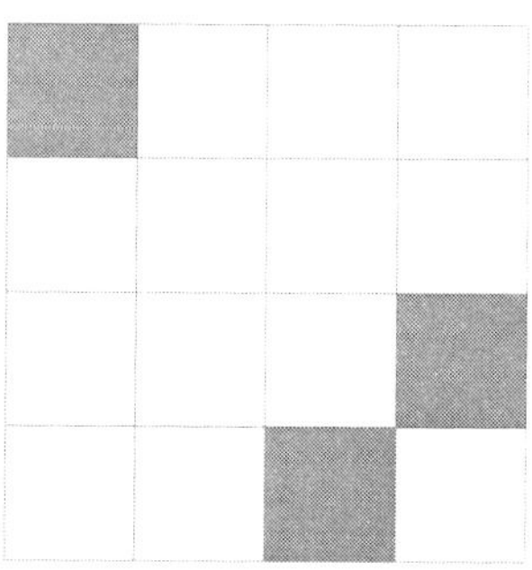	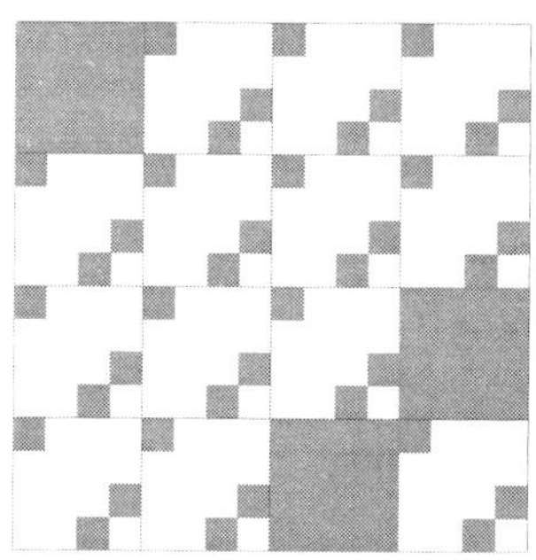	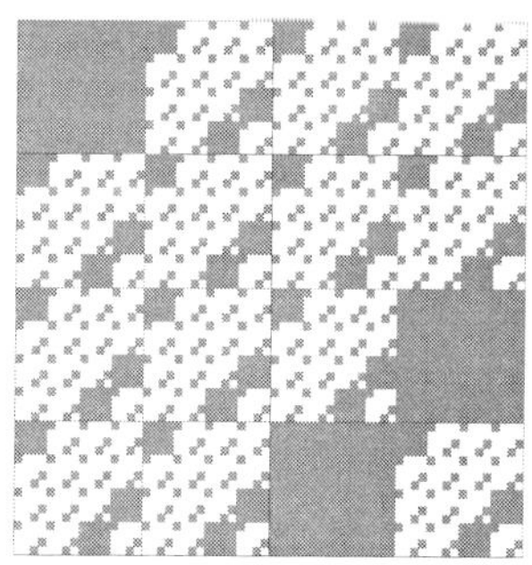

(4) 1단계 4개

① $\log_4 4 = 1$	② $\log_{16} 112 = 1.702$	③ $\log_{64} 2368 = 1.868$

		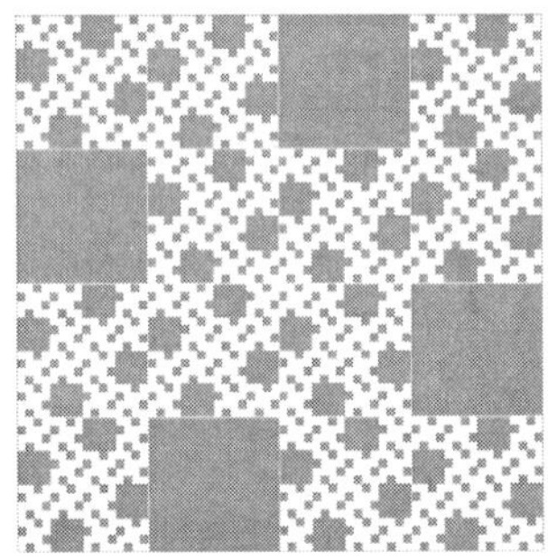
		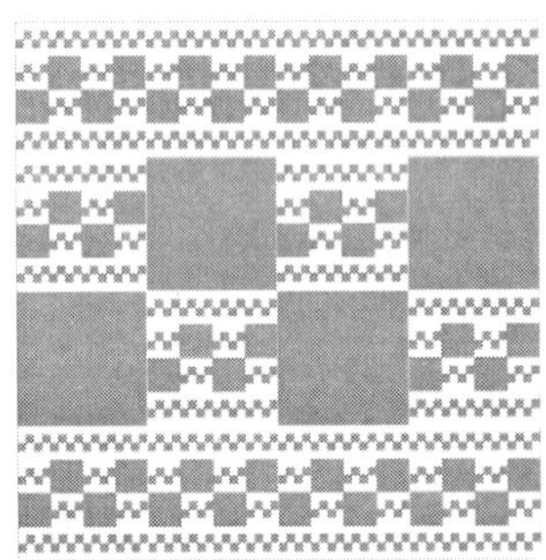
	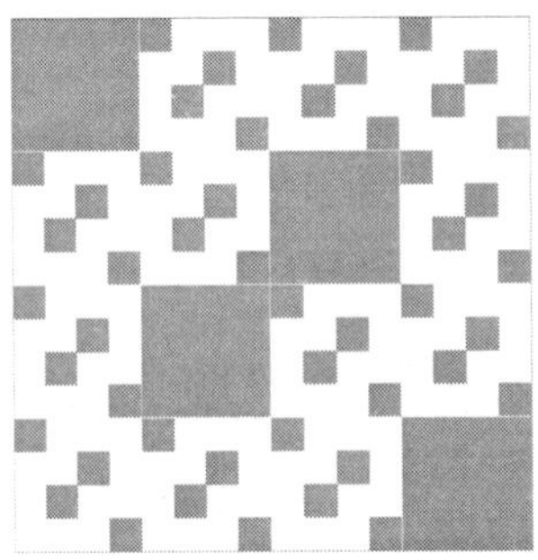	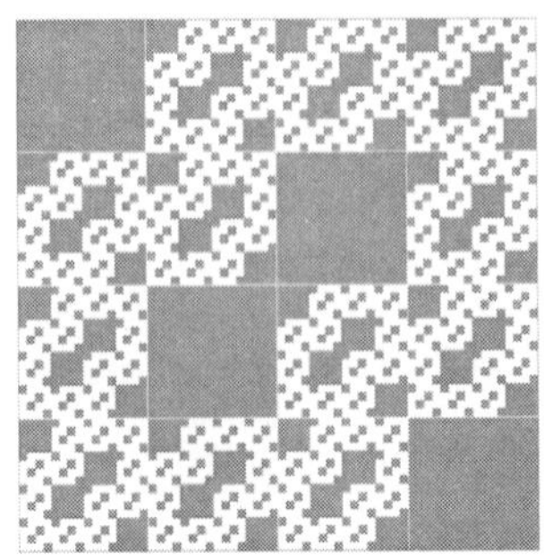

① $\log_4 4 = 1$	② $\log_{16} 112 = 1.702$	③ $\log_{64} 2368 = 1.868$
	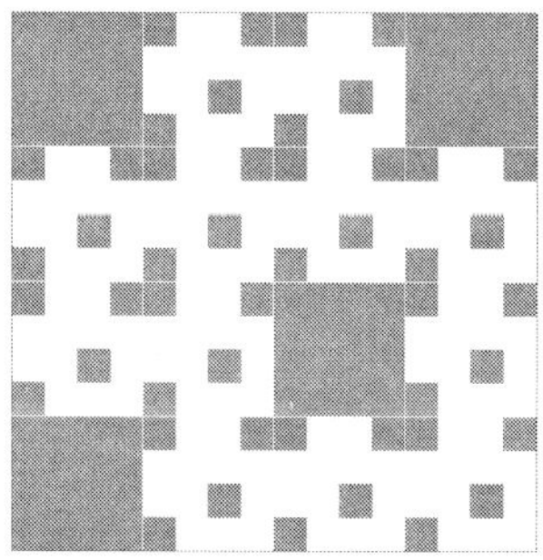	
	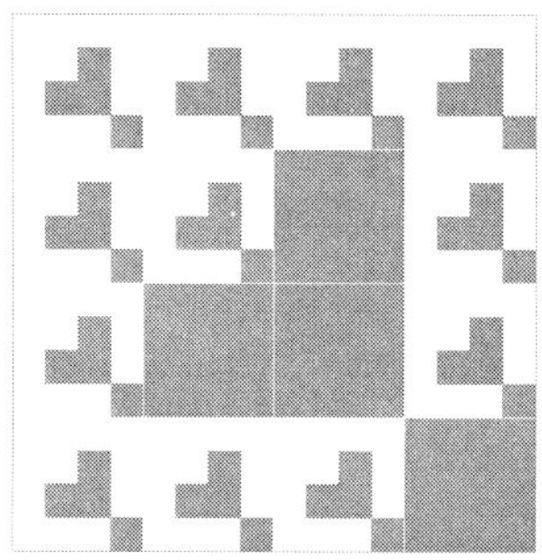	
	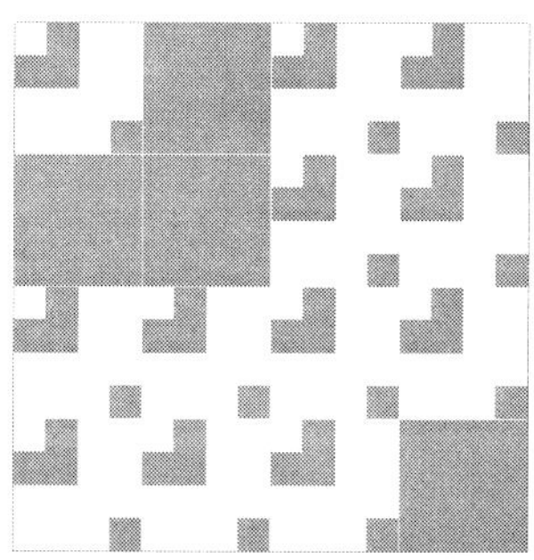	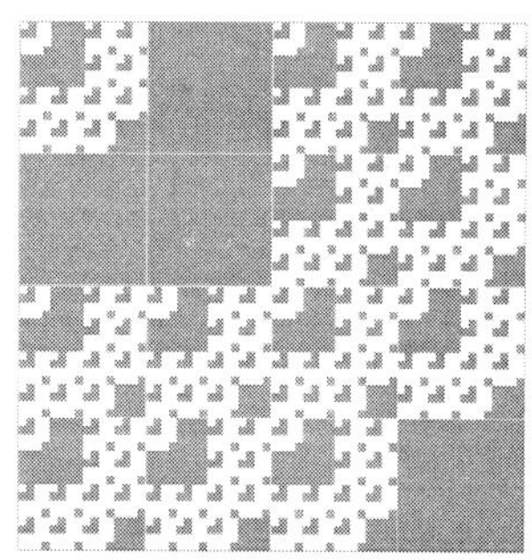
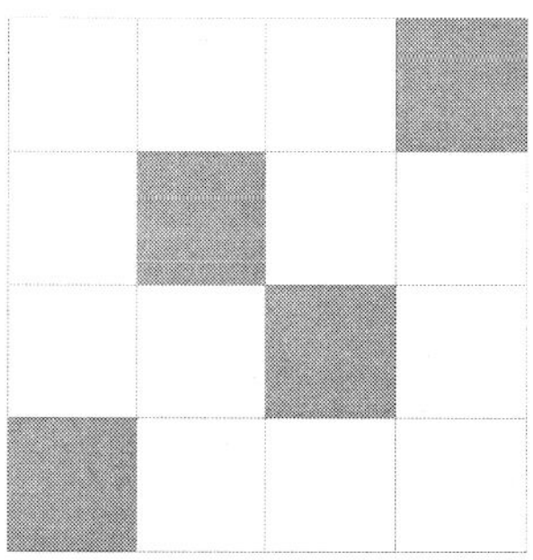	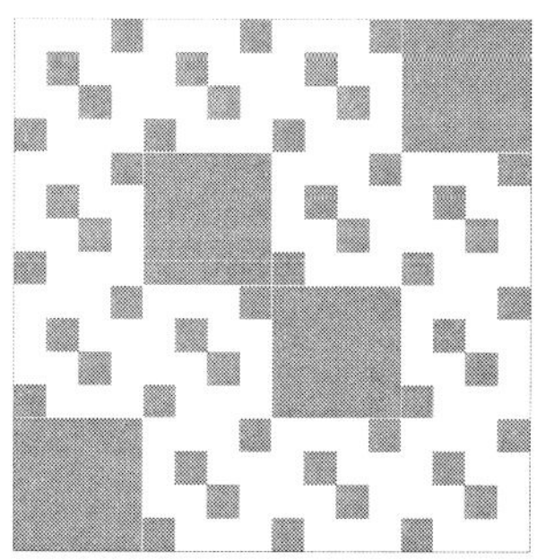	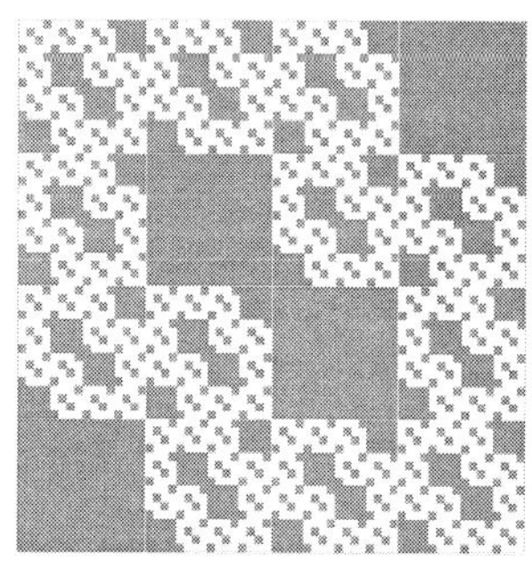

(5) 1단계 5개

① $\log_4 5 = 1.161$	② $\log_{16} 135 = 1.769$	③ $\log_{64} 2765 = 1.906$
	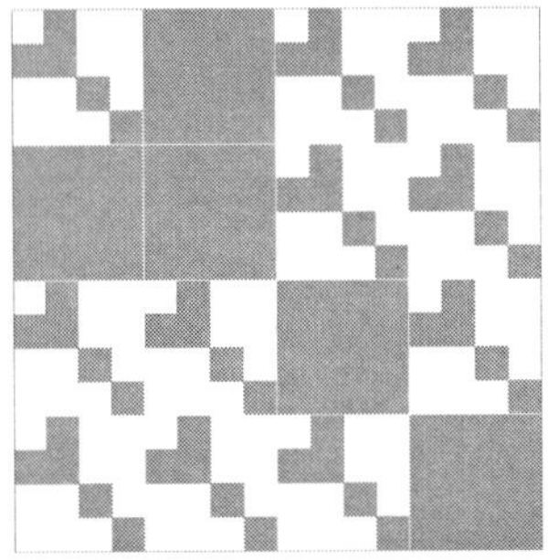	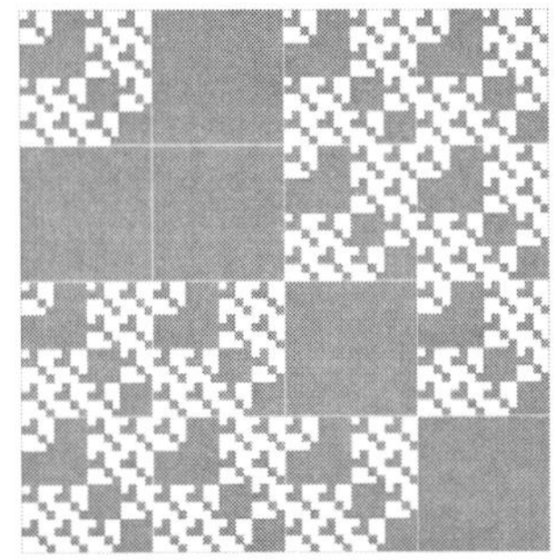

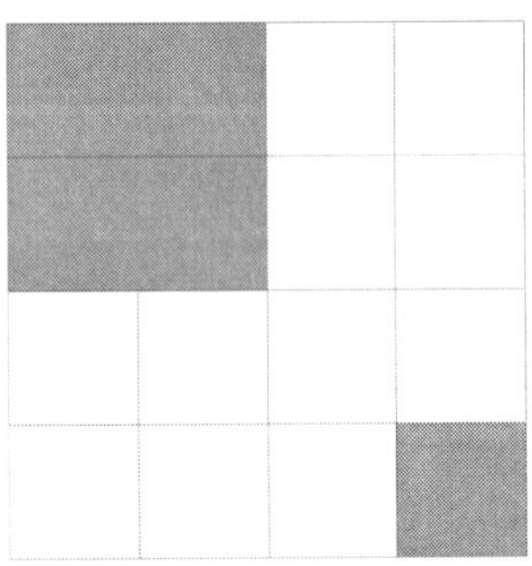	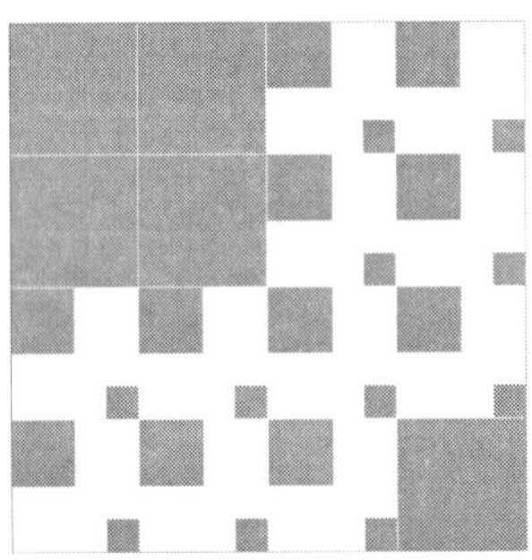	
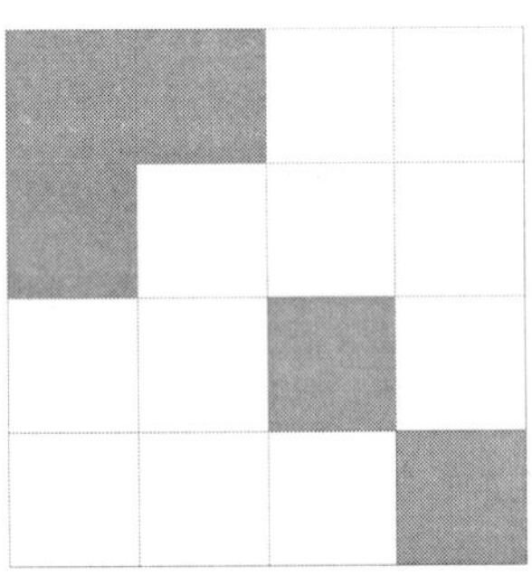	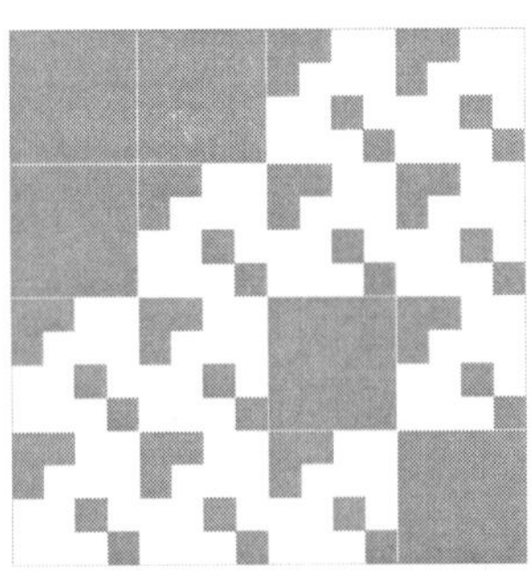	

(6) 1단계 6개

① $\log_4 6 = 1.292$	② $\log_{16} 156 = 1.821$	③ $\log_{64} 3096 = 1.933$
	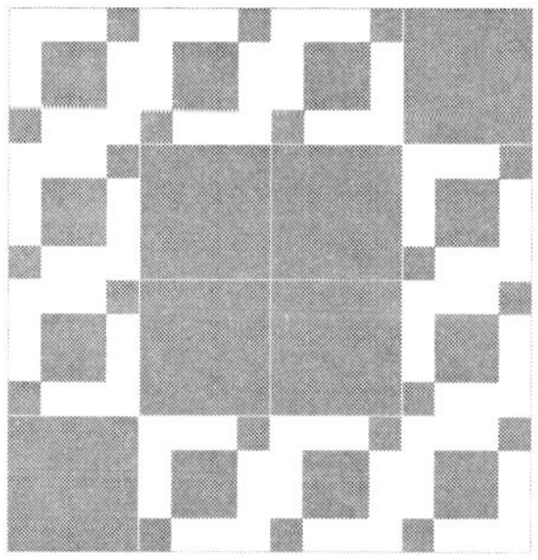	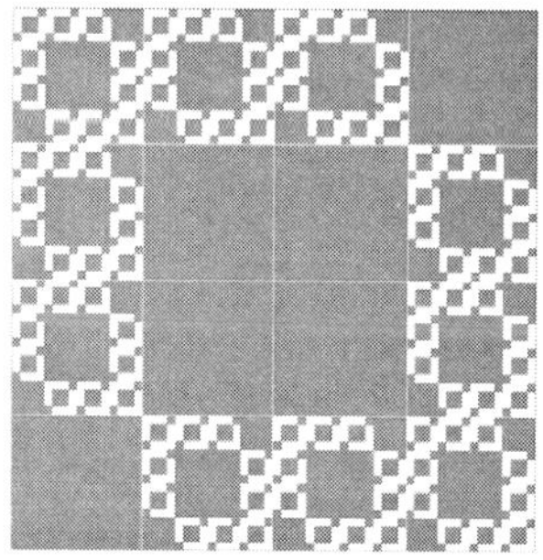
	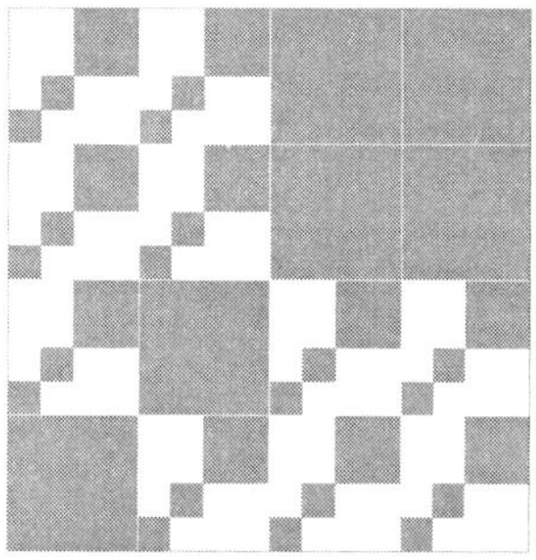	
	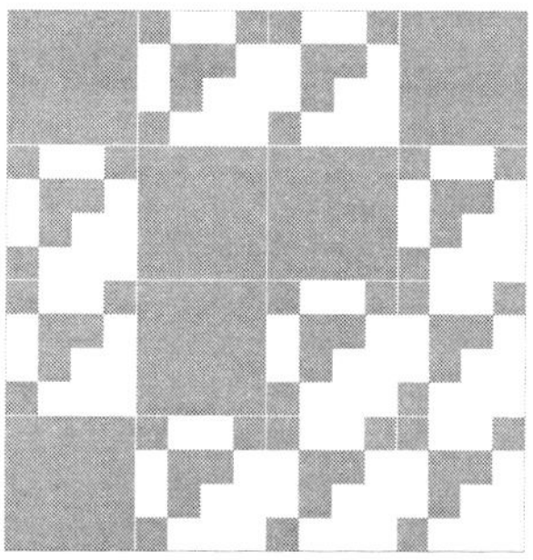	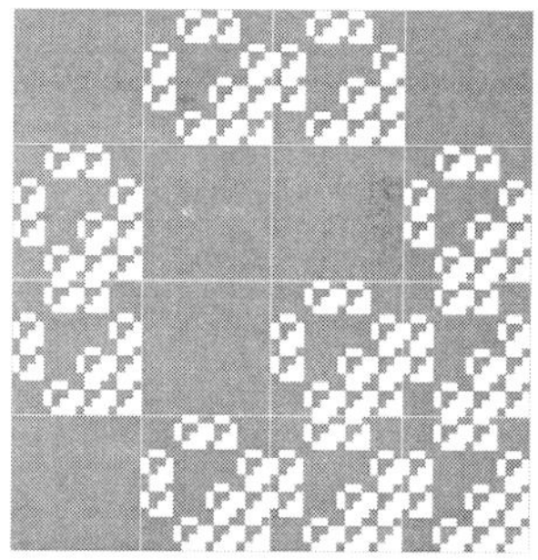
		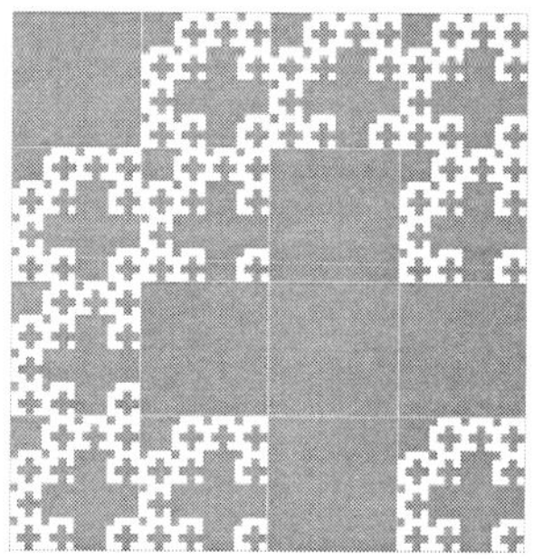

(7) 1단계 7개

① $\log_4 7 = 1.404$	② $\log_{16} 175 = 1.863$	③ $\log_{64} 3367 = 1.953$
	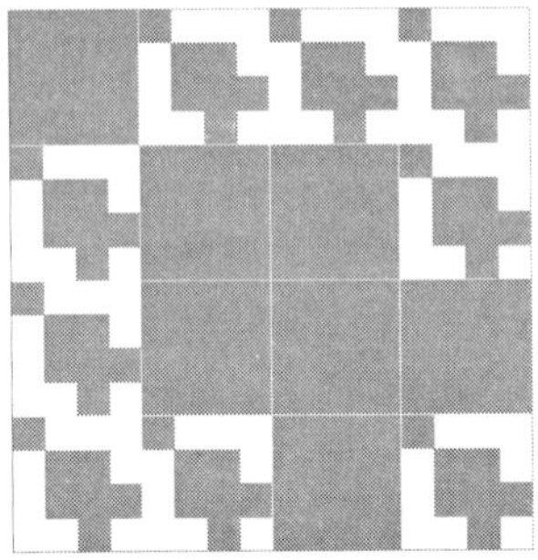	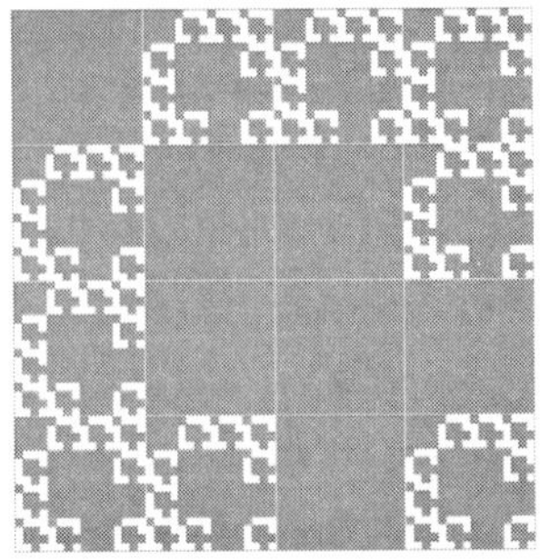
		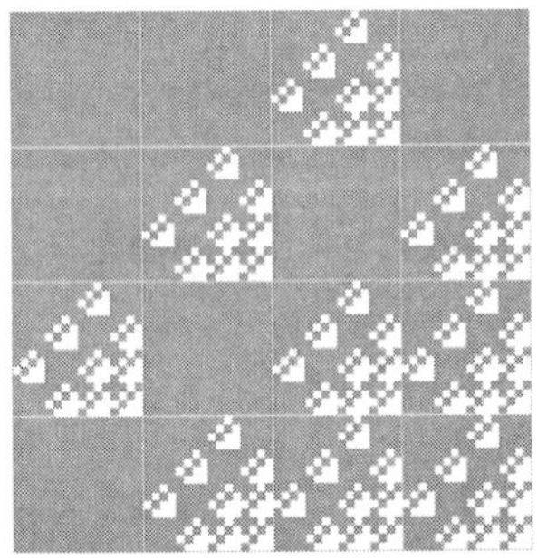
	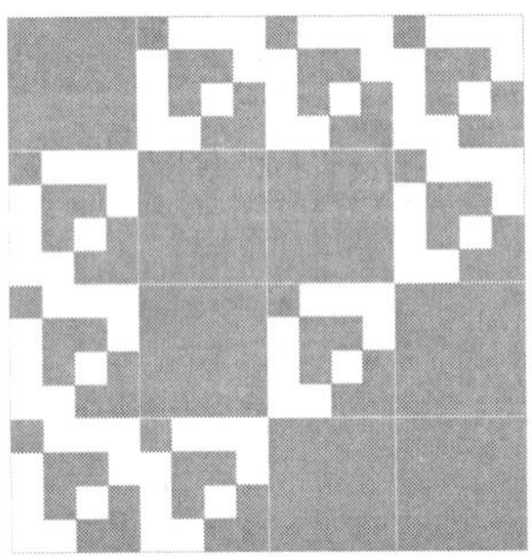	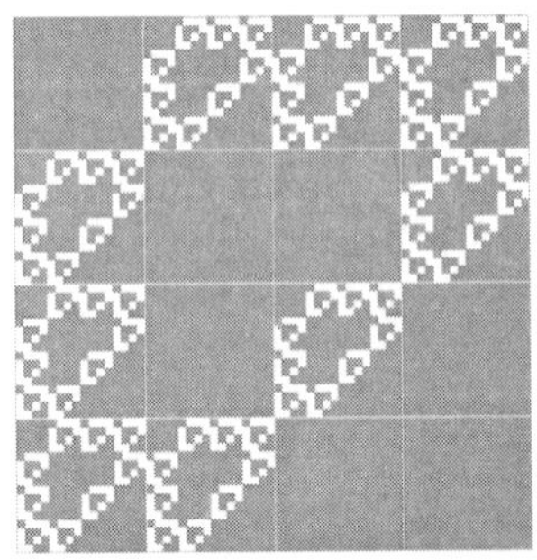
	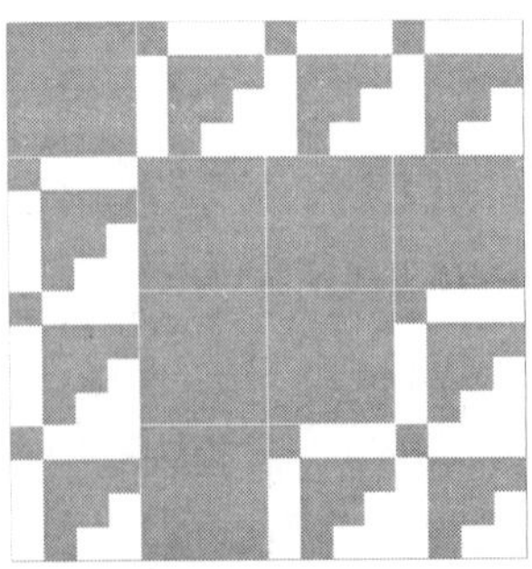	

(8) 1단계 8개

① $\log_4 8 = 1.5$	② $\log_{16} 192 = 1.896$	③ $\log_{64} 3584 = 1.968$
	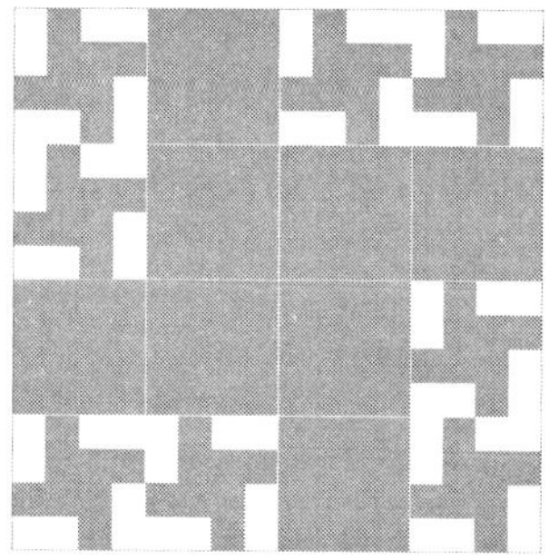	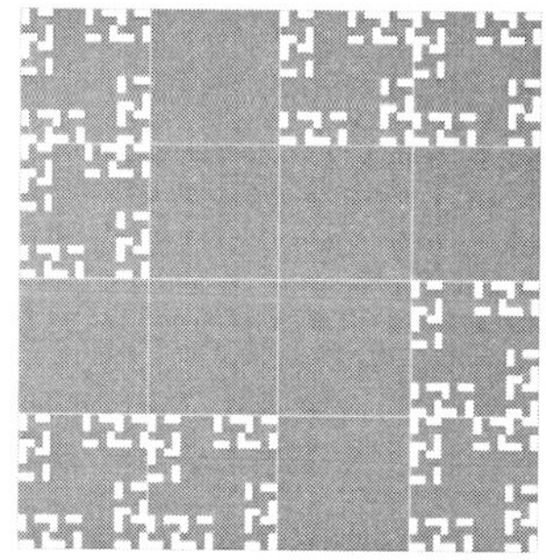

		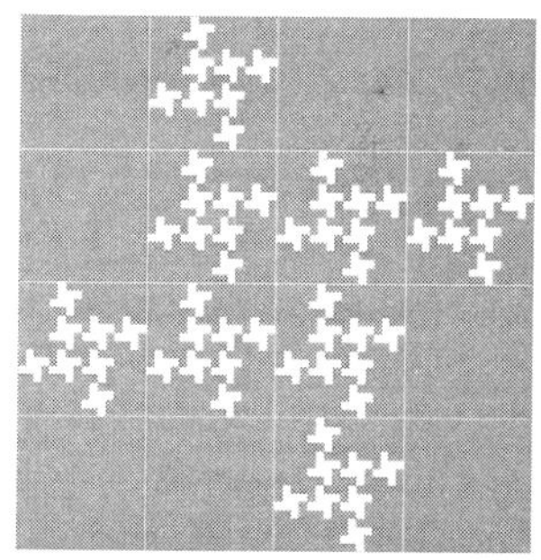
	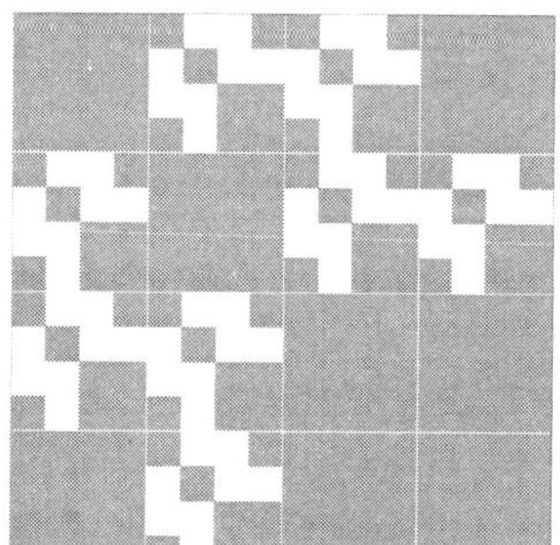	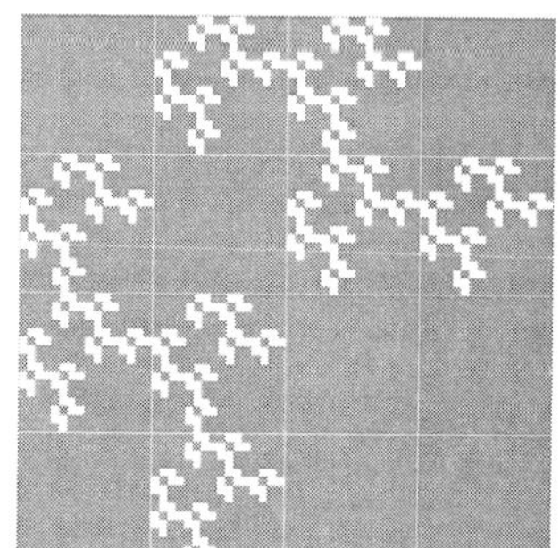

4 5×5 덧셈-덧셈 프랙탈

(1) 1단계 1개

① $\log_5 1 = 0$

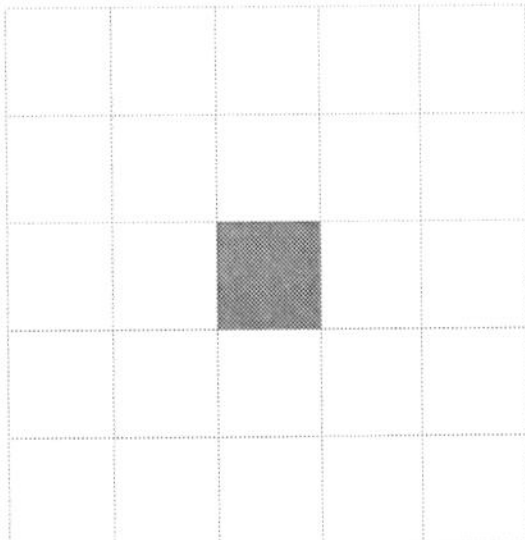

② $\log_{25} 49 = 1.209$

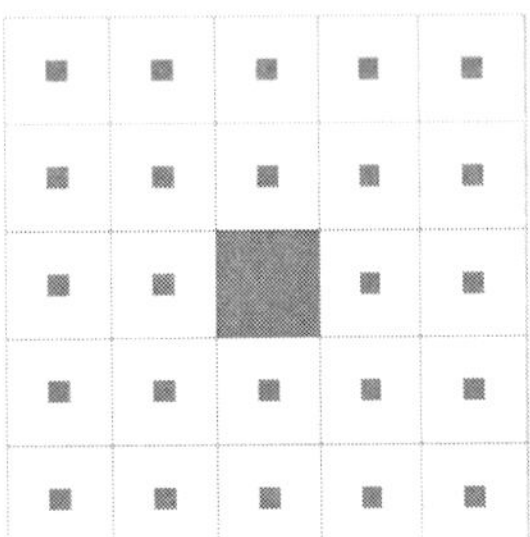

③ $\log_{125} 1801 = 1.553$

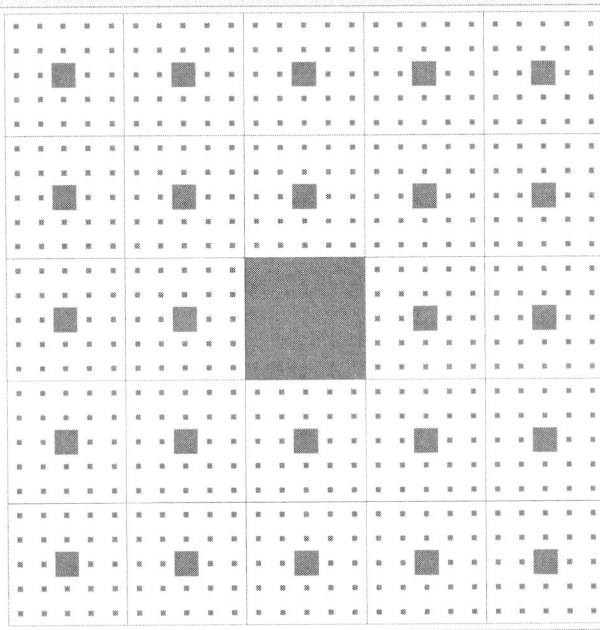

① $\log_5 1 = 0$

② $\log_{25} 49 = 1.209$

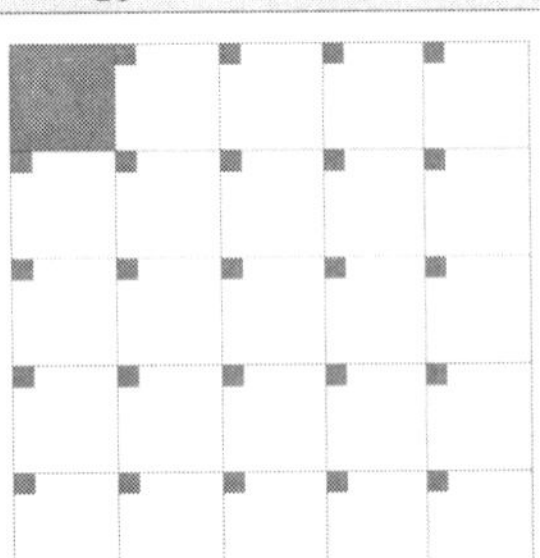

③ $\log_{125} 1801 = 1.553$

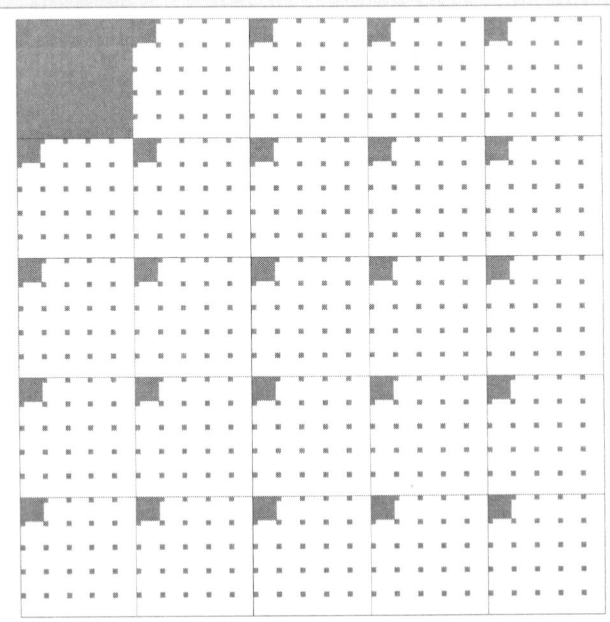

(2) 1단계 2개

① $\log_5 2 = 0.431$

② $\log_{25} 96 = 1.418$

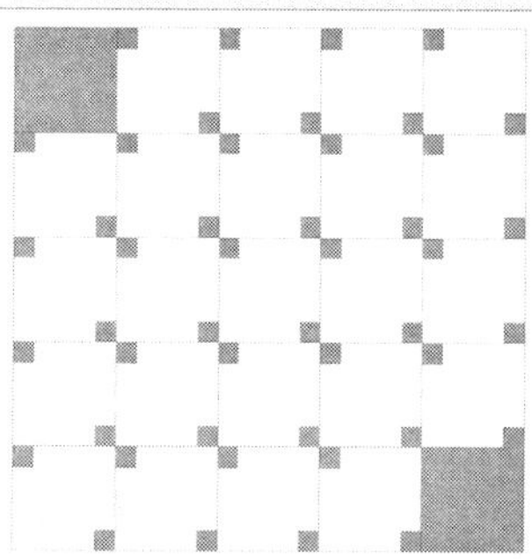

③ $\log_{125} 3458 = 1.688$

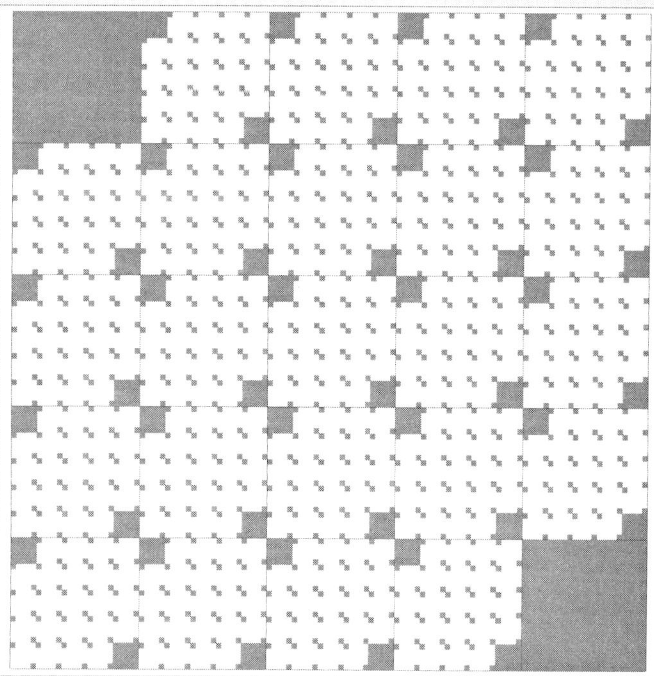

① $\log_5 2 = 0.431$

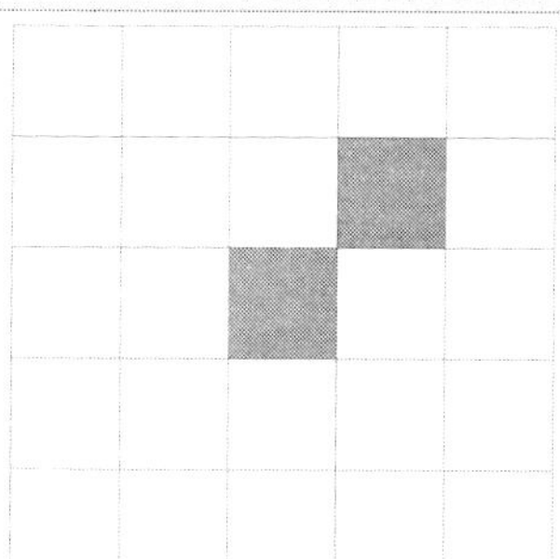

② $\log_{25} 96 = 1.418$

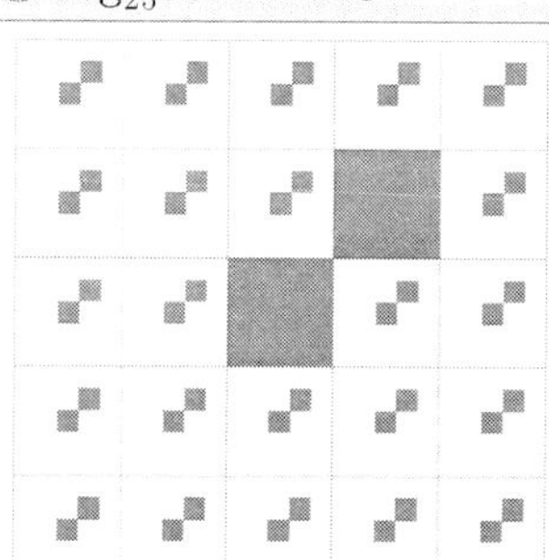

③ $\log_{125} 3458 = 1.688$

(3) 1단계 3개

① $\log_5 3 = 0.683$

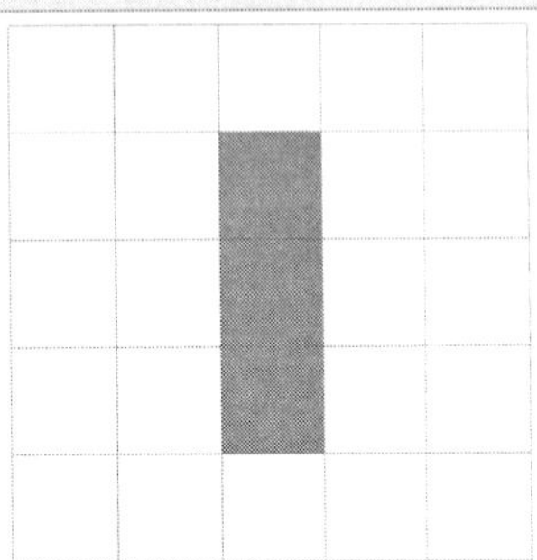

② $\log_{25} 141 = 1.537$

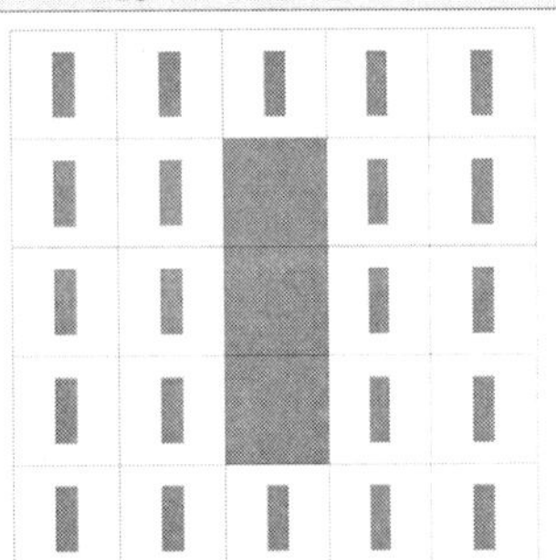

③ $\log_{125} 4977 = 1.763$

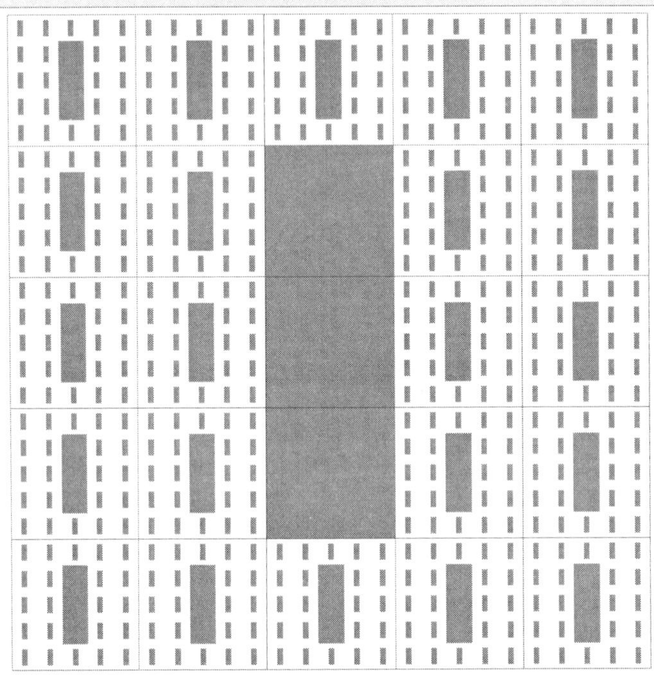

① $\log_5 3 = 0.683$

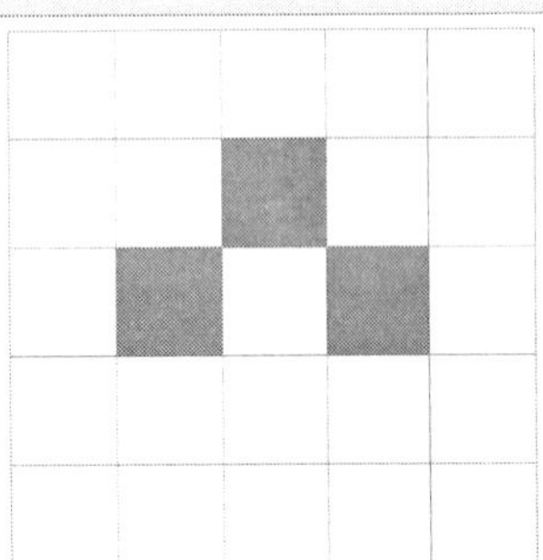

② $\log_{25} 141 = 1.537$

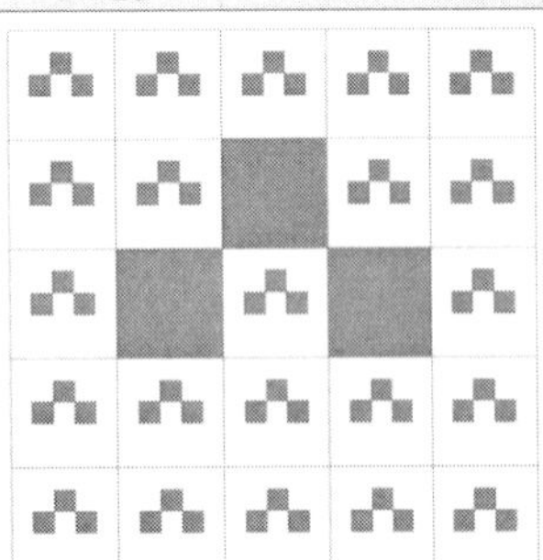

③ $\log_{125} 4977 = 1.763$

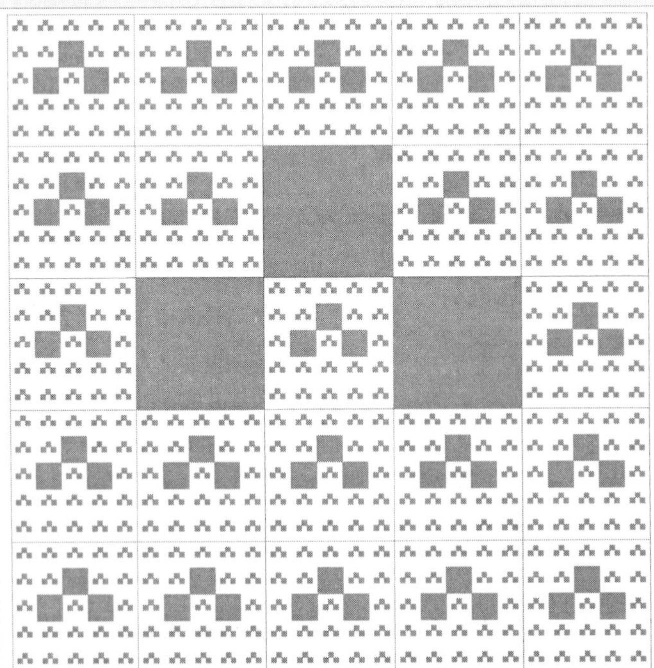

(4) 1단계 4개

① $\log_5 4 = 0.861$

② $\log_{25} 184 = 1.620$

③ $\log_{125} 6364 = 1.814$

① $\log_5 4 = 0.861$

② $\log_{25} 184 = 1.620$

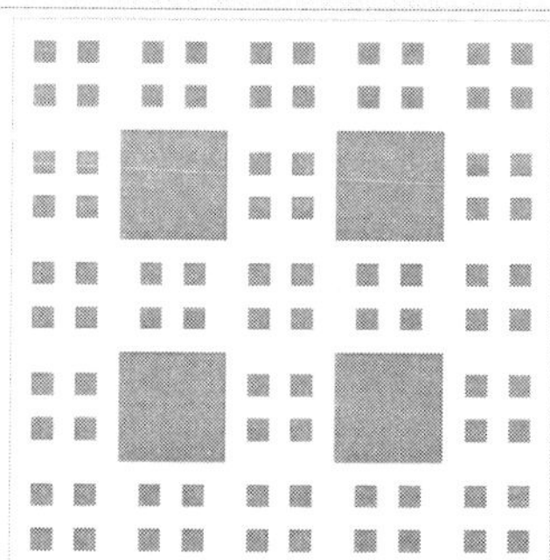

③ $\log_{125} 6364 = 1.814$

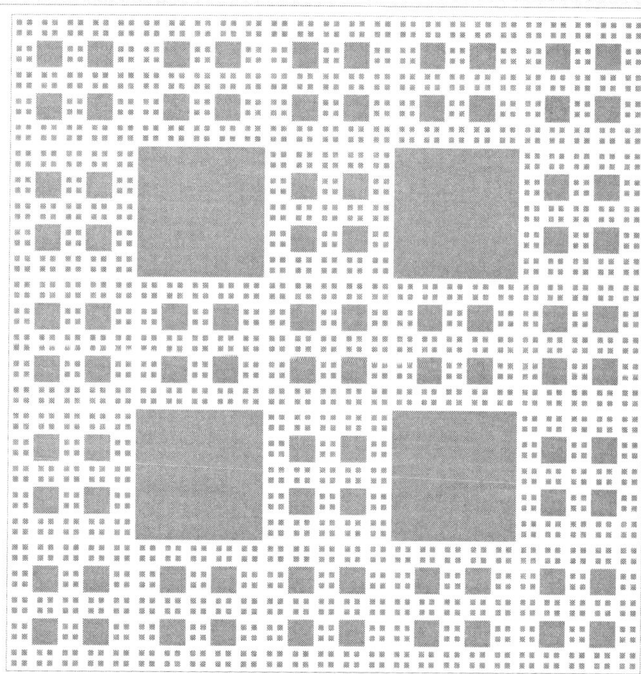

① $\log_5 4 = 0.861$

② $\log_{25} 184 = 1.620$

③ $\log_{125} 6364 = 1.814$

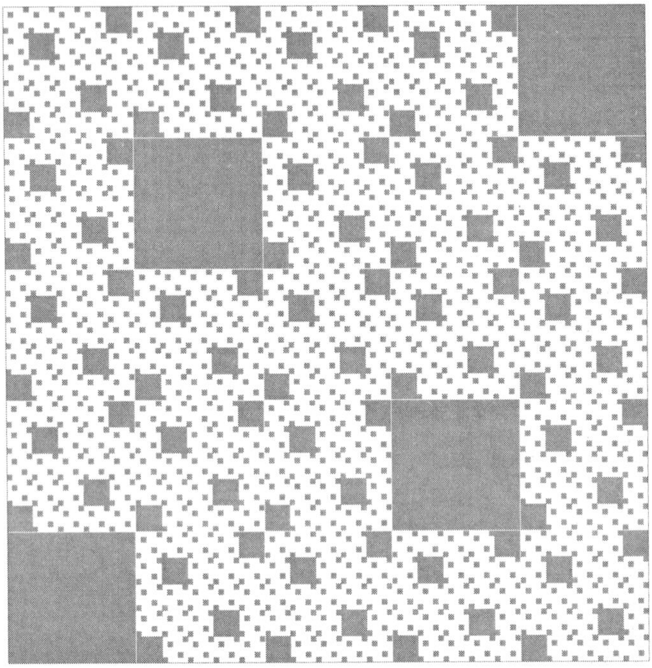

① $\log_5 4 = 0.861$

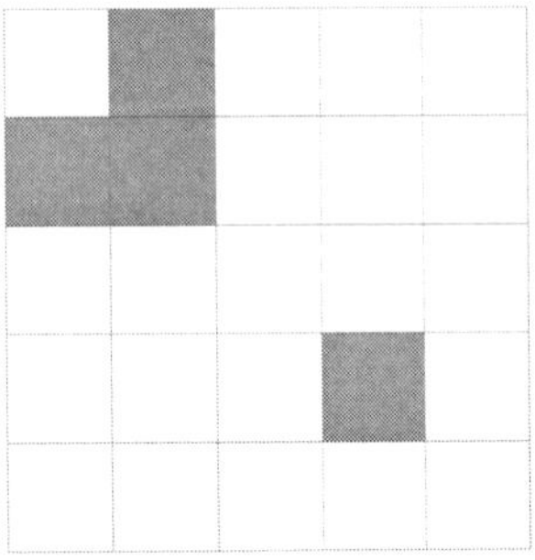

② $\log_{25} 184 = 1.620$

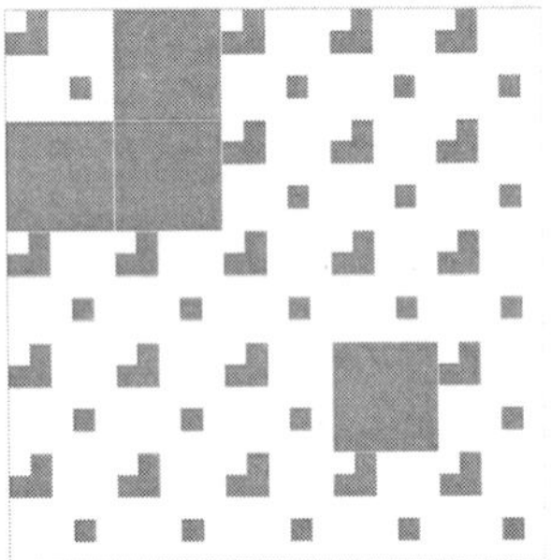

③ $\log_{125} 6364 = 1.814$

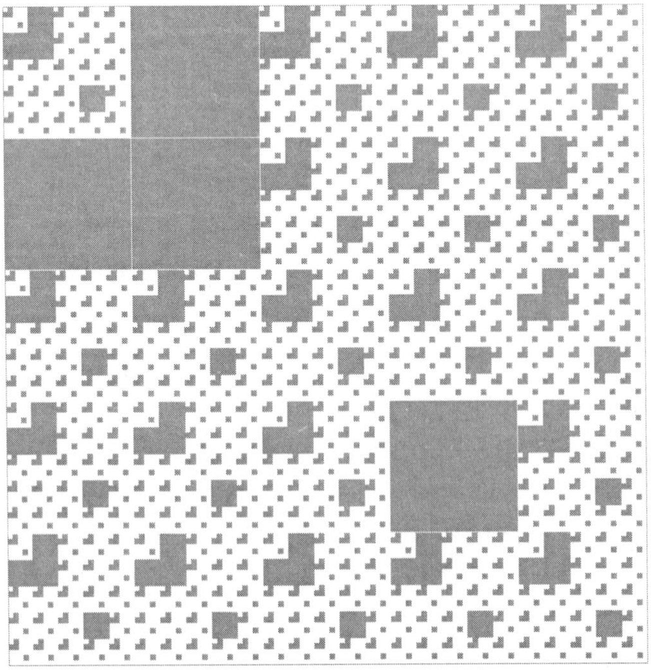

(5) 1단계 5개

① $\log_5 5 = 1$

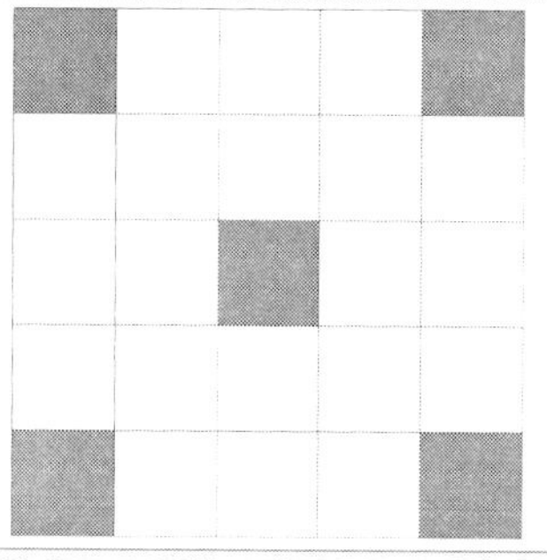

② $\log_{25} 225 = 1.683$

③ $\log_{125} 7625 = 1.851$

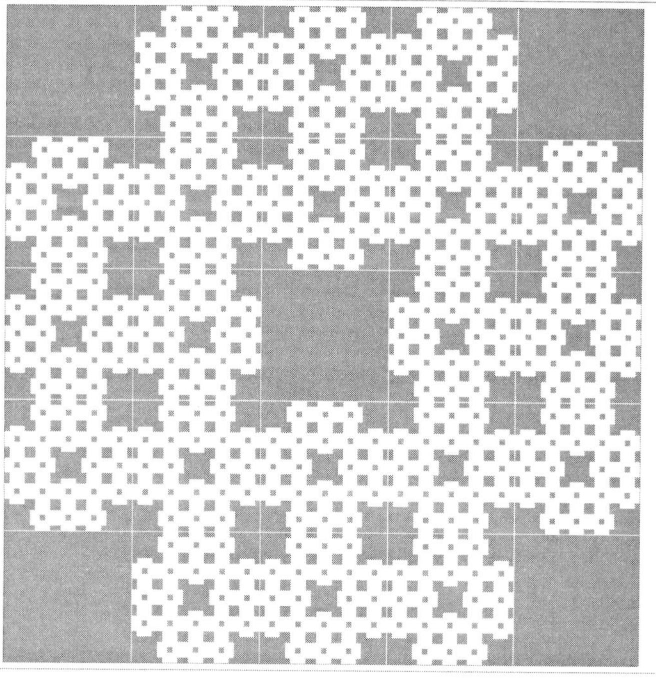

① $\log_5 5 = 1$

② $\log_{25} 225 = 1.683$

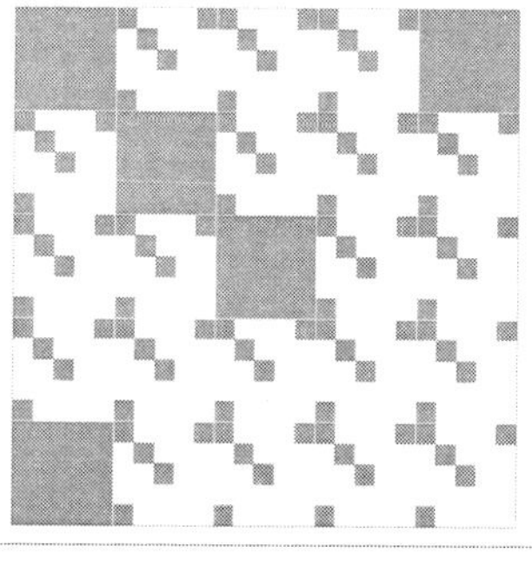

③ $\log_{125} 7625 = 1.851$

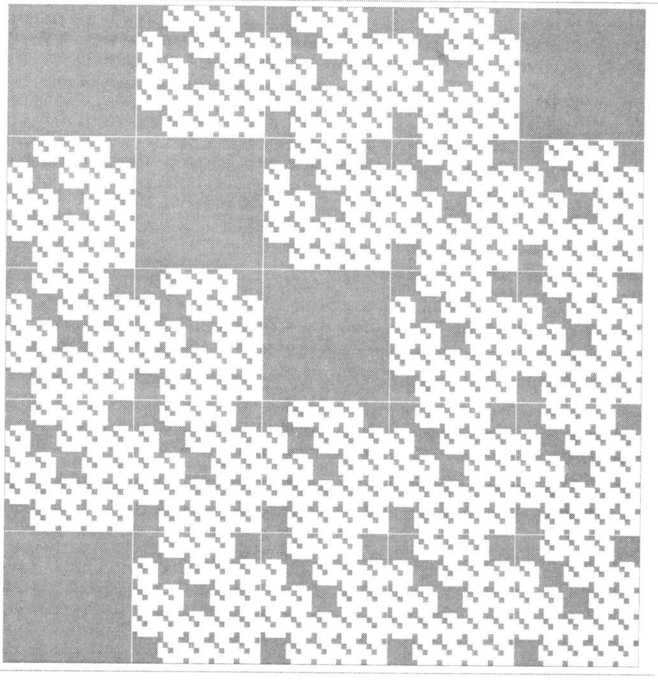

① $\log_5 5 = 1$

② $\log_{25} 225 = 1.683$

③ $\log_{125} 7625 = 1.851$

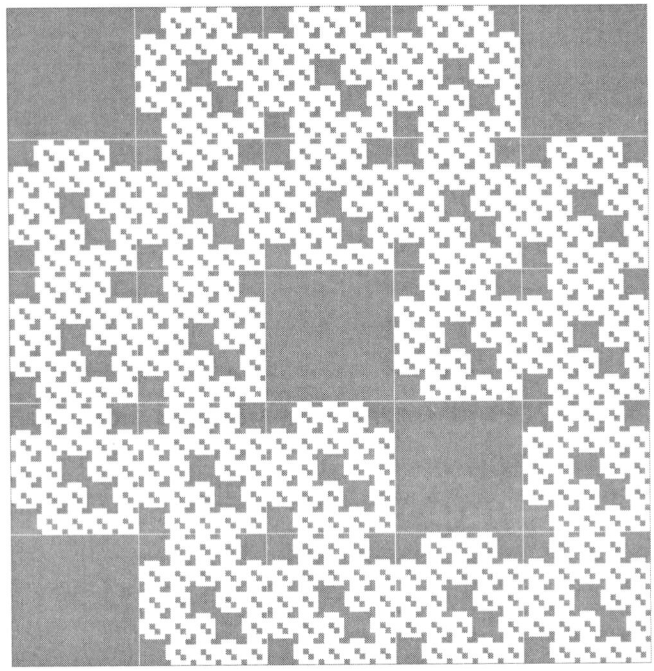

① $\log_5 5 = 1$

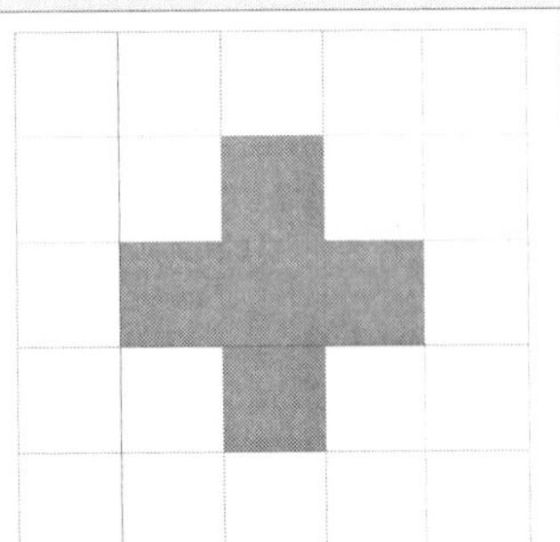

② $\log_{25} 225 = 1.683$

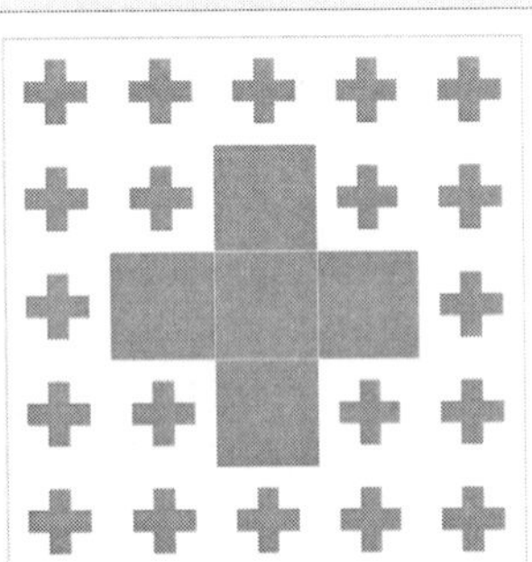

③ $\log_{125} 7625 = 1.851$

① $\log_5 5 = 1$

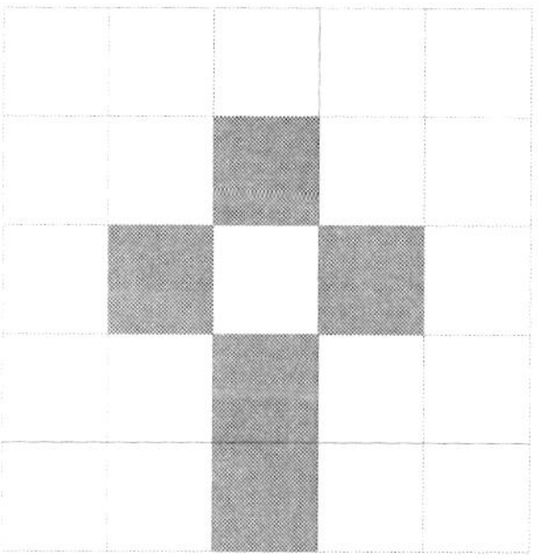

② $\log_{25} 225 = 1.683$

③ $\log_{125} 7625 = 1.851$

① $\log_5 5 = 1$

② $\log_{25} 225 = 1.683$

③ $\log_{125} 7625 = 1.851$

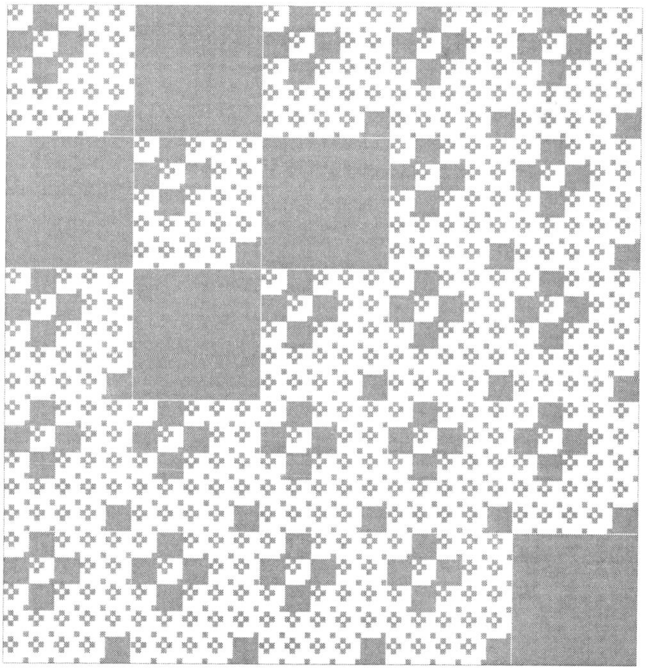

① $\log_5 5 = 1$

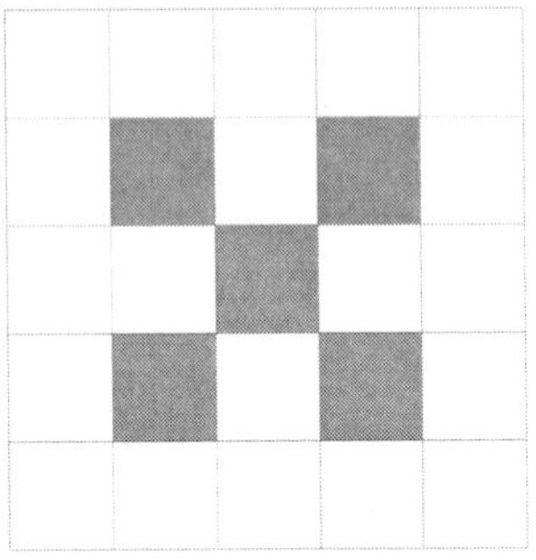

② $\log_{25} 225 = 1.683$

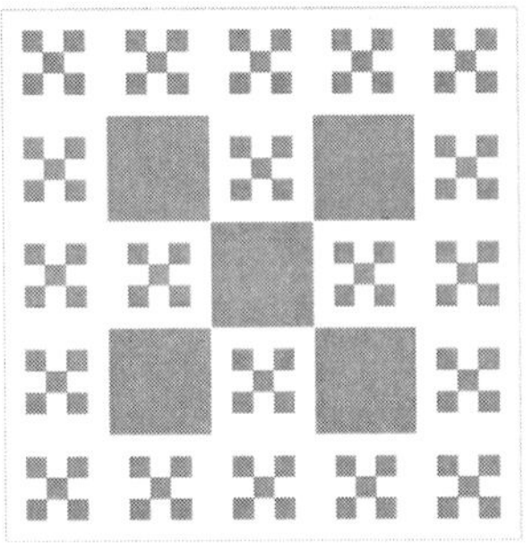

③ $\log_{125} 7625 = 1.851$

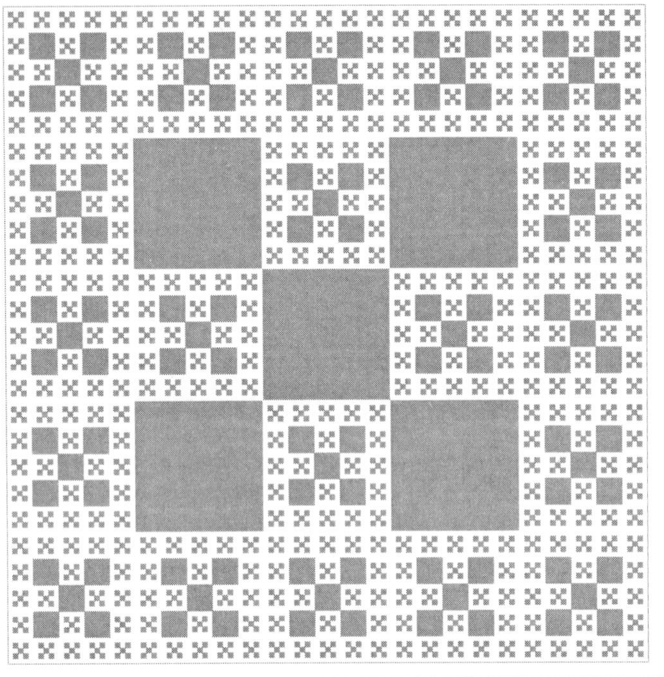

① $\log_5 5 = 1$

② $\log_{25} 225 = 1.683$

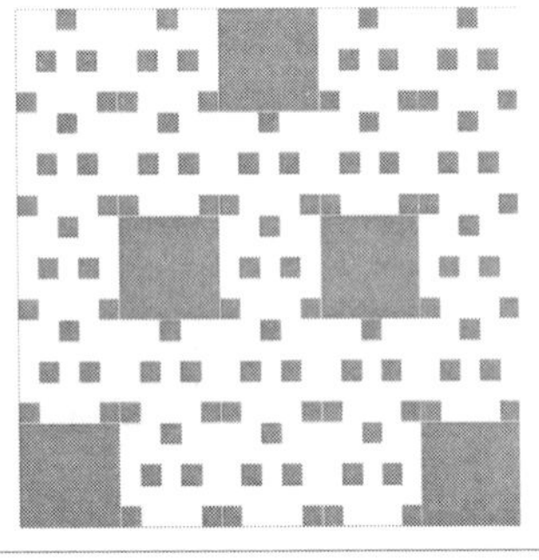

③ $\log_{125} 7625 = 1.851$

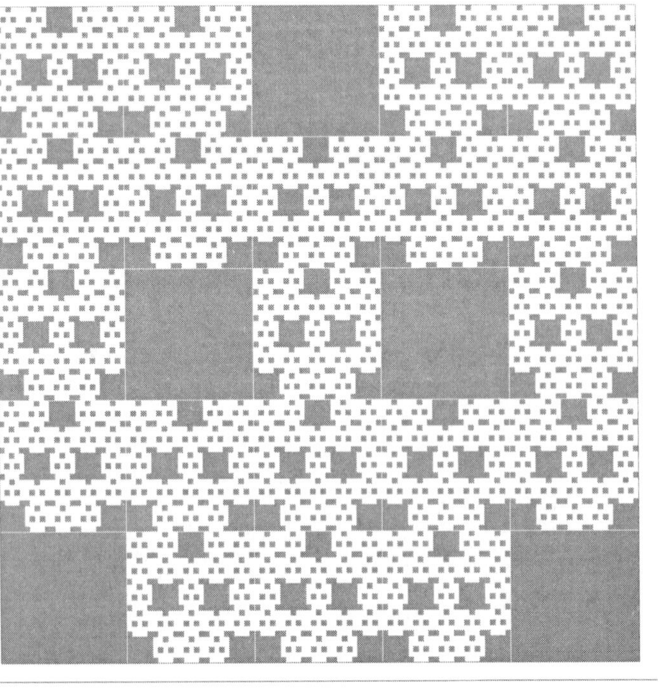

(6) 1단계 6개

① $\log_{5}6 = 1.113$

② $\log_{25}264 = 1.732$

③ $\log_{125}8766 = 1.88$

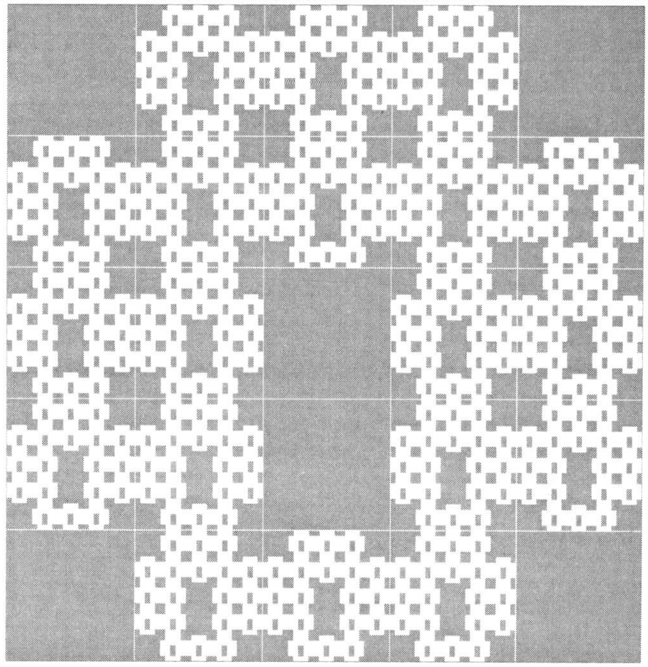

① $\log_{5}6 = 1.113$

② $\log_{25}264 = 1.732$

③ $\log_{125}8766 = 1.88$

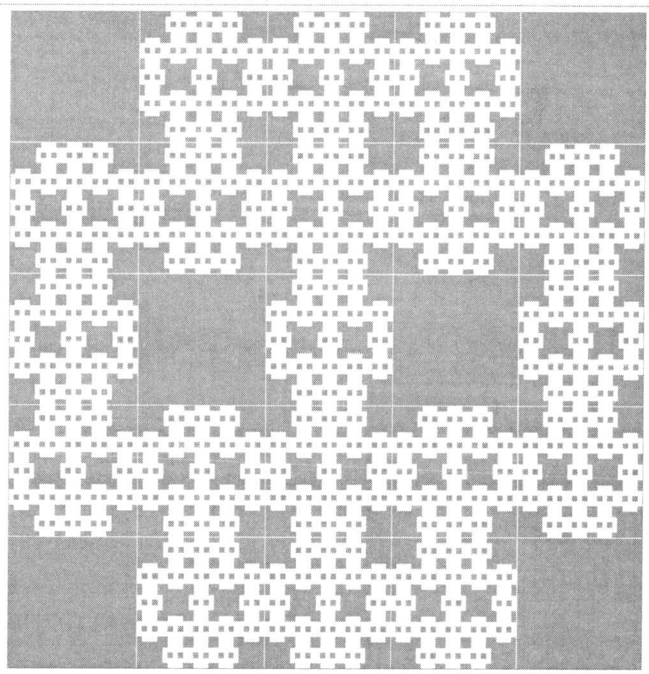

(7) 1단계 7개

① $\log_{5}7 = 1.209$

② $\log_{25}301 = 1.773$

③ $\log_{125}9793 = 1.903$

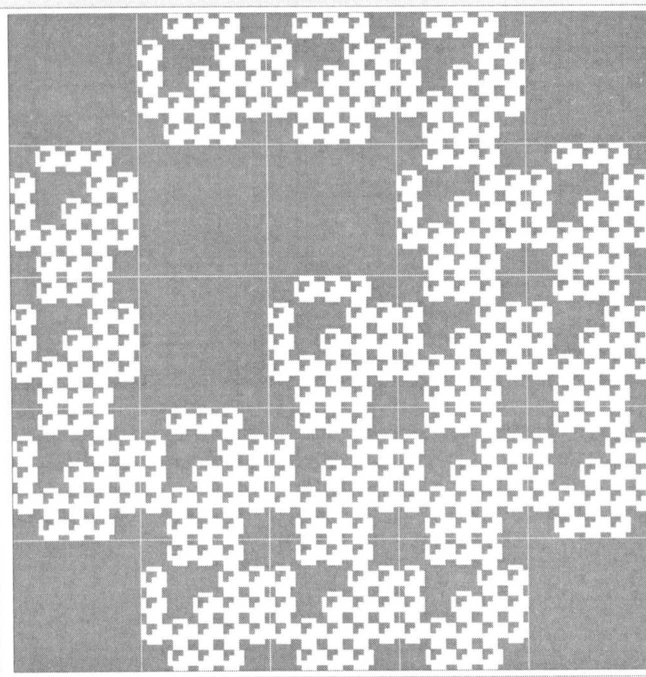

① $\log_{5}7 = 1.209$

② $\log_{25}301 = 1.773$

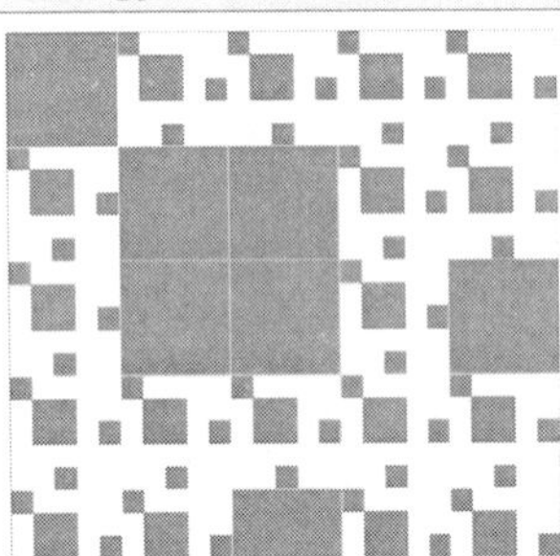

③ $\log_{125}9793 = 1.903$

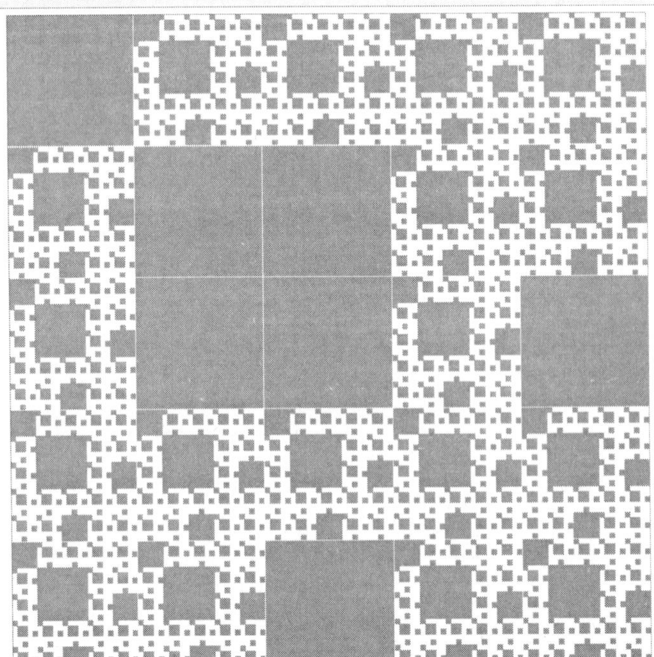

① $\log_5 7 = 1.209$

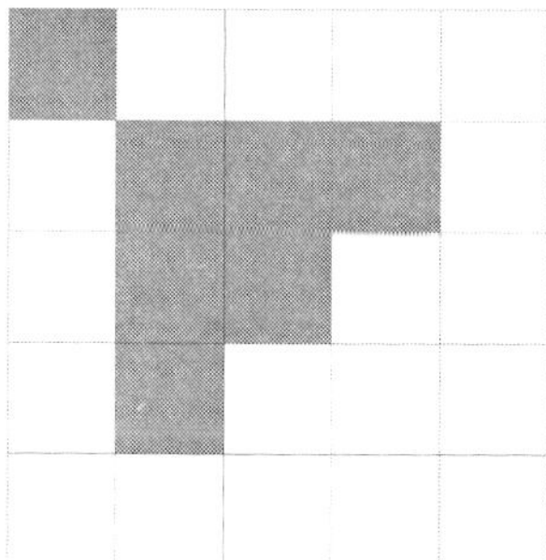

② $\log_{25} 301 = 1.773$

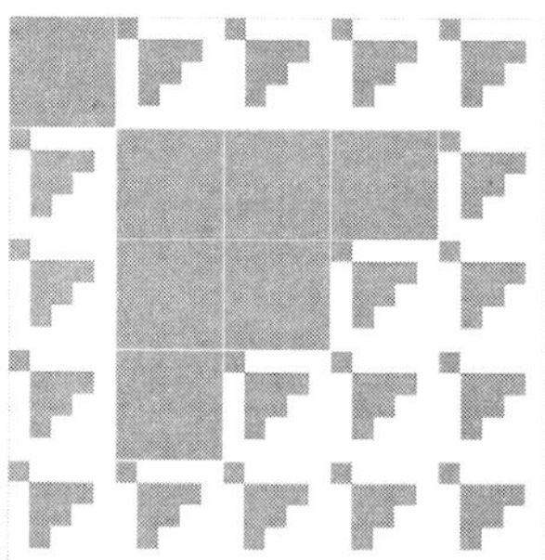

③ $\log_{125} 9793 = 1.903$

① $\log_5 7 = 1.209$

② $\log_{25} 301 = 1.773$

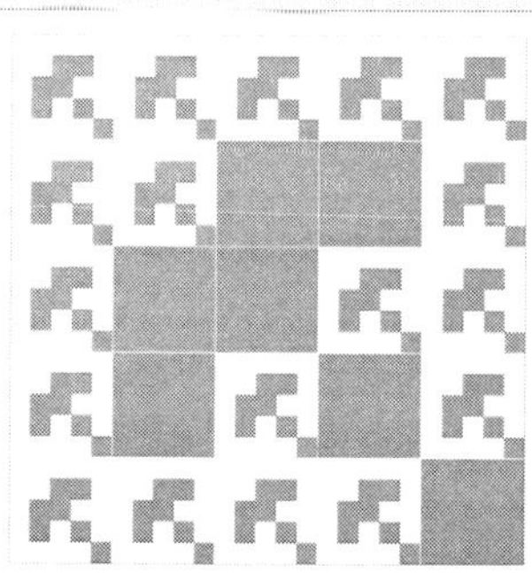

③ $\log_{125} 9793 = 1.903$

(8) 1단계 8개

① $\log_5 8 = 1.292$

② $\log_{25} 336 = 1.807$

③ $\log_{125} 10702 = 1.922$

① $\log_5 8 = 1.292$

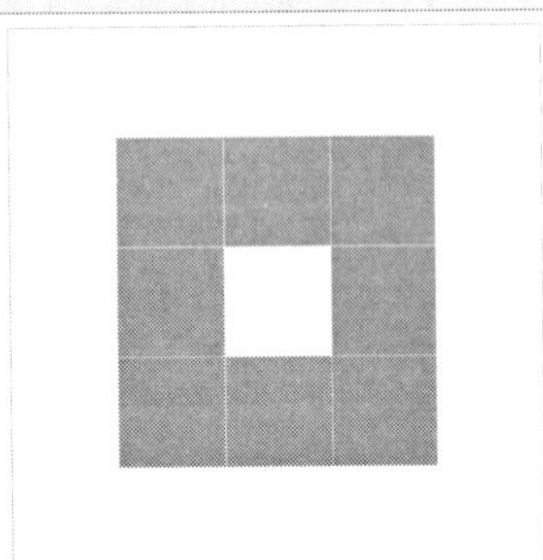

② $\log_{25} 336 = 1.807$

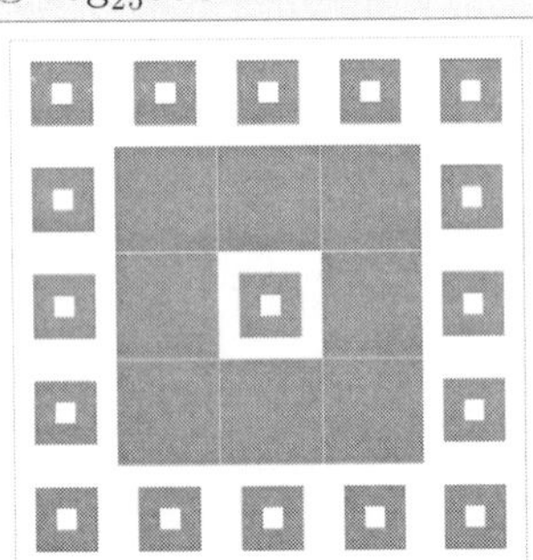

③ $\log_{125} 10702 = 1.922$

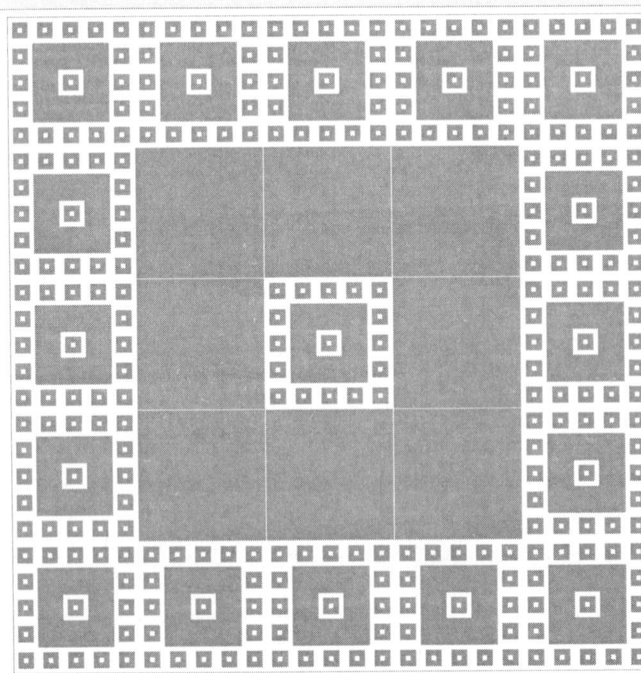

① $\log_5 8 = 1.292$

② $\log_{25} 336 = 1.807$

③ $\log_{125} 10702 = 1.922$

① $\log_5 8 = 1.292$

② $\log_{25} 336 = 1.807$

③ $\log_{125} 10702 = 1.922$

① $\log_5 8 = 1.292$

② $\log_{25} 336 = 1.807$

③ $\log_{125} 10702 = 1.922$

① $\log_5 8 = 1.292$

② $\log_{25} 336 = 1.807$

③ $\log_{125} 10702 = 1.922$

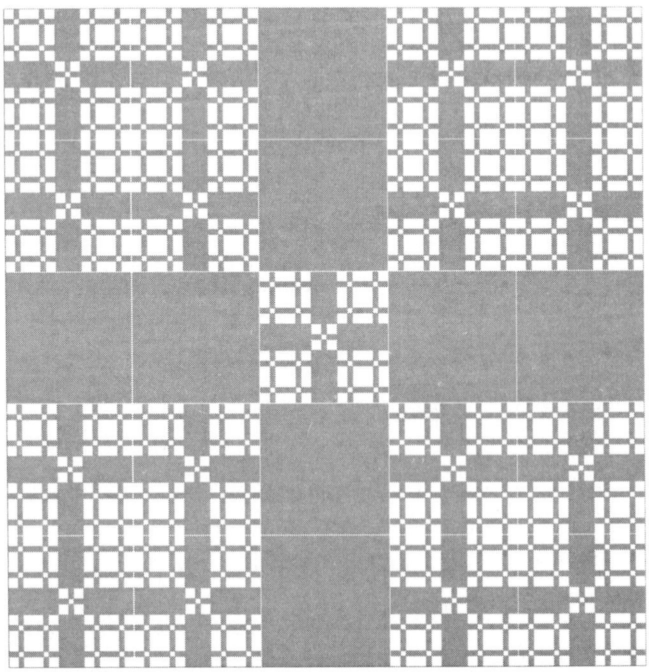

① $\log_5 8 = 1.292$

② $\log_{25} 336 = 1.807$

③ $\log_{125} 10702 = 1.922$

① $\log_5 8 = 1.292$

② $\log_{25} 336 - 1.807$

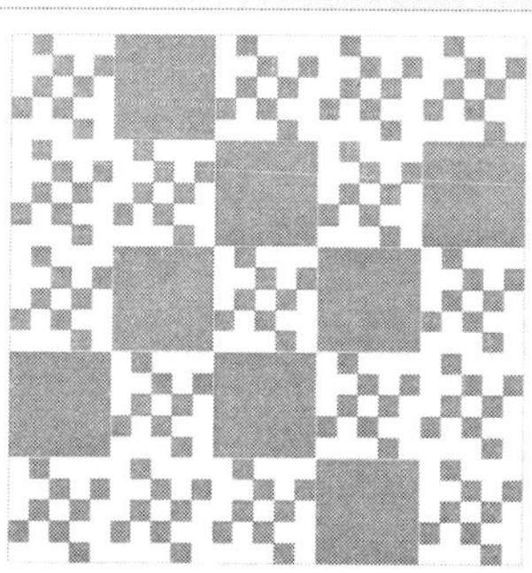

③ $\log_{125} 10702 = 1.922$

(9) 1단계 9개

① $\log_5 9 = 1.365$

② $\log_{25} 369 = 1.836$

③ $\log_{125} 11529 = 1.973$

① $\log_5 9 = 1.365$

② $\log_{25} 369 = 1.836$

③ $\log_{125} 11529 = 1.973$

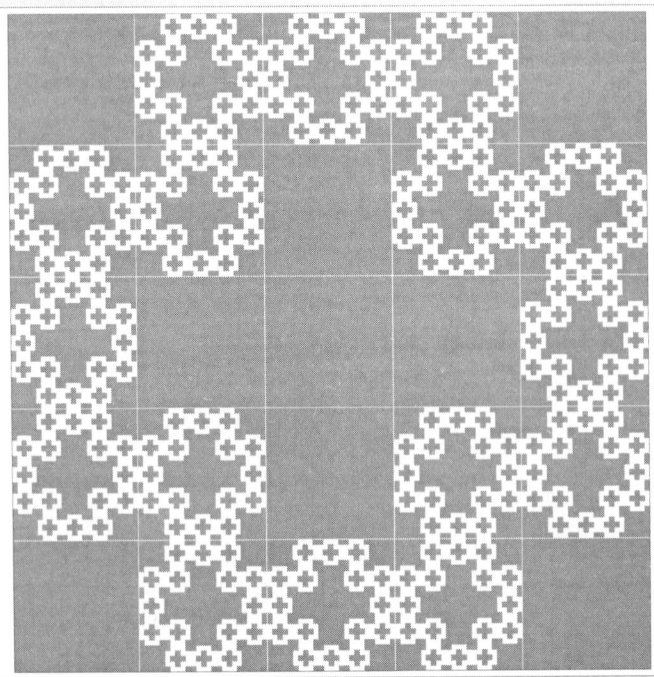

① $\log_5 9 = 1.365$

② $\log_{25} 369 = 1.836$

③ $\log_{125} 11529 = 1.973$

① $\log_5 9 = 1.365$

② $\log_{25} 369 = 1.836$

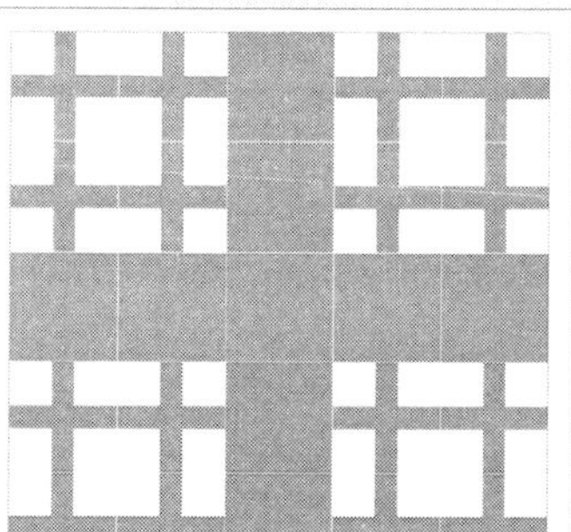

③ $\log_{125} 11529 = 1.973$

① $\log_{5}9 = 1.365$

② $\log_{25}369 = 1.836$

③ $\log_{125}11529 = 1.973$

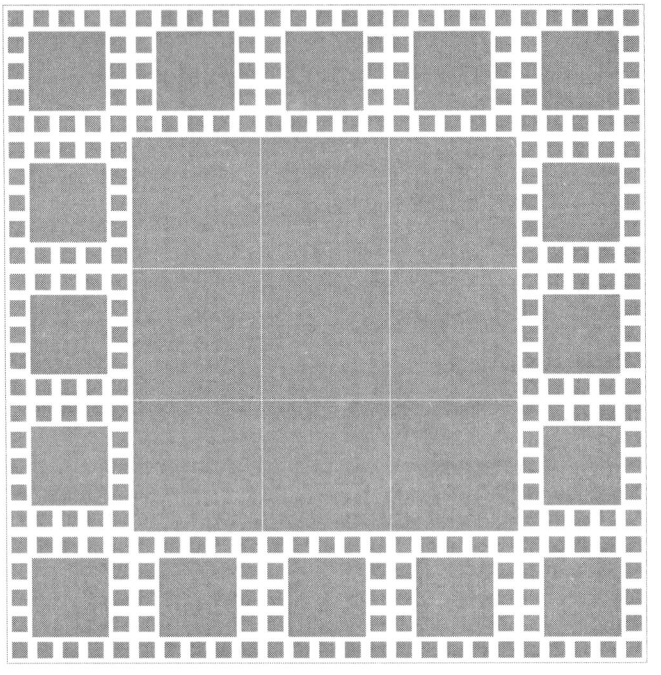

① $\log_{5}9 = 1.365$

② $\log_{25}369 = 1.836$

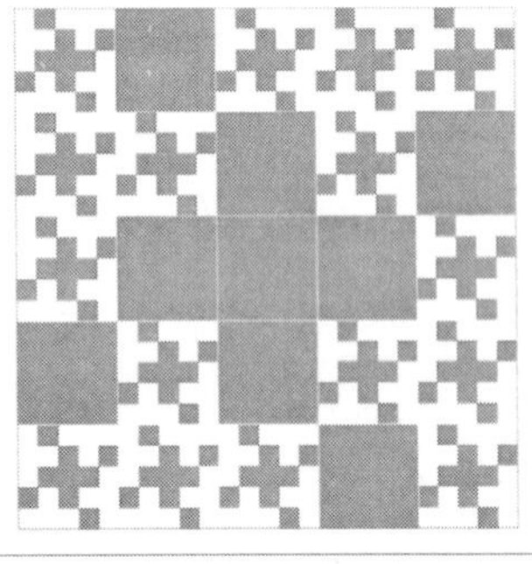

③ $\log_{125}11529 = 1.973$

(10) 1단계 10개

① $\log_5 10 = 1.431$

② $\log_{25} 400 = 1.861$

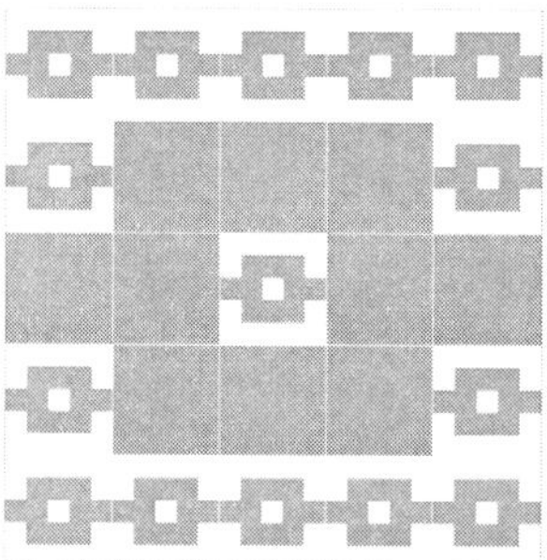

③ $\log_{125} 12250 = 1.95$

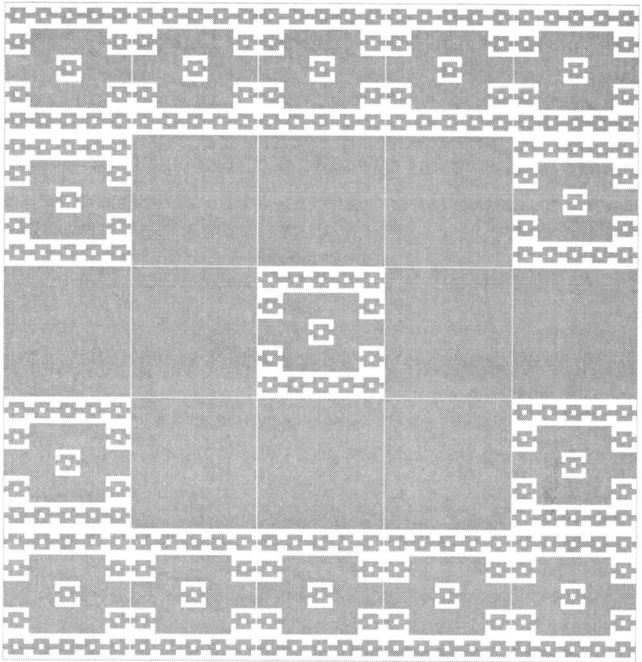

① $\log_5 10 = 1.431$

② $\log_{25} 400 = 1.861$

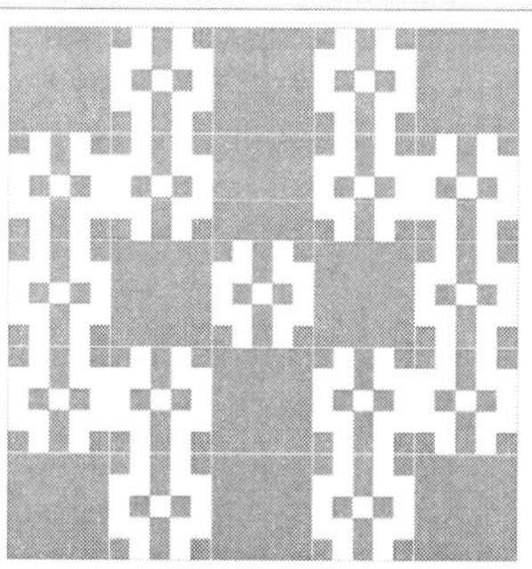

③ $\log_{125} 12250 = 1.95$

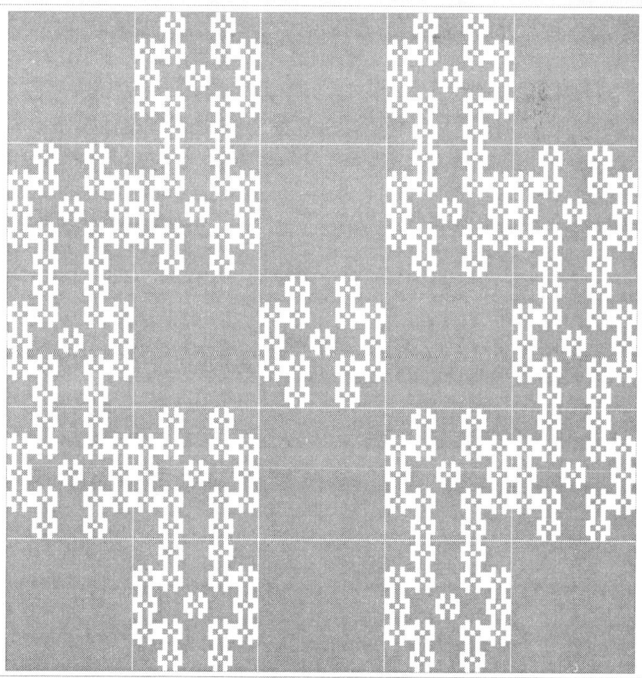

① $\log_5 10 = 1.431$

② $\log_{25} 400 = 1.861$

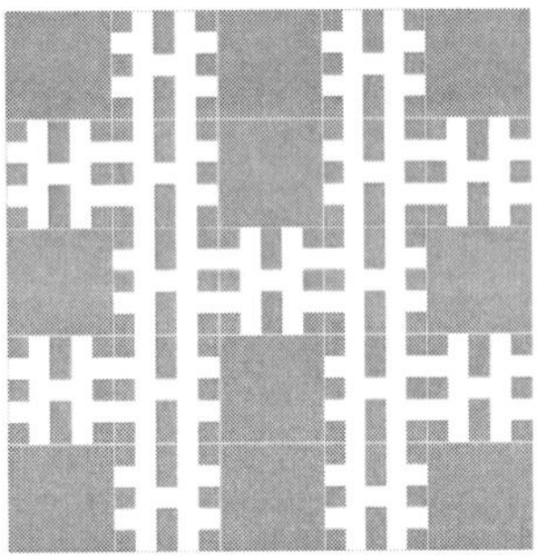

③ $\log_{125} 12250 = 1.95$

① $\log_5 10 = 1.431$

② $\log_{25} 400 = 1.861$

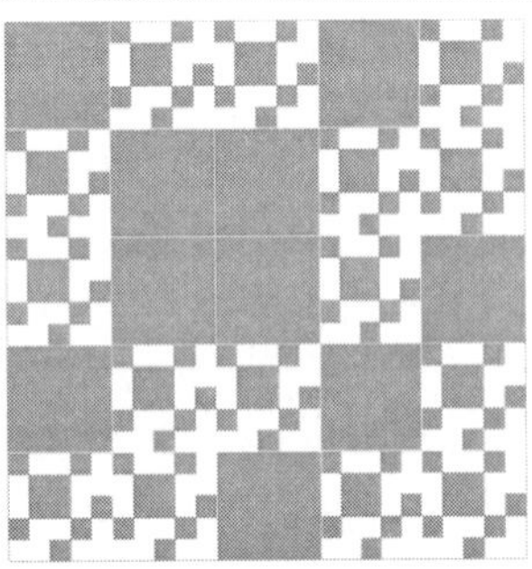

③ $\log_{125} 12250 = 1.95$

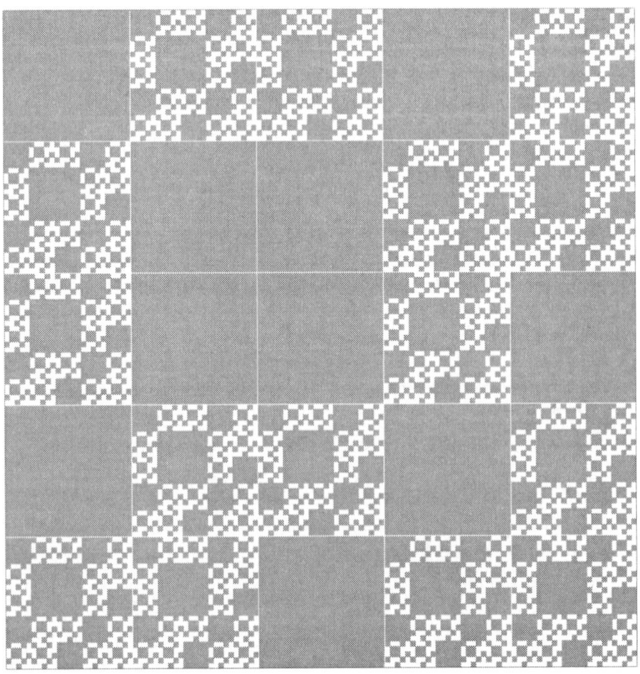

(11) 1단계 11개

① $\log_5 11 = 1.490$

② $\log_{25} 429 = 1.883$

③ $\log_{125} 12881 = 1.96$

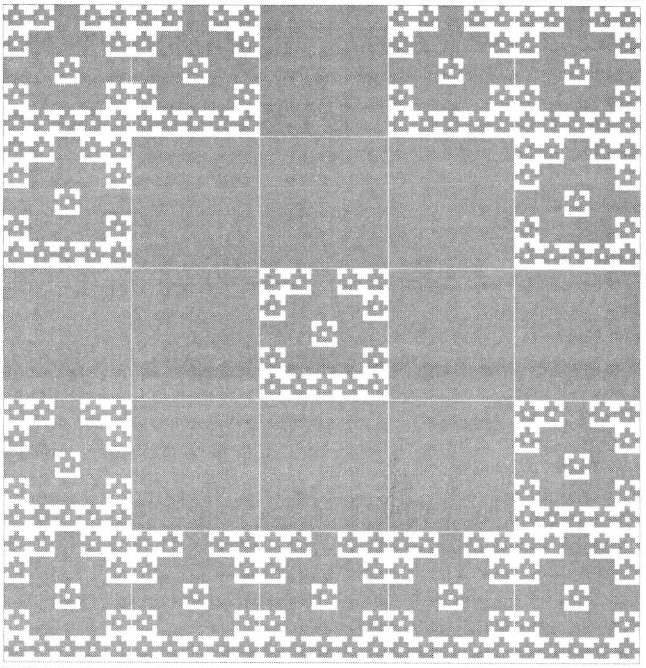

① $\log_5 11 = 1.490$

② $\log_{25} 429 = 1.883$

③ $\log_{125} 12881 = 1.96$

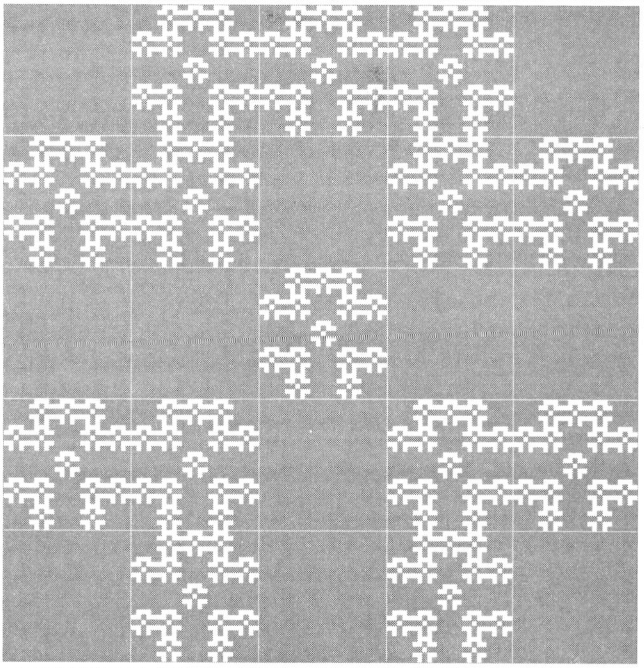

(12) 1단계 12개

① $\log_5 12 = 1.544$

② $\log_{25} 456 = 1.902$

③ $\log_{125} 13428 = 1.969$

① $\log_5 12 = 1.544$

② $\log_{25} 456 = 1.902$

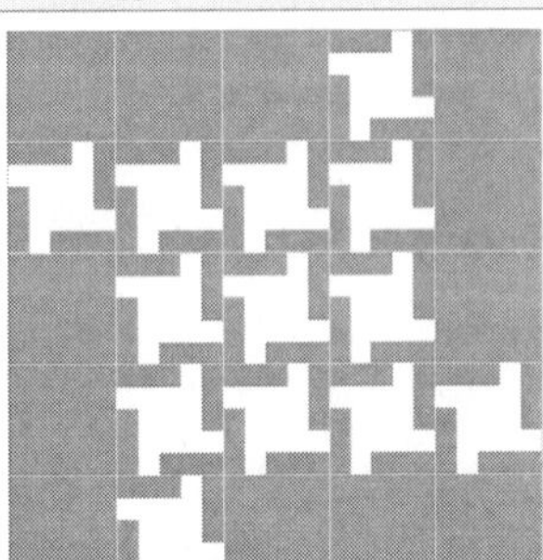

③ $\log_{125} 13428 = 1.969$

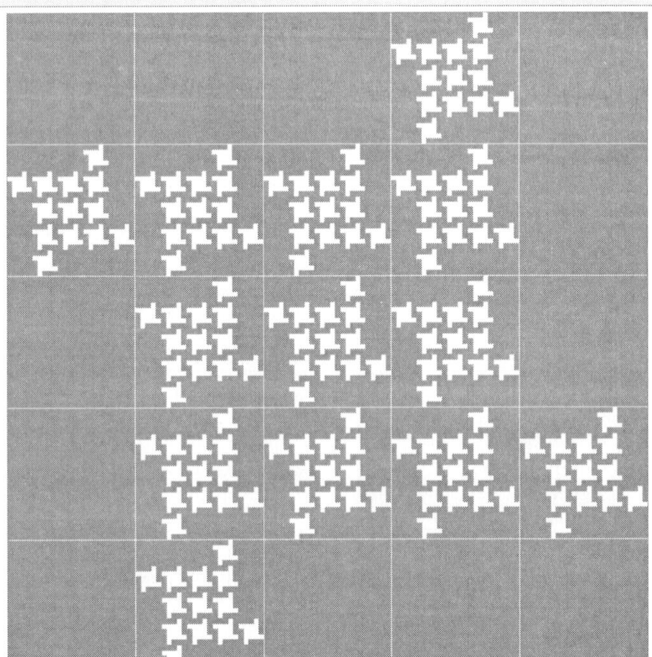

① $\log_5 12 = 1.544$

② $\log_{25} 456 = 1.902$

③ $\log_{125} 13428 = 1.969$

① $\log_5 12 = 1.544$

② $\log_{25} 456 = 1.902$

③ $\log_{125} 13428 = 1.969$

① $\log_5 12 = 1.544$

② $\log_{25} 456 = 1.902$

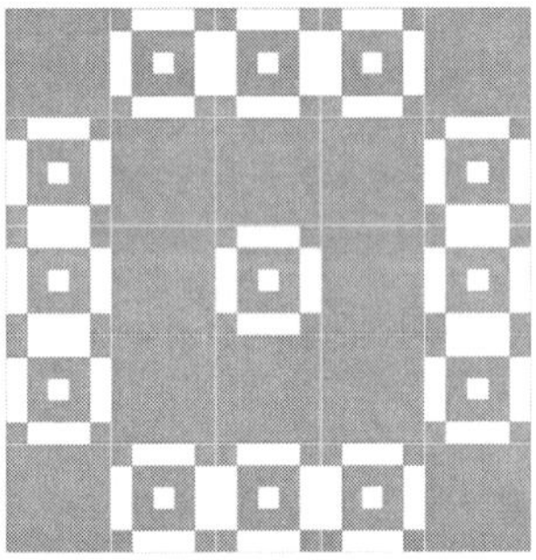

③ $\log_{125} 13428 = 1.969$

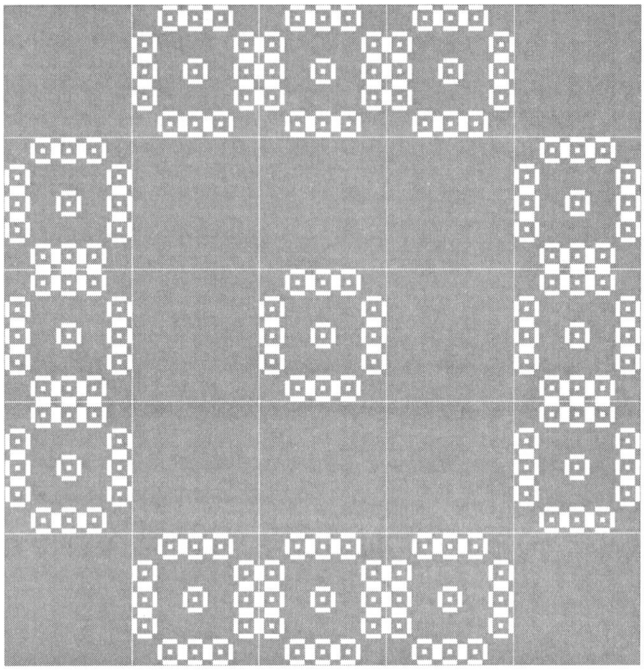

① $\log_5 12 = 1.544$

② $\log_{25} 456 = 1.902$

③ $\log_{125} 13428 = 1.969$

① $\log_5 12 = 1.544$

② $\log_{25} 456 = 1.902$

③ $\log_{125} 13428 = 1.969$

① $\log_5 12 = 1.544$

② $\log_{25} 456 = 1.902$

③ $\log_{125} 13428 = 1.969$

(13) 1단계 13개

① $\log_5 13 = 1.594$

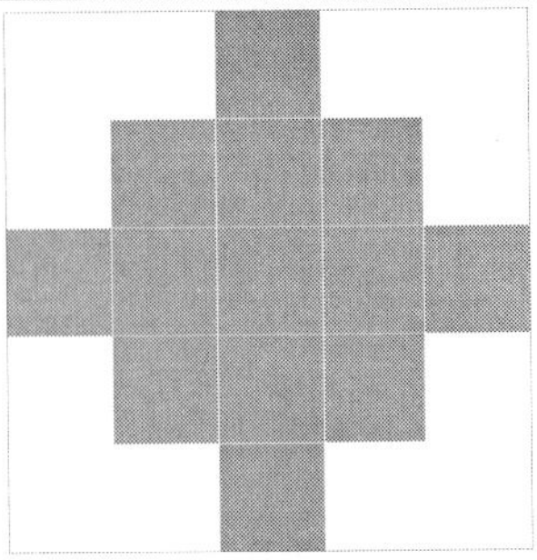

② $\log_{25} 481 = 1.919$

③ $\log_{125} 13897 = 1.976$

① $\log_5 13 = 1.594$

② $\log_{25} 481 = 1.919$

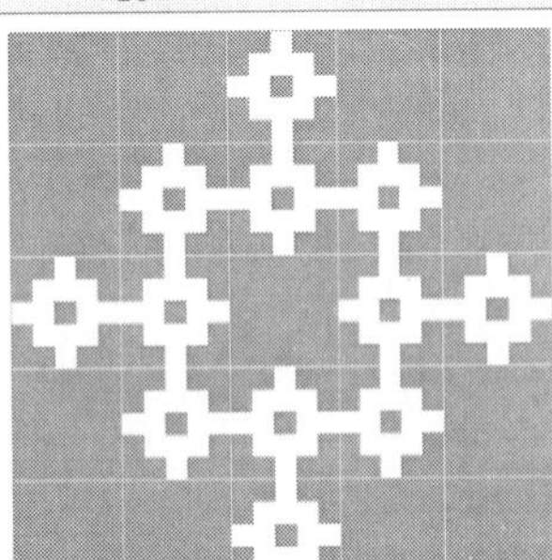

③ $\log_{125} 13897 = 1.976$

① $\log_5 13 = 1.594$

② $\log_{25} 481 = 1.919$

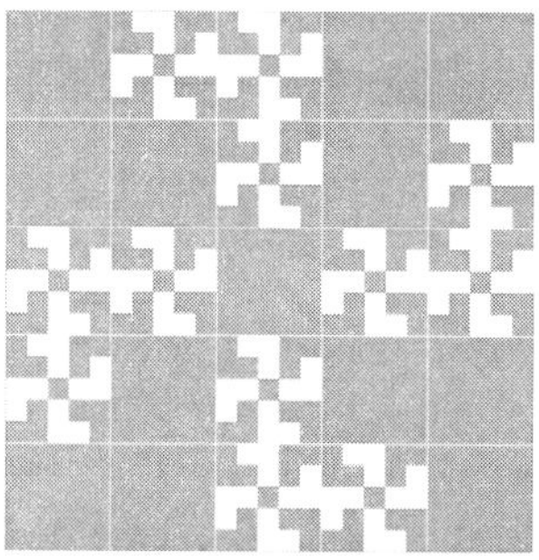

③ $\log_{125} 13897 = 1.976$

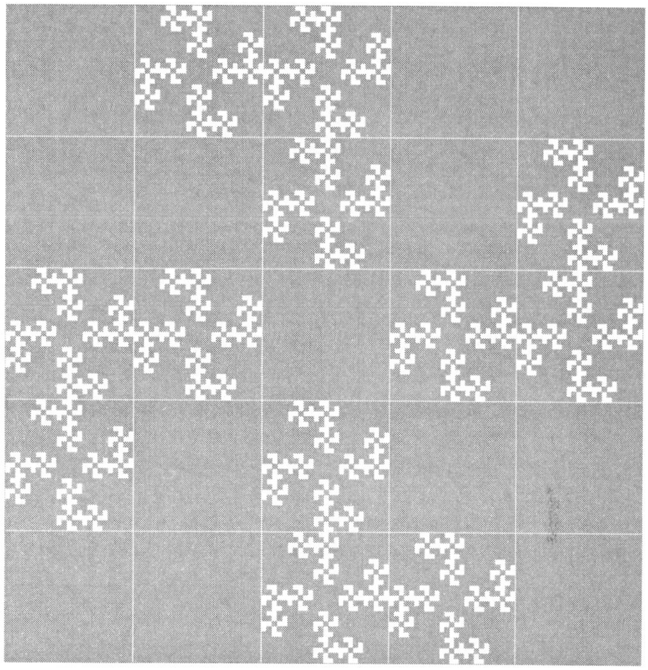

① $\log_5 13 = 1.594$

② $\log_{25} 481 = 1.919$

③ $\log_{125} 13897 = 1.976$

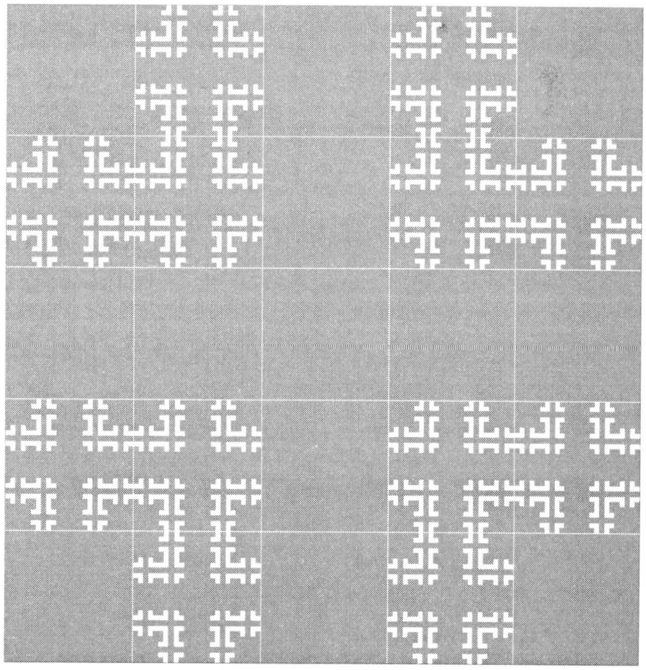

(14) 1단계 16개

① $\log_5 16 = 1.723$

② $\log_{25} 544 = 1.957$

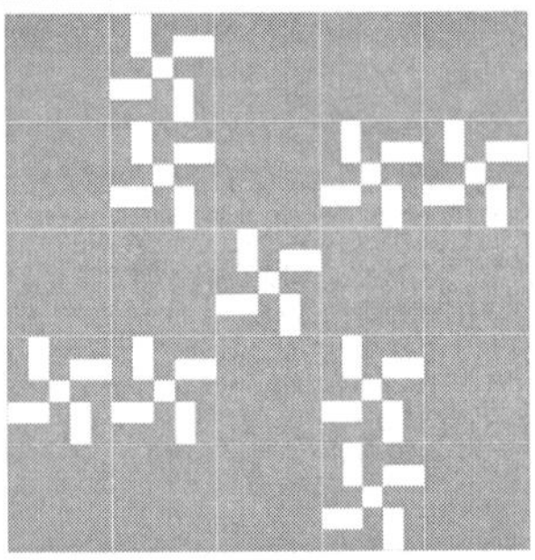

③ $\log_{125} 14896 = 1.99$

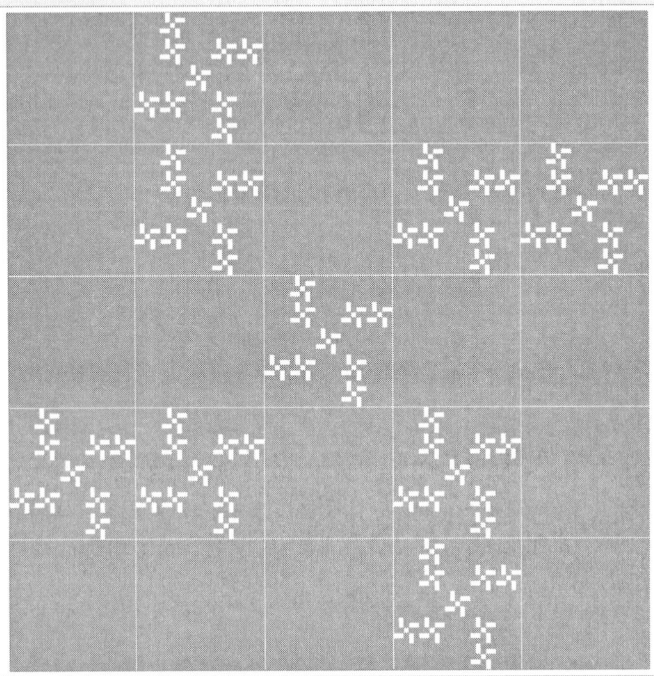

① $\log_5 16 = 1.723$

② $\log_{25} 544 = 1.957$

③ $\log_{125} 14896 = 1.99$

① $\log_5 16 = 1.723$

② $\log_{25} 544 = 1.957$

③ $\log_{125} 14896 = 1.99$

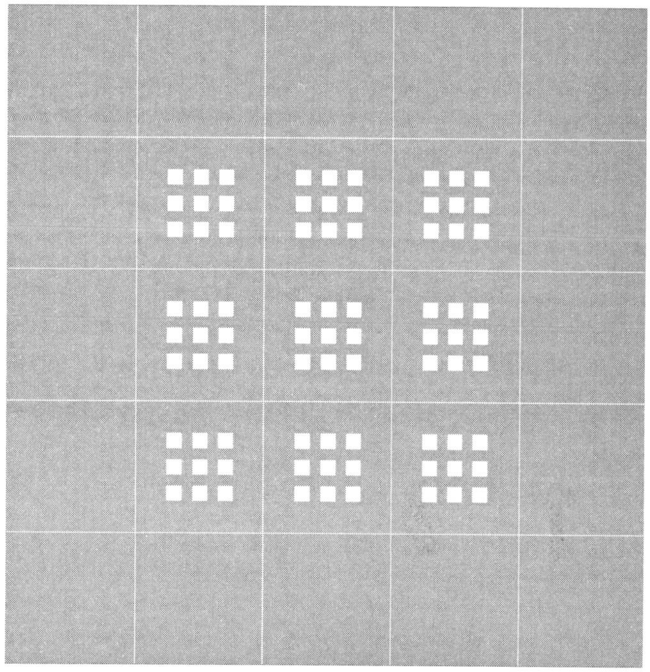

① $\log_5 16 = 1.723$

② $\log_{25} 544 = 1.957$

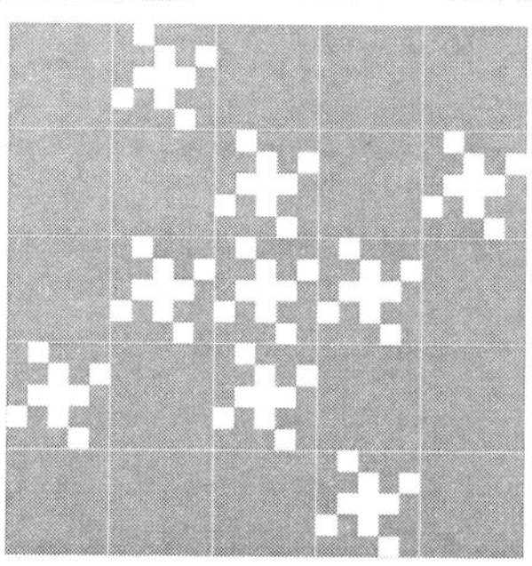

③ $\log_{125} 14896 = 1.99$

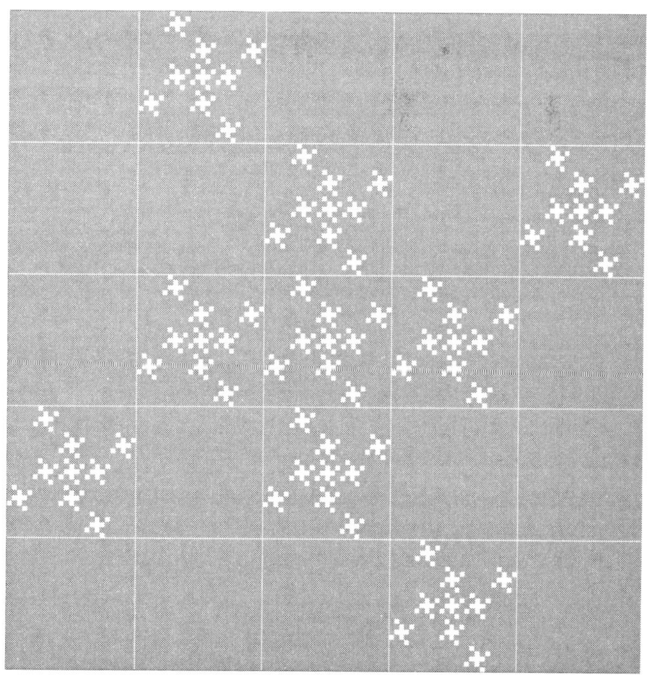

5 6×6 덧셈-덧셈 프랙탈

(1) 1단계 2개

① $\log_{6}2 = 0.387$

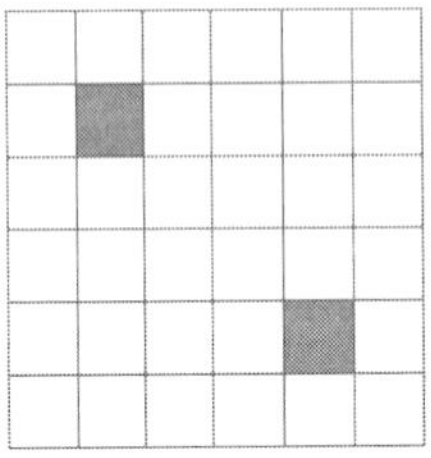

② $\log_{36}140 = 1.379$

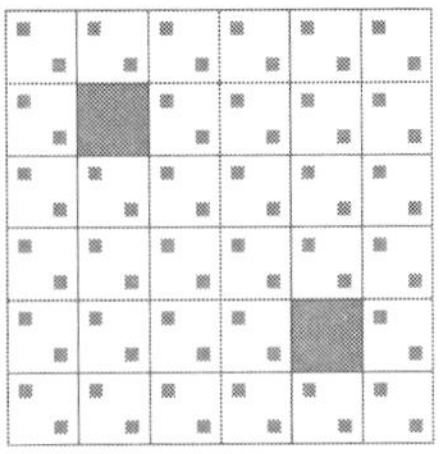

③ $\log_{216}7352 = 1.656$

(2) 1단계 4개

① $\log_{6}4 = 0.774$

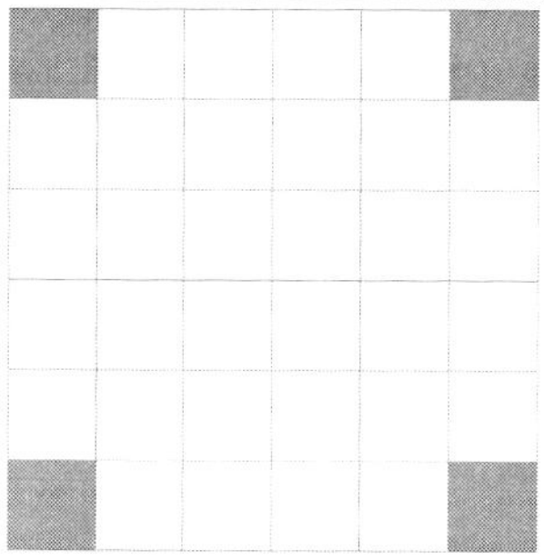

② $\log_{36}272 = 1.564$

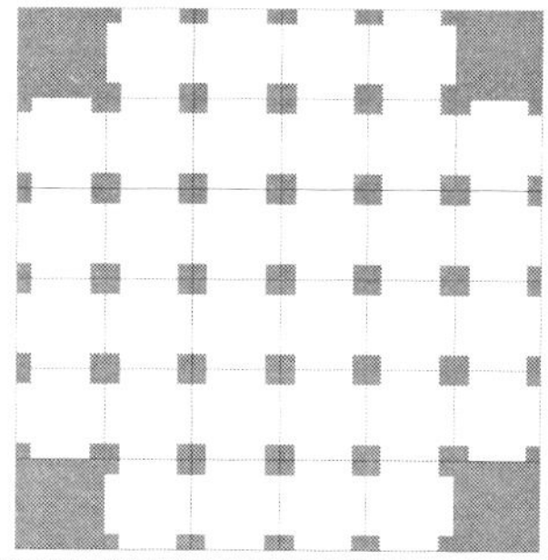

③ $\log_{216}13888 = 1.775$

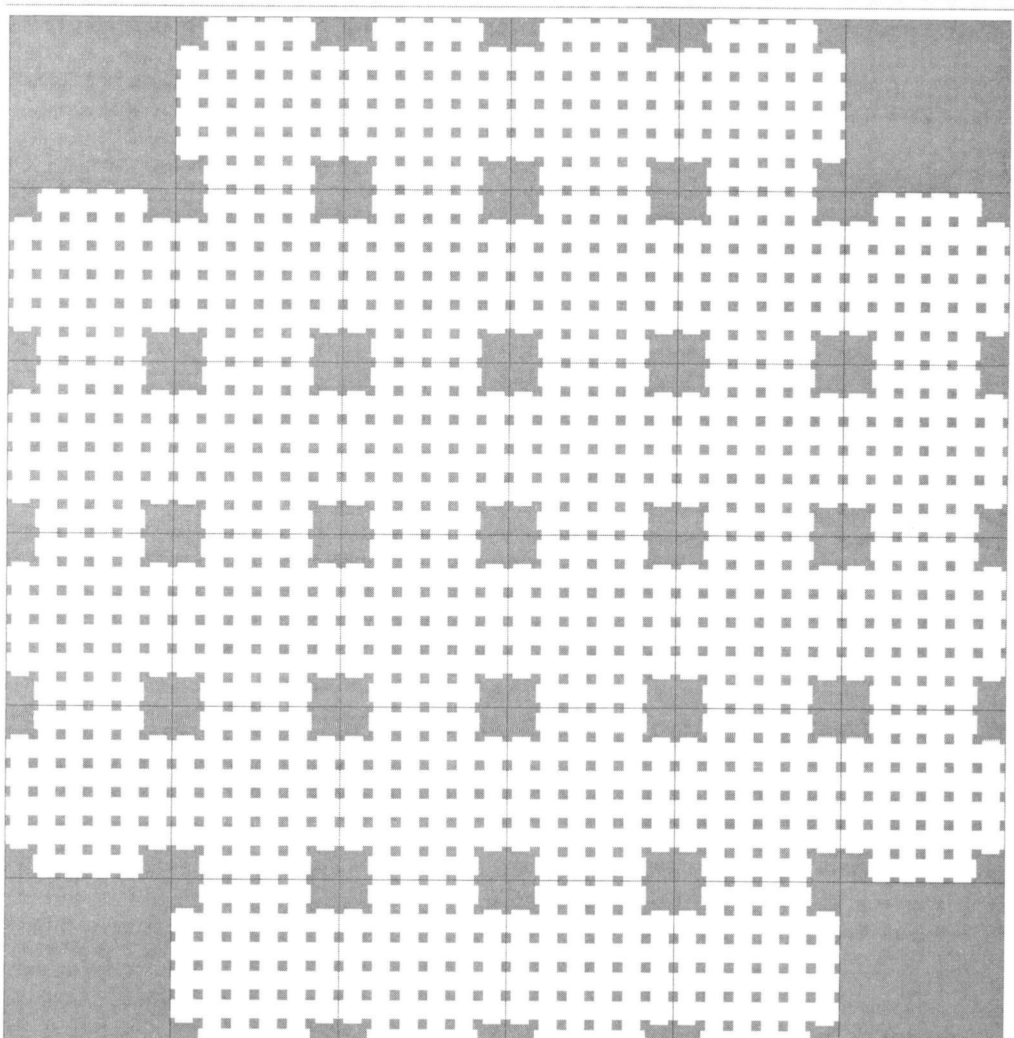

① $\log_{6}4 = 0.774$

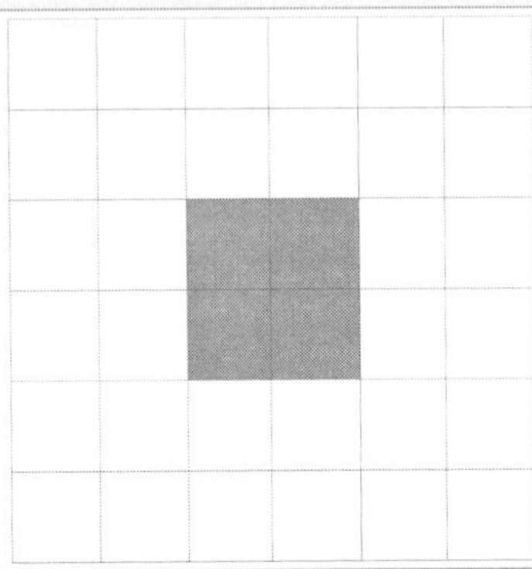

② $\log_{36}272 = 1.564$

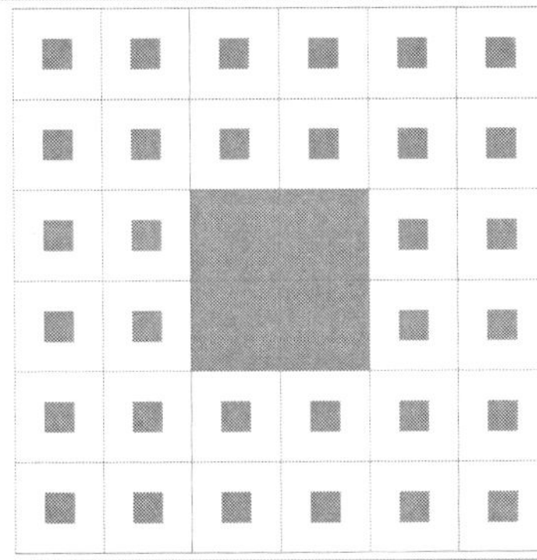

③ $\log_{216}13888 = 1.775$

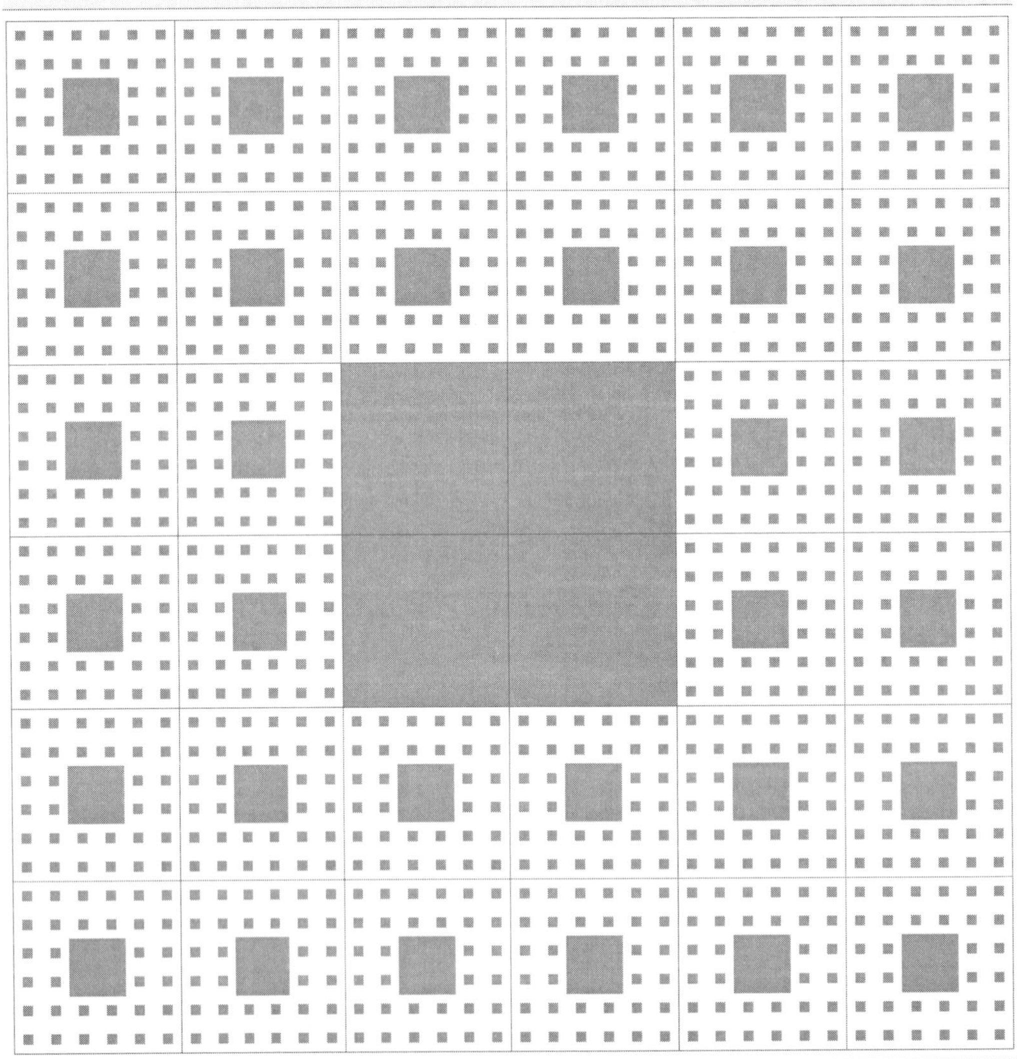

① $\log_6 4 = 0.774$

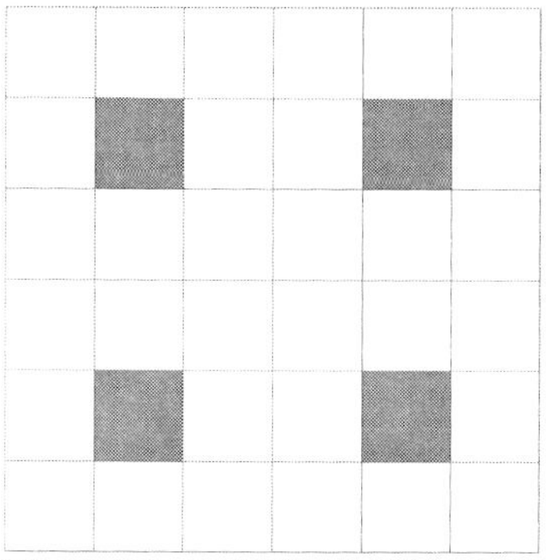

② $\log_{36} 272 = 1.564$

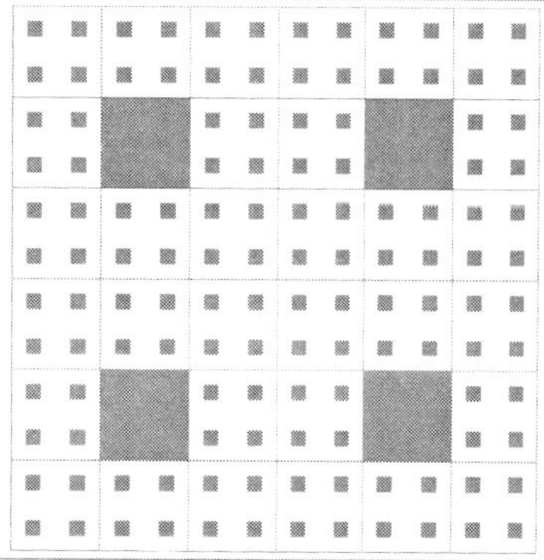

③ $\log_{216} 13888 = 1.775$

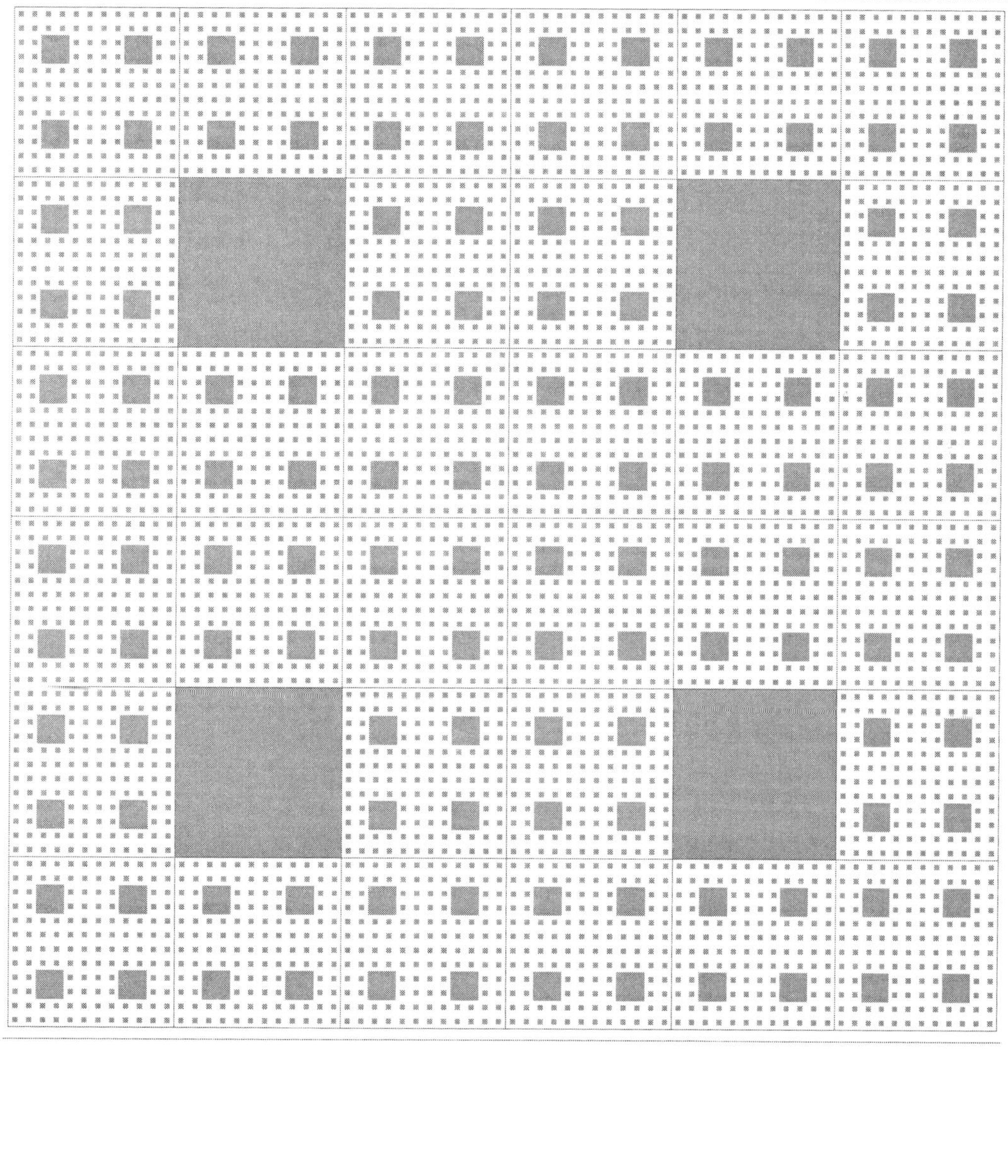

① $\log_6 4 = 0.774$

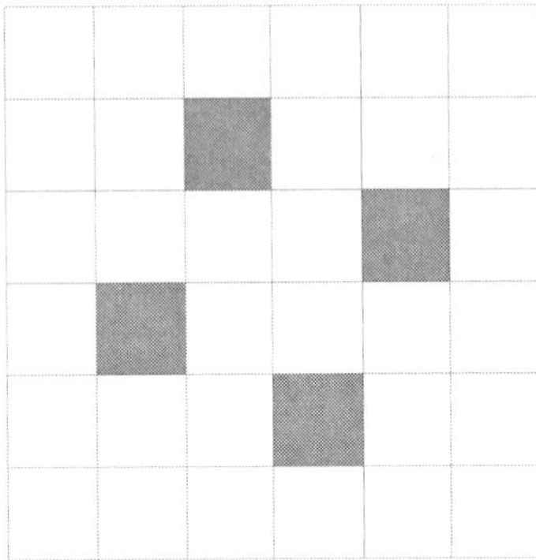

② $\log_{36} 272 = 1.564$

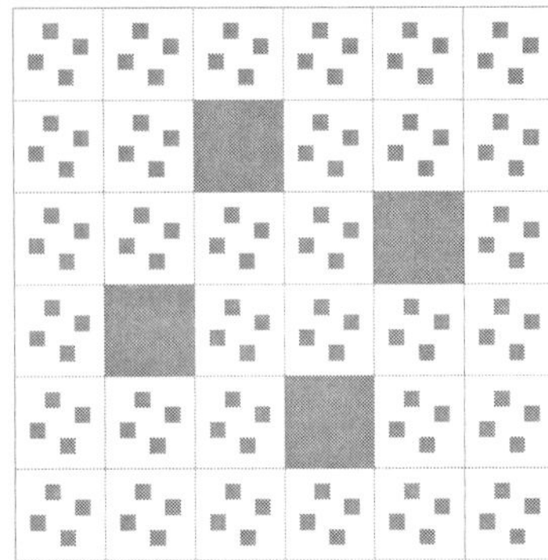

③ $\log_{216} 13888 = 1.775$

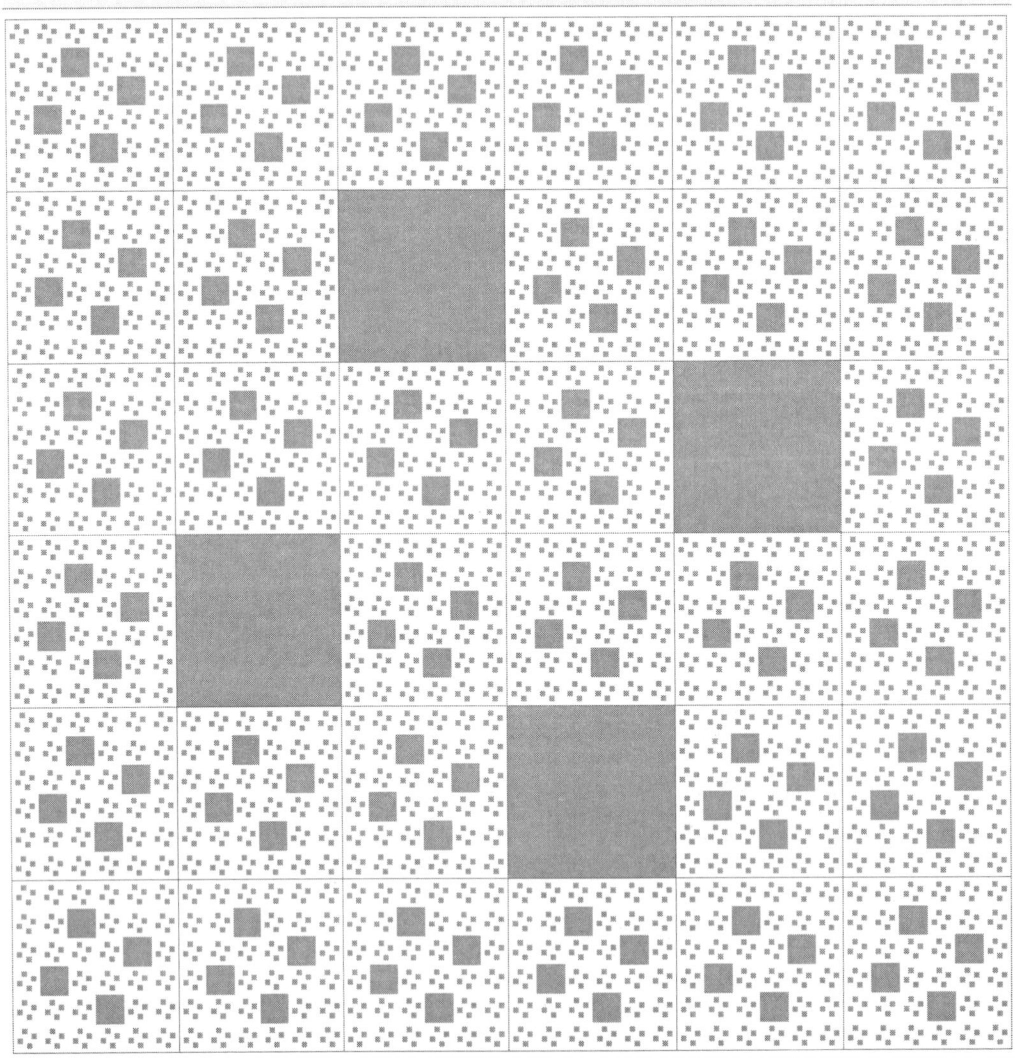

(3) 1단계 8개

① $\log_6 8 = 1.161$	② $\log_{36} 512 = 1.741$
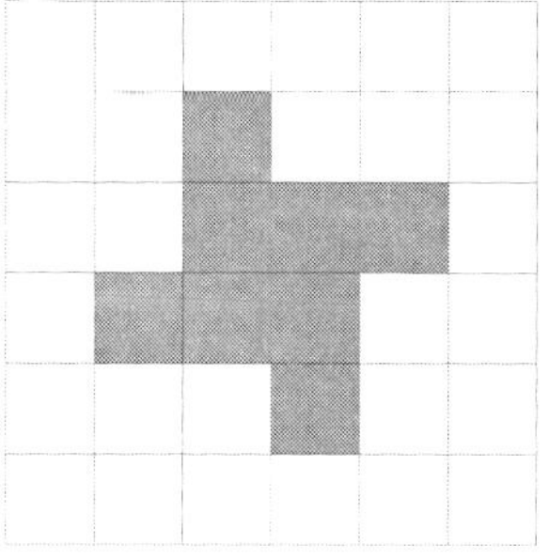	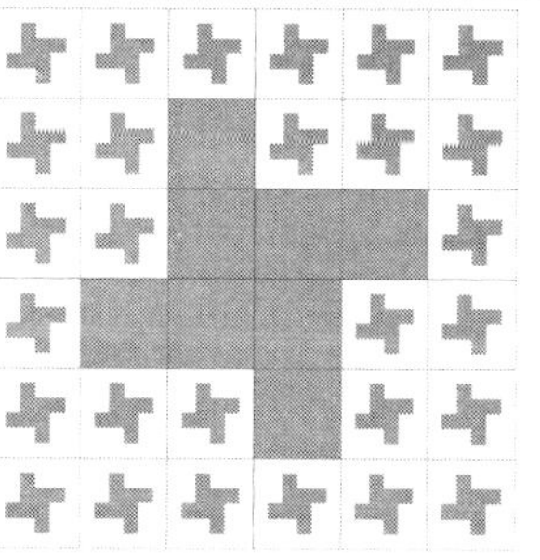

③ $\log_{216} 24704 = 1.882$

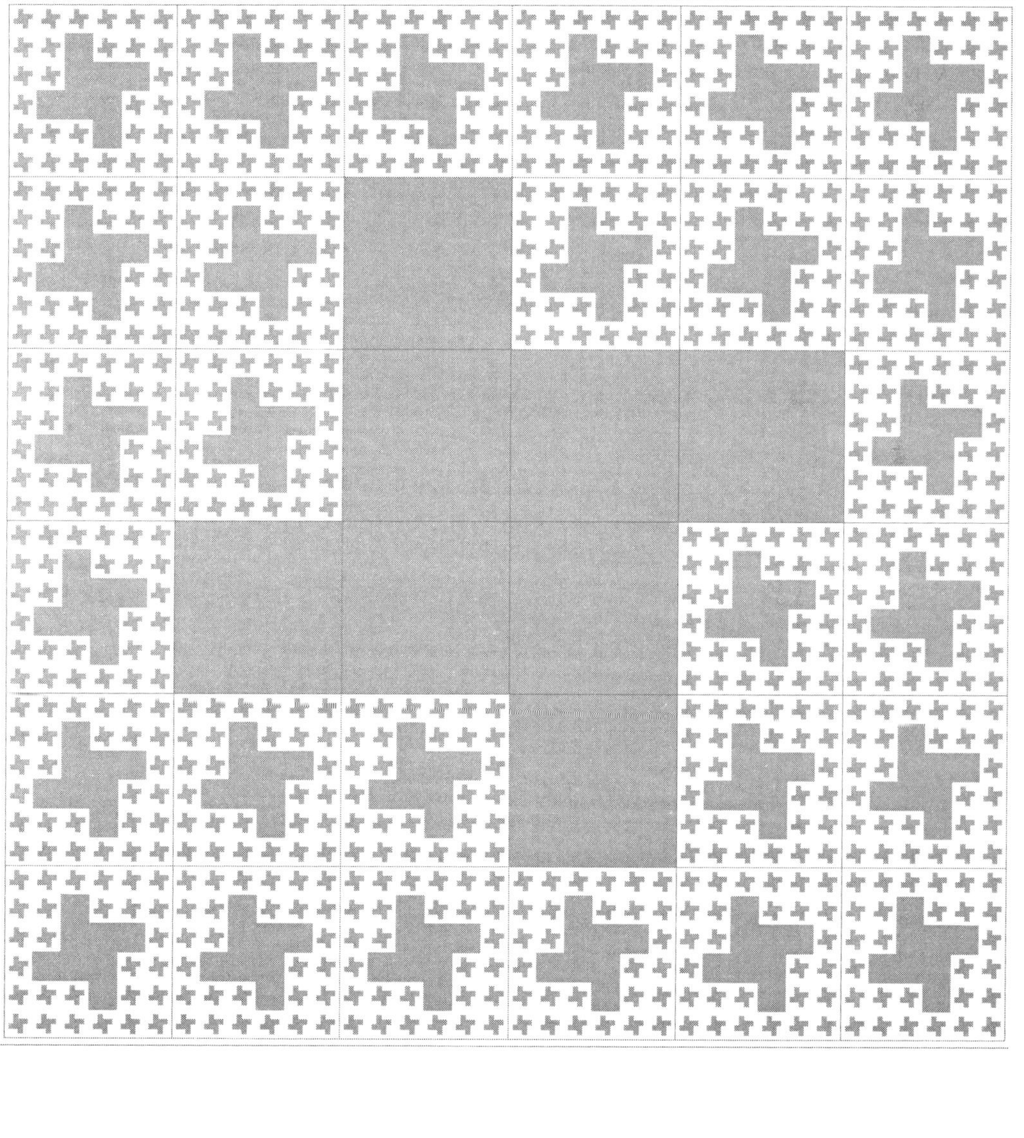

① $\log_6 8 = 1.161$

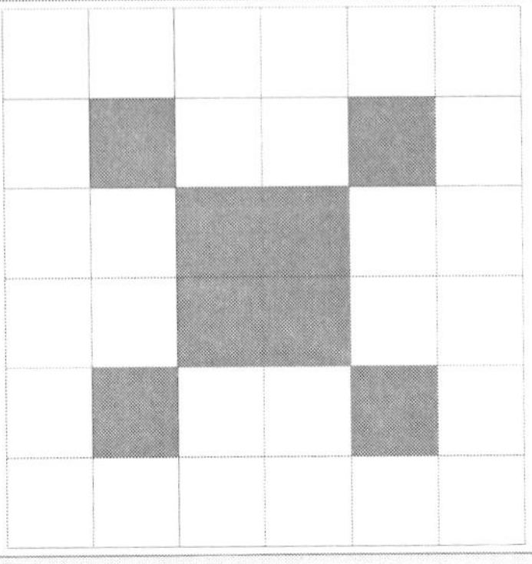

② $\log_{36} 512 = 1.741$

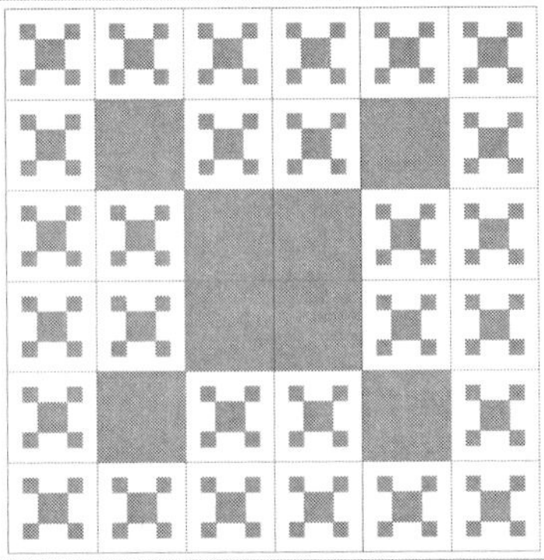

③ $\log_{216} 24704 = 1.882$

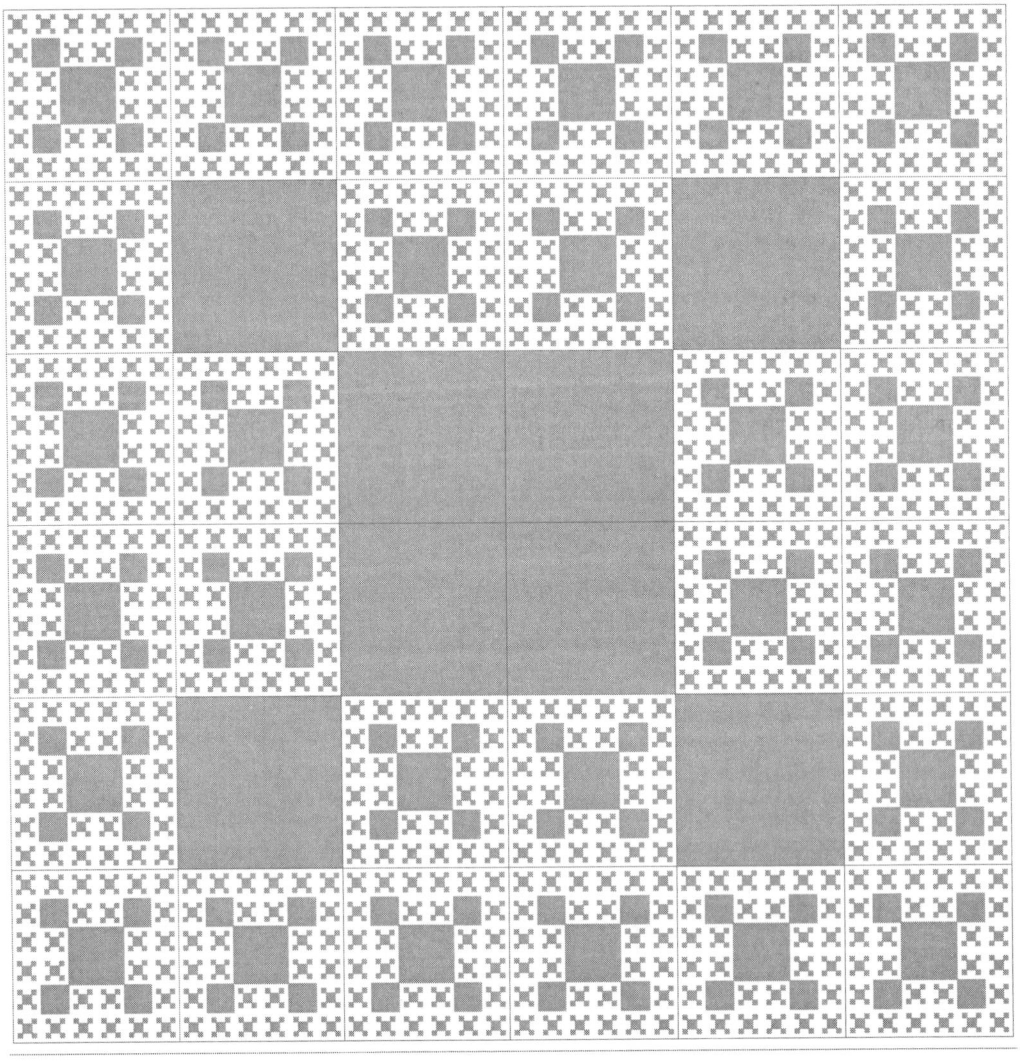

① $\log_6 8 = 1.161$

② $\log_{36} 512 = 1.741$

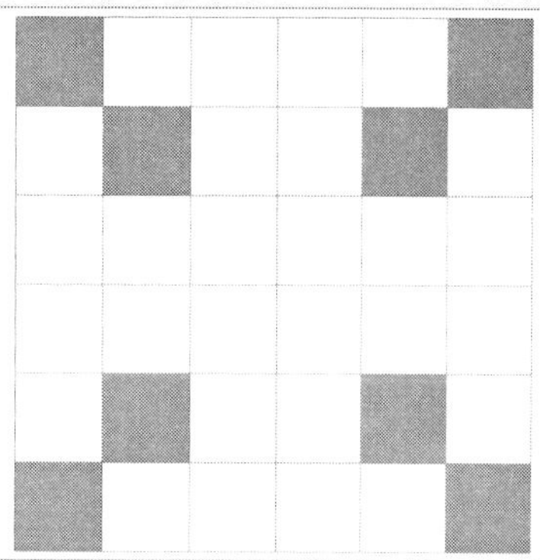

③ $\log_{216} 24704 = 1.882$

① $\log_6 8 = 1.161$

② $\log_{36} 512 = 1.741$

③ $\log_{216} 24704 = 1.882$

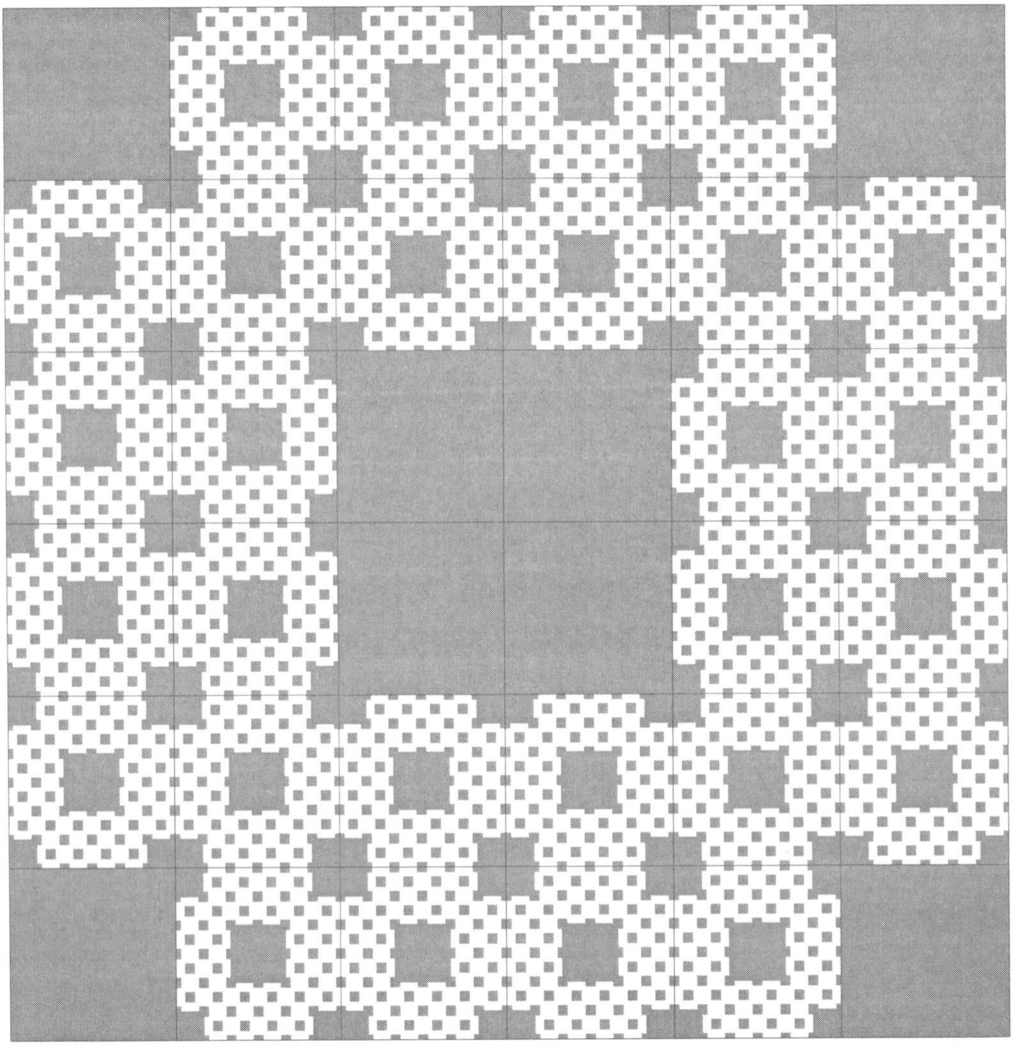

① $\log_6 8 = 1.161$

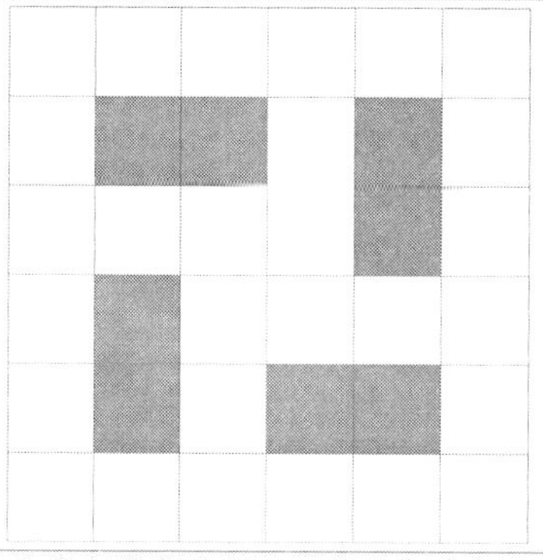

② $\log_{36} 512 = 1.741$

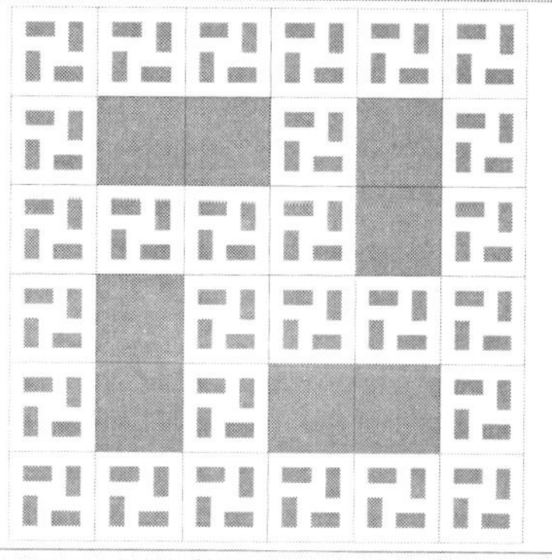

③ $\log_{216} 24704 = 1.882$

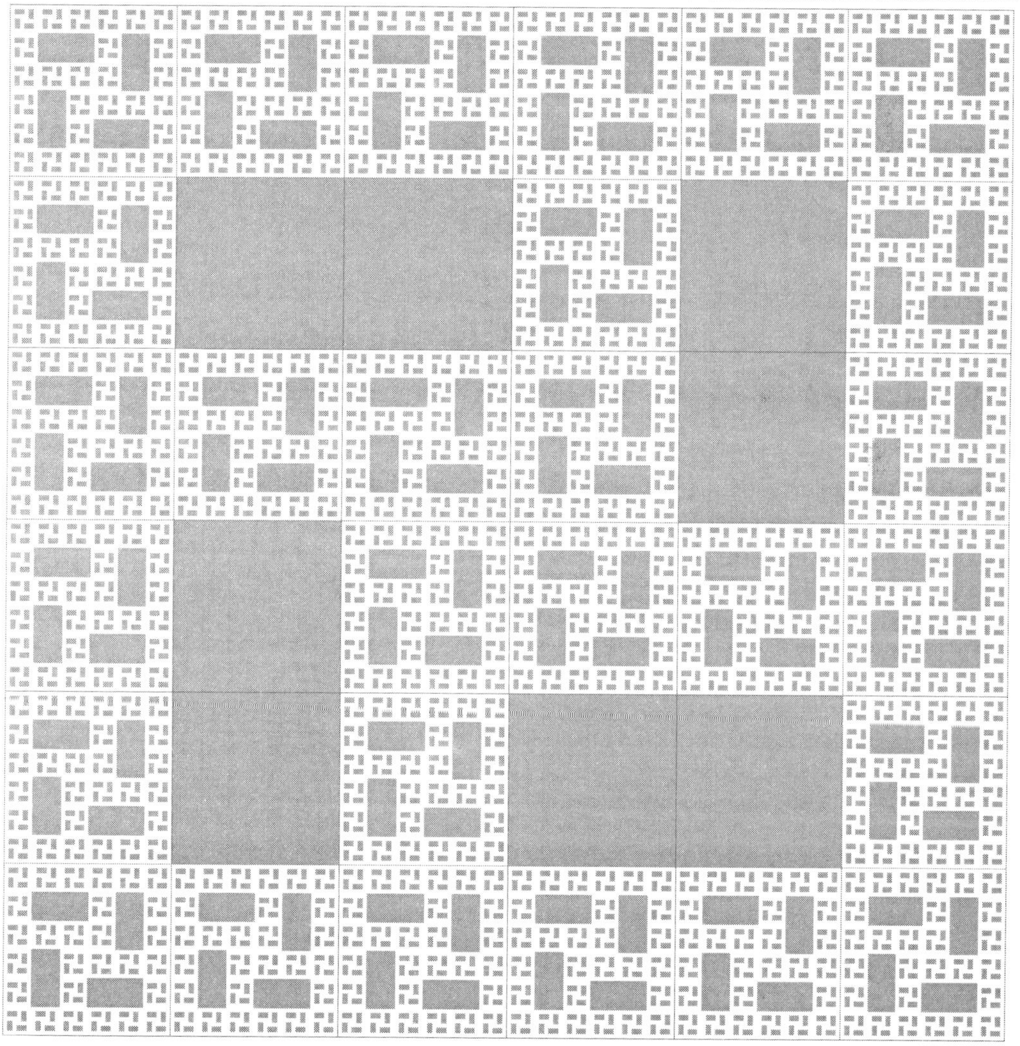

① $\log_6 8 = 1.161$

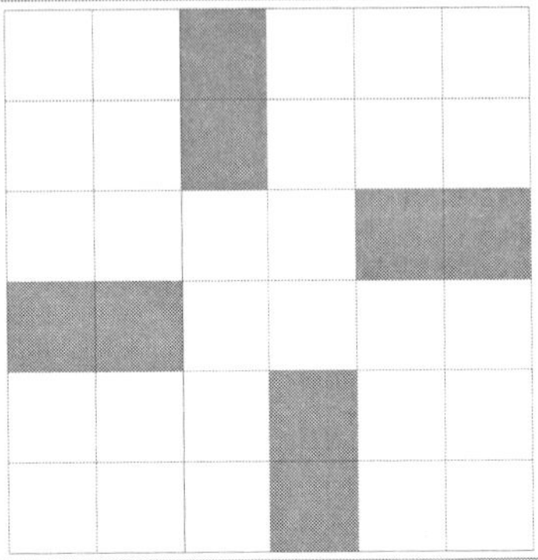

② $\log_{36} 512 = 1.741$

③ $\log_{216} 24704 = 1.882$

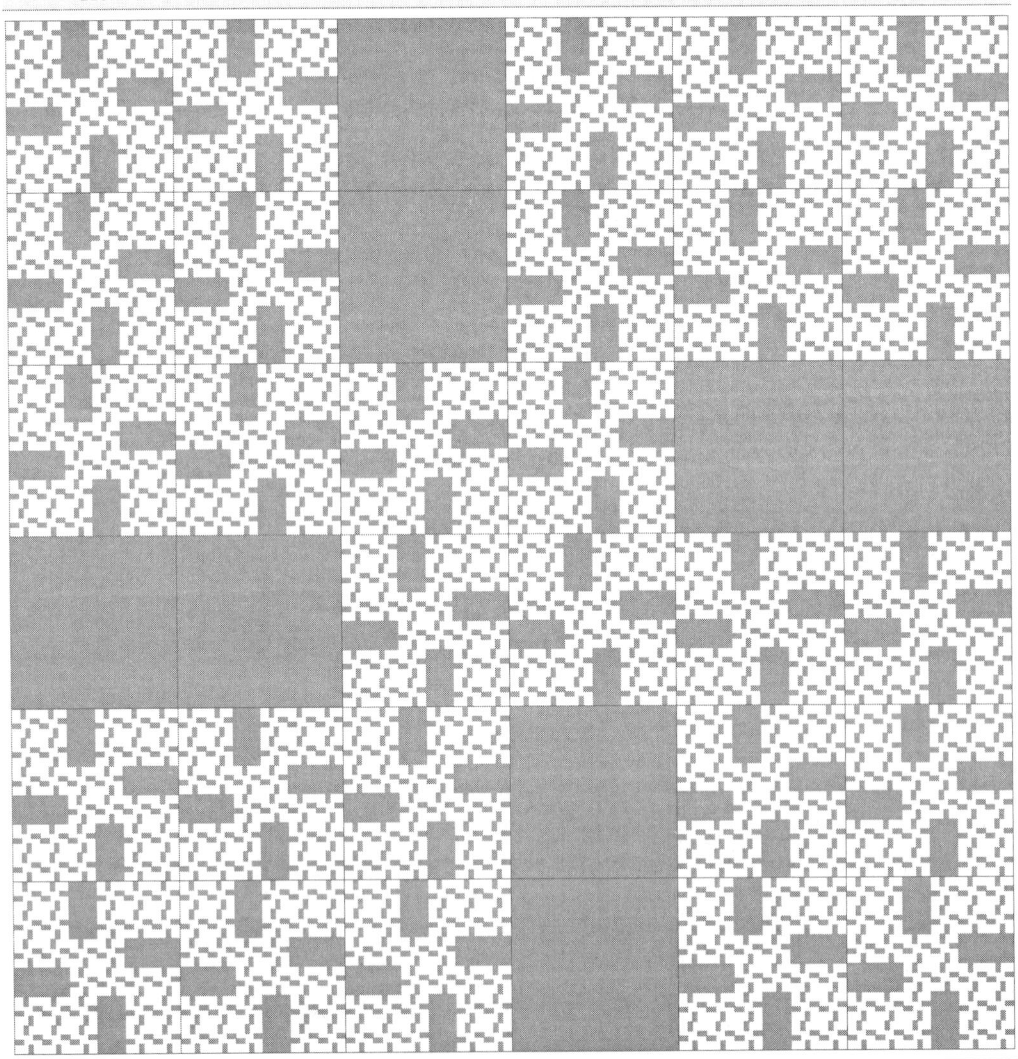

① $\log_6 8 = 1.161$

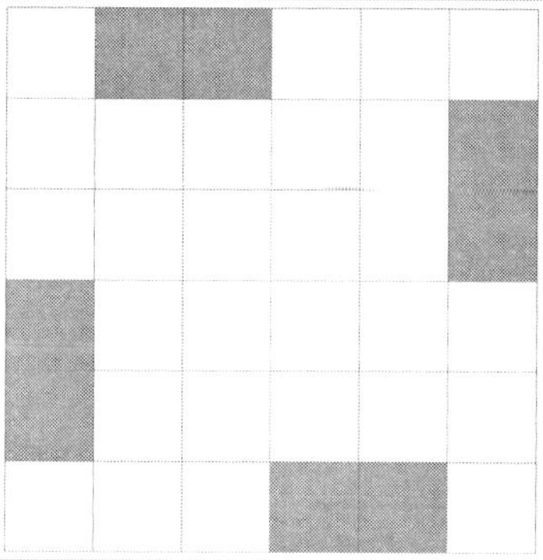

② $\log_{36} 512 = 1.741$

③ $\log_{216} 24704 = 1.882$

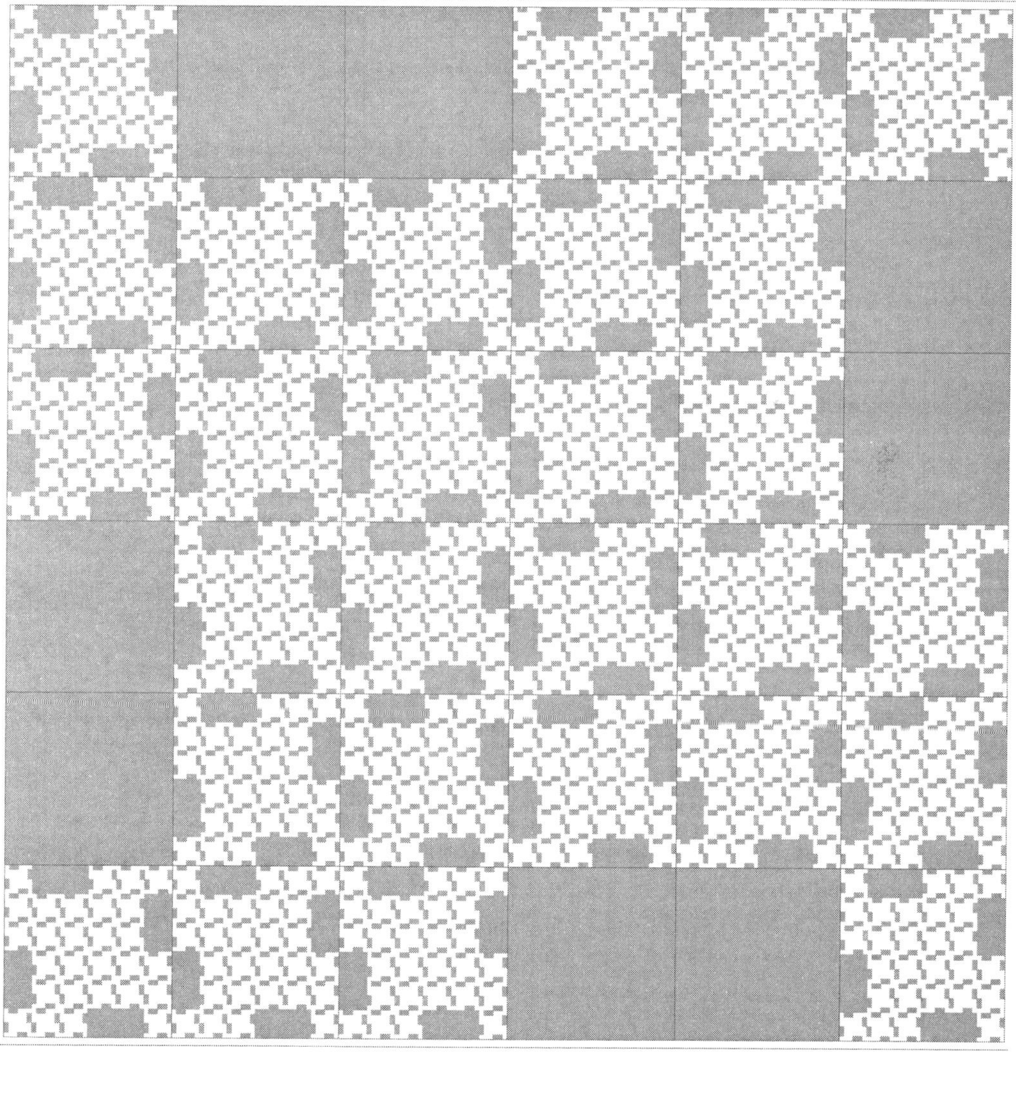

① $\log_6 8 = 1.161$

② $\log_{36} 512 = 1.741$

③ $\log_{216} 24704 = 1.882$

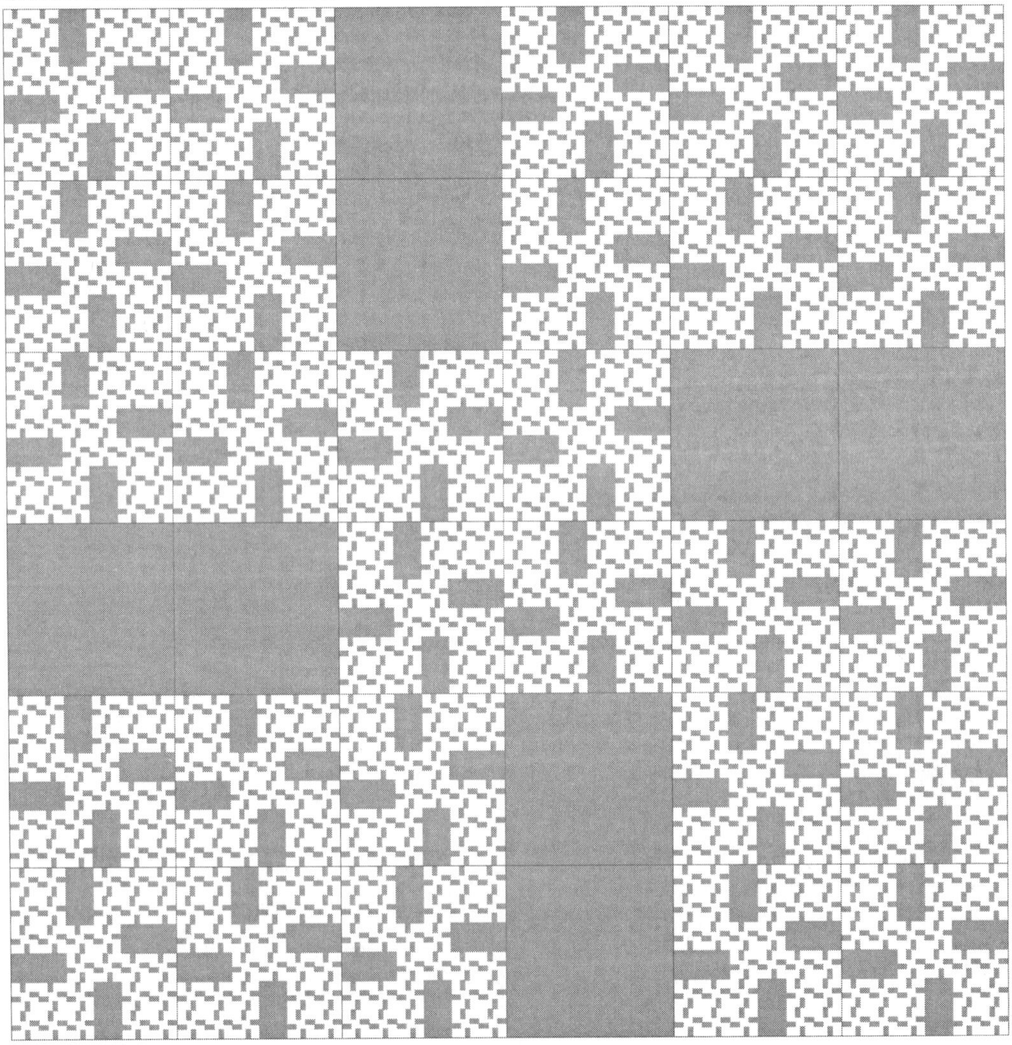

① $\log_6 8 = 1.161$

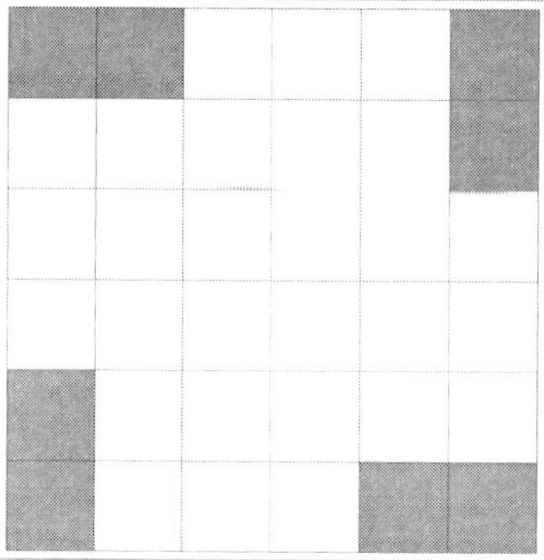

② $\log_{36} 512 = 1.741$

③ $\log_{216} 24704 = 1.882$

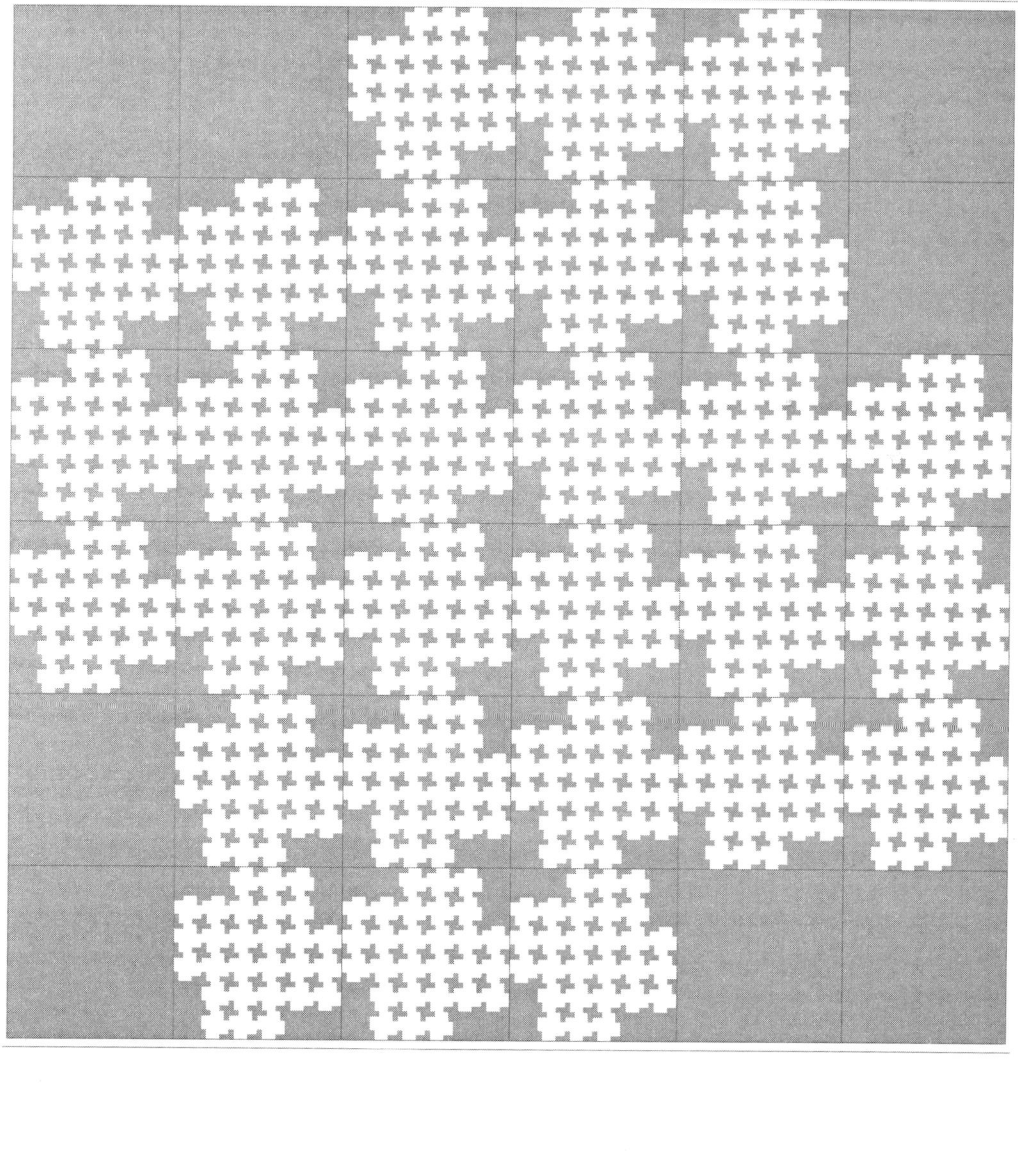

① $\log_6 8 = 1.161$

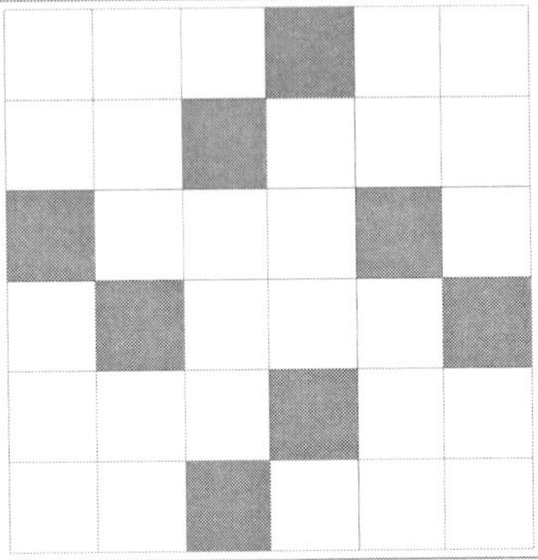

② $\log_{36} 512 = 1.741$

③ $\log_{216} 24704 = 1.882$

(4) 1단계 12개

① $\log_{6}12 = 1.387$

② $\log_{36}720 = 1.836$

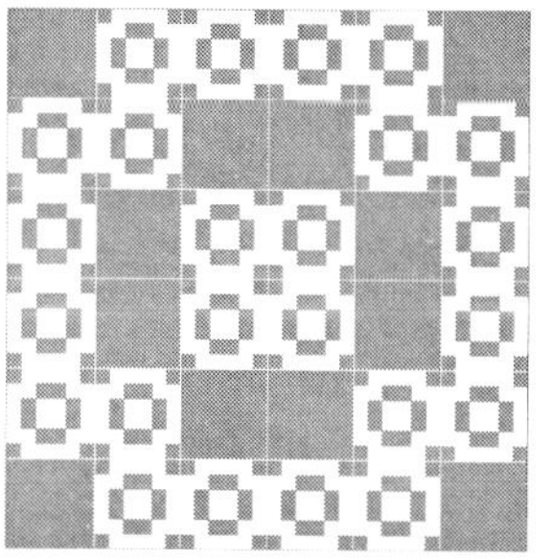

③ $\log_{216}32832 = 1.935$

① $\log_6 12 = 1.387$

② $\log_{36} 720 = 1.836$

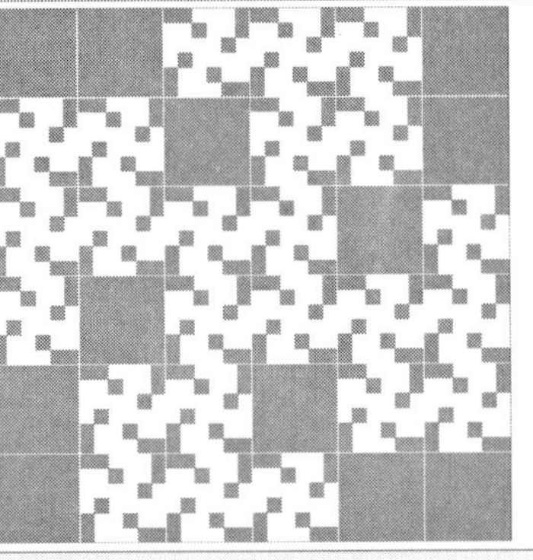

③ $\log_{216} 32832 = 1.935$

① $\log_6 12 = 1.387$

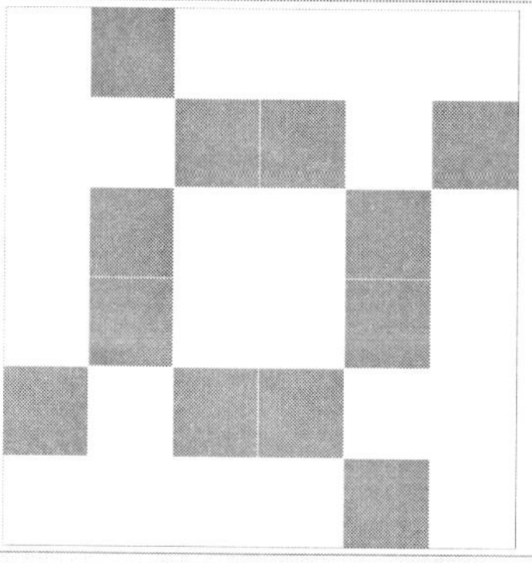

② $\log_{36} 720 = 1.836$

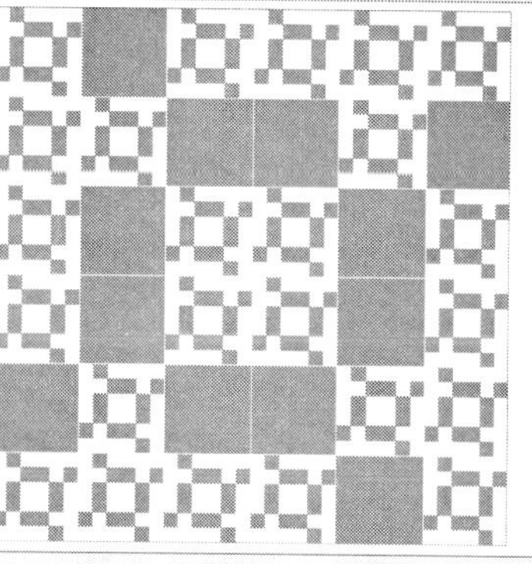

③ $\log_{216} 32832 = 1.935$

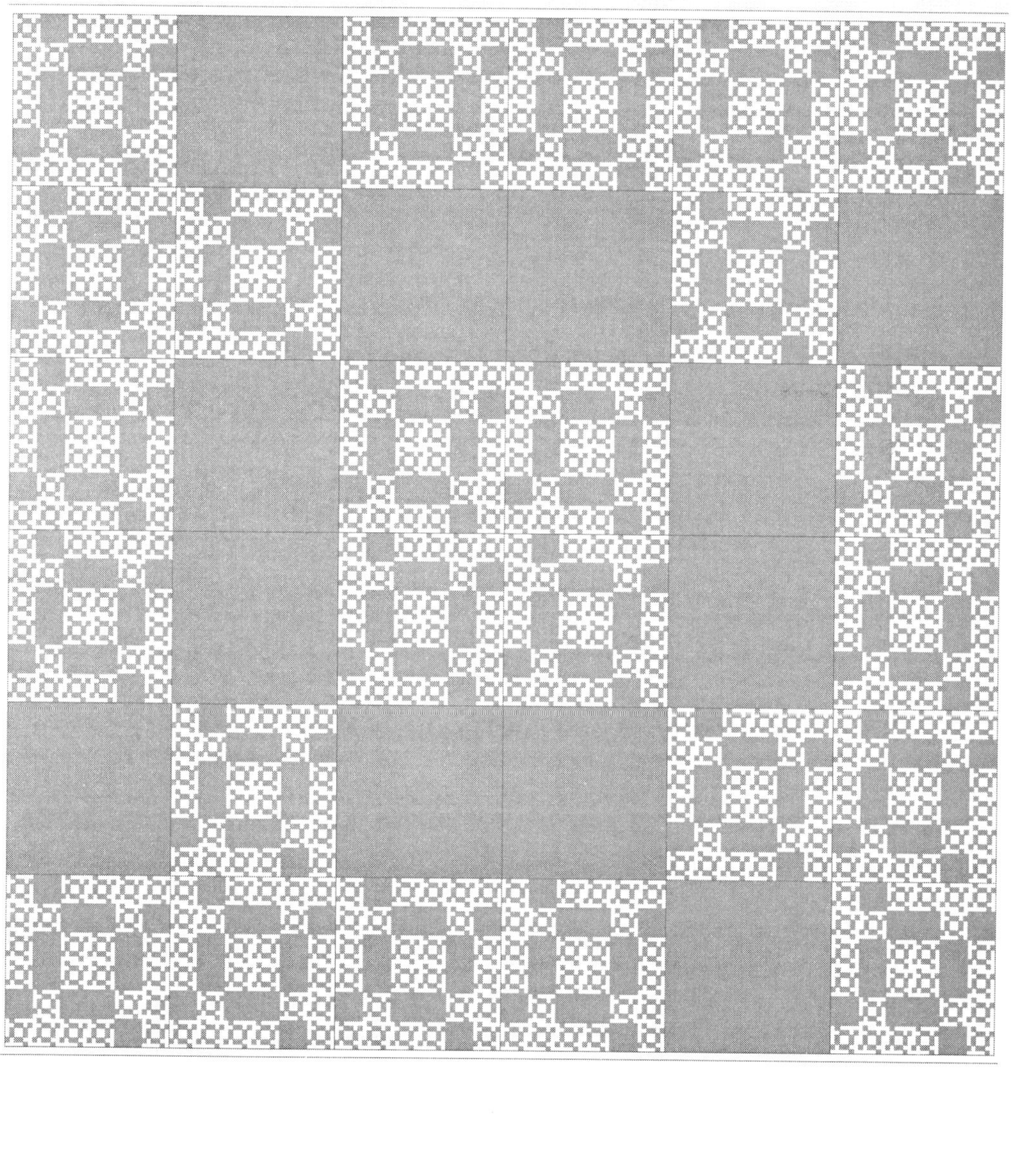

① $\log_6 12 = 1.387$

② $\log_{36} 720 = 1.836$

③ $\log_{216} 32832 = 1.935$

① $\log_6 12 = 1.387$

② $\log_{36} 720 = 1.836$

③ $\log_{216} 32832 = 1.935$

① $\log_6 12 = 1.387$

② $2\log_{36} 720 = 1.836$

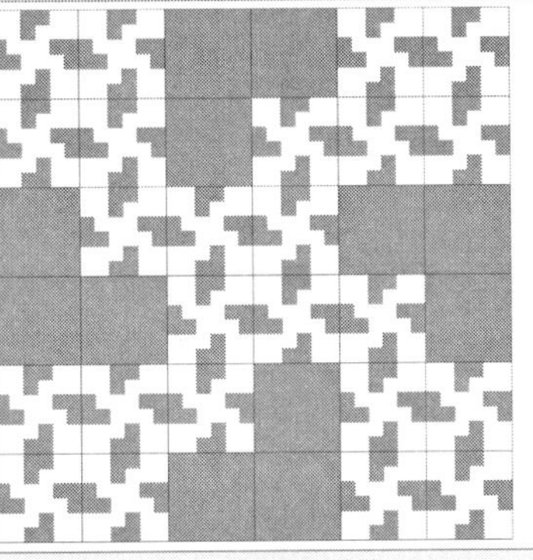

③ $\log_{216} 32832 = 1.935$

(5) 1단계 16개

① $\log_6 16 = 1.547$

② $\log_{36} 896 = 1.897$

③ $\log_{216} 38656 = 1.965$

① $\log_6 16 = 1.547$

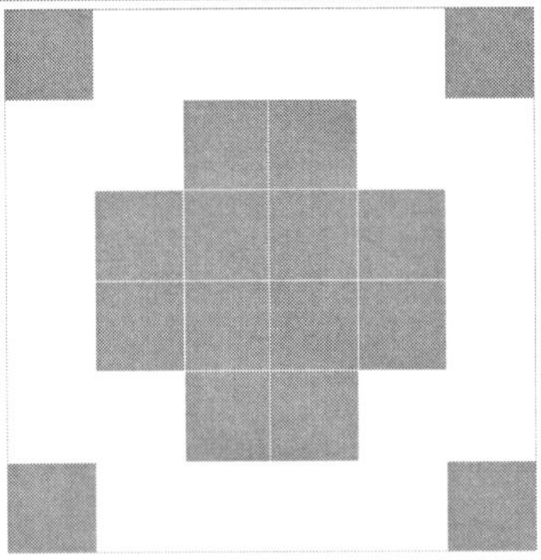

② $\log_{36} 896 = 1.897$

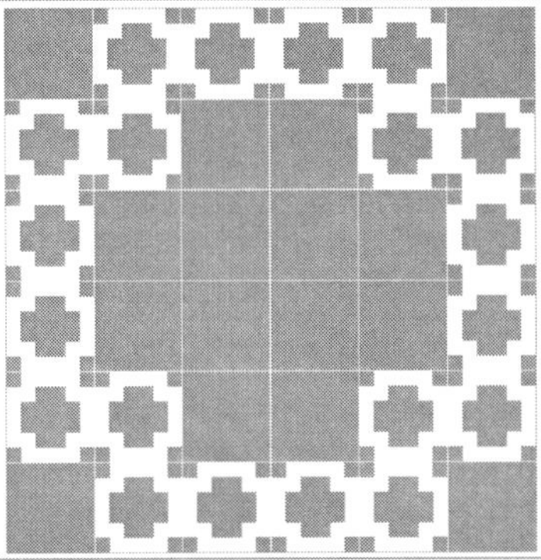

③ $\log_{216} 38656 = 1.965$

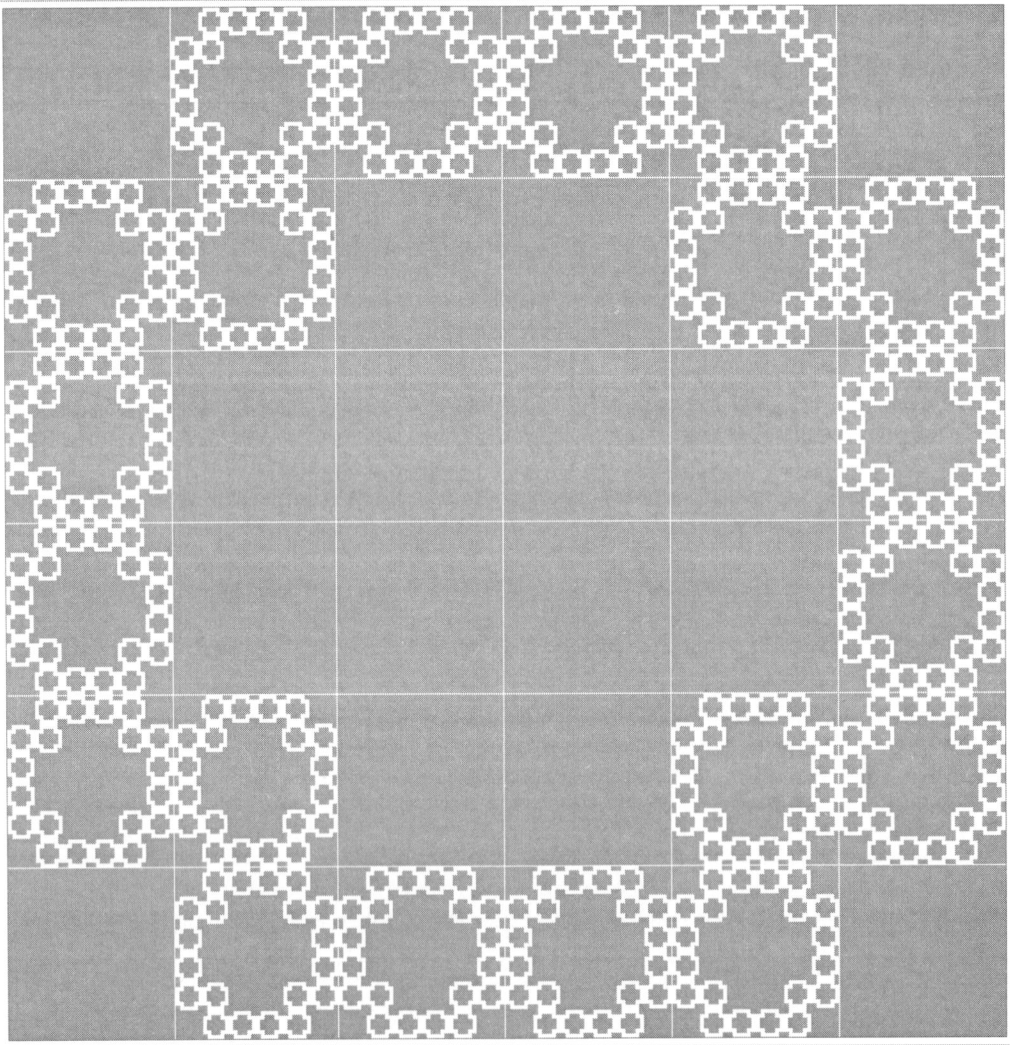

① $\log_{6}16 = 1.547$

② $\log_{36}896 = 1.897$

③ $\log_{216}38656 = 1.965$

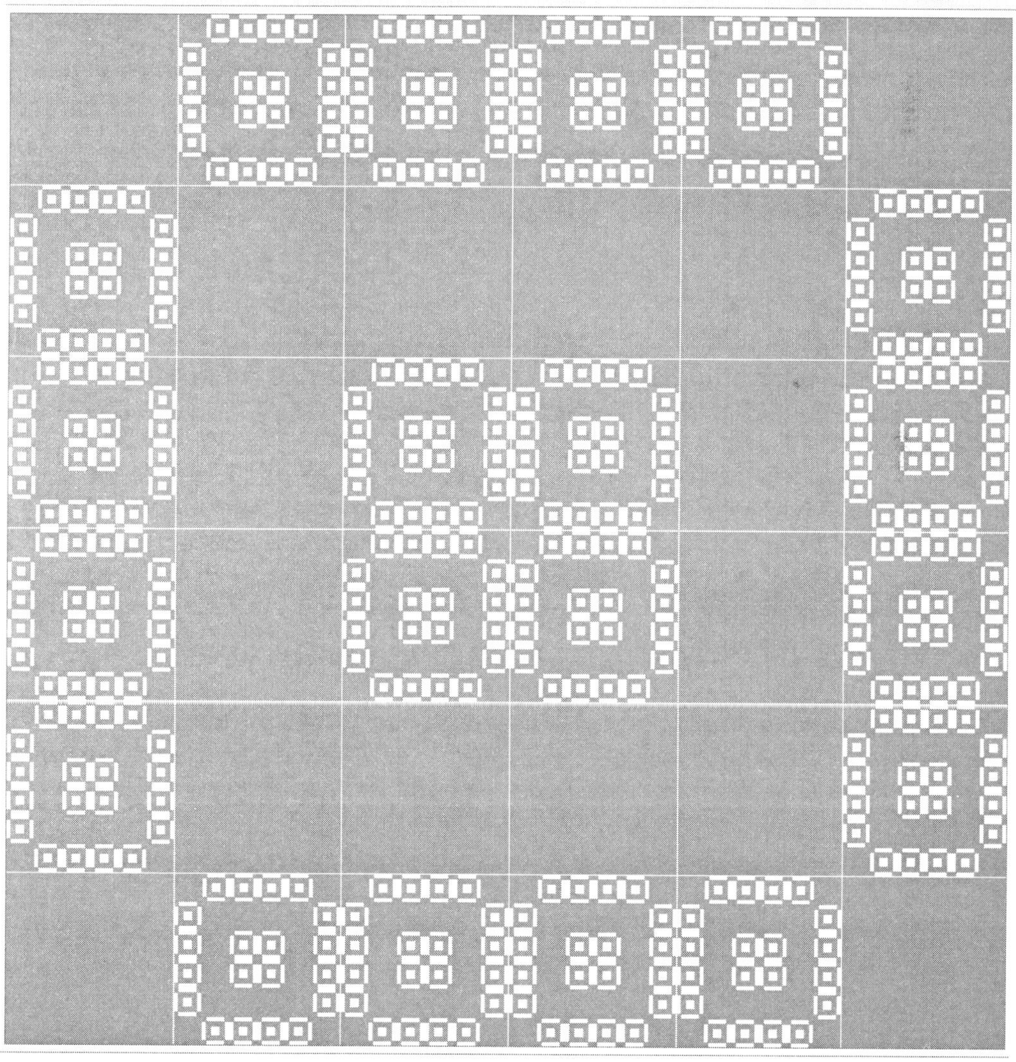

① $\log_6 16 = 1.547$

② $\log_{36} 896 = 1.897$

③ $\log_{216} 38656 = 1.965$

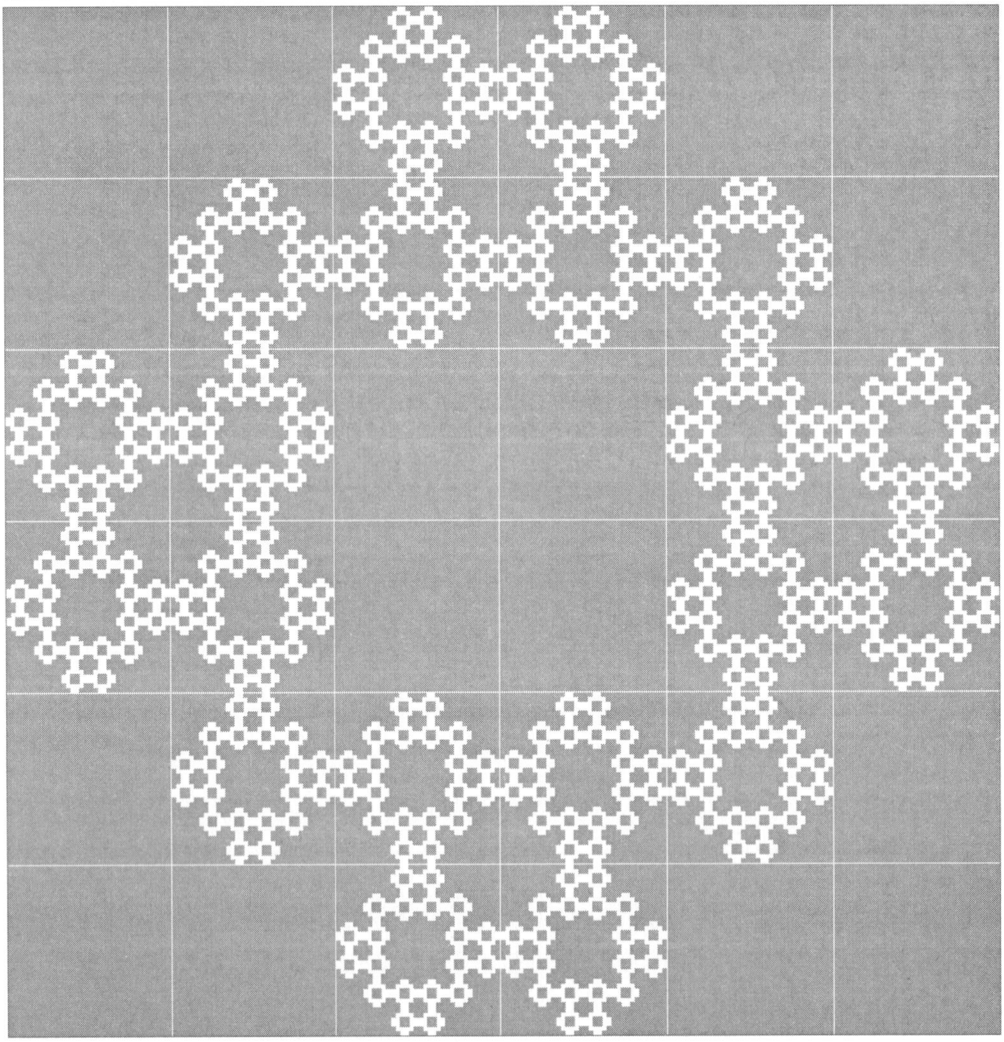

(6) 1단계 20개

① $\log_6 20 = 1.672$	② $\log_{36} 1040 = 1.939$
	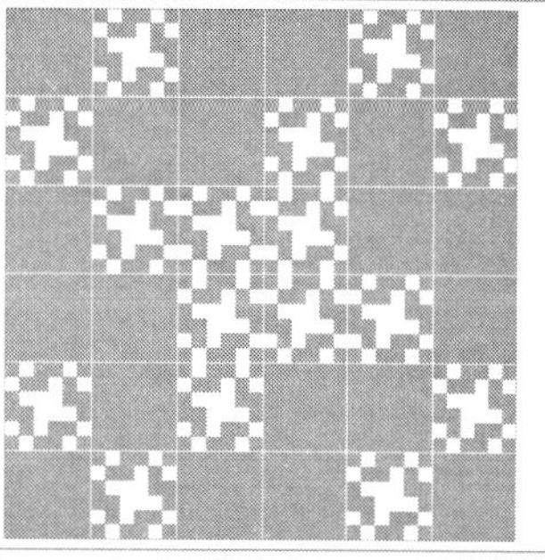

③ $\log_{216} 42560 = 1.983$

6 7×7 덧셈-덧셈 프랙탈

(1) 1단계 4개

① $\log_7 4 = 0.712$

② $\log_{49} 376 = 1.524$

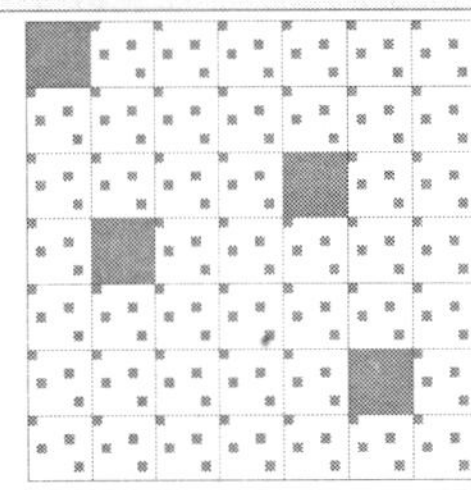

③ $\log_{343} 26524 = 1.745$

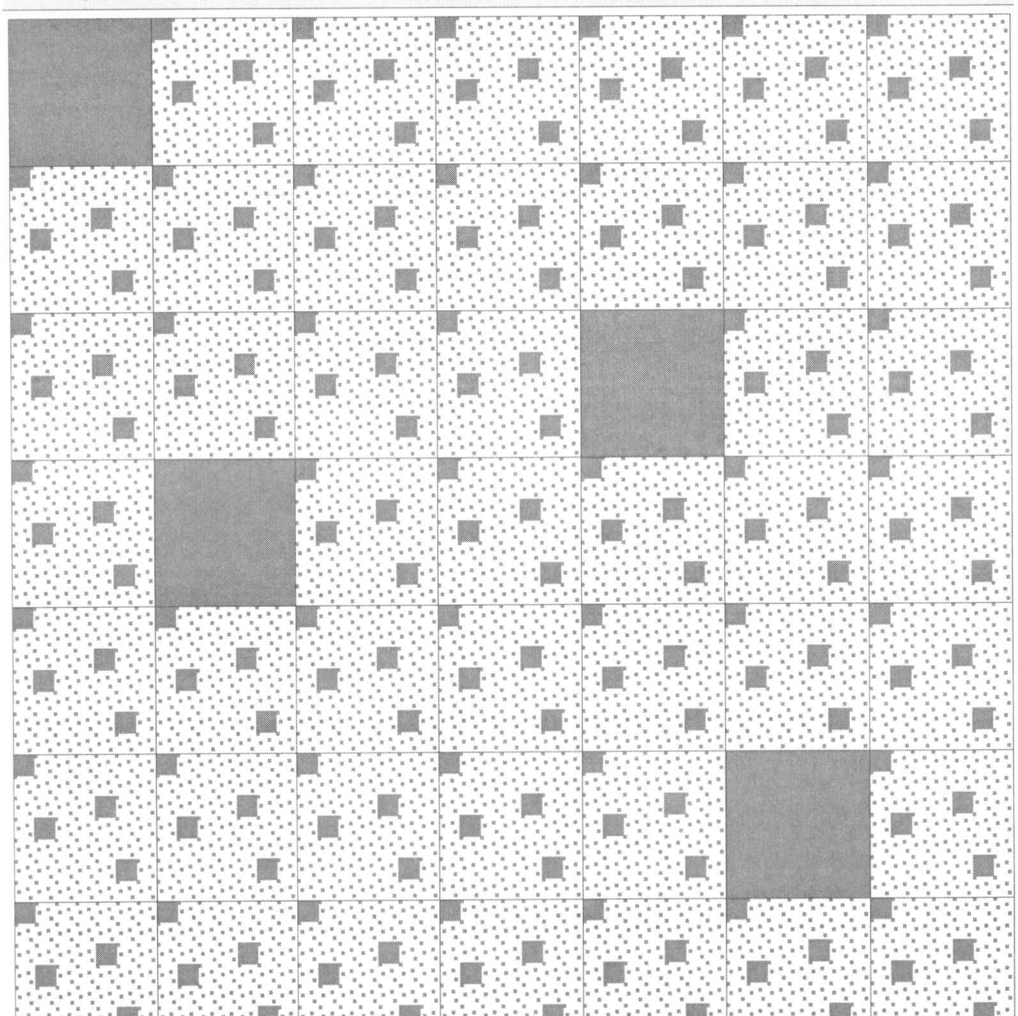

① $\log_7 4 = 0.712$

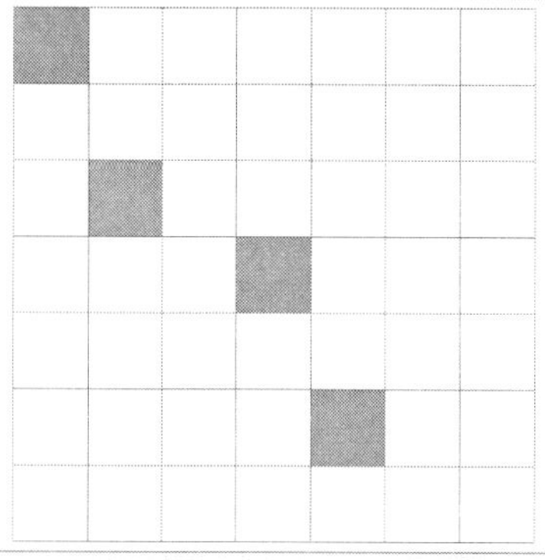

② $\log_{49} 376 = 1.524$

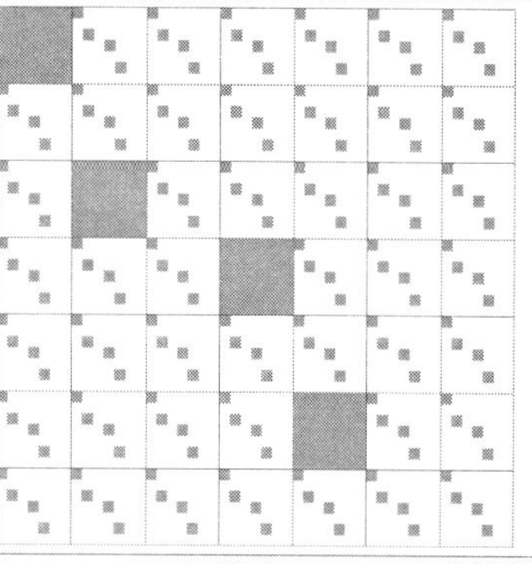

③ $\log_{343} 26524 = 1.745$

(2) 1단계 5개

① $\log_{7}5 = 0.827$

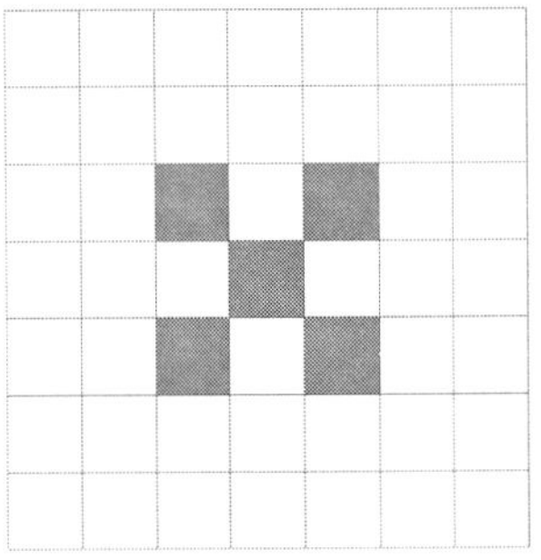

② $\log_{49}465 = 1.578$

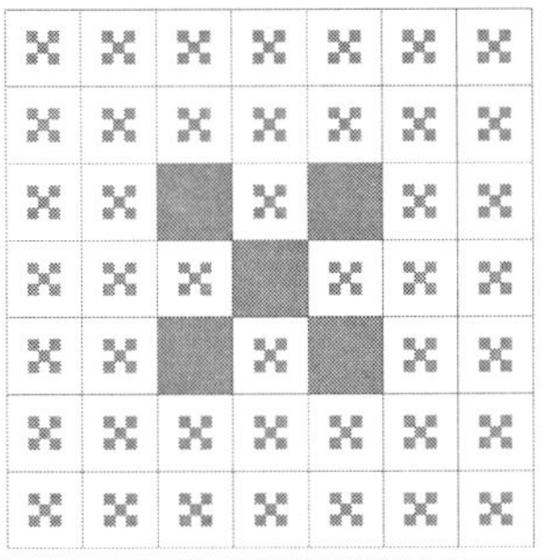

③ $\log_{343}32465 = 1.779$

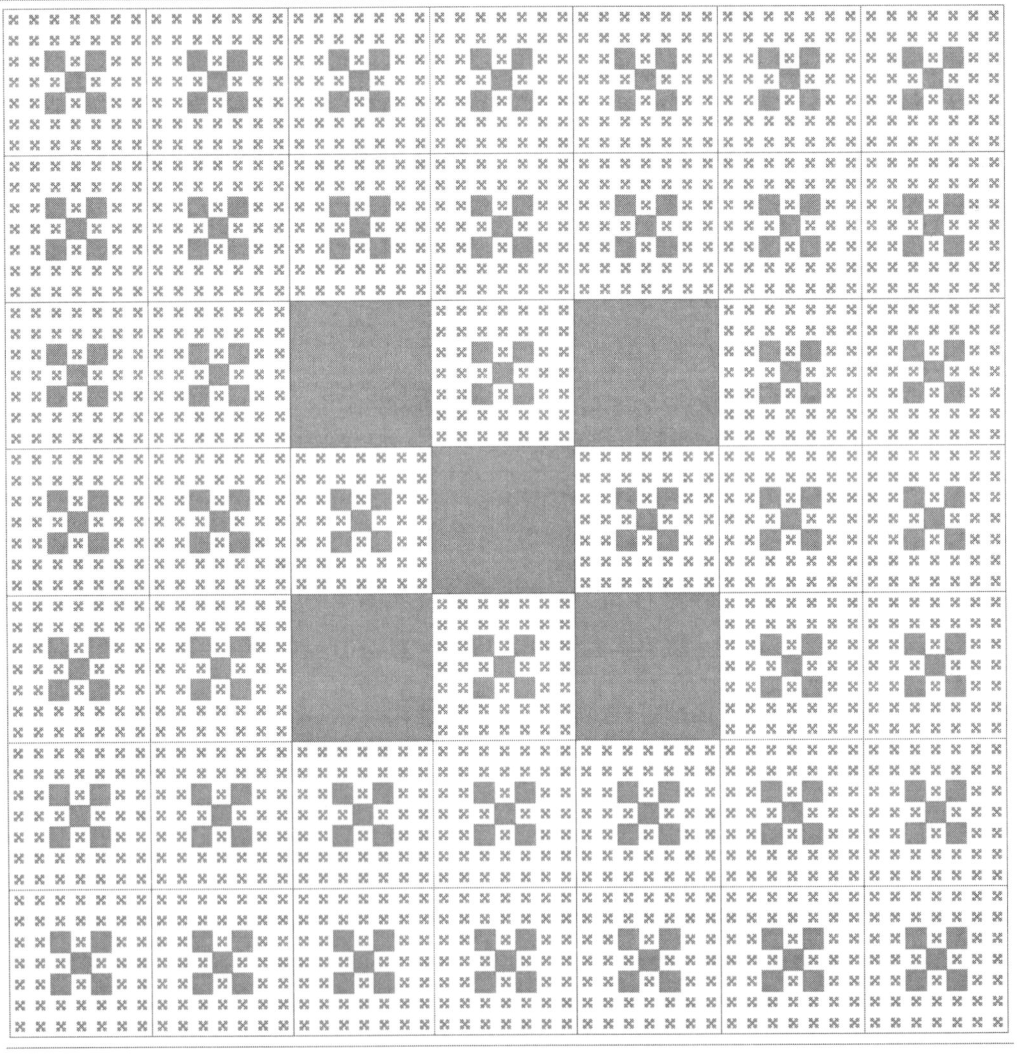

① $\log_7 5 = 0.827$

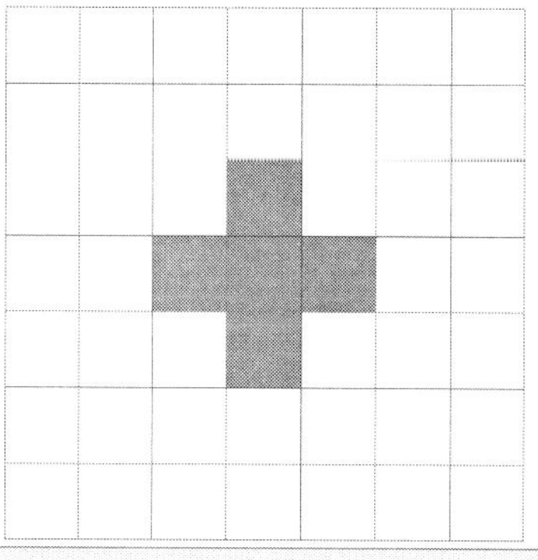

② $\log_{49} 465 = 1.578$

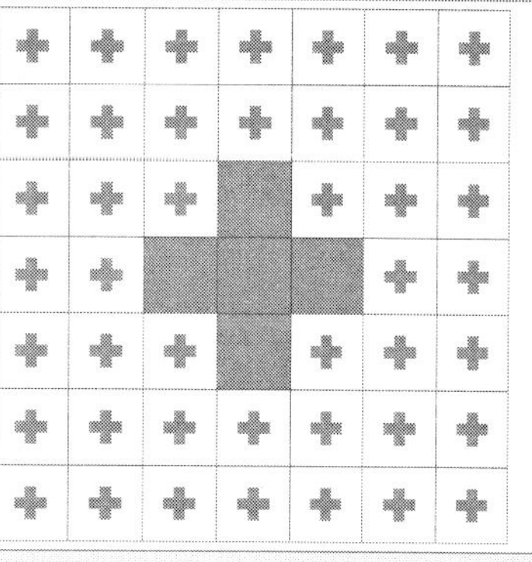

③ $\log_{343} 32465 = 1.779$

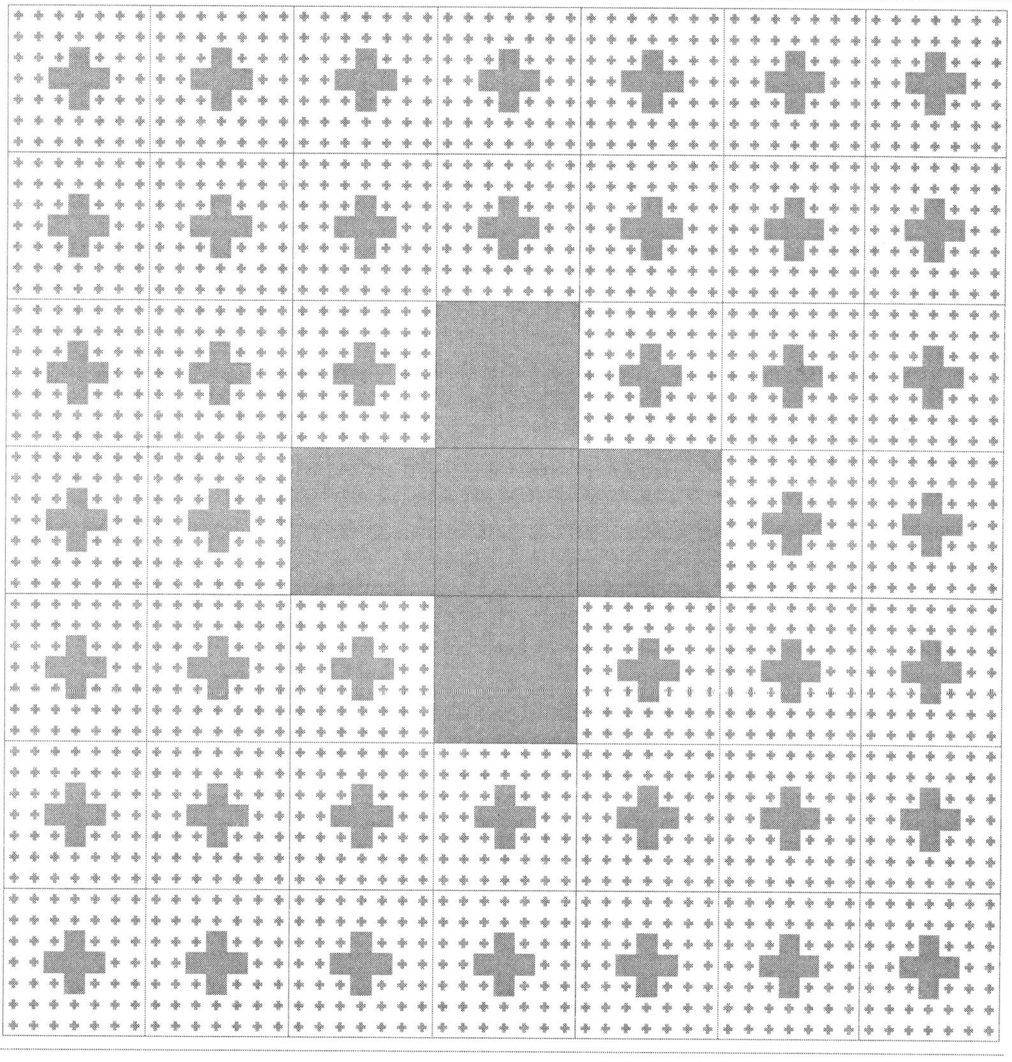

① $\log_7 5 = 0.827$

② $\log_{49} 465 = 1.578$

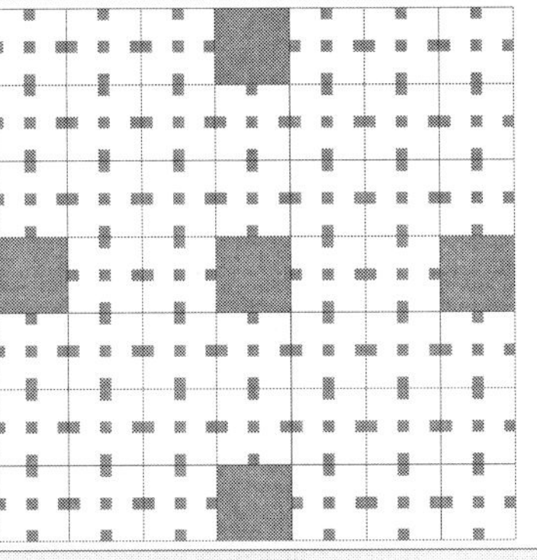

③ $\log_{343} 32465 = 1.779$

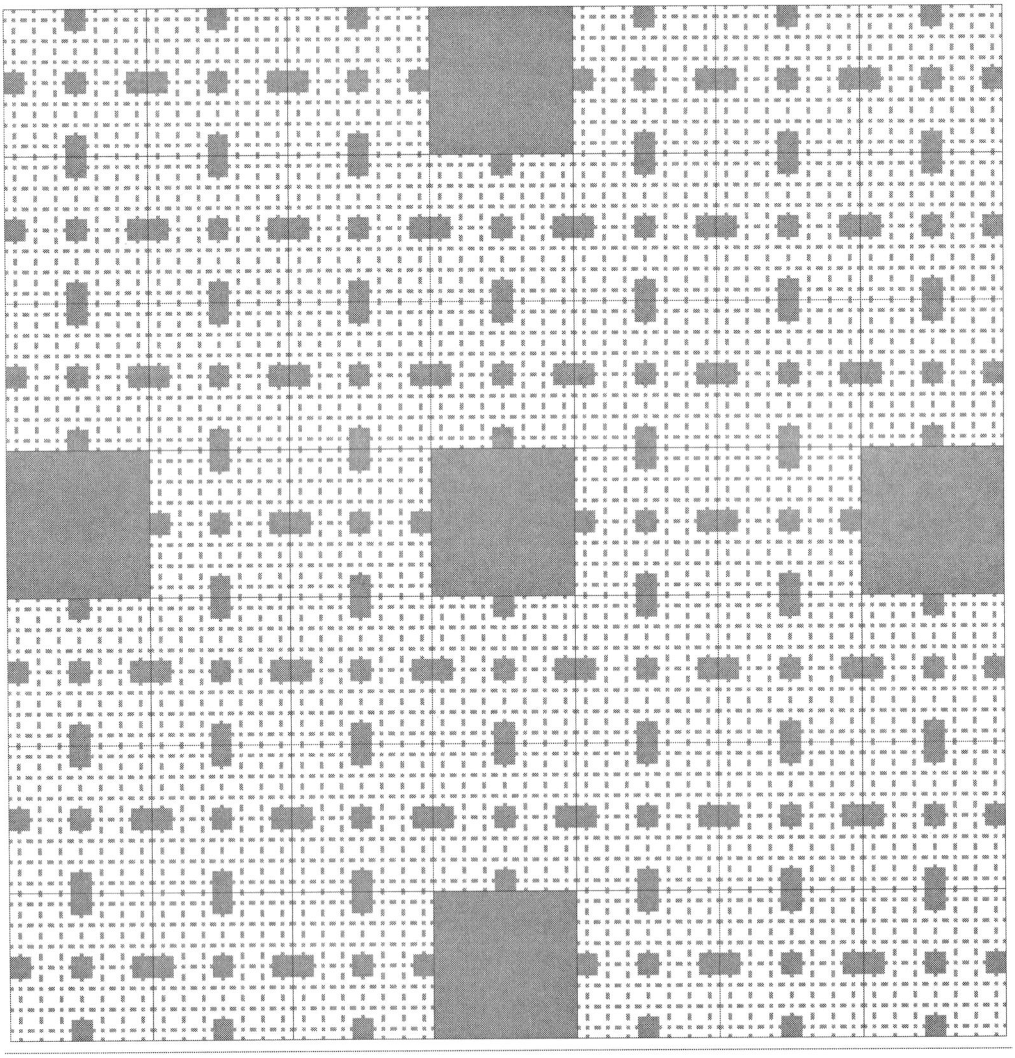

(3) 1단계 8개

① $\log_7 8 = 1.069$	② $\log_{49} 720 = 1.691$
	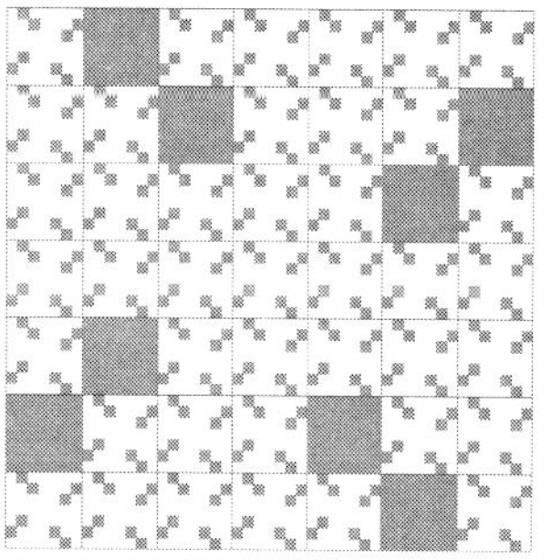

③ $\log_{343} 48728 = 1.849$

① $\log_7 8 = 1.069$

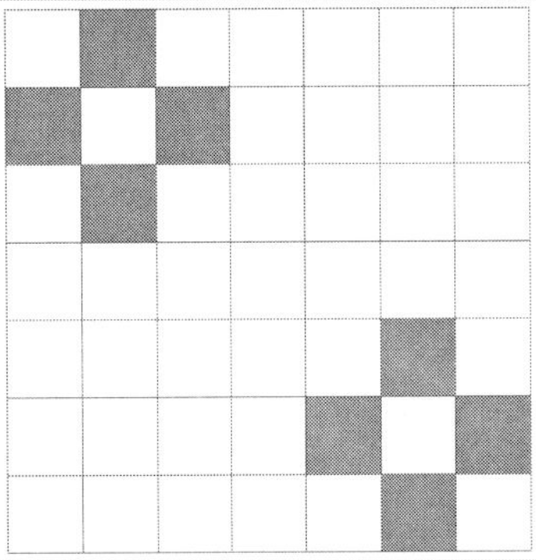

② $2\log_{49} 720 = 1.691$

③ $\log_{343} 48728 = 1.849$

(4) 1단계 9개

① $\log_7 9 = 1.129$

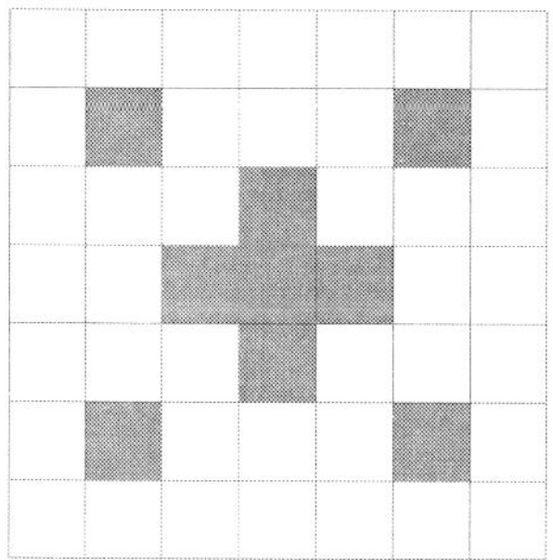

② $\log_{49} 801 = 1.718$

③ $\log_{343} 53649 = 1.865$

① $\log_7 9 = 1.129$

② $\log_{49} 801 = 1.718$

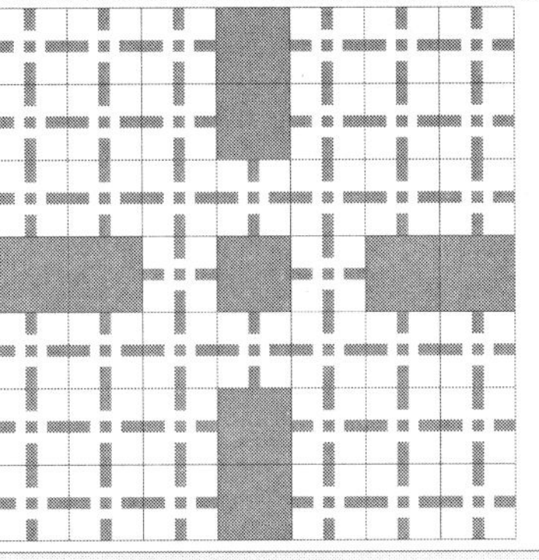

③ $\log_{343} 53649 = 1.865$

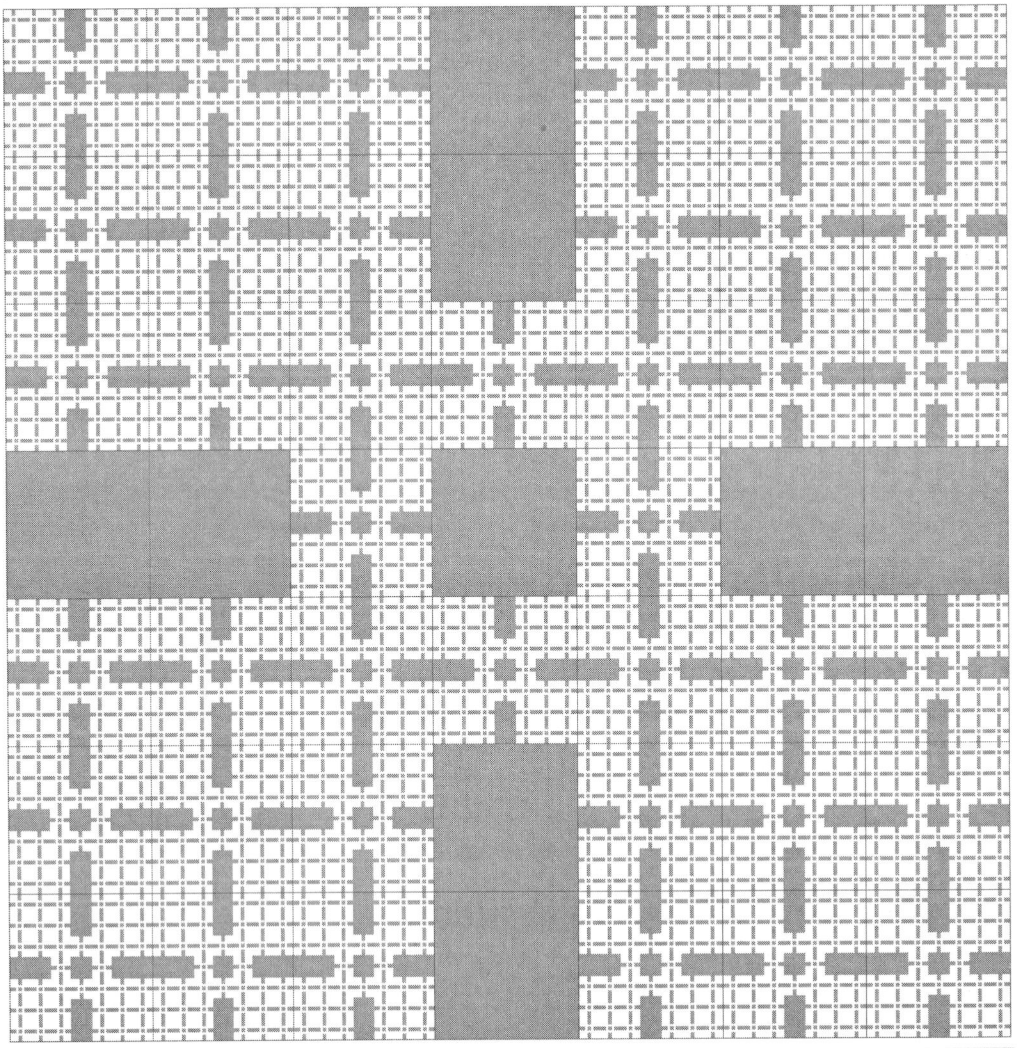

① $\log_7 9 = 1.129$

② $\log_{49} 801 = 1.718$

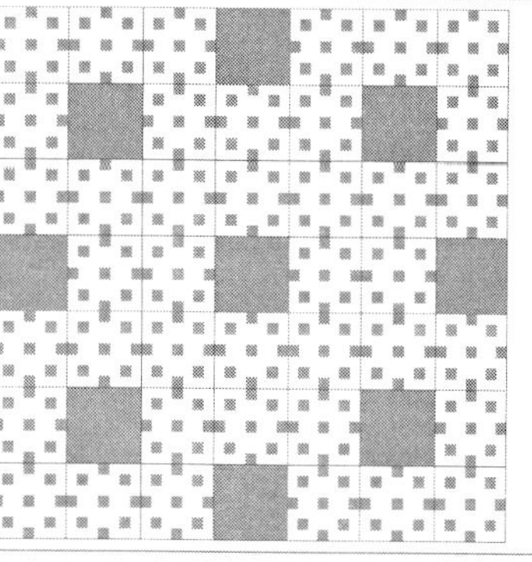

③ $\log_{343} 53649 = 1.865$

(5) 1단계 10개

① $\log_7 10 = 1.183$	② $\log_{49} 880 = 1.742$

③ $\log_{343} 58330 = 1.88$

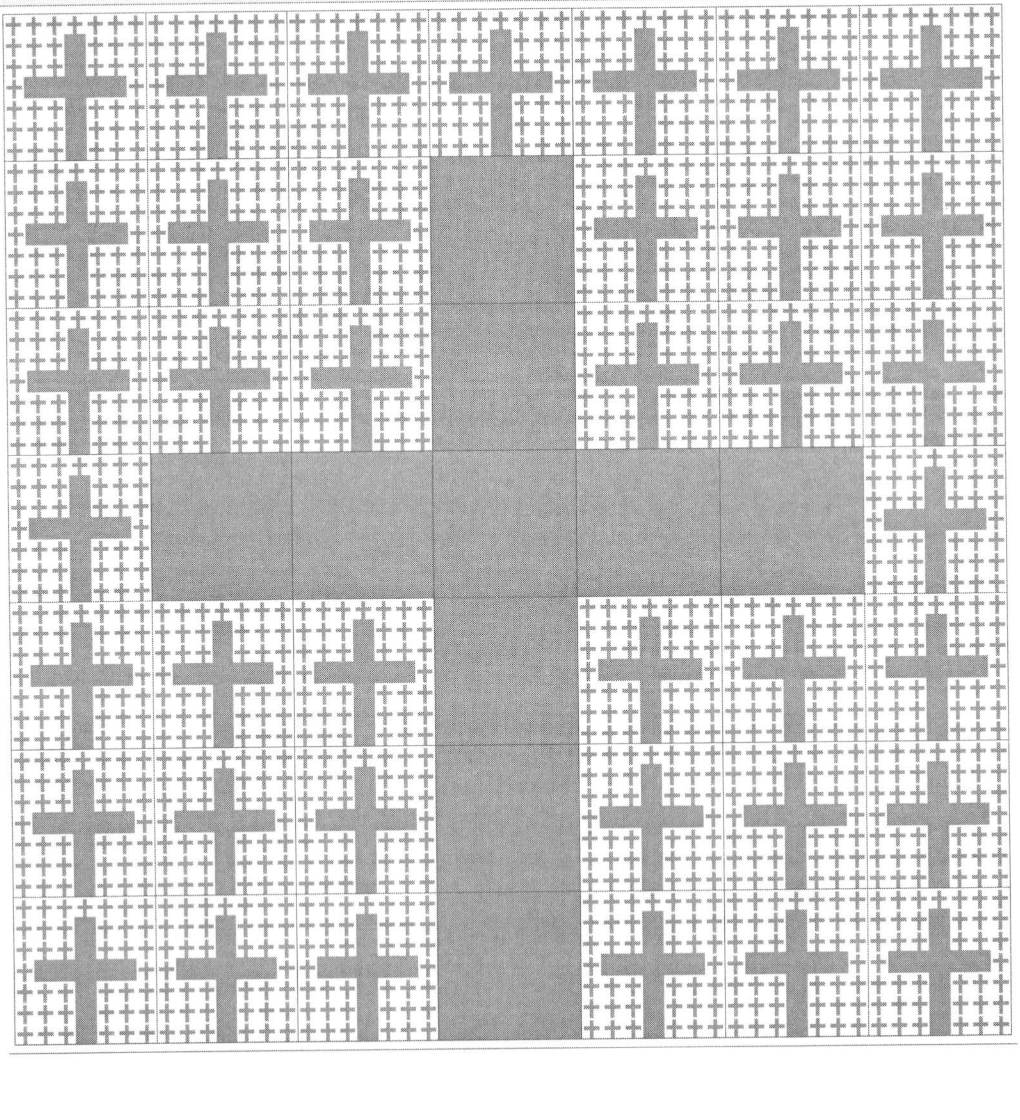

① $\log_7 10 = 1.183$

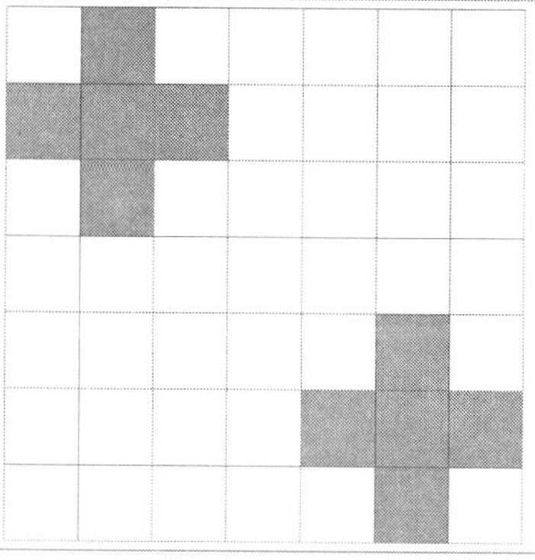

② $\log_{49} 880 = 1.742$

③ $\log_{343} 58330 = 1.88$

① $\log_{7}10 = 1.183$

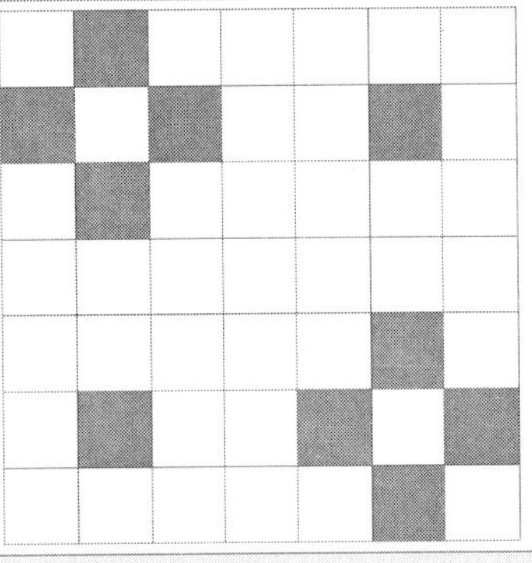

② $\log_{49}880 = 1.742$

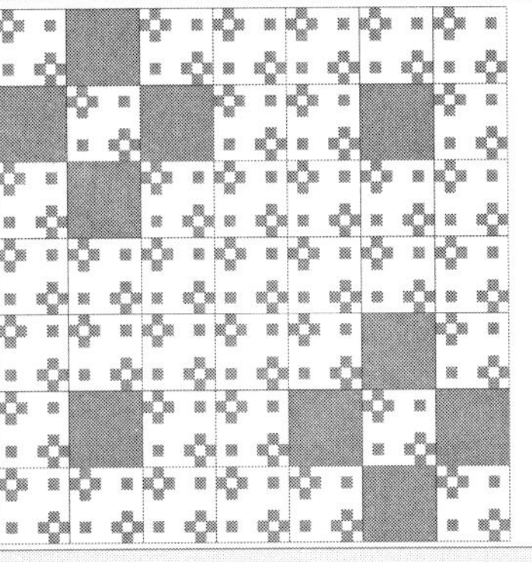

③ $\log_{343}58330 = 1.88$

(6) 1단계 12개

① $\log_{7}12 = 1.277$	② $\log_{49}1032 = 1.783$
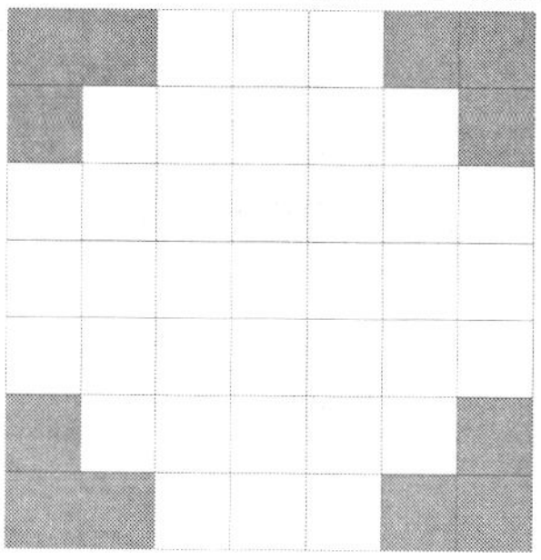	

③ $\log_{343}66996 = 1.904$

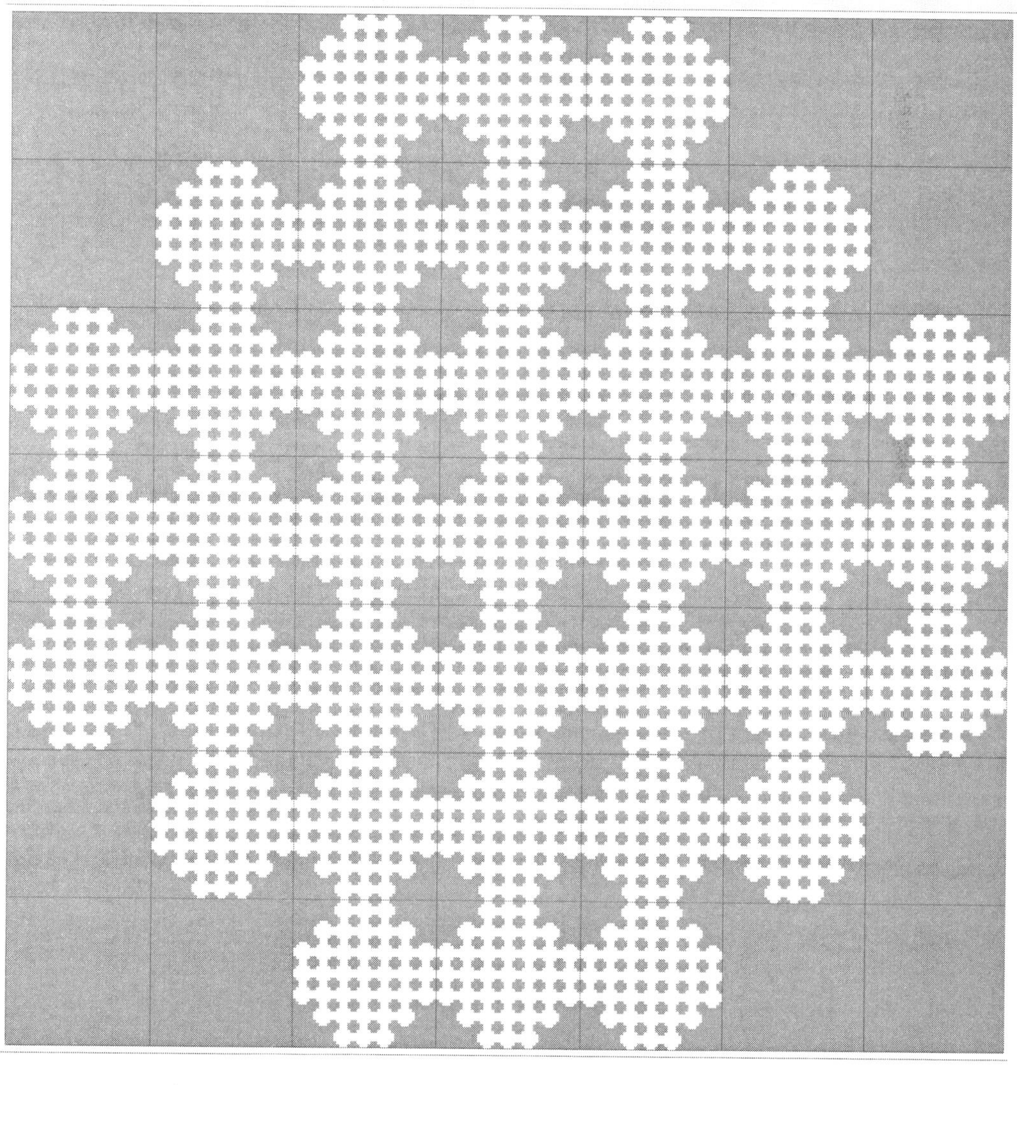

① $\log_7 12 = 1.277$

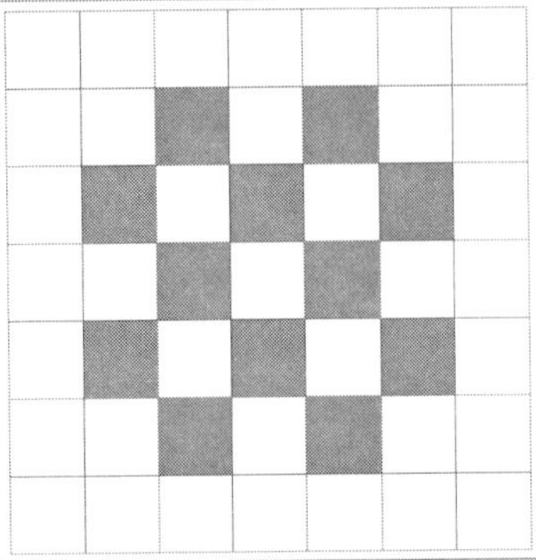

② $\log_{49} 1032 = 1.783$

③ $\log_{343} 66996 = 1.904$

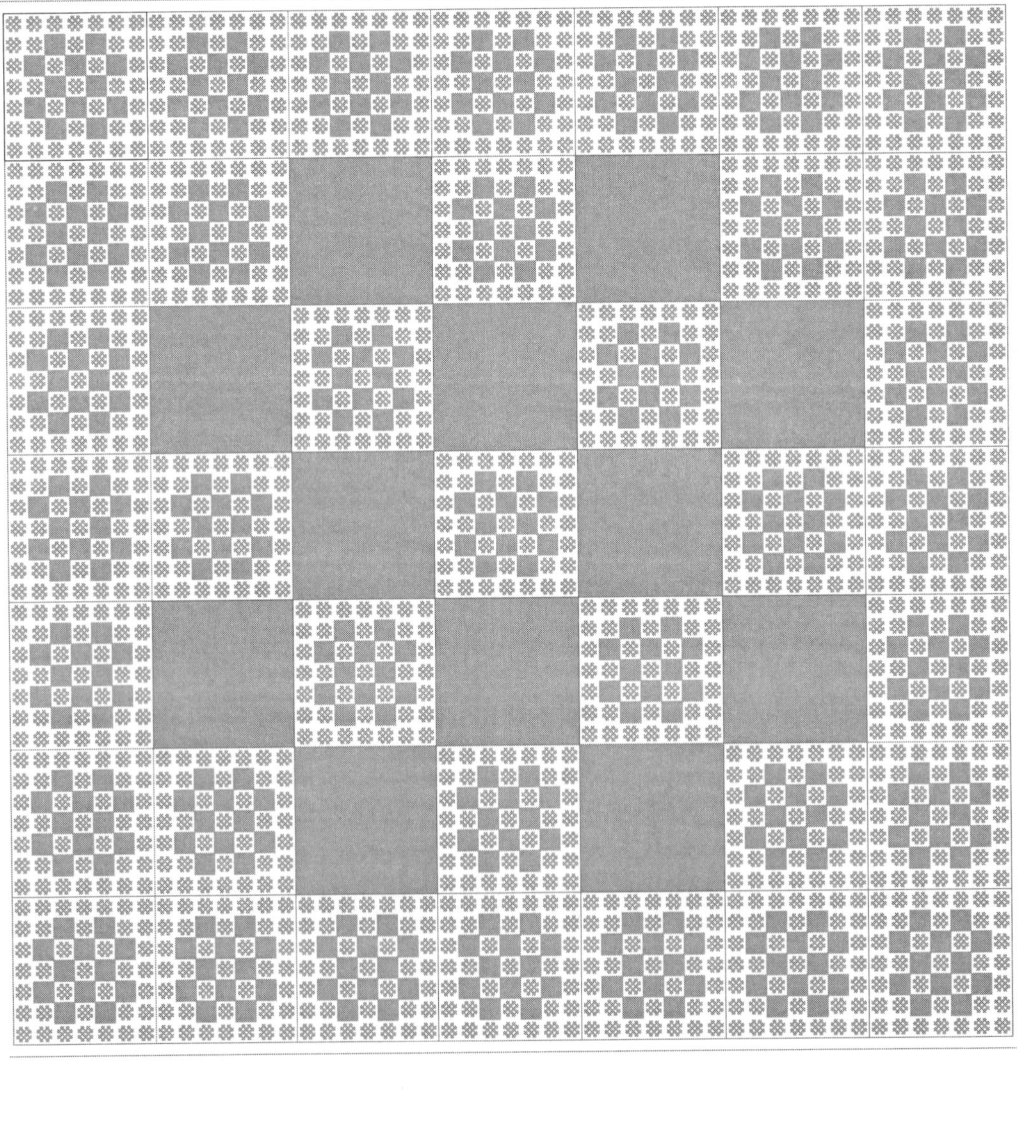

① $\log_7 12 = 1.277$

② $\log_{49} 1032 = 1.783$

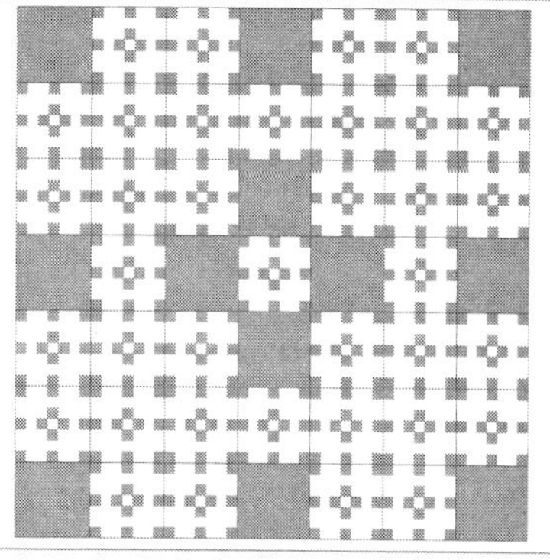

③ $\log_{343} 66996 = 1.904$

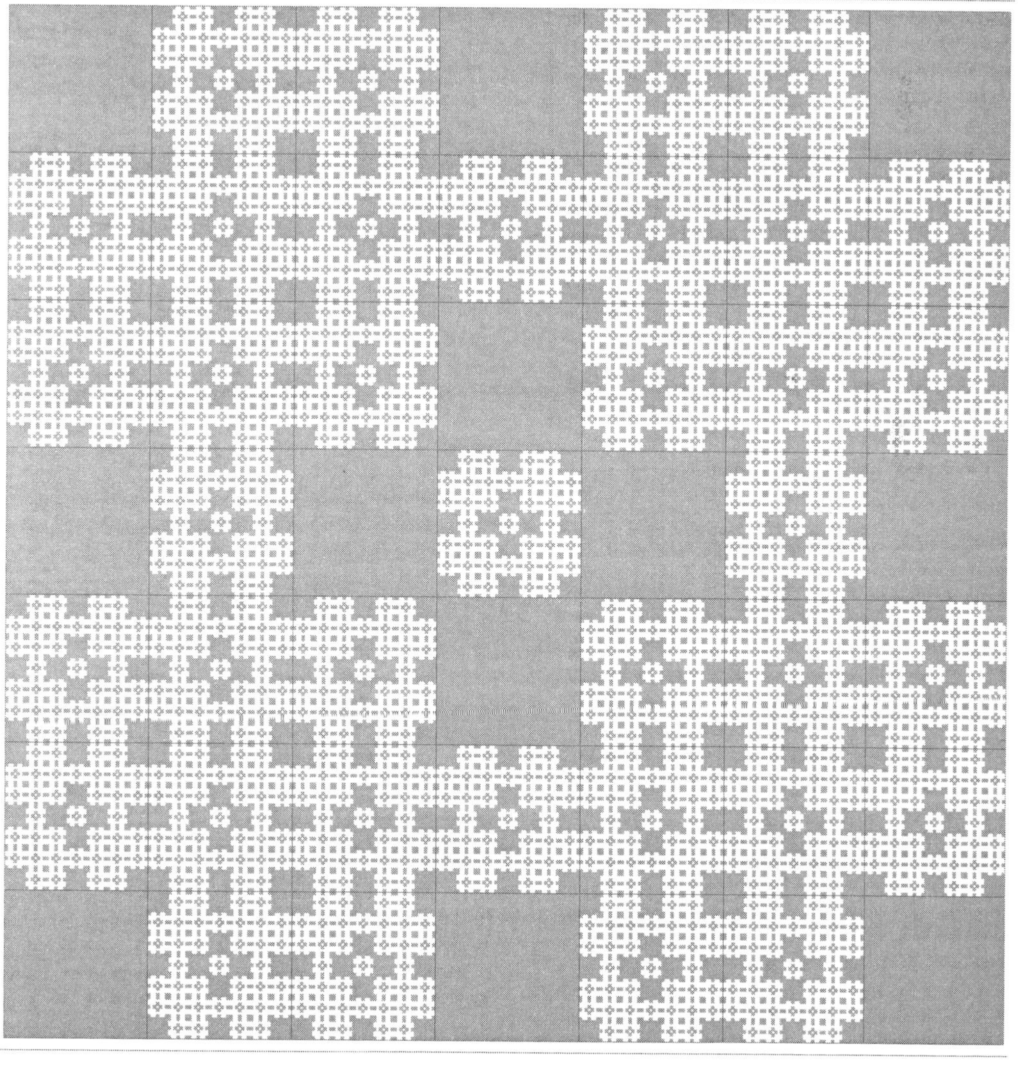

① $\log_7 12 = 1.277$

② $\log_{49} 1032 = 1.783$

③ $\log_{343} 66996 = 1.904$

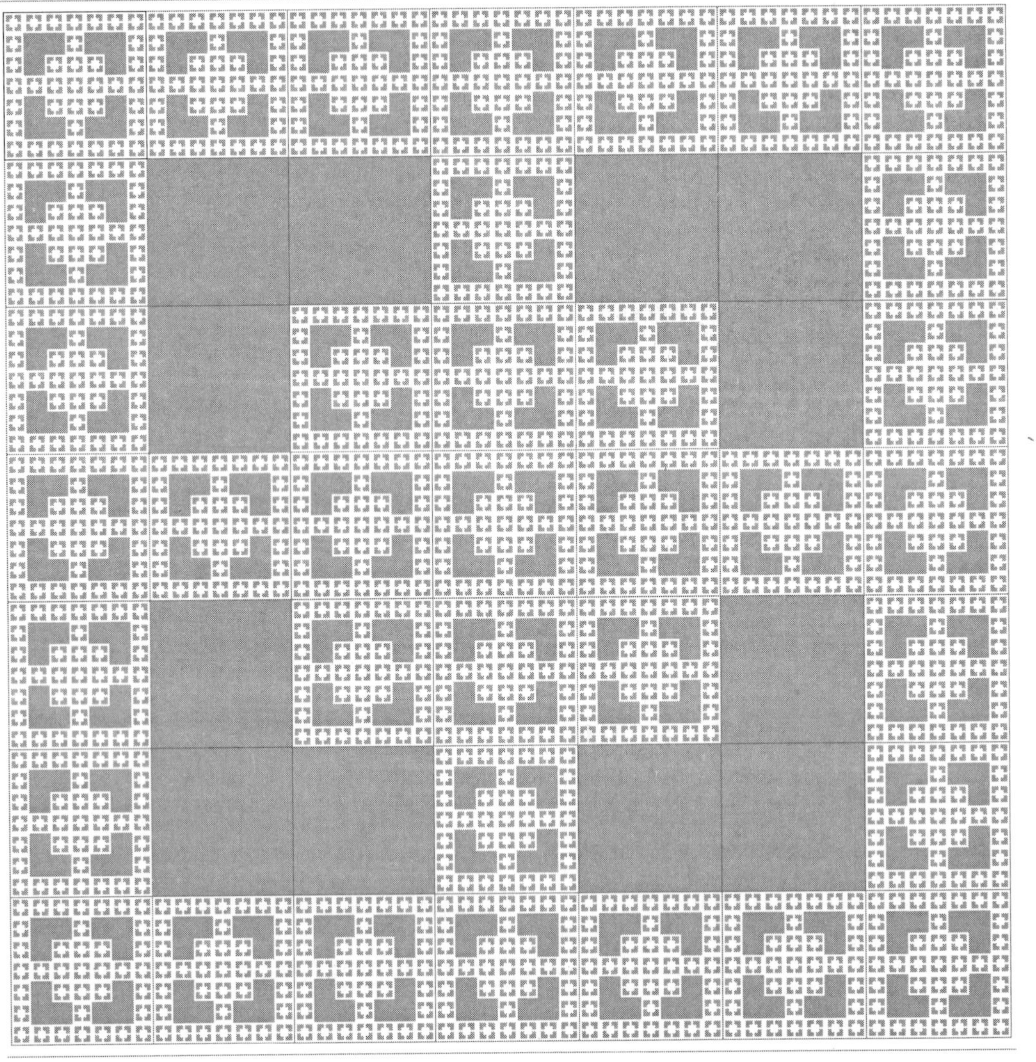

(7) 1단계 13개

① $\log_7 13 = 1.318$	② $\log_{49} 1105 = 1.801$

③ $\log_{343} 70993 = 1.913$

① $\log_7 13 = 1.318$

② $\log_{49} 1105 = 1.801$

③ $\log_{343} 70993 = 1.913$

① $\log_7 13 = 1.318$

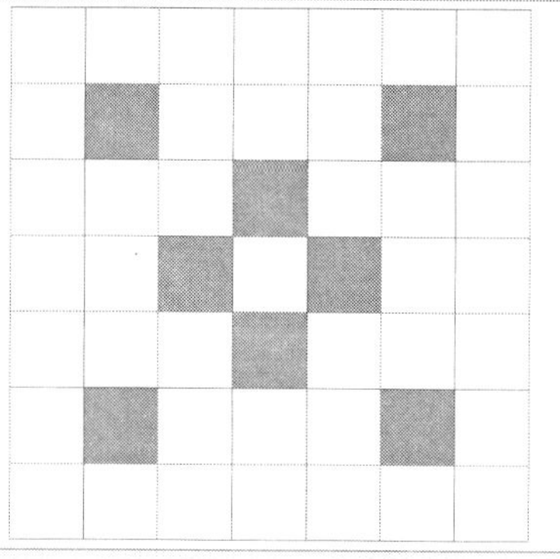

② $\log_{49} 1105 = 1.801$

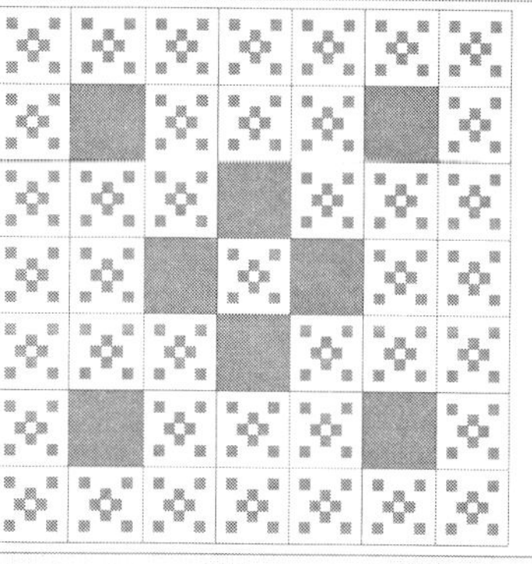

③ $\log_{343} 70993 = 1.913$

(8) 1단계 16개

① $\log_{7}16 = 1.425$

② $\log_{49}1312 = 1.845$

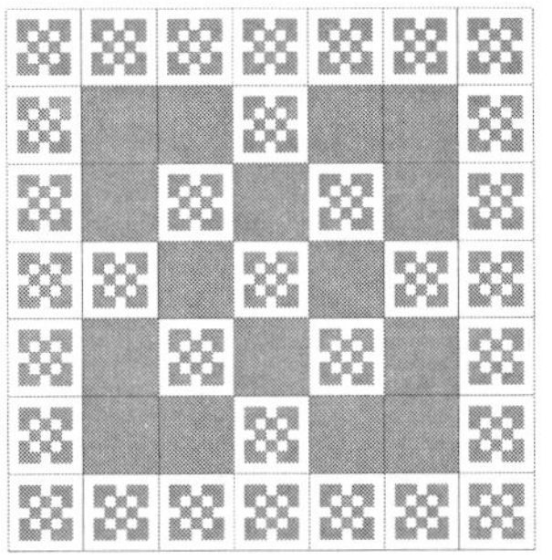

③ $\log_{343}81712 = 1.938$

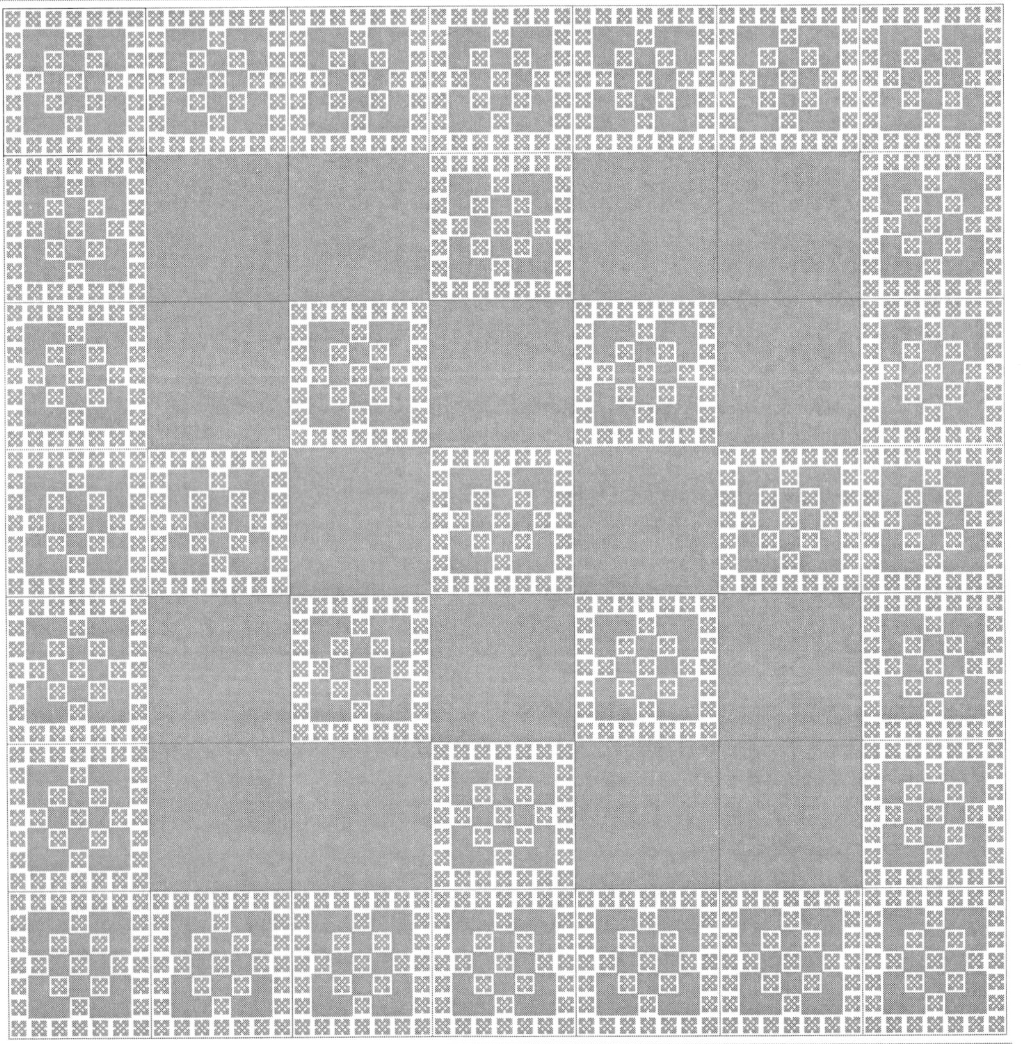

① $\log_7 16 = 1.425$

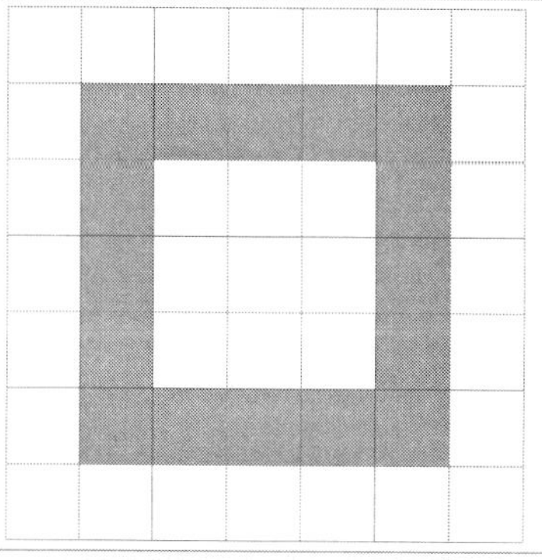

② $\log_{49} 1312 = 1.845$

③ $\log_{343} 81712 = 1.938$

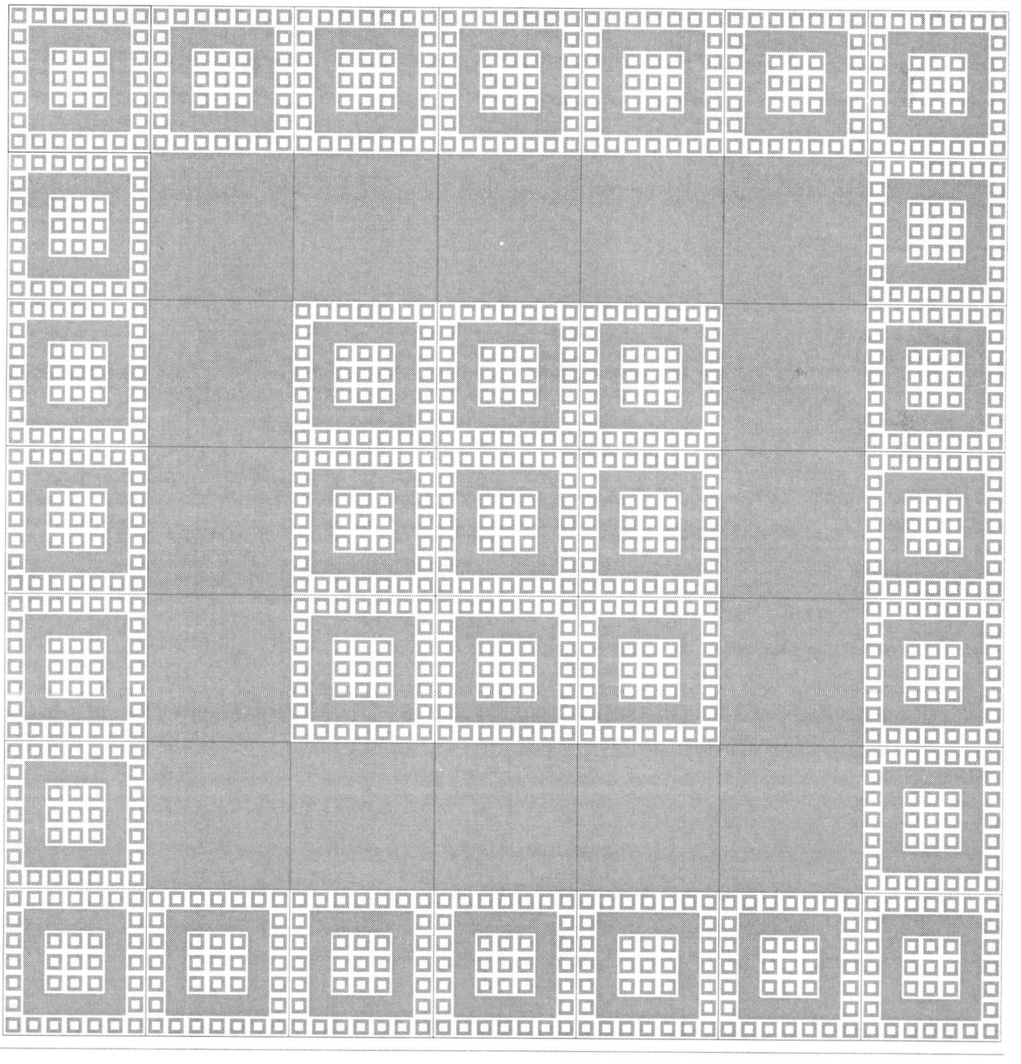

① $\log_7 16 = 1.425$

② $\log_{49} 1312 = 1.845$

③ $\log_{343} 81712 = 1.938$

① $\log_{7}16 = 1.425$

② $\log_{49}1312 = 1.845$

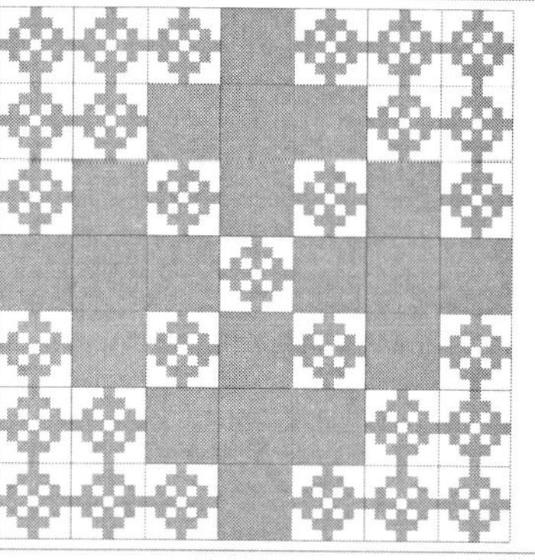

③ $\log_{343}81712 = 1.938$

① $\log_7 16 = 1.425$

② $\log_{49} 1312 = 1.845$

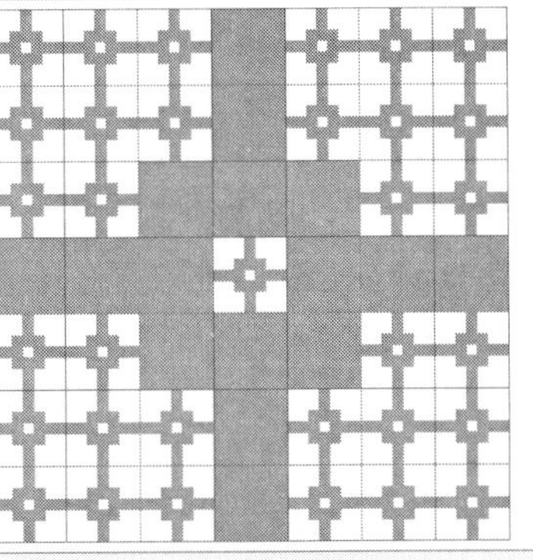

③ $\log_{343} 81712 = 1.938$

(9) 1단계 17개

① $\log_7 17 = 1.456$	② $\log_{49} 1377 = 1.857$
	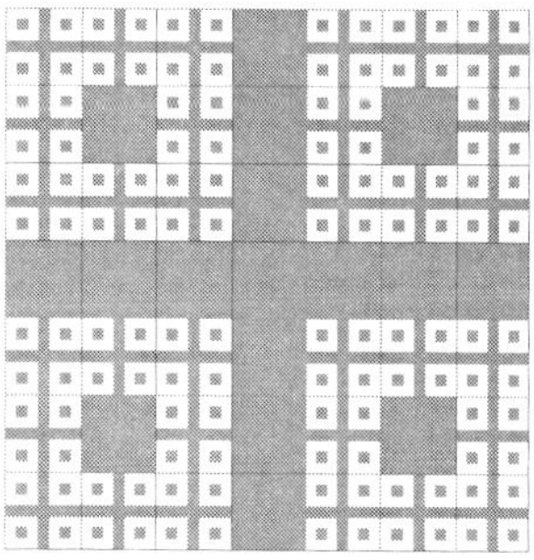

③ $\log_{343} 84881 = 1.944$

① $\log_7 17 = 1.456$

② $\log_{49} 1377 = 1.857$

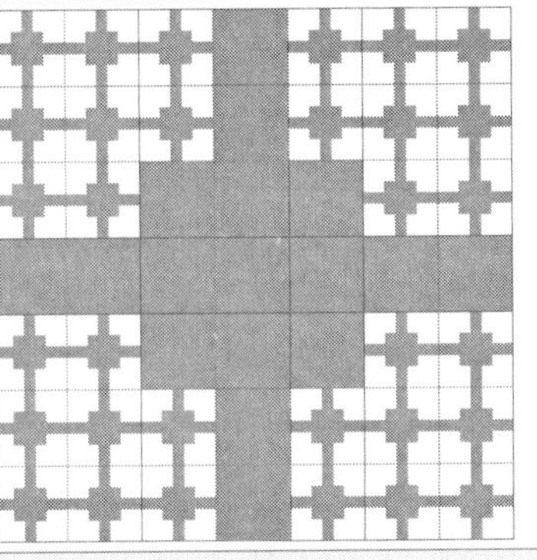

③ $\log_{343} 84881 = 1.944$

(10) 1단계 20개

① $\log_7 20 = 1.54$

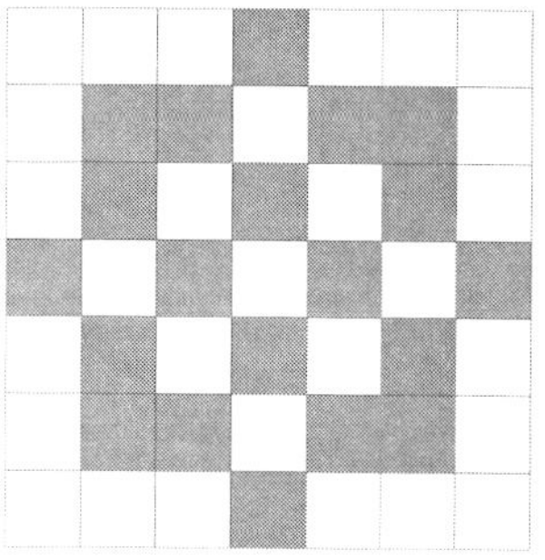

② $\log_{49} 1560 = 1.889$

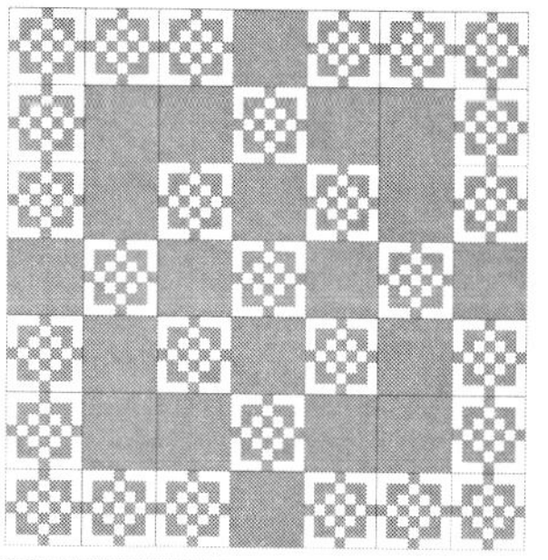

③ $\log_{343} 93260 = 1.960$

① $\log_7 20 = 1.54$

② $\log_{49} 1560 = 1.889$

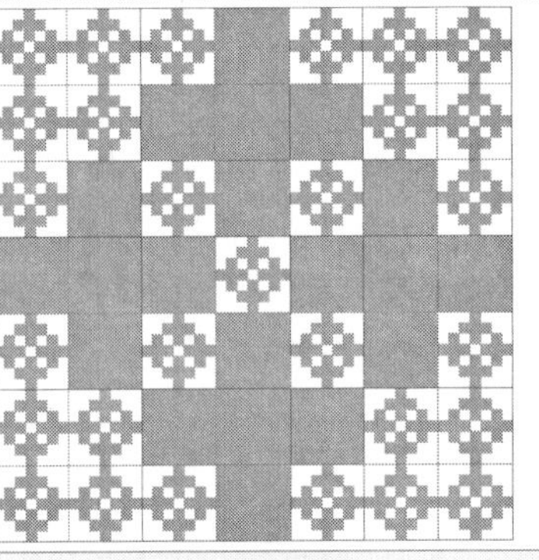

③ $\log_{343} 93260 = 1.960$

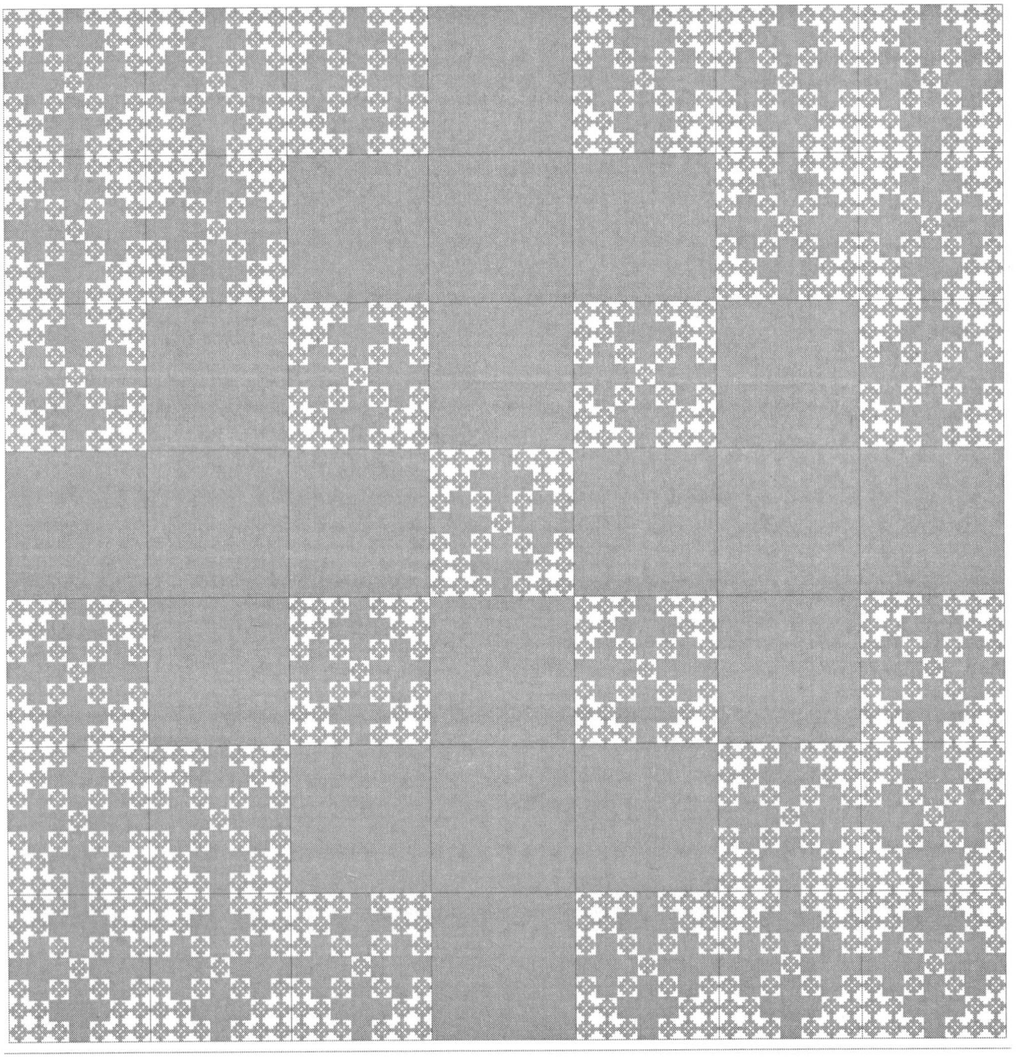

① $\log_7 20 = 1.54$

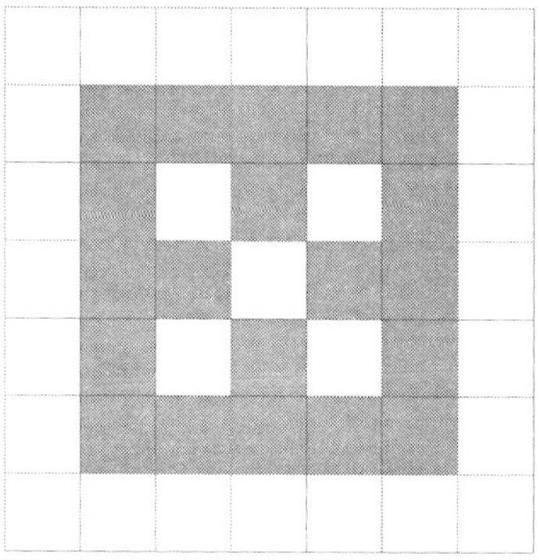

② $\log_{49} 1560 = 1.889$

③ $\log_{343} 93260 = 1.960$

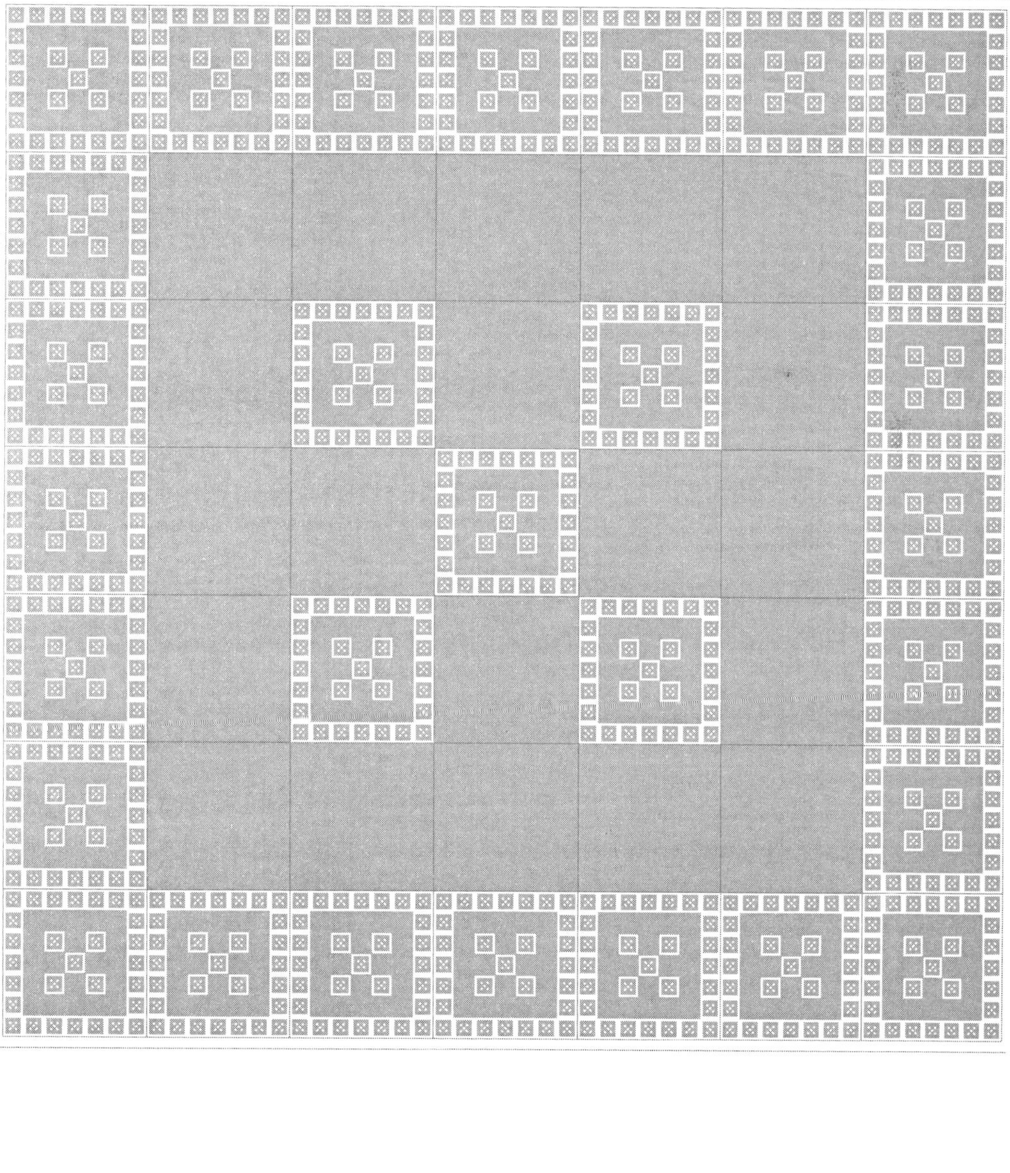

7 8×8 덧셈-덧셈 프랙탈

(1) 1단계 4개

① $\log_8 4 = 0.667$

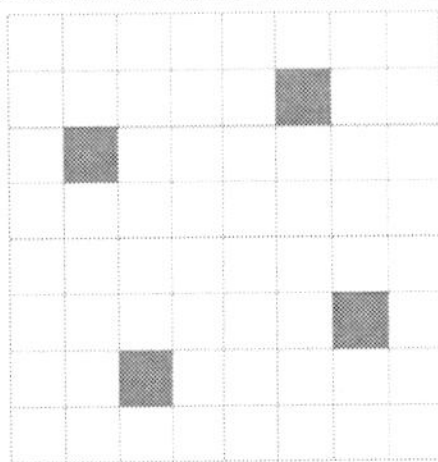

② $\log_{64} 496 = 1.492$

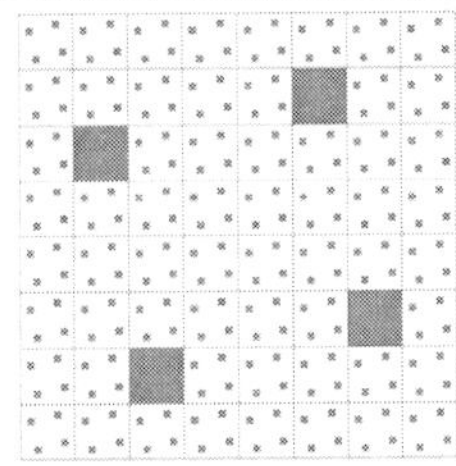

③ $\log_{512} 46144 = 1.722$

(2) 1단계 8개

① $\log_{8}8 = 1$	② $\log_{64}960 = 1.651$
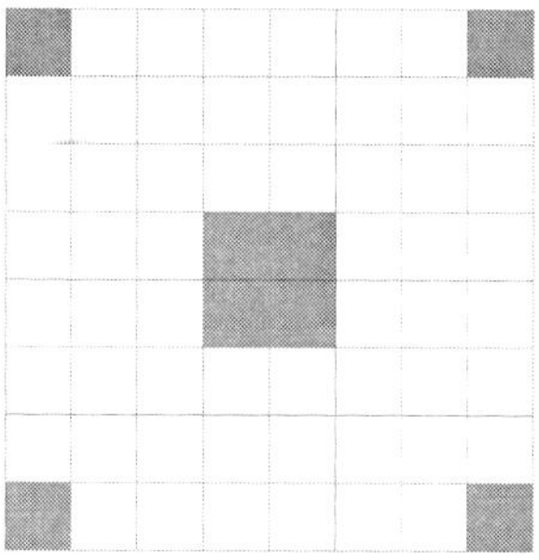	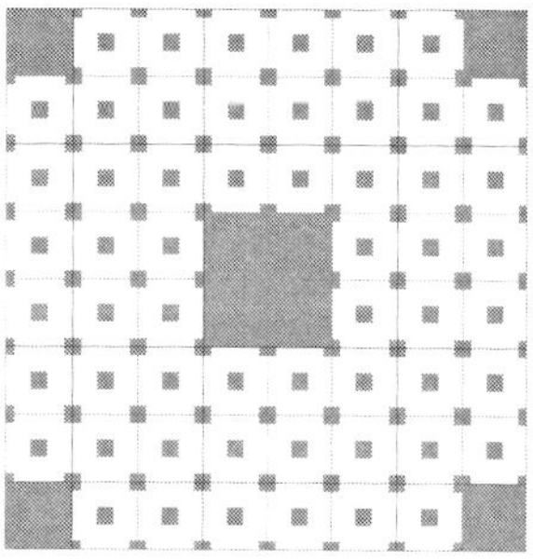

③ $\log_{512}86528 = 1.822$

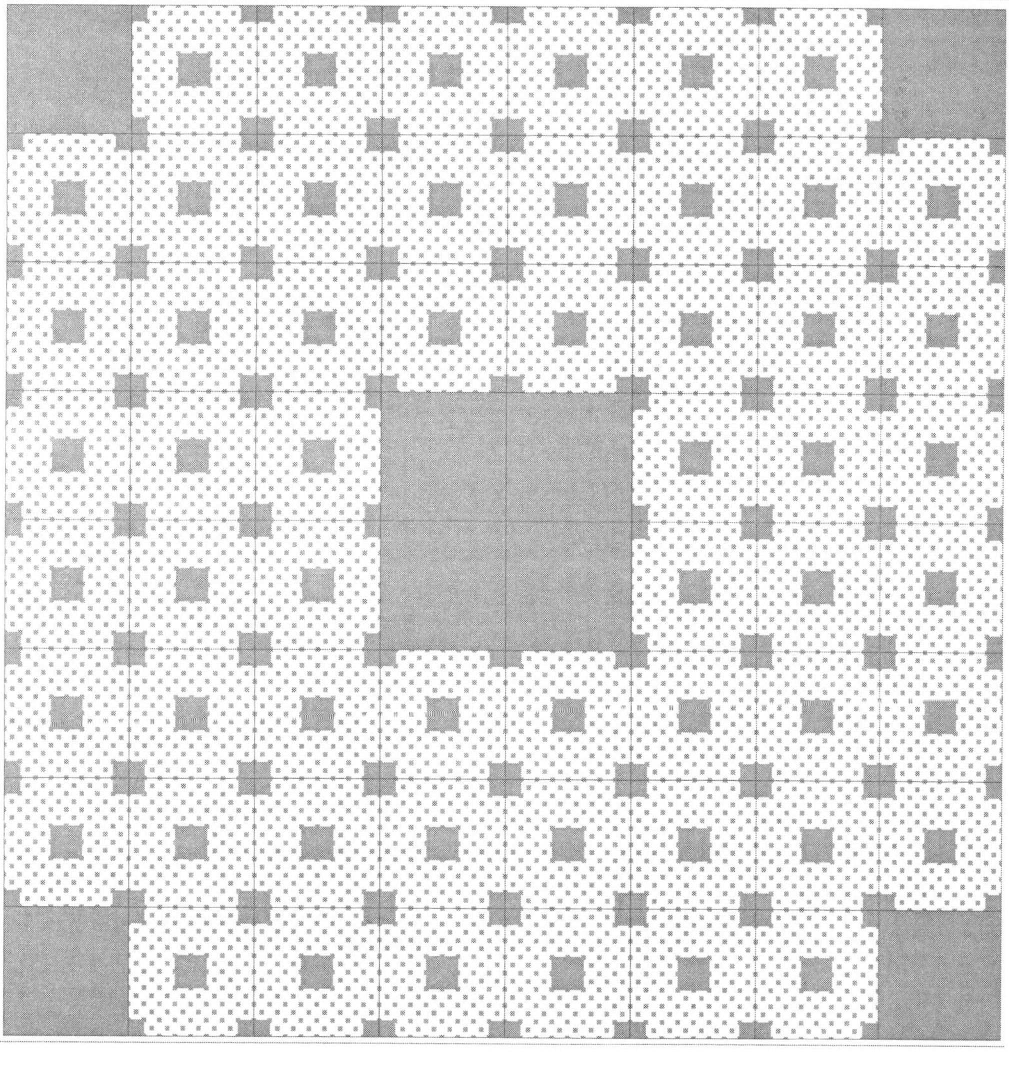

① $\log_8 8 = 1$

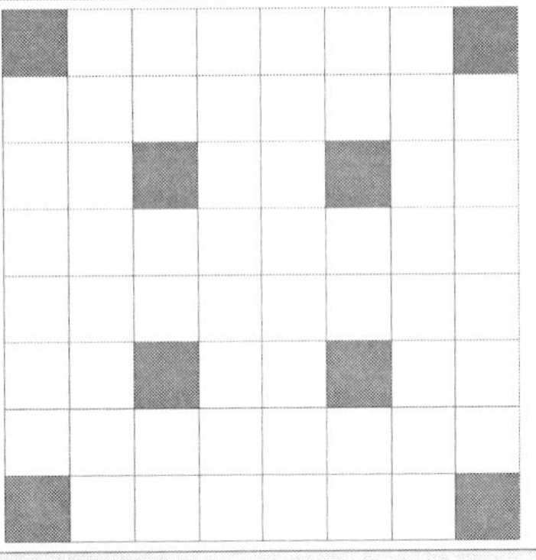

② $\log_{64} 960 = 1.651$

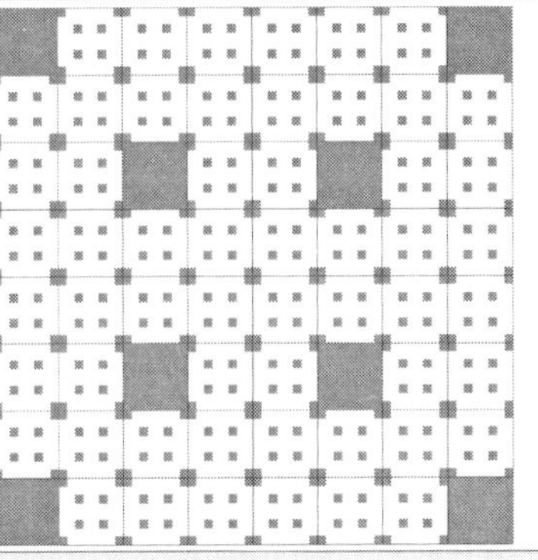

③ $\log_{512} 86528 = 1.822$

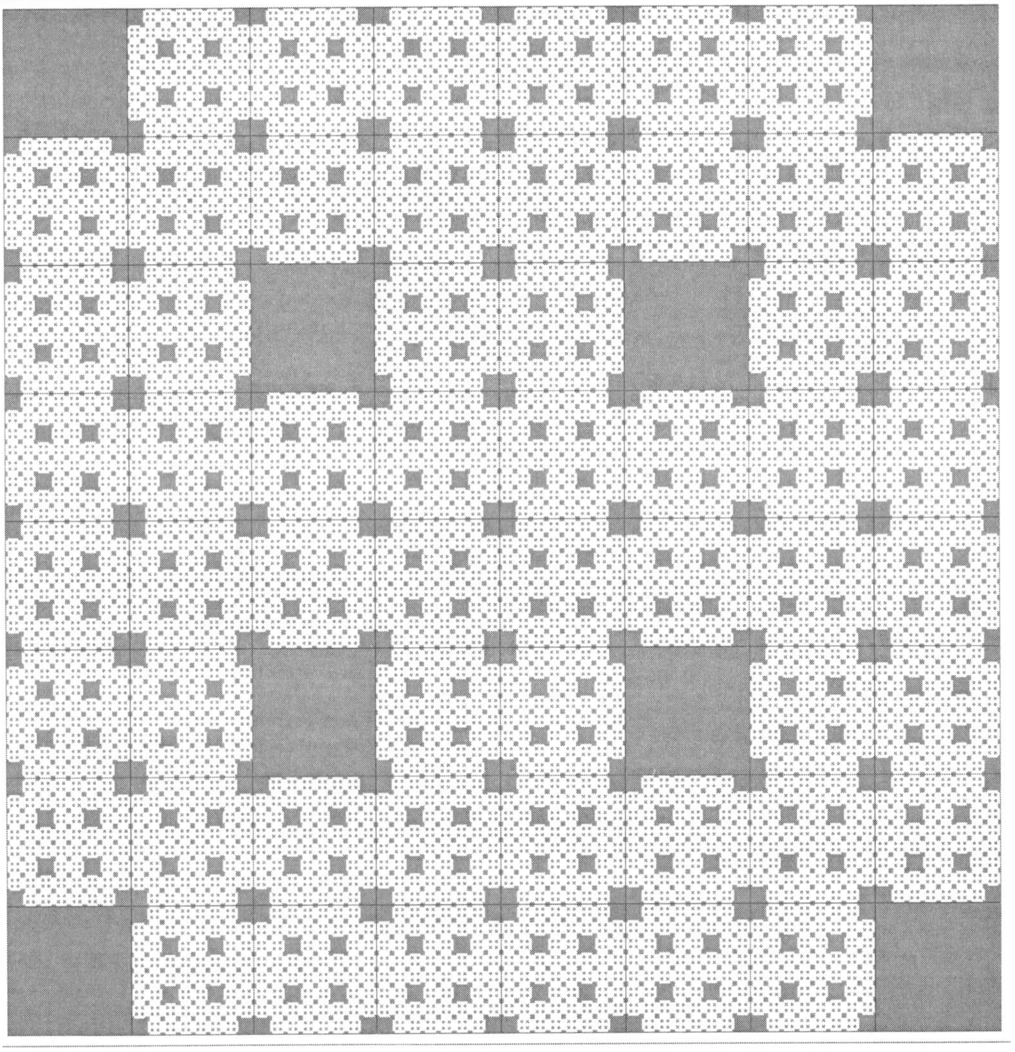

① $\log_8 8 = 1$

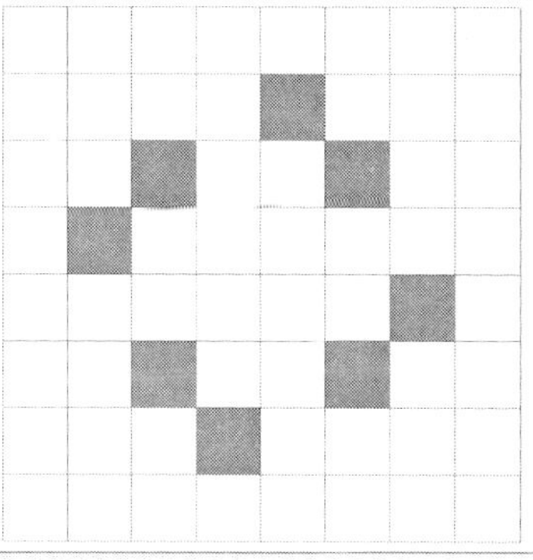

② $\log_{64} 960 = 1.651$

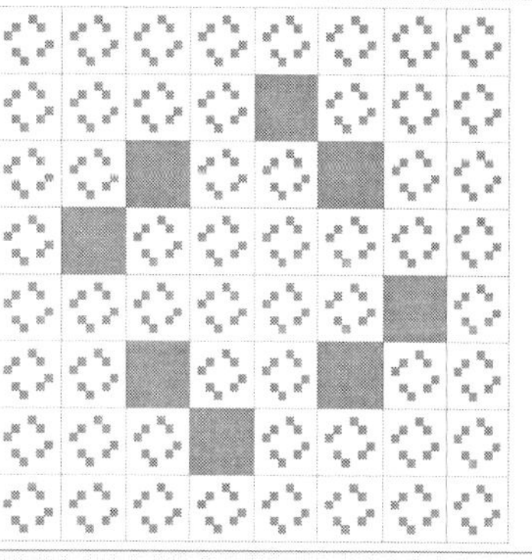

③ $\log_{512} 86528 = 1.822$

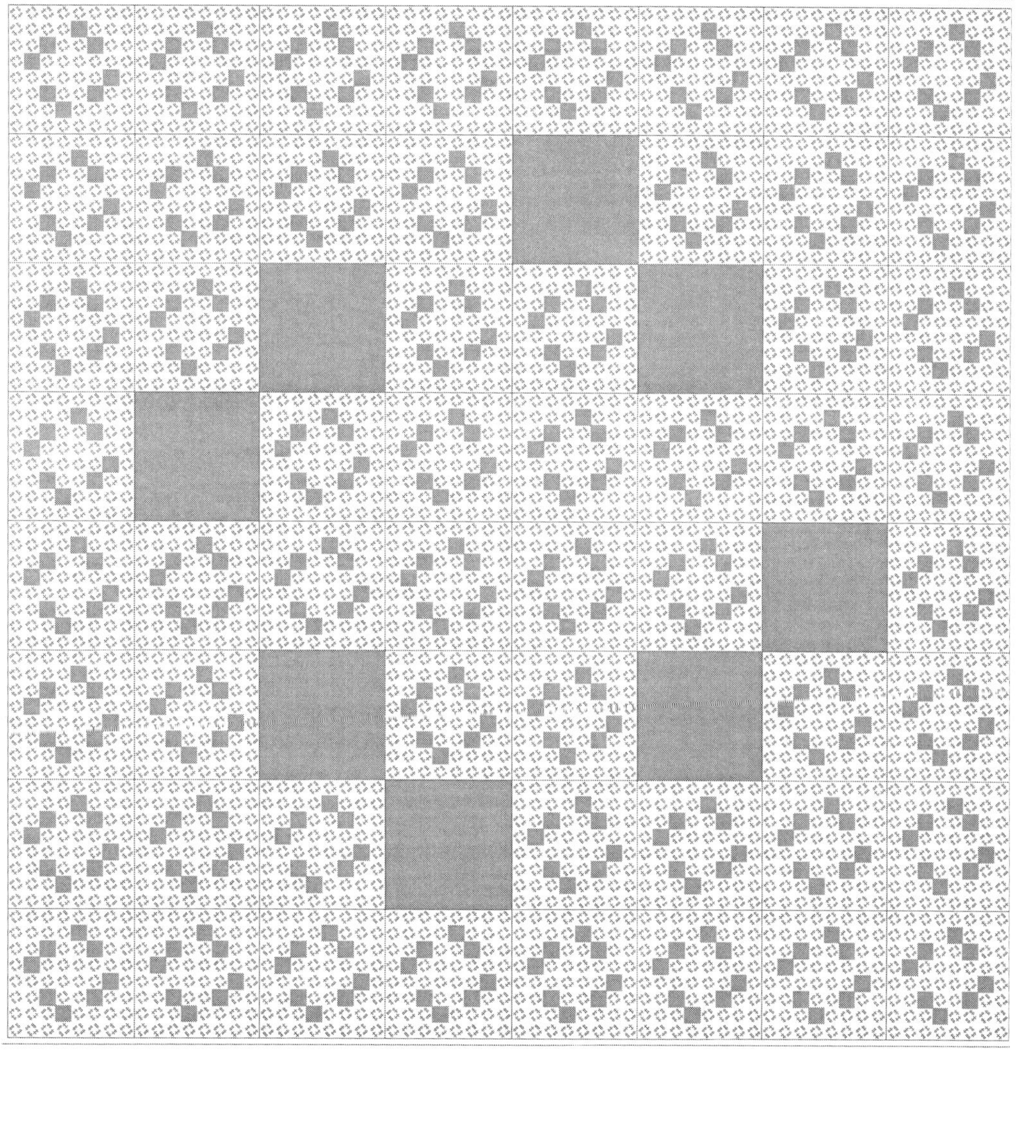

① $\log_8 8 = 1$

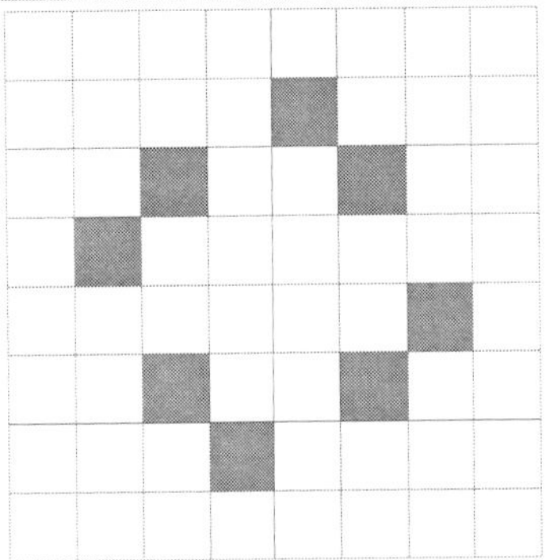

② $\log_{64} 960 = 1.651$

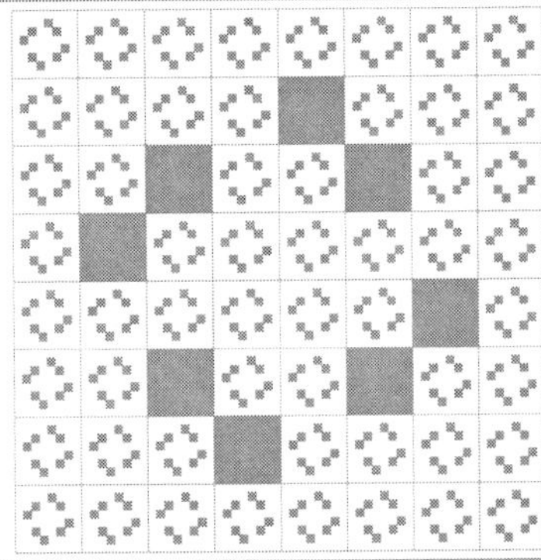

③ $\log_{512} 86528 = 1.822$

(3) 1단계 12개

① $\log_8 12 = 1.195$

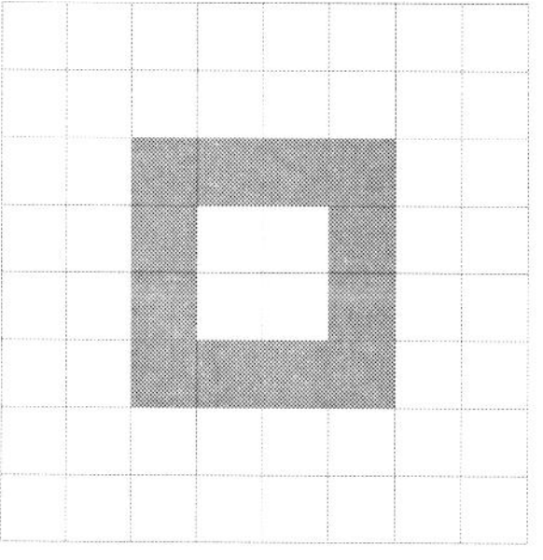

② $\log_{64} 1392 = 1.74$

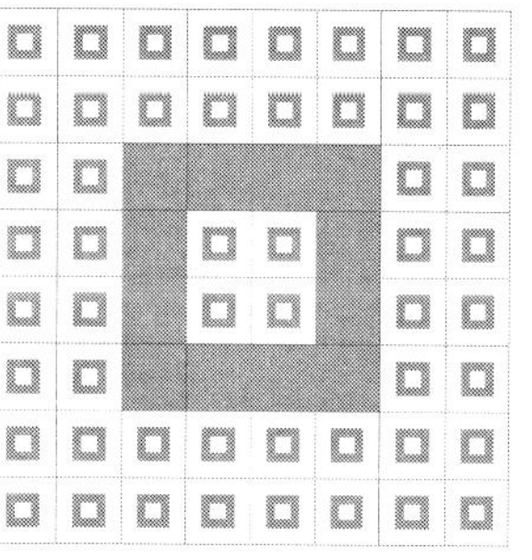

③ $\log_{512} 121536 = 1.877$

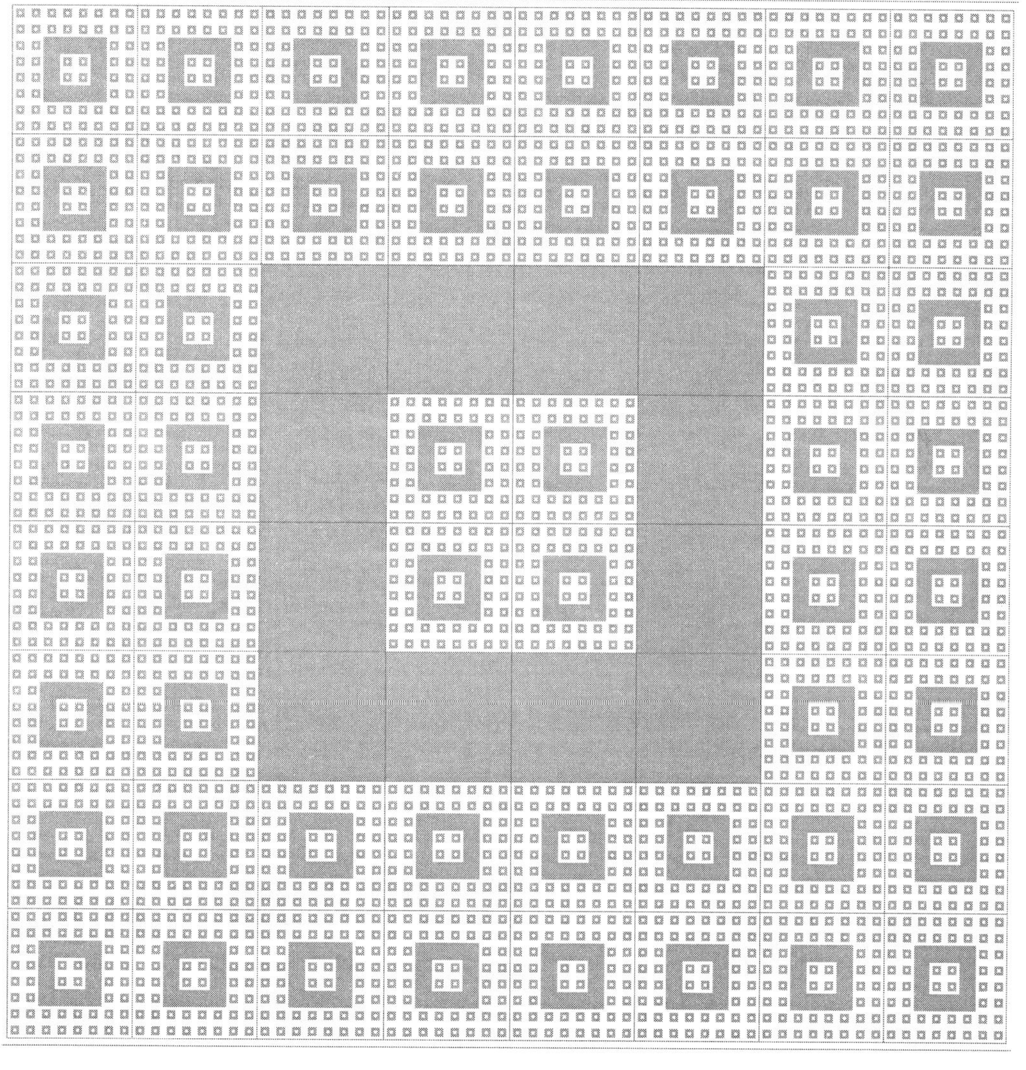

① $\log_8 12 = 1.195$

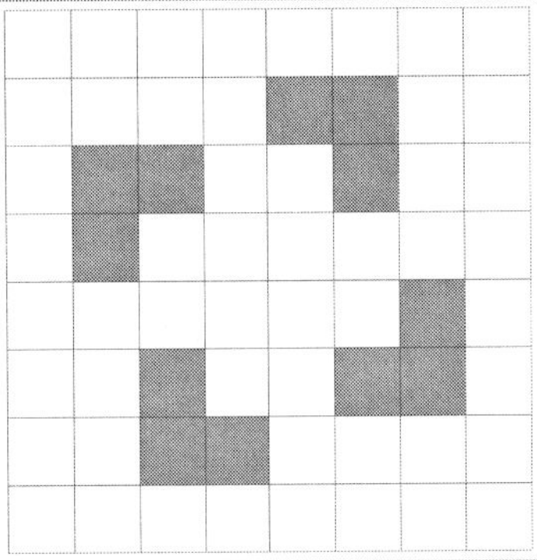

② $\log_{64} 1392 = 1.74$

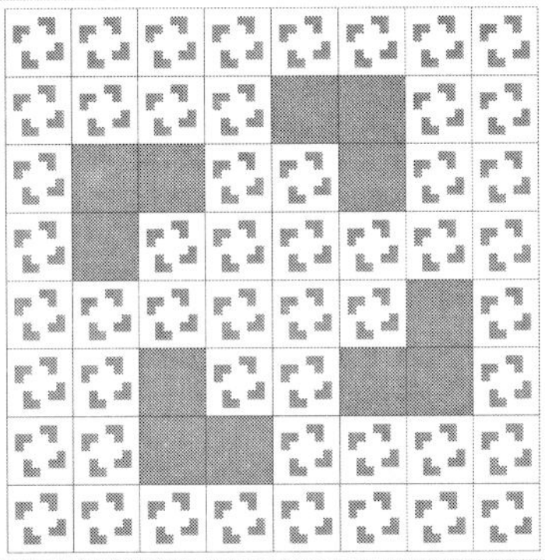

③ $\log_{512} 121536 = 1.877$

① $\log_8 12 = 1.195$

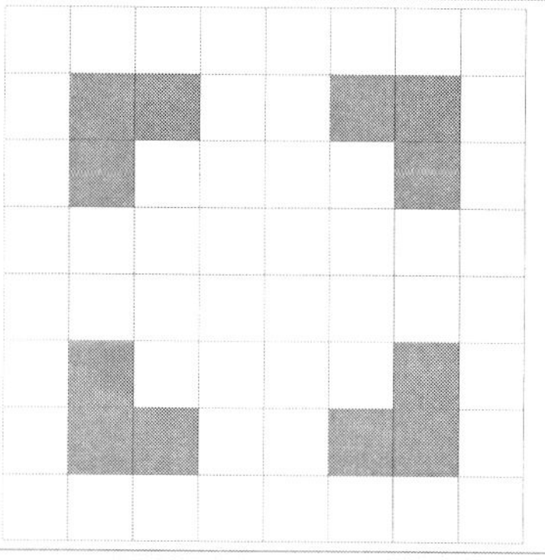

② $\log_{64} 1392 = 1.74$

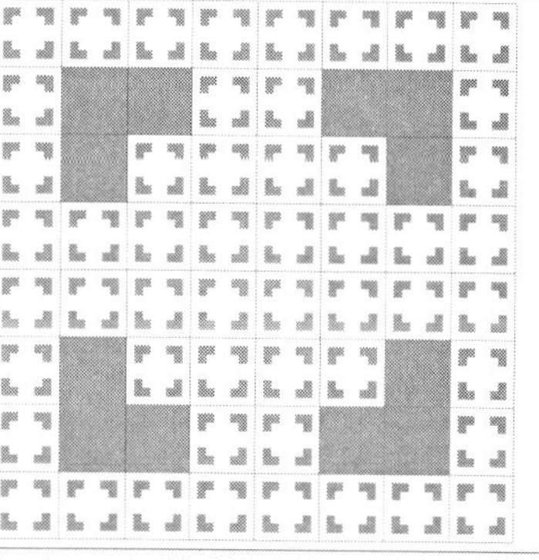

③ $\log_{512} 121536 = 1.877$

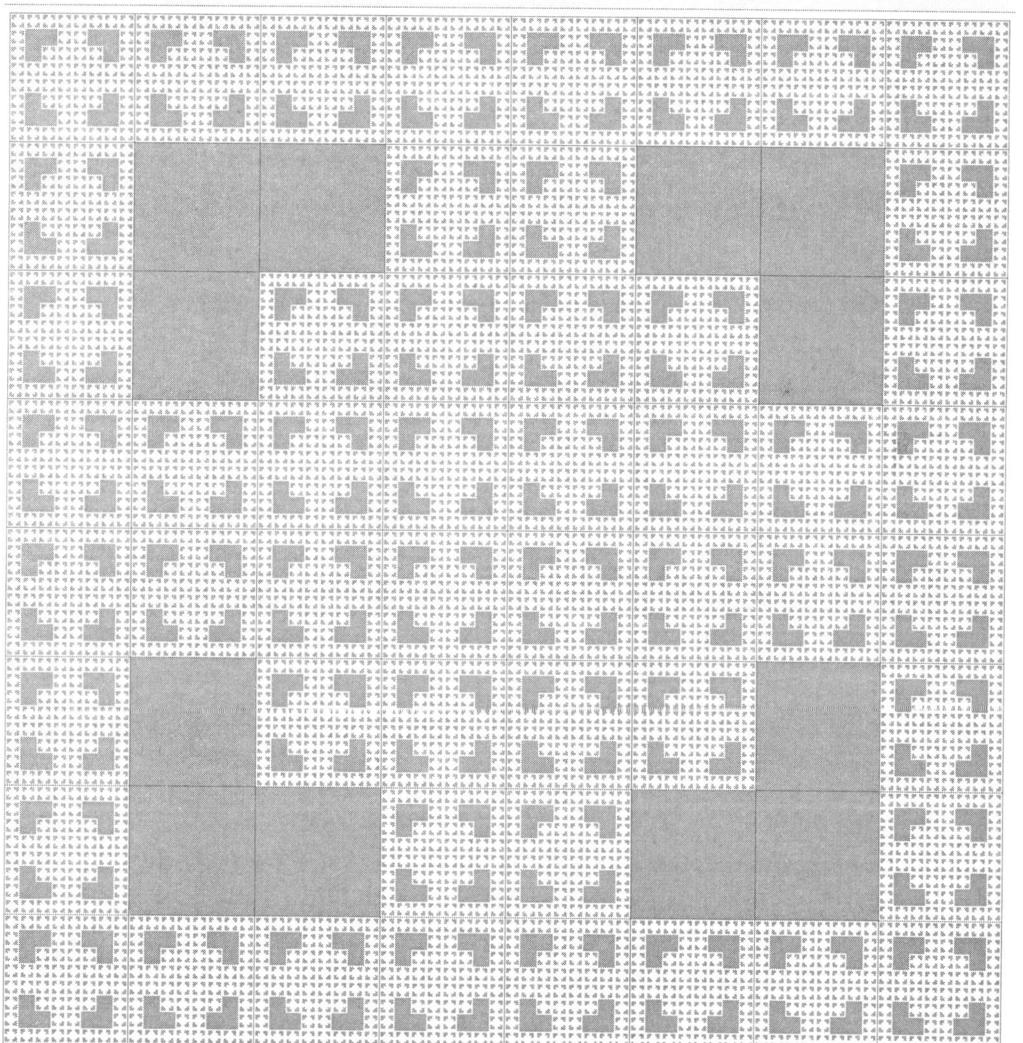

(4) 1단계 16개

① $\log_{8}16 = 1.333$	② $\log_{64}1792 = 1.801$
	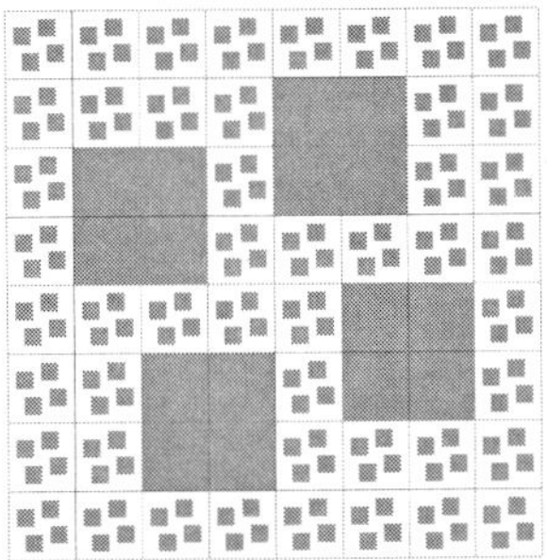

③ $\log_{512}151552 = 1.912$

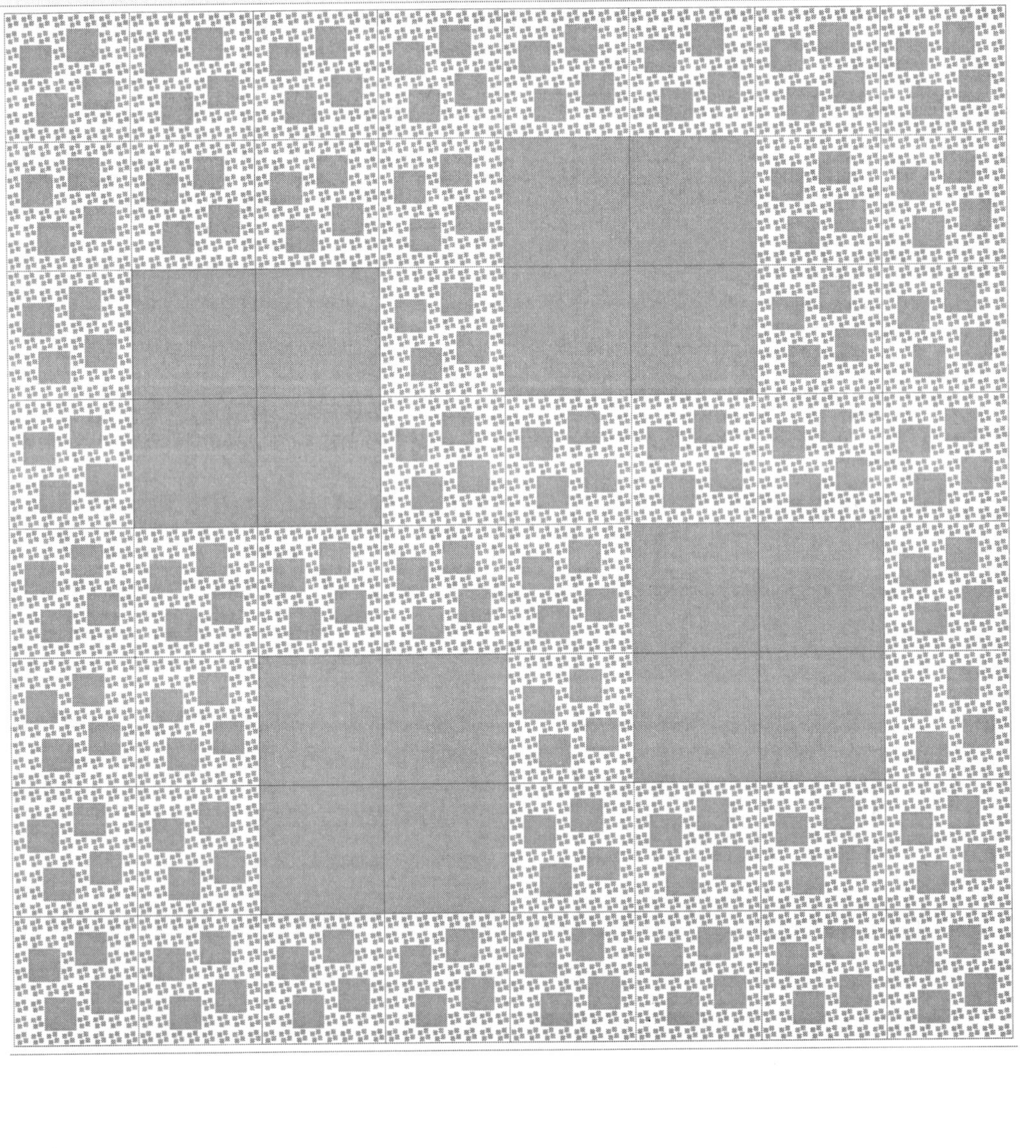

① $\log_8 16 = 1.333$

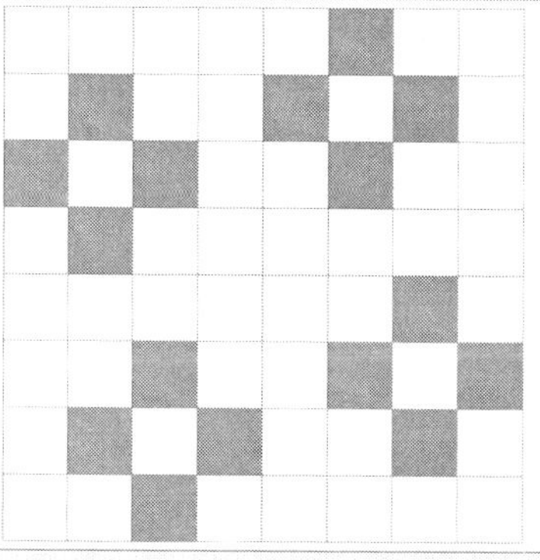

② $\log_{64} 1792 = 1.801$

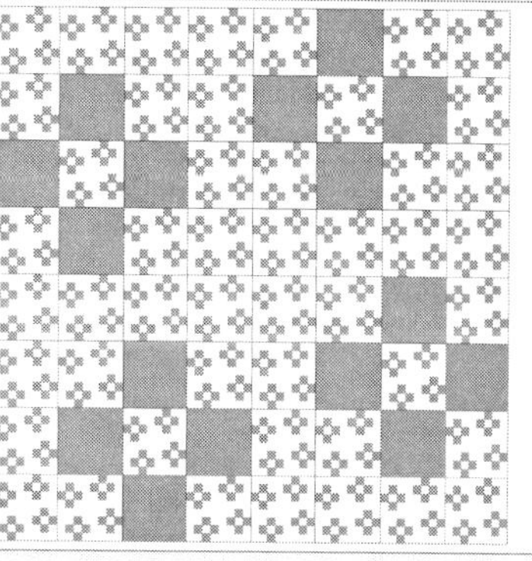

③ $\log_{512} 151552 = 1.912$

(5) 1단계 20개

① $\log_8 20 = 1.441$	② $\log_{64} 2160 = 1.846$
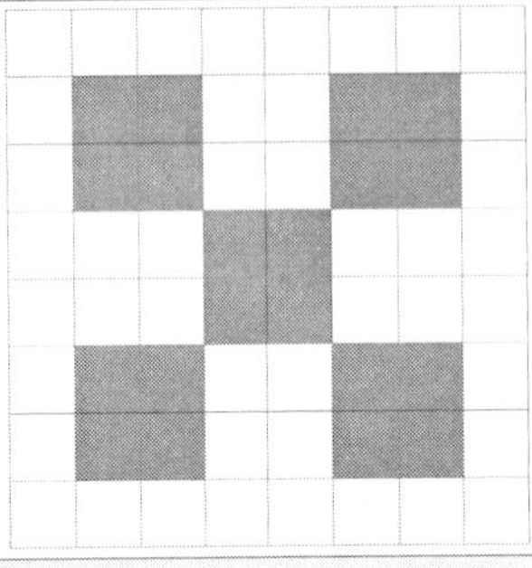	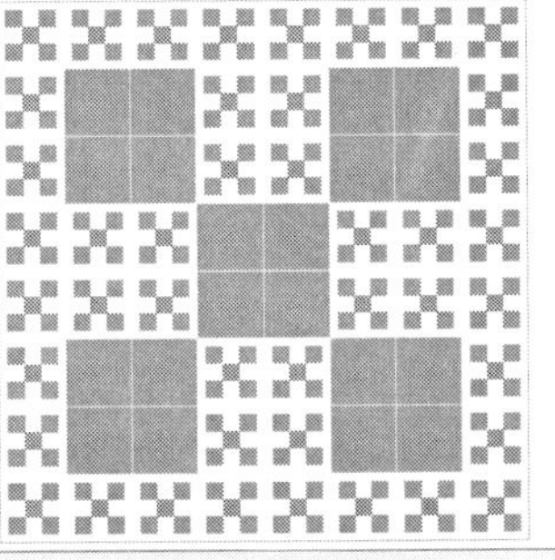

③ $\log_{512} 176960 = 1.937$

(6) 1단계 24개

① $\log_8 24 = 1.528$	② $\log_{64} 2496 = 1.881$
	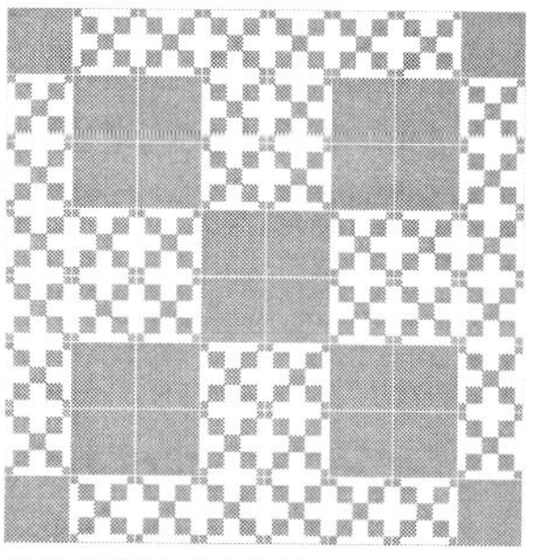

③ $\log_{512} 198144 = 1.955$

① $\log_8 24 = 1.528$

② $\log_{64} 2496 = 1.881$

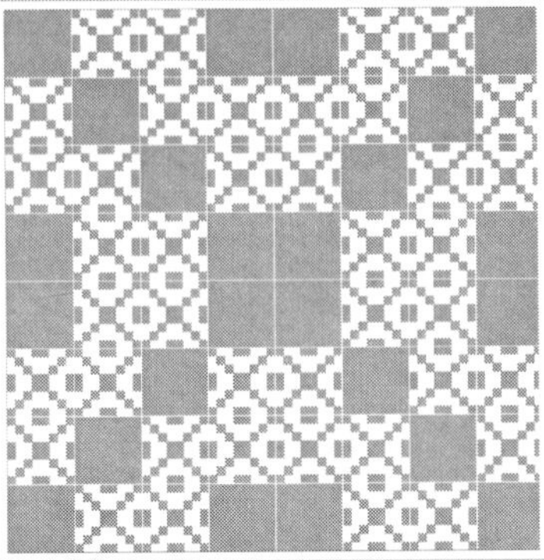

③ $\log_{512} 198144 = 1.955$

① $\log_8 24 = 1.528$

② $\log_{64} 2496 = 1.881$

③ $\log_{512} 198144 = 1.955$

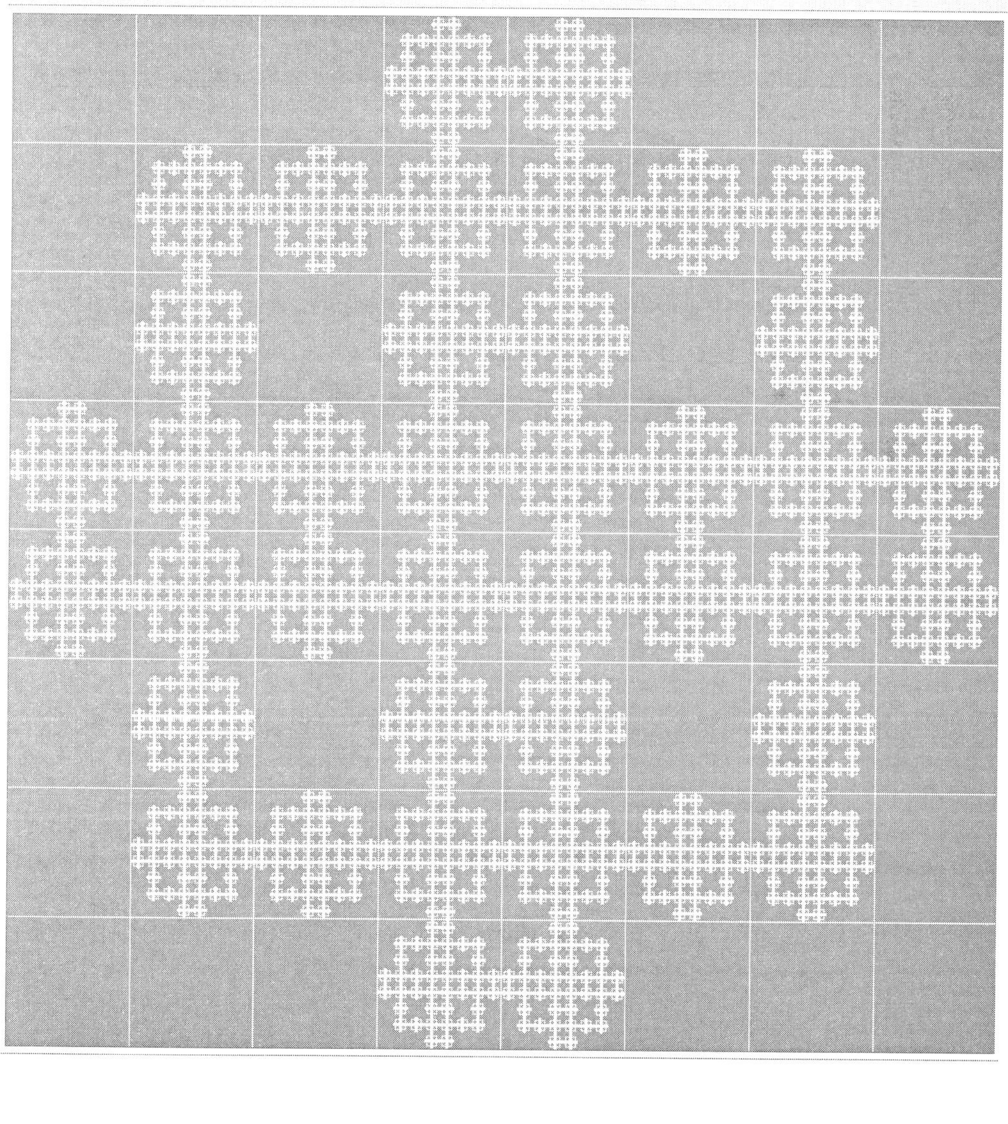

(7) 1단계 28개

① $\log_{8}28 = 1.602$

② $\log_{64}2800 = 1.909$

③ $\log_{512}215488 = 1.969$

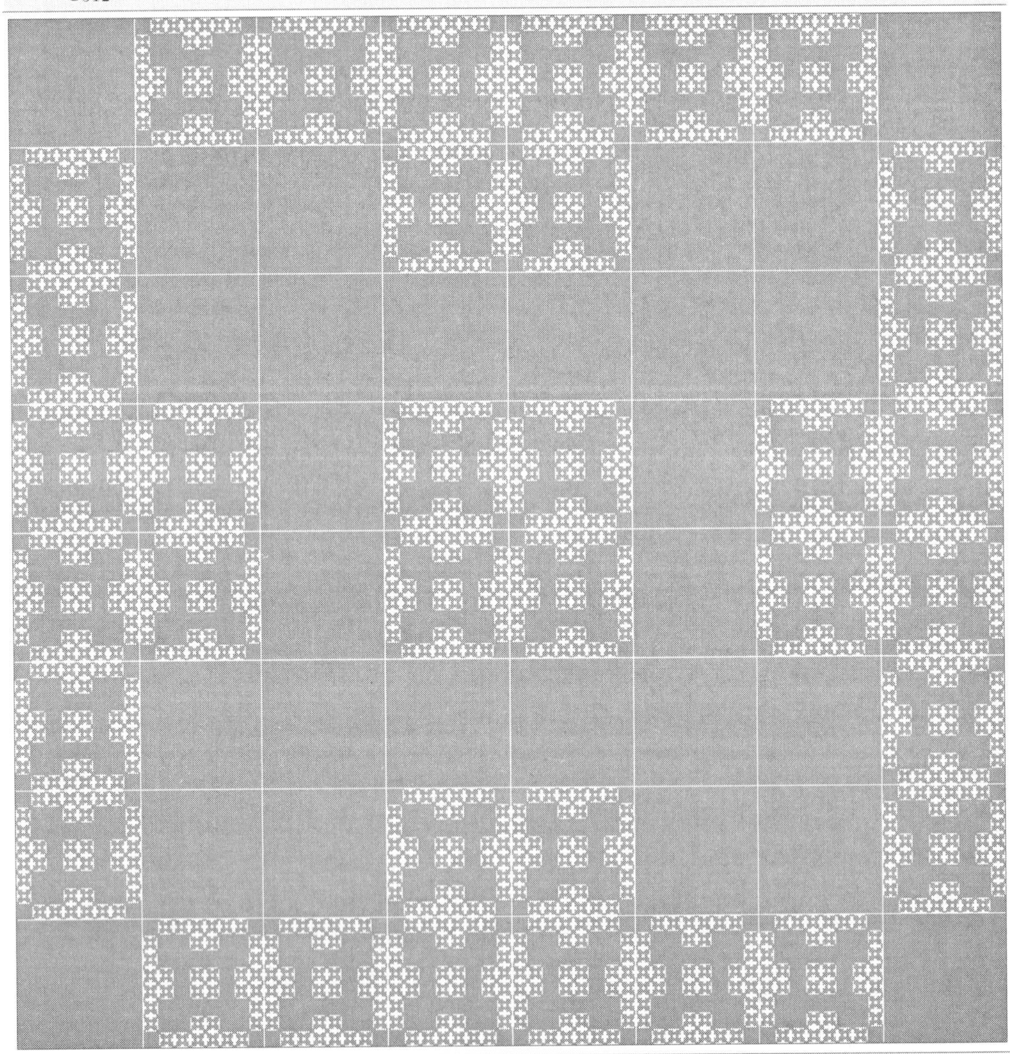

① $\log_8 28 = 1.602$

② $\log_{64} 2800 = 1.909$

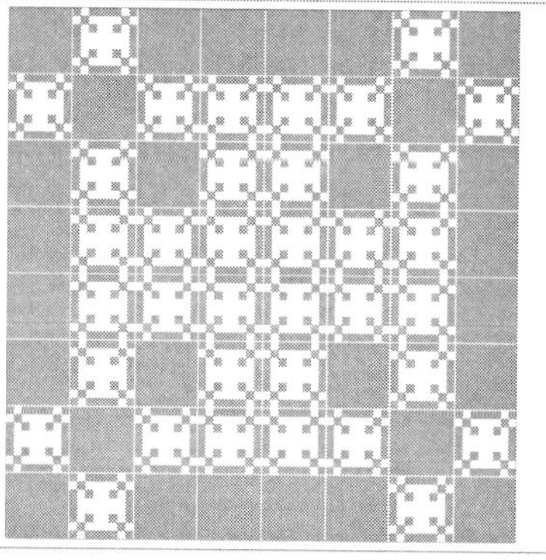

③ $\log_{512} 215488 = 1.969$

① $\log_8 28 = 1.602$

② $\log_{64} 2800 = 1.909$

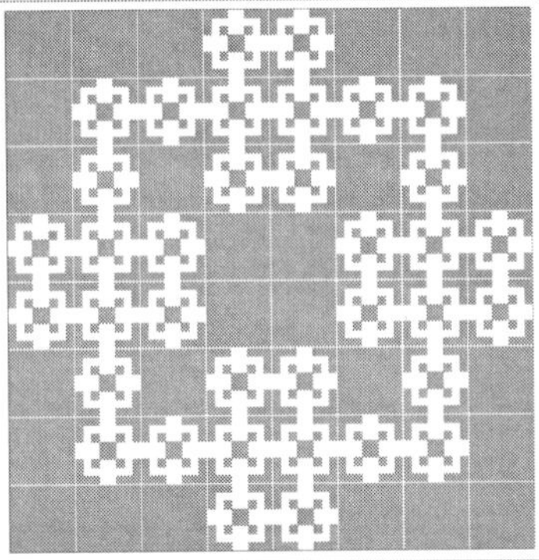

③ $\log_{512} 215488 = 1.969$

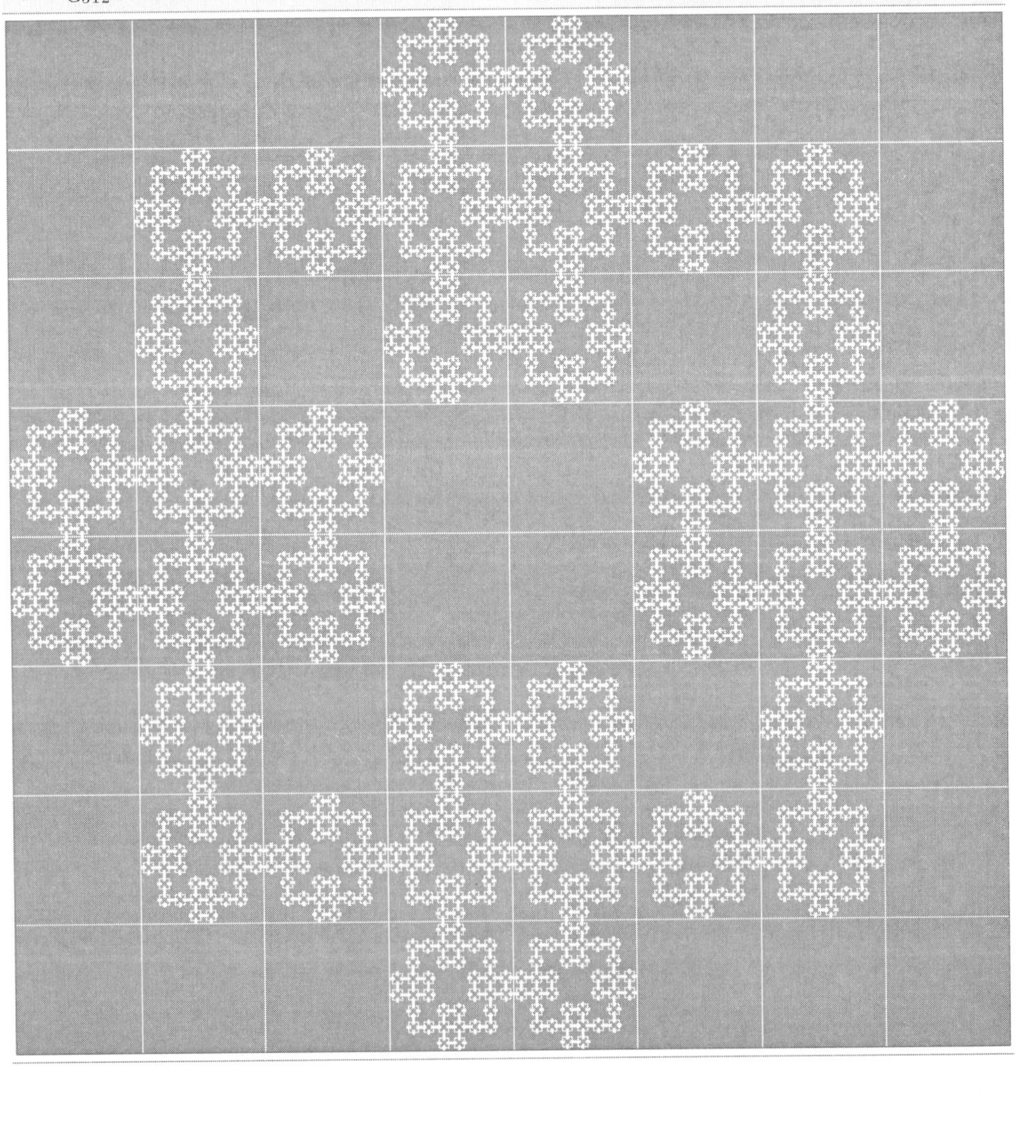

① $\log_{8}28 = 1.602$

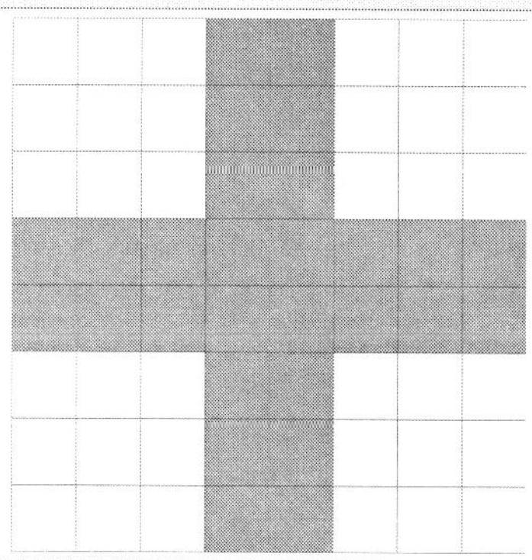

② $\log_{64}2800 = 1.909$

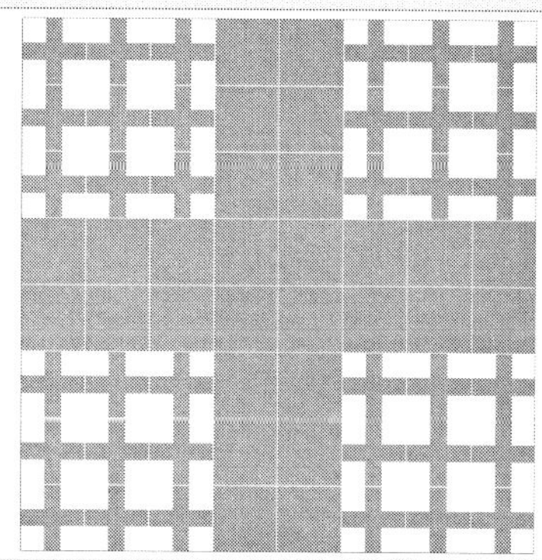

③ $\log_{512}215488 = 1.969$

(8) 1단계 32개

① $\log_{8}32 = 1.667$

② $\log_{64}3702 = 1.931$

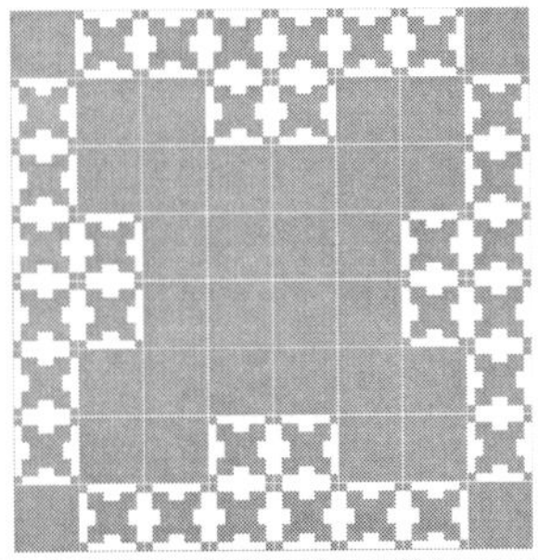

③ $\log_{512}229376 = 1.979$

① $\log_8 32 = 1.667$	② $\log_{64} 3702 = 1.931$
	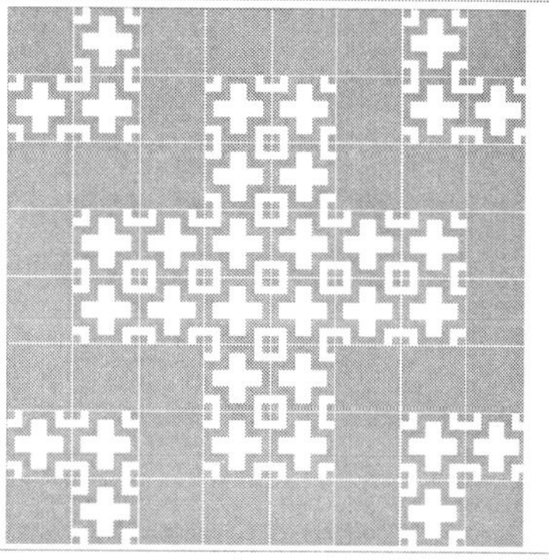

③ $\log_{512} 229376 = 1.979$

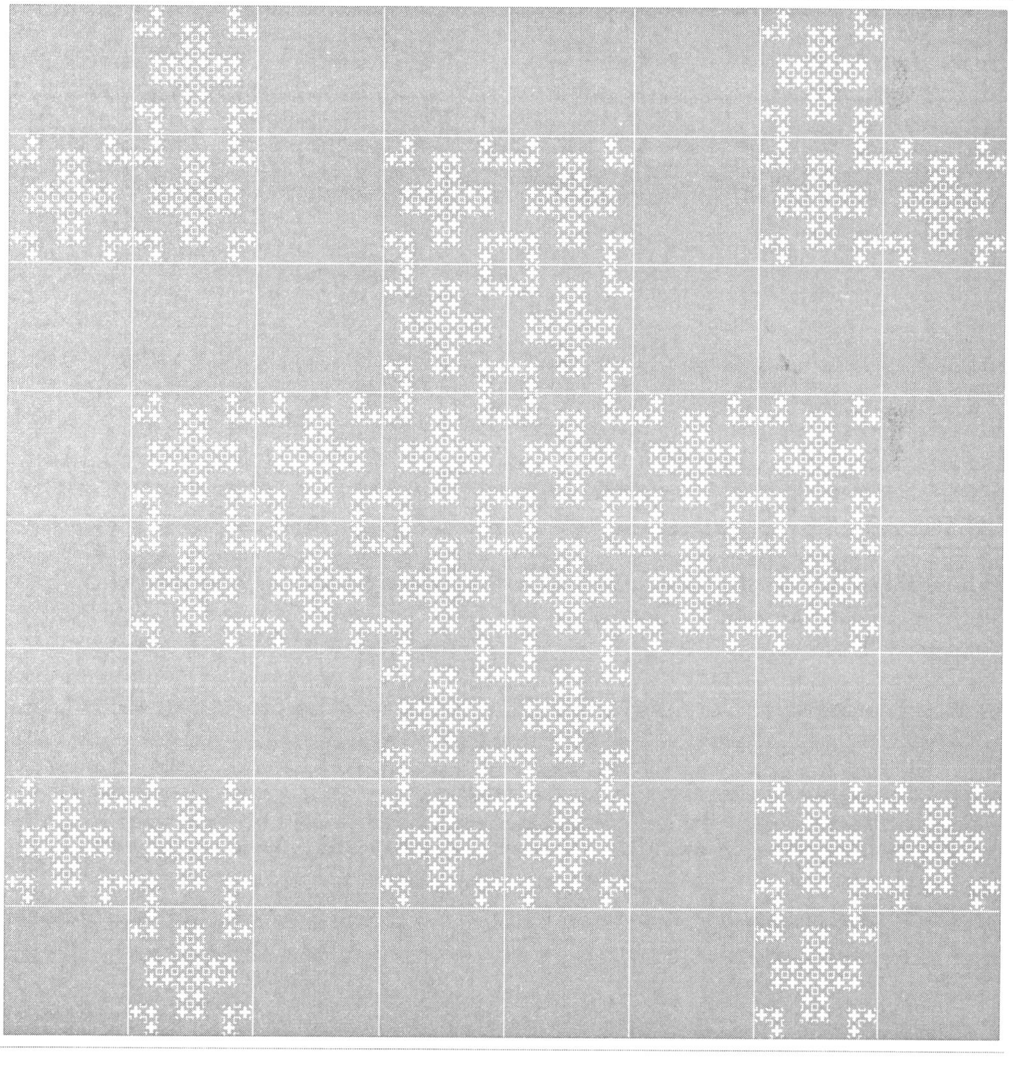

① $\log_{8}32 = 1.667$

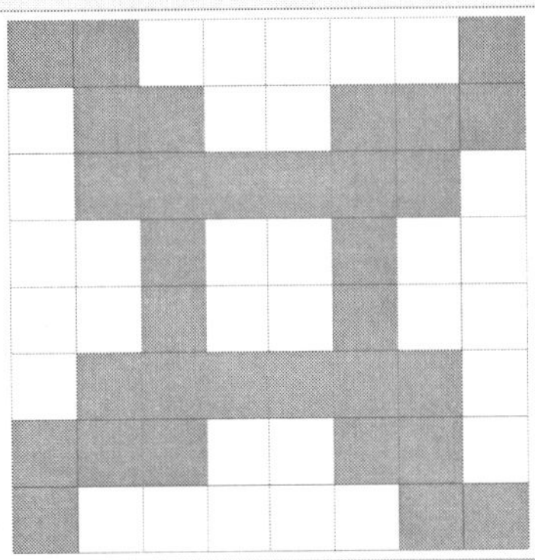

② $\log_{64}3702 = 1.931$

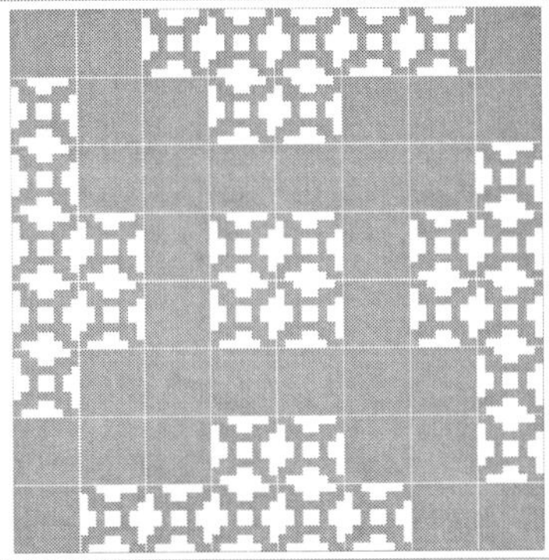

③ $\log_{512}229376 = 1.979$

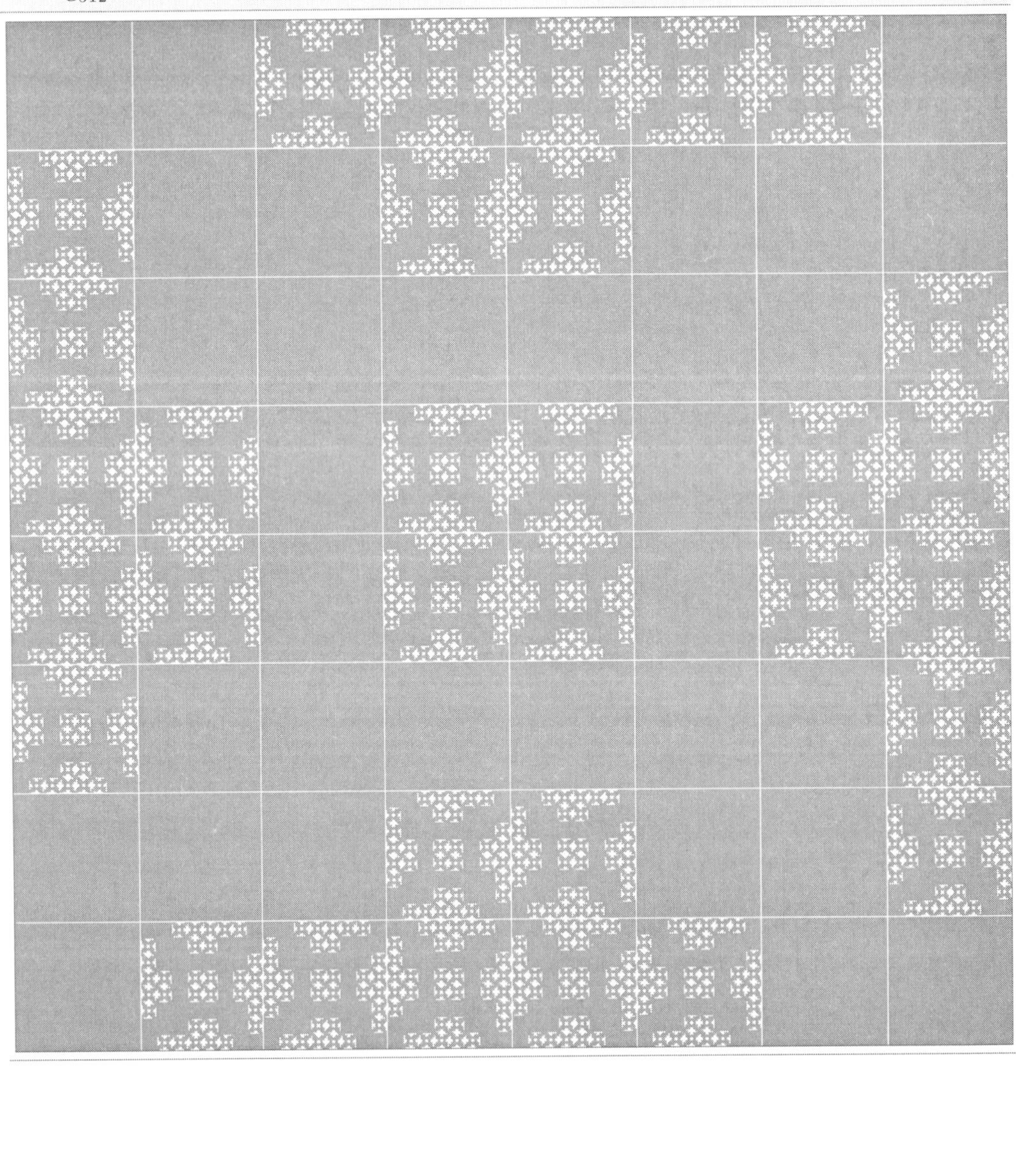

① $\log_8 32 = 1.667$

② $\log_{64} 3702 = 1.931$

③ $\log_{512} 229376 = 1.979$

제 2 장

덧셈-곱셈 프랙탈 디자인

1 3×3 덧셈-곱셈 프랙탈

덧셈-곱셈 프랙탈은 1단계 프랙탈을 이용하여 2단계 프랙탈을 만들때, 덧셈 프랙탈을 이용한다. 1단계와 2단계를 이용하여 3단계 프랙탈을 만들때 곱셈 프랙탈을 이용한다. 덧셈-덧셈 프랙탈을 만드는 방법을 살펴보기 바란다.

(1) 1단계 1개

① $\log_3 1 = 0$	② $\log_9 17 = 1.289$	③ $\log_{27} 17 = 0.86$
	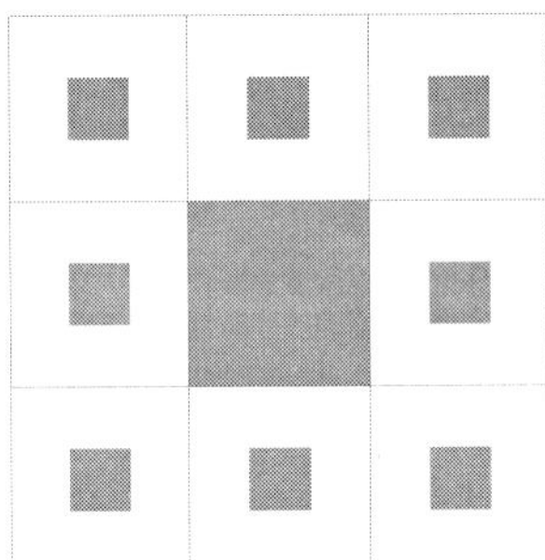	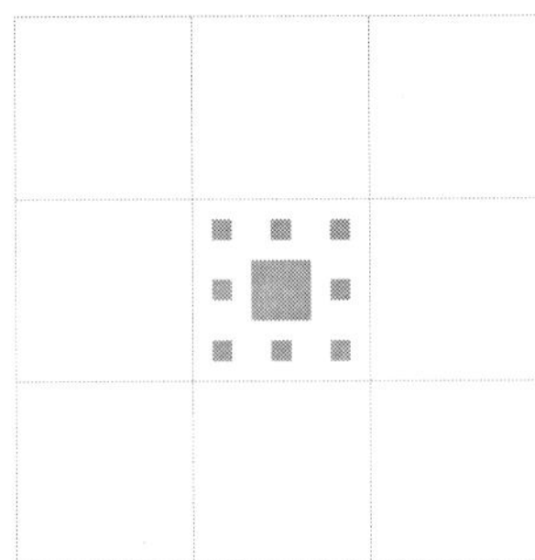
	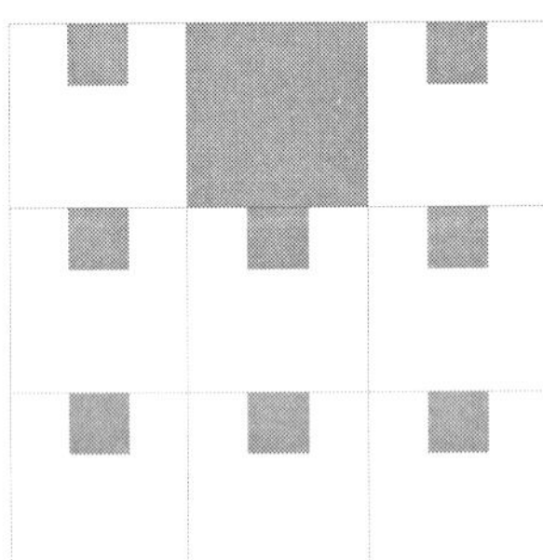	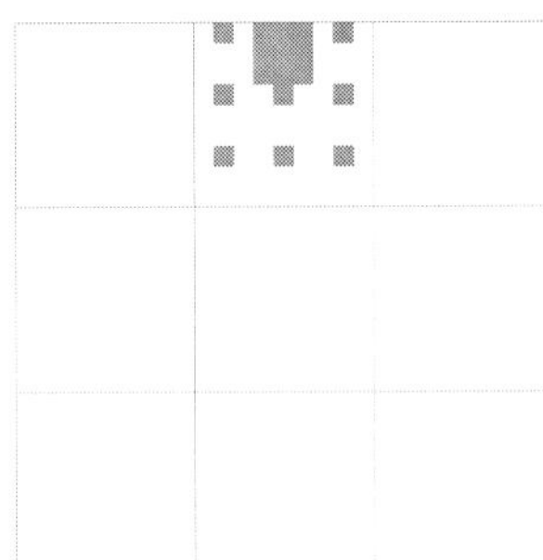

(2) 1단계 2개

① $\log_3 2 = 0.631$	② $\log_9 32 = 1.577$	③ $\log_{27} 64 = 1.262$
		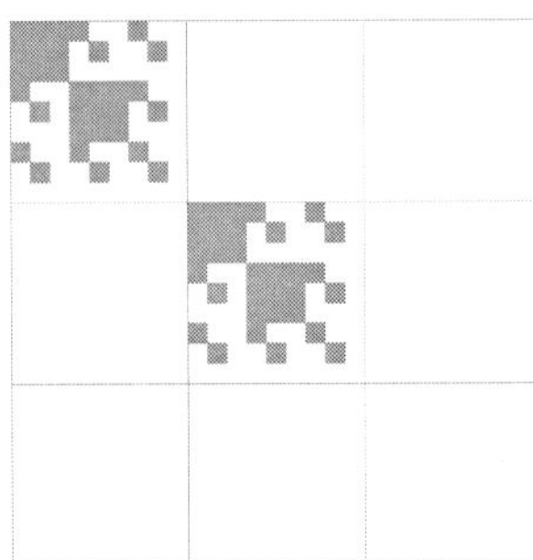

(3) 1단계 3개

① $\log_3 3 = 1$	② $\log_9 45 = 1.732$	③ $\log_{27} 135 = 1.488$

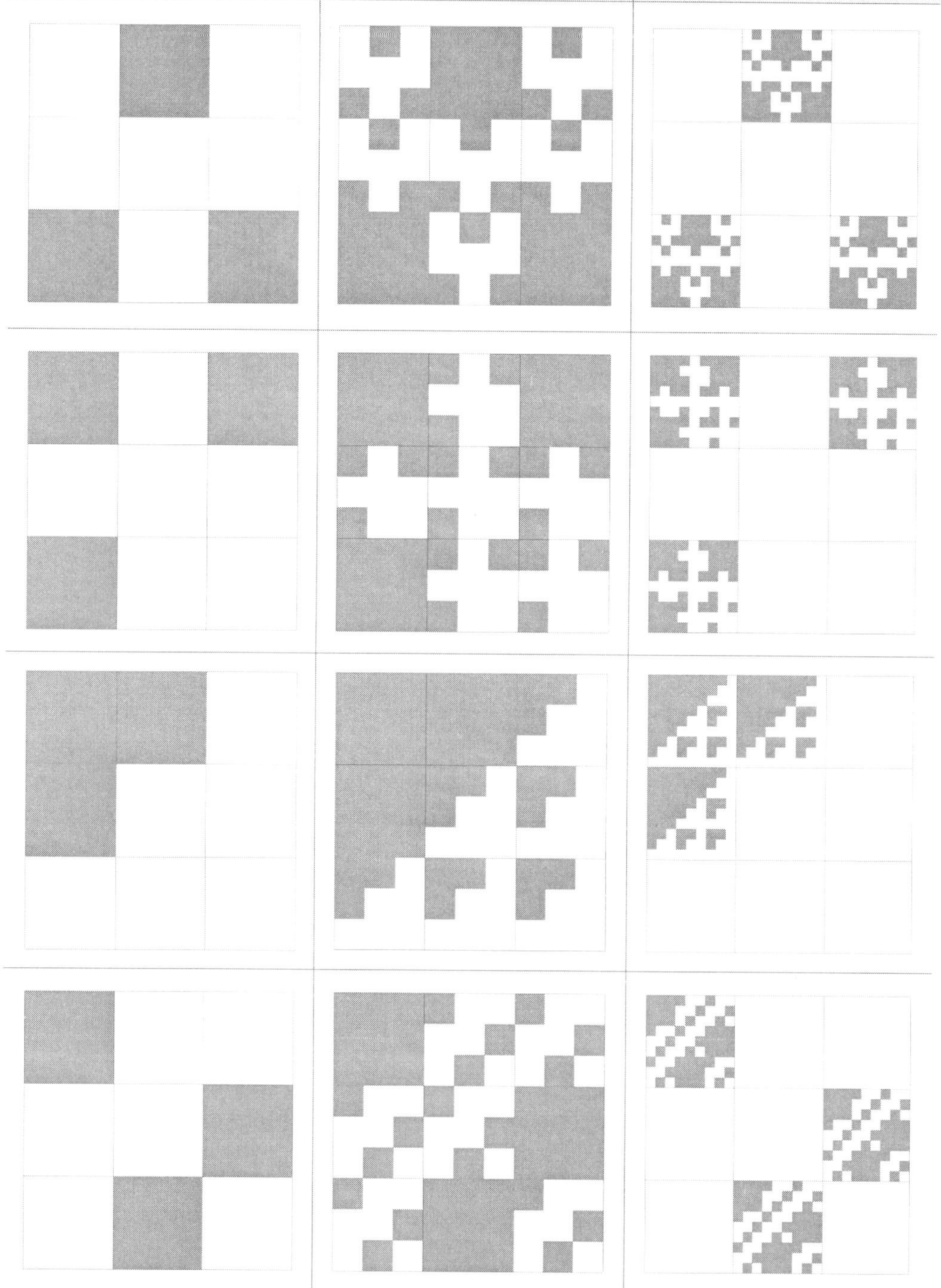

(4) 1단계 4개

① $\log_3 4 = 1.262$	② $\log_9 56 = 1.832$	③ $\log_{27} 224 = 1.642$

	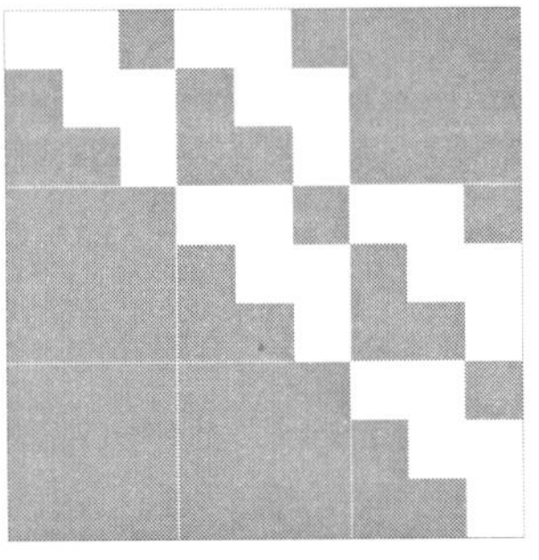	
		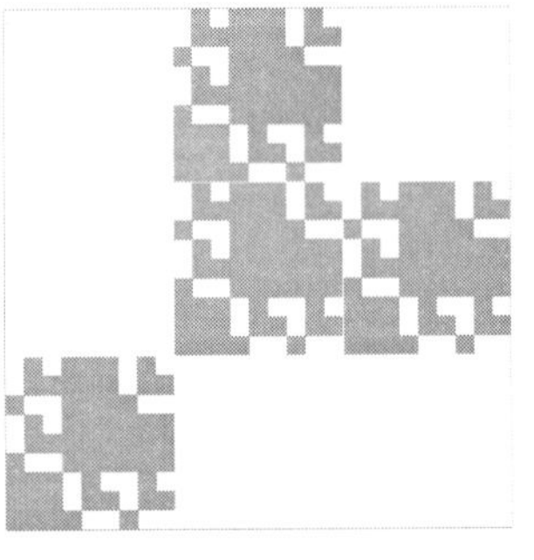

(5) 1단계 5개

① $\log_3 5 = 1.465$	② $\log_9 65 = 1.9$	③ $\log_{27} 325 = 1.755$

		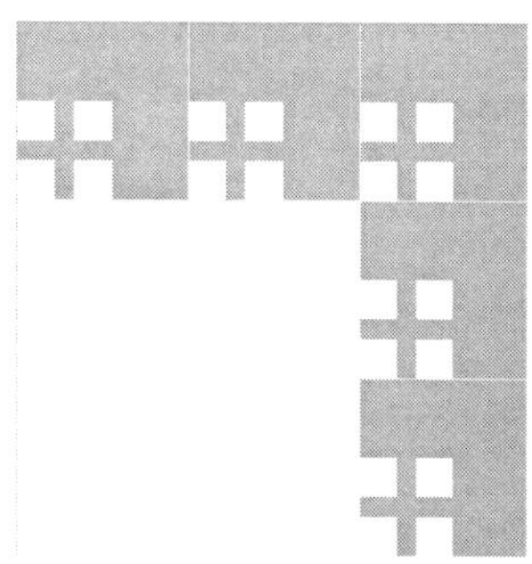
		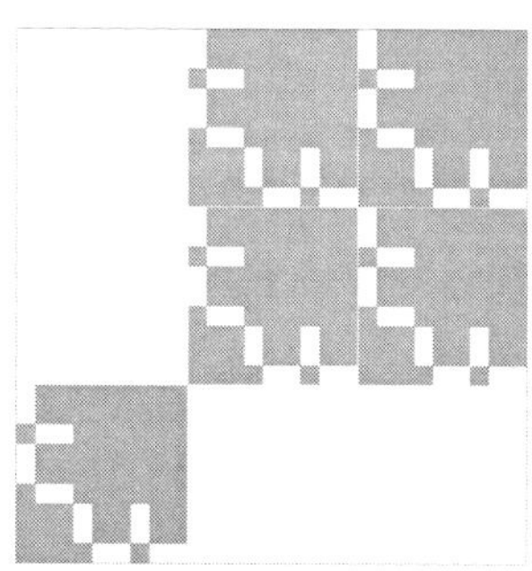

(6) 1단계 6개

① $\log_3 6 = 1.631$	② $\log_9 72 = 1.946$	③ $\log_{27} 432 = 1.841$
	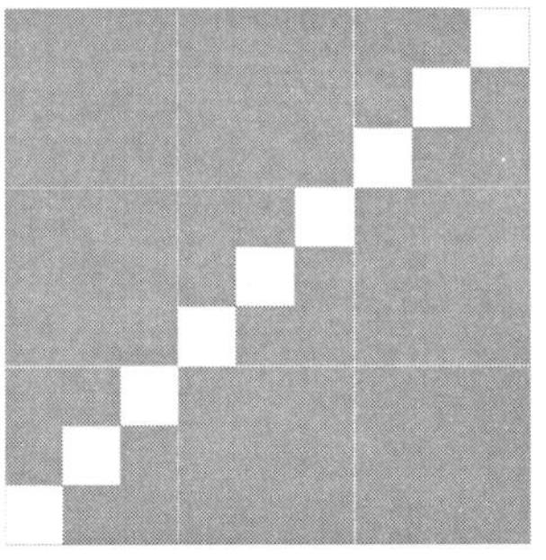	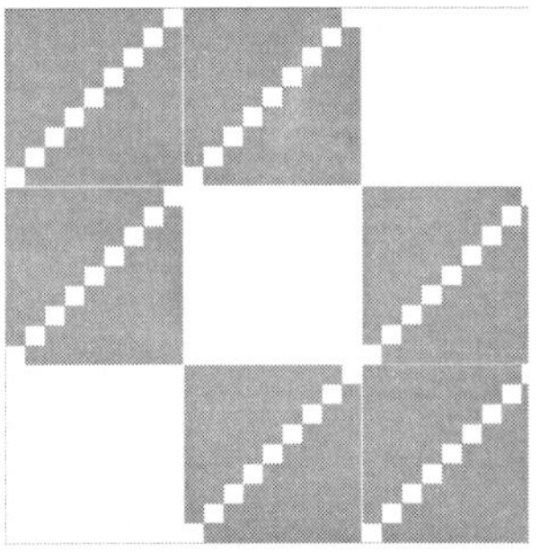
	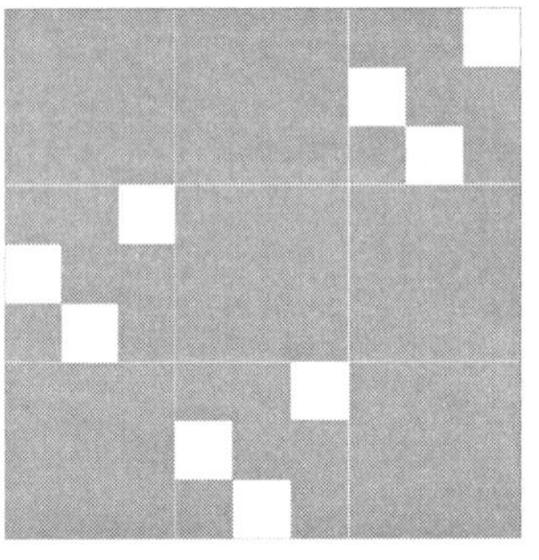	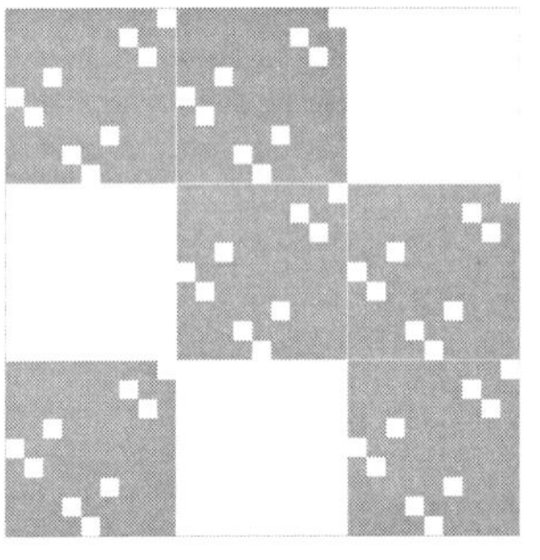
		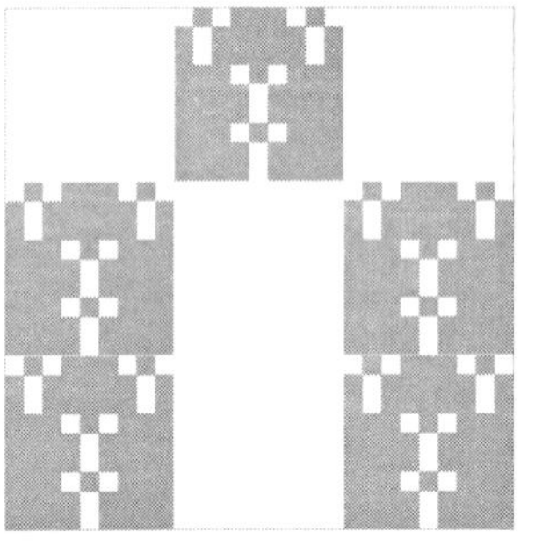
	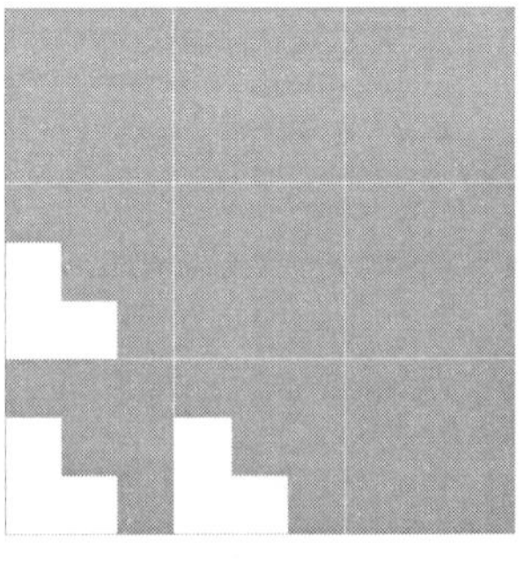	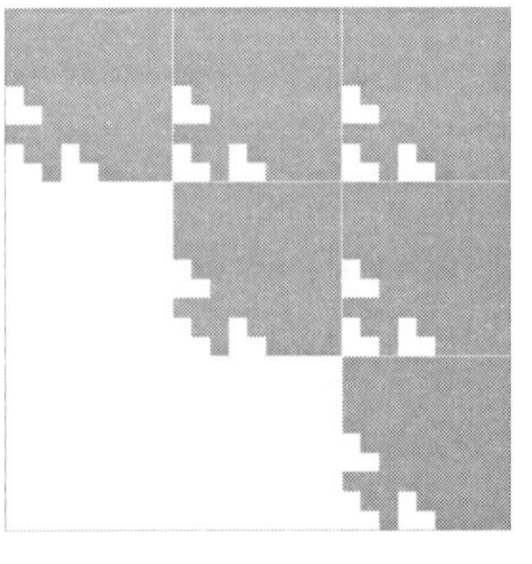

(7) 1단계 7개

① $\log_3 7 = 1.771$	② $\log_9 77 = 1.977$	③ $\log_{27} 539 = 1.908$
	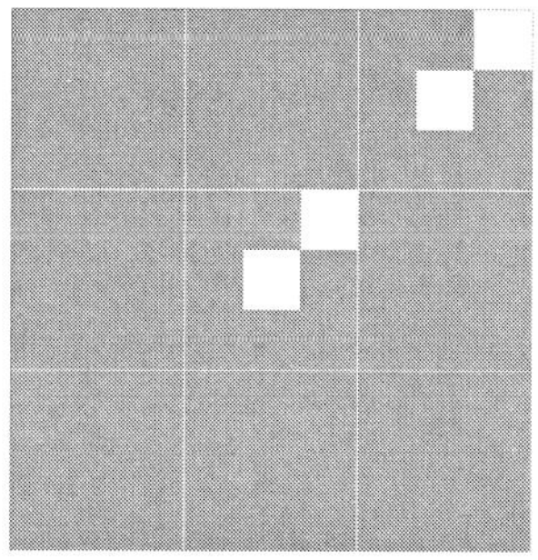	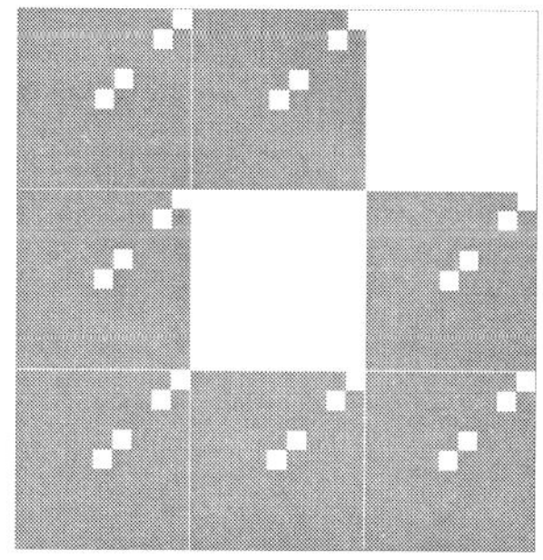
		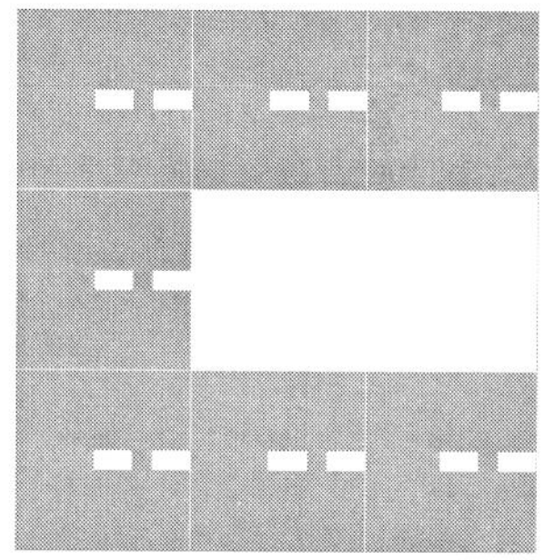
	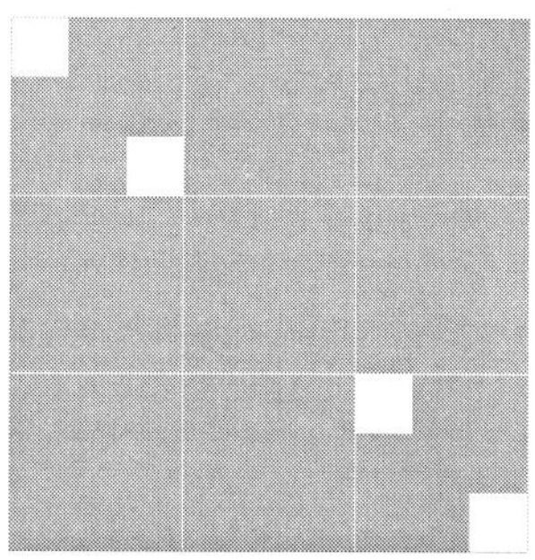	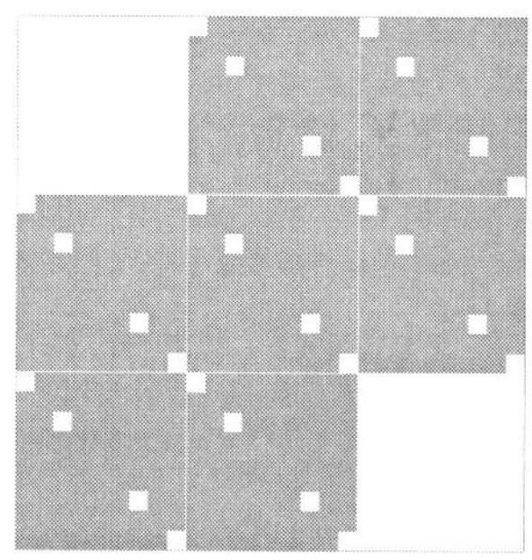
	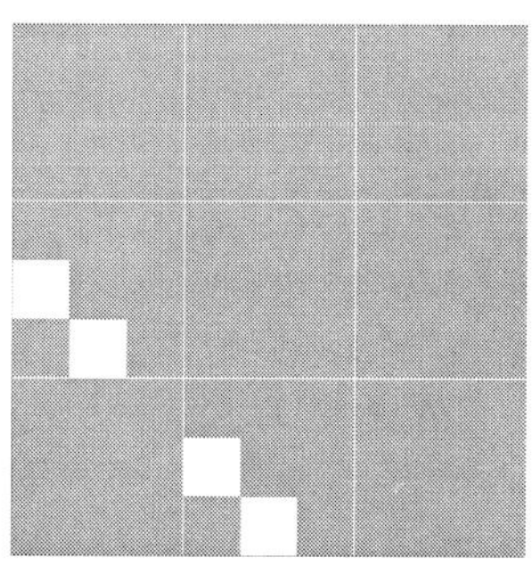	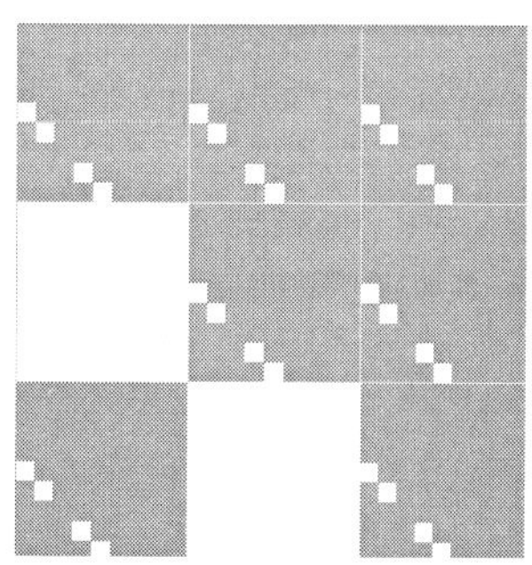

① $\log_3 7 = 1.771$	② $\log_9 77 = 1.977$	③ $\log_{27} 539 = 1.908$
		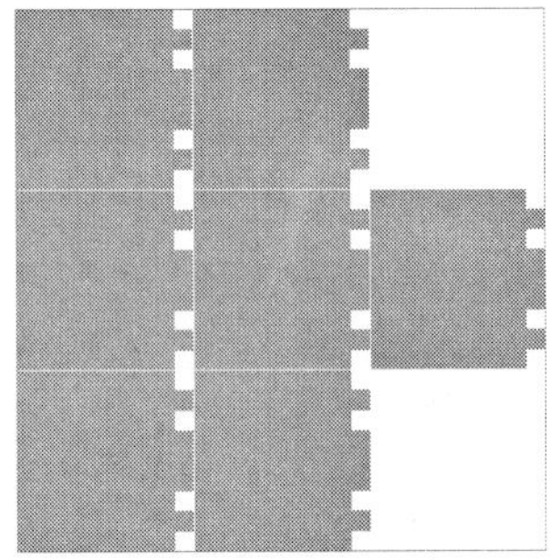
	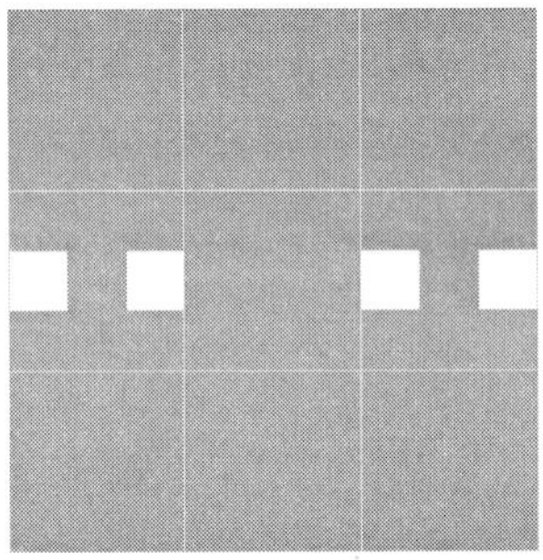	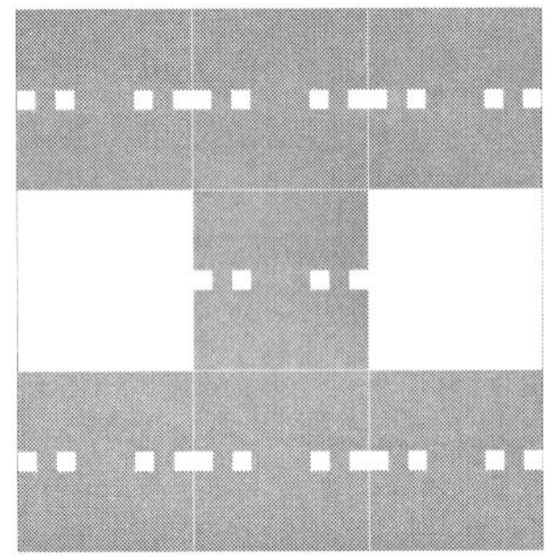

(8) 1단계 8개

① $\log_3 8 = 1.893$	② $\log_9 80 = 1.994$	③ $\log_{27} 640 = 1.96$
	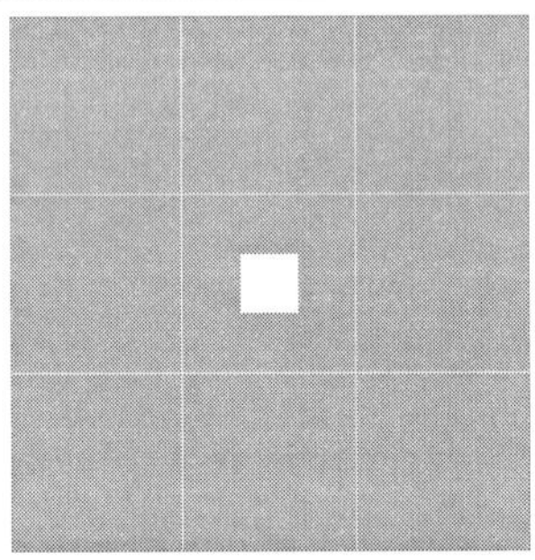	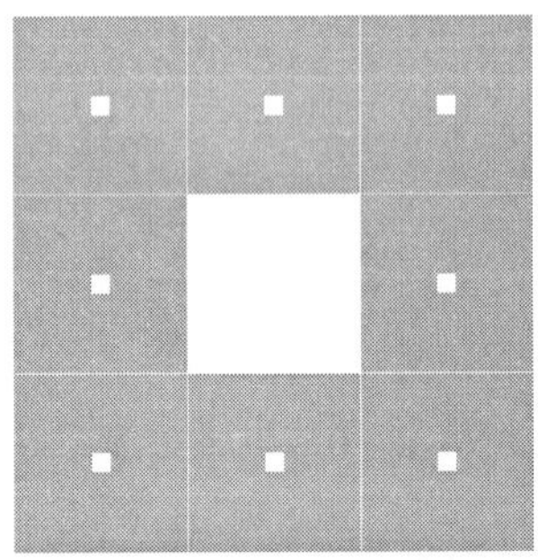
		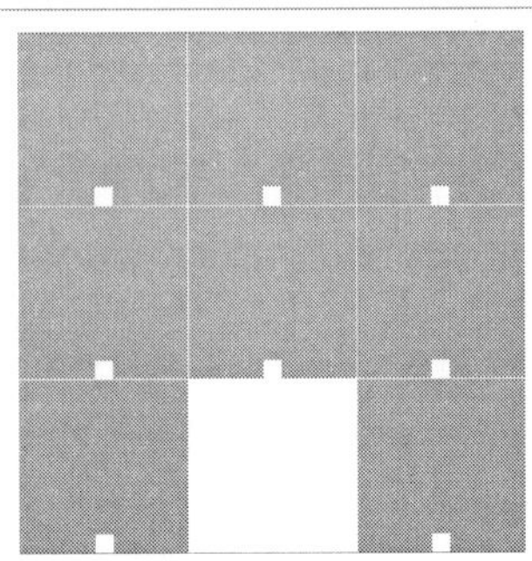

2 4×4 덧셈-곱셈 프랙탈

(1) 1단계 1개

① $\log_4 1 = 0$	② $\log_{16} 31 = 1.239$	③ $\log_{64} 31 = 0.826$

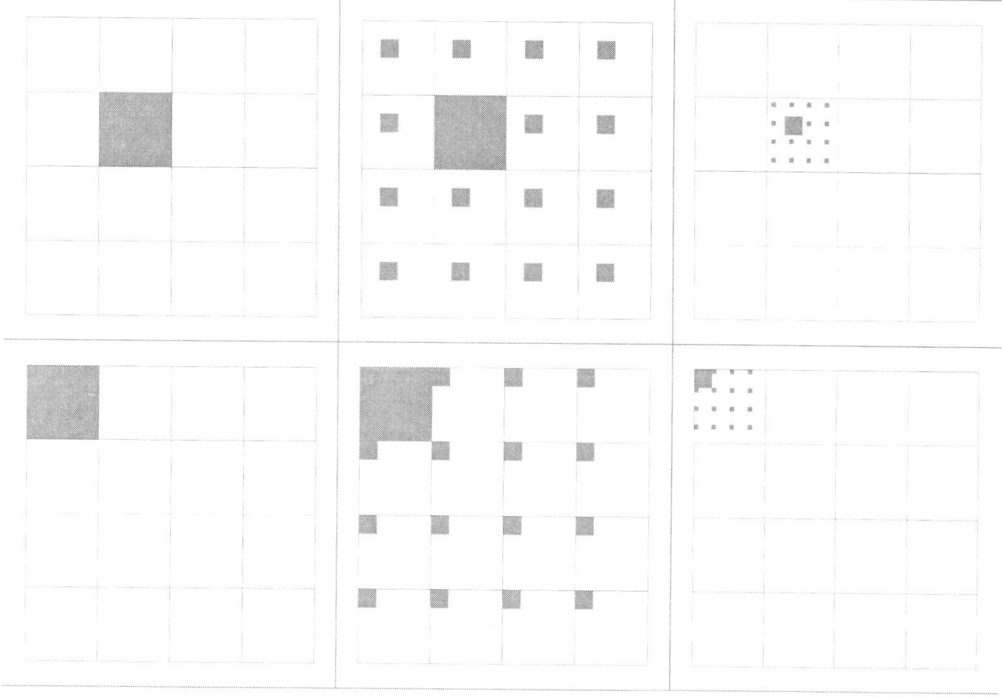

(2) 1단계 2개

① $\log_4 2 = 0.5$	② $\log_{16} 60 = 1.477$	③ $\log_{64} 120 = 1.151$

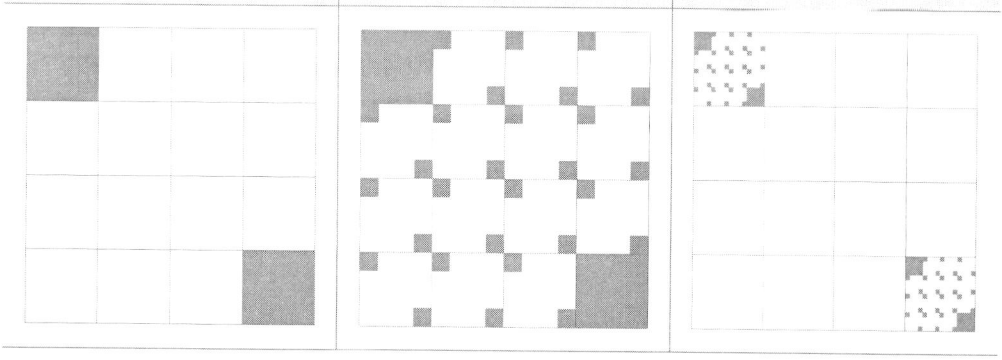

① $\log_4 2 = 0.5$	② $\log_{16} 60 = 1.477$	③ $\log_{64} 120 = 1.151$
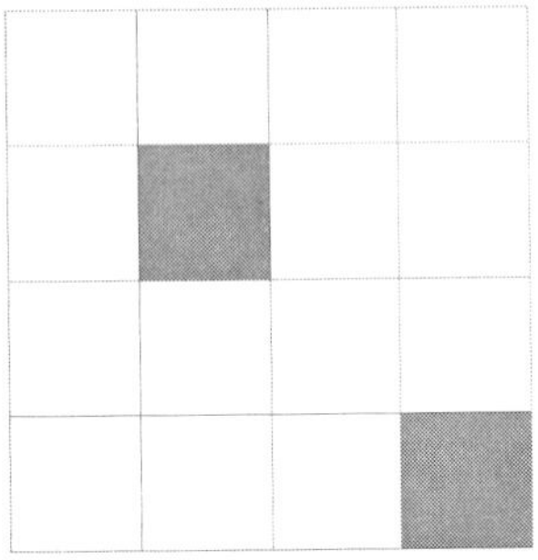	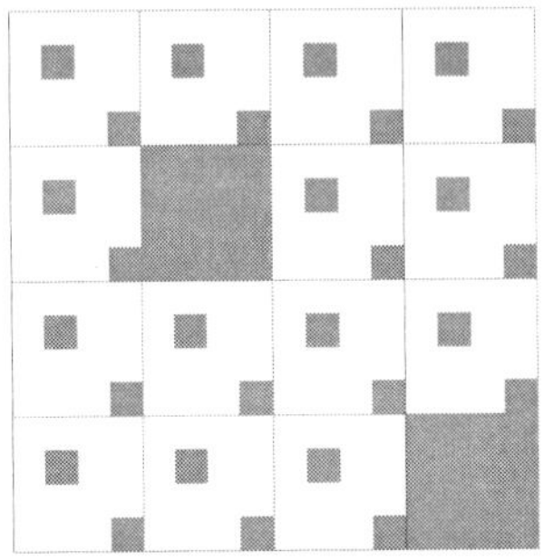	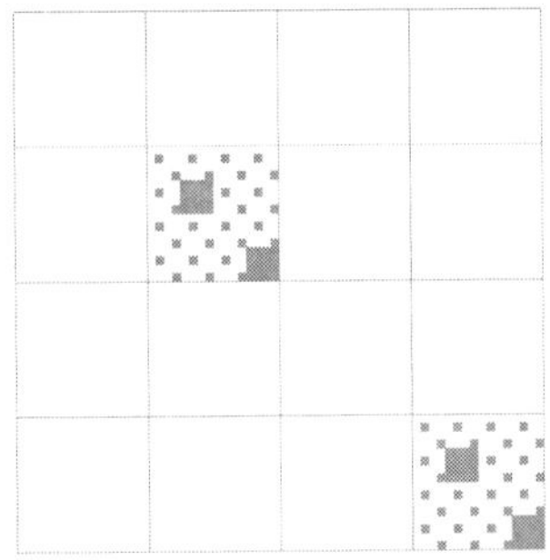

(3) 1단계 3개

① $\log_4 3 = 0.792$	② $\log_{16} 87 = 1.611$	③ $\log_{64} 261 = 1.338$
		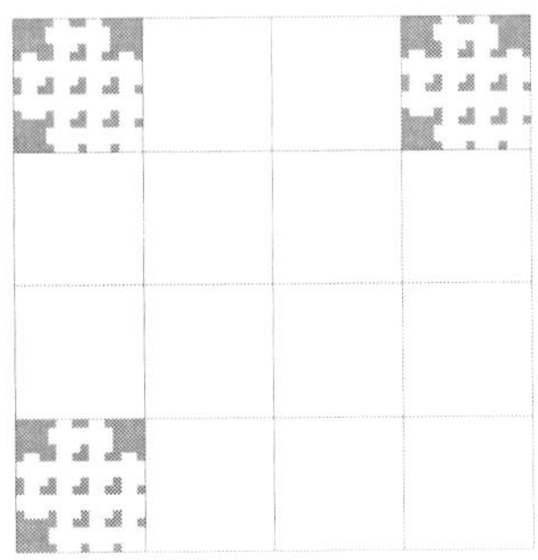
		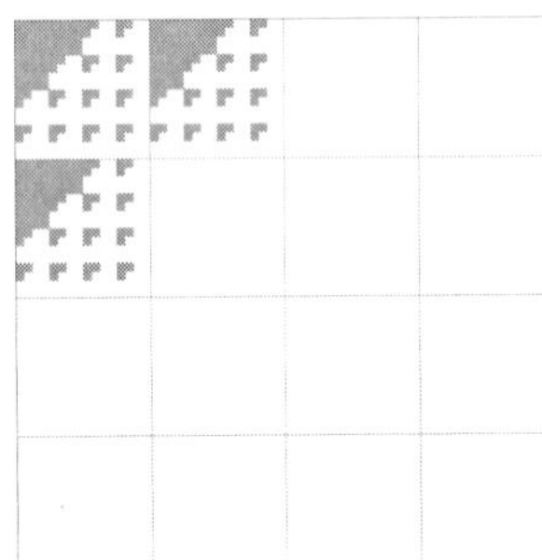
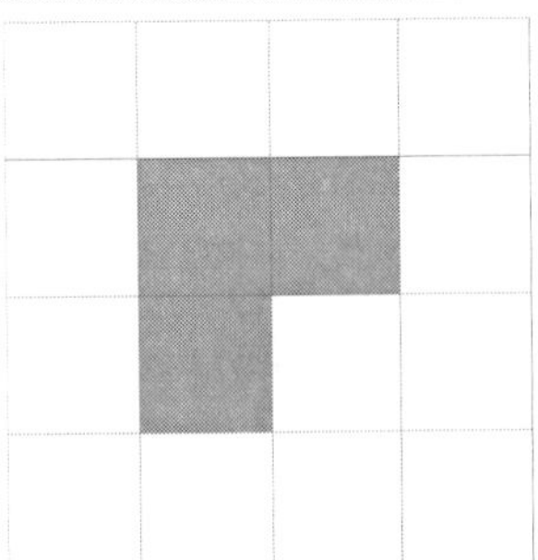	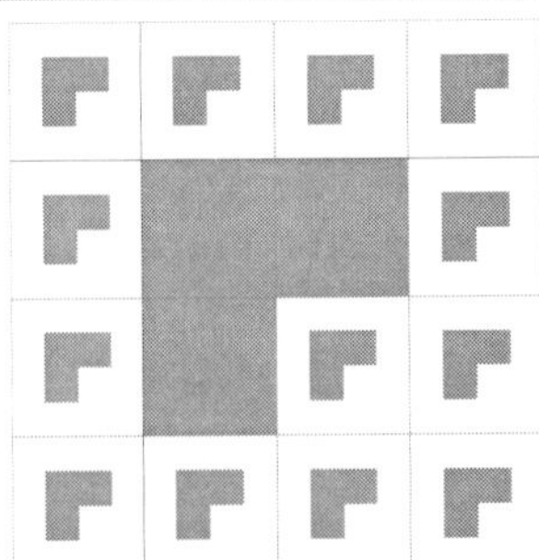	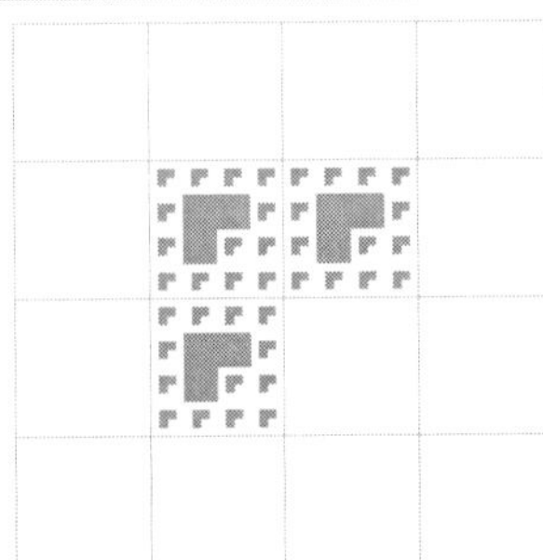

(4) 1단계 4개

① $\log_4 4 = 1$	② $\log_{16} 112 = 1.702$	③ $\log_{64} 448 = 1.468$
	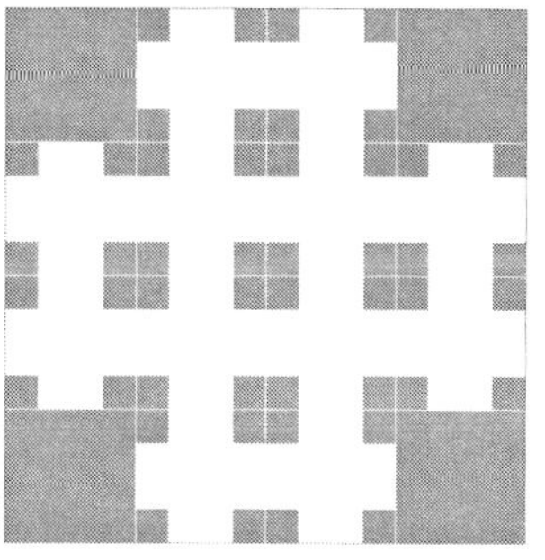	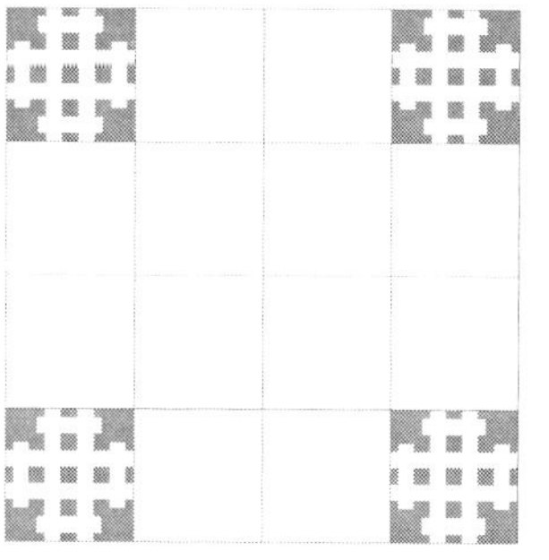
	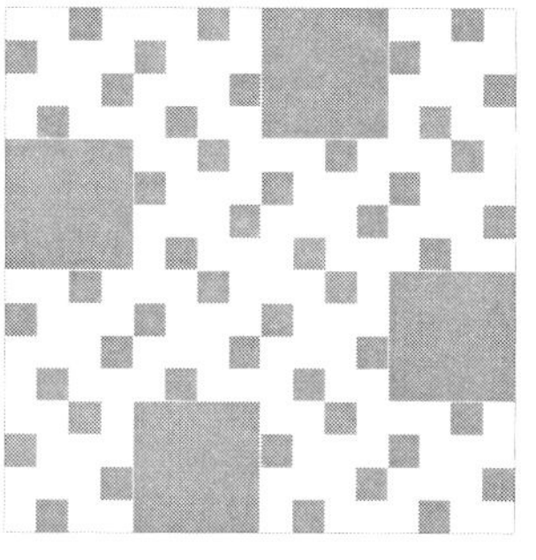	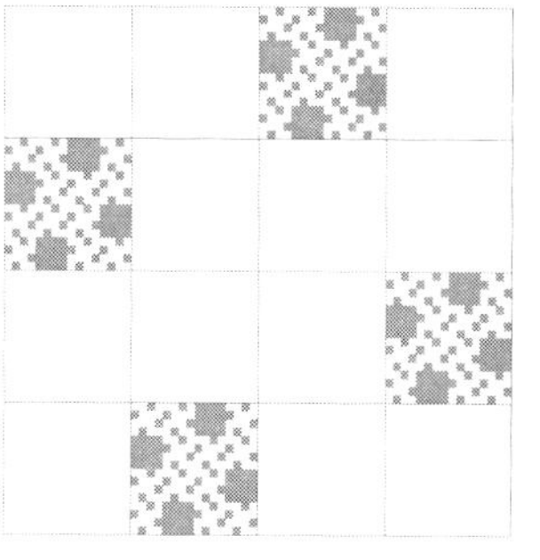
	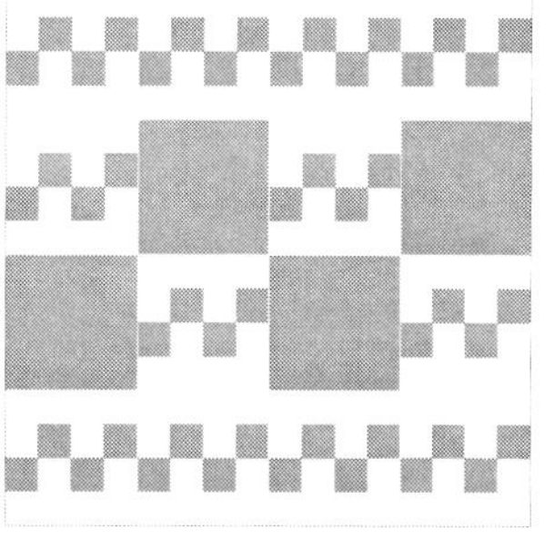	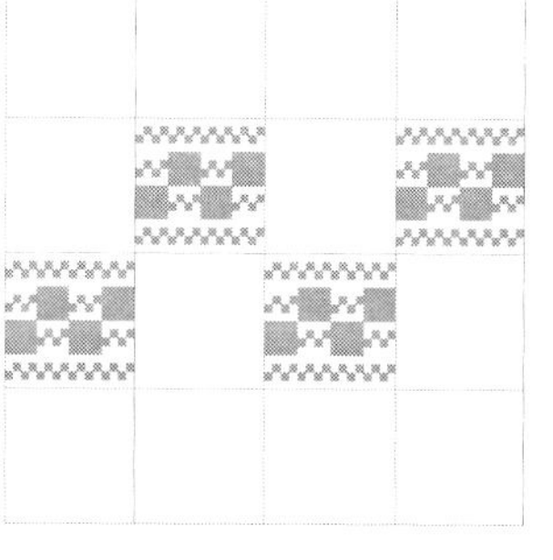
	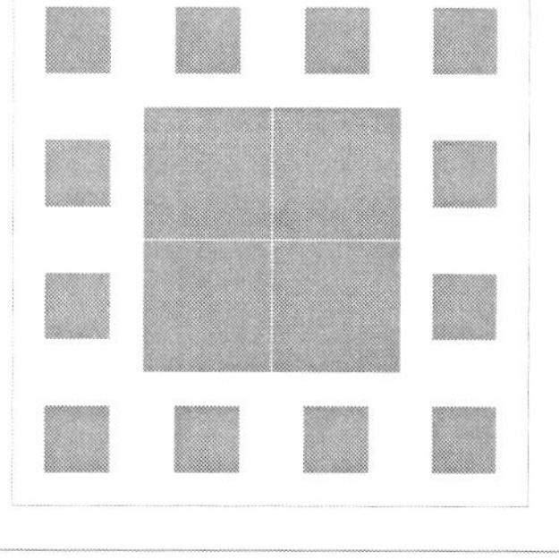	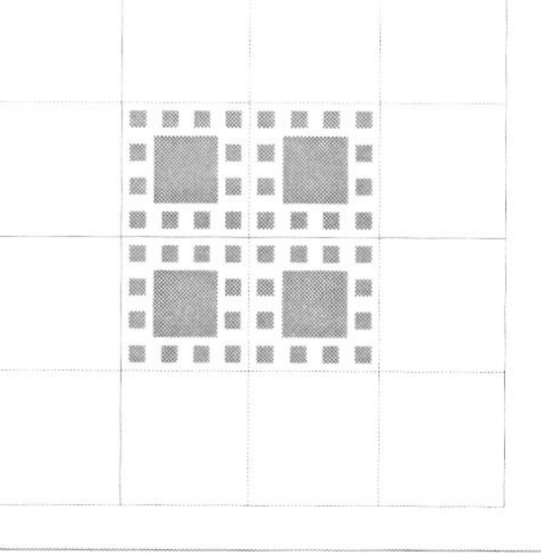

① $\log_{4}4=1$	② $\log_{16}112=1.702$	③ $\log_{64}448=1.468$
	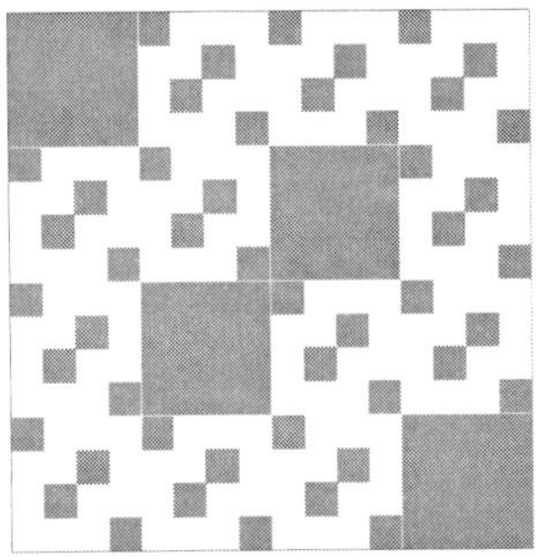	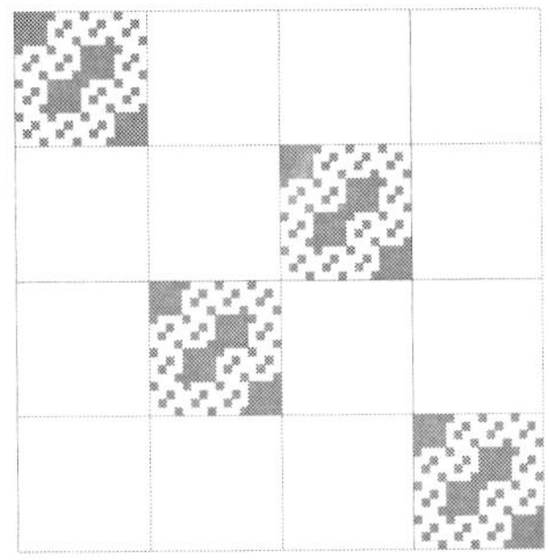
		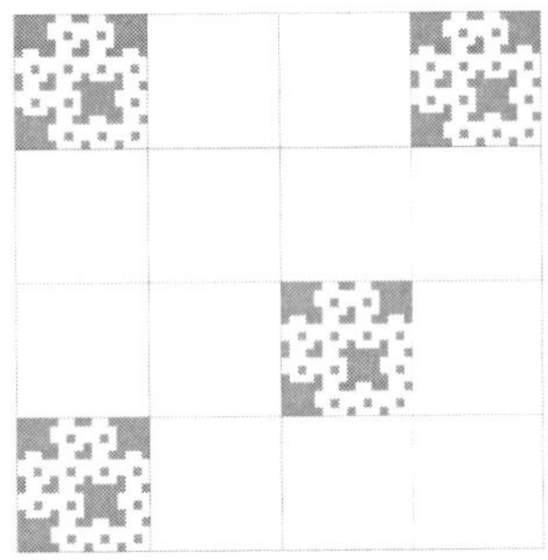
	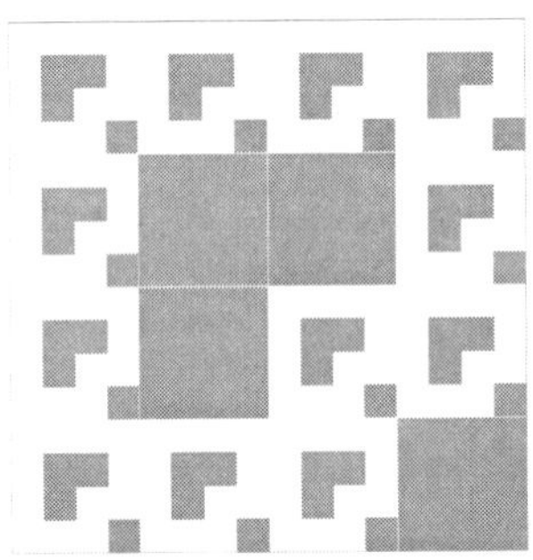	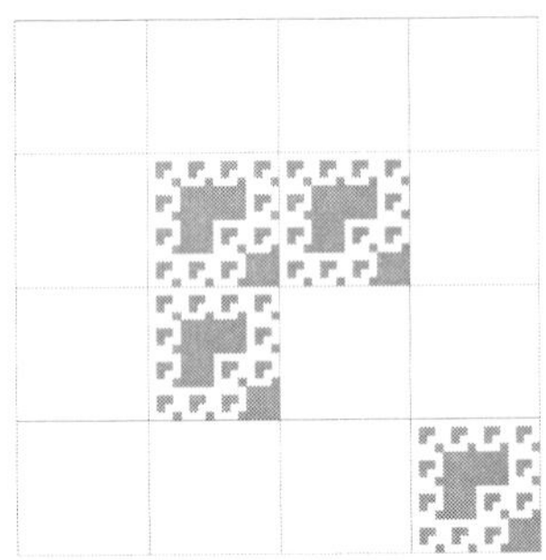
	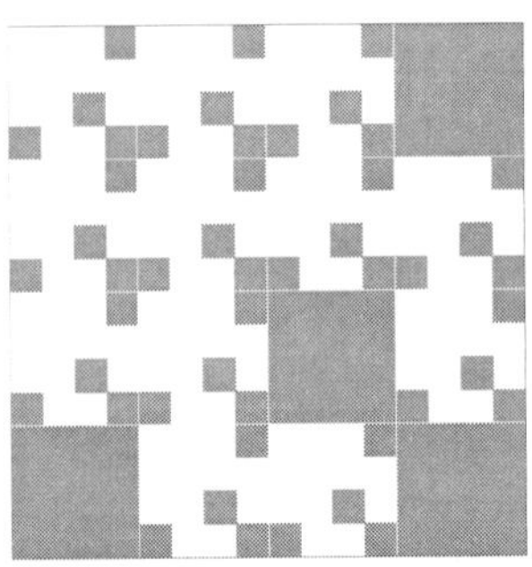	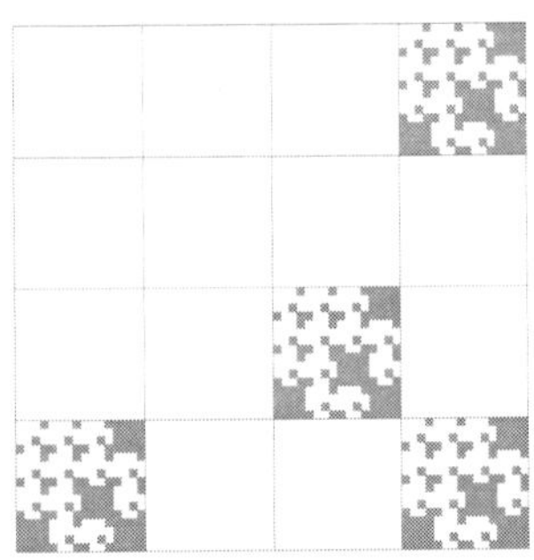

(5) 1단계 5개

① $\log_4 5 = 0.161$	② $\log_{16} 135 = 1.769$	③ $\log_{64} 675 = 1.566$

		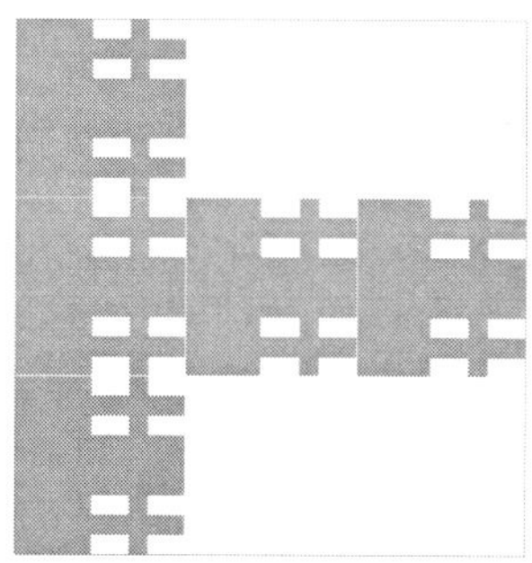

(6) 1단계 6개

① $\log_4 6 = 1.292$	② $\log_{16} 156 = 1.821$	③ $\log_{64} 936 = 1.645$
	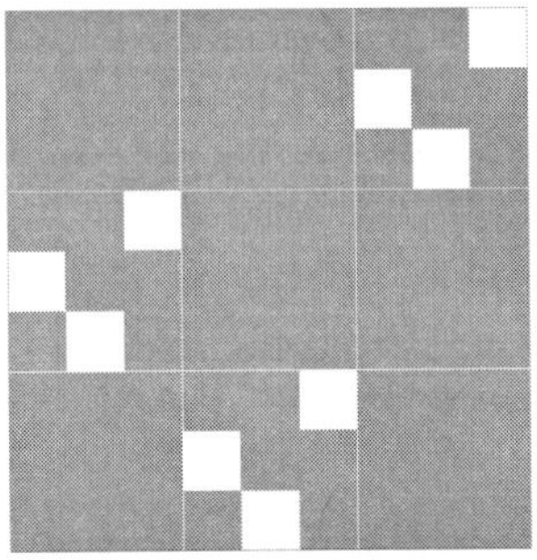	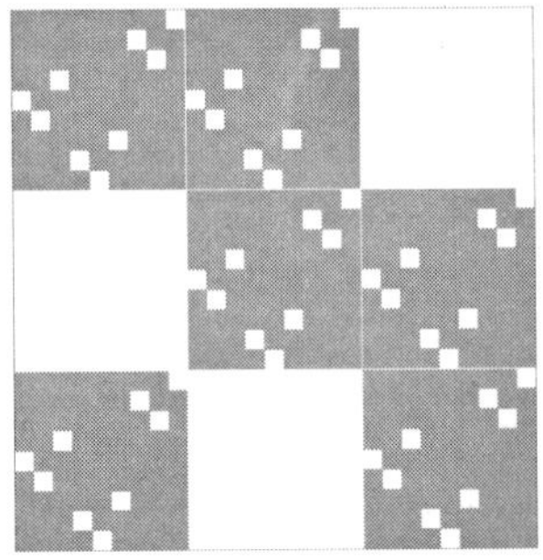
		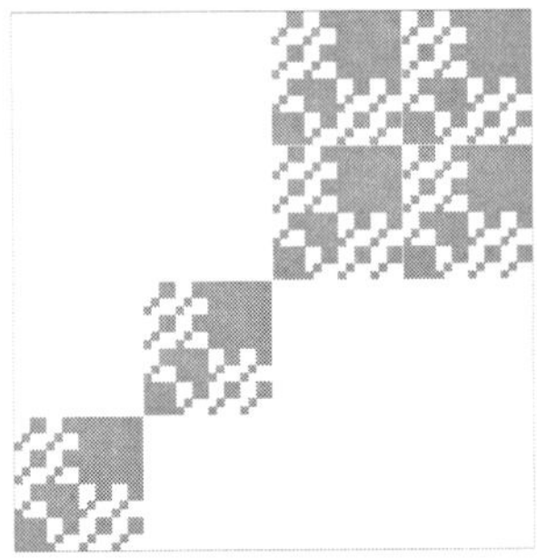
		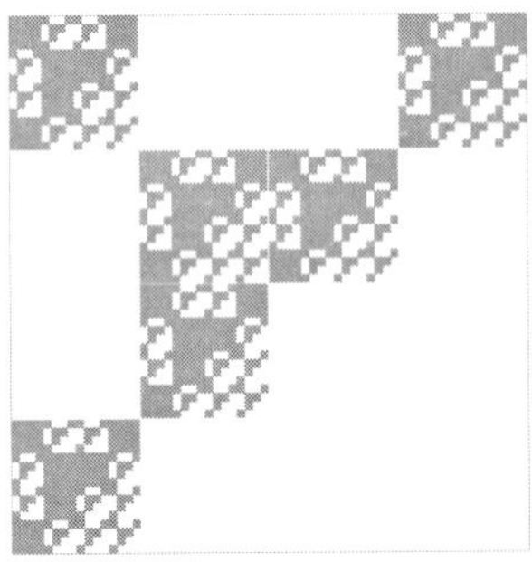

(7) 1단계 7개

① $\log_4 7 = 1.404$	② $\log_{16} 175 = 1.863$	③ $\log_{64} 1225 = 1.71$
		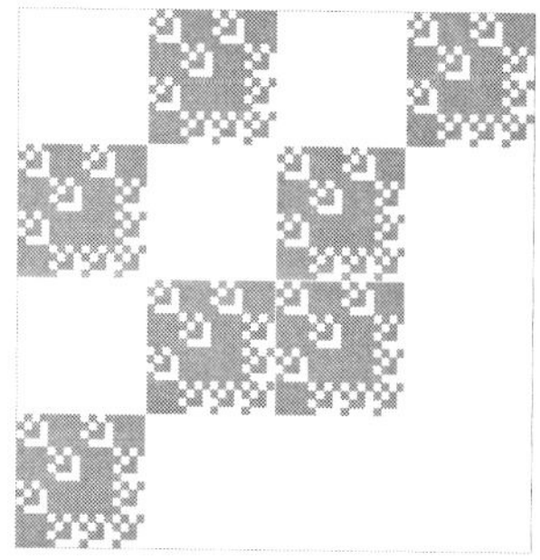
		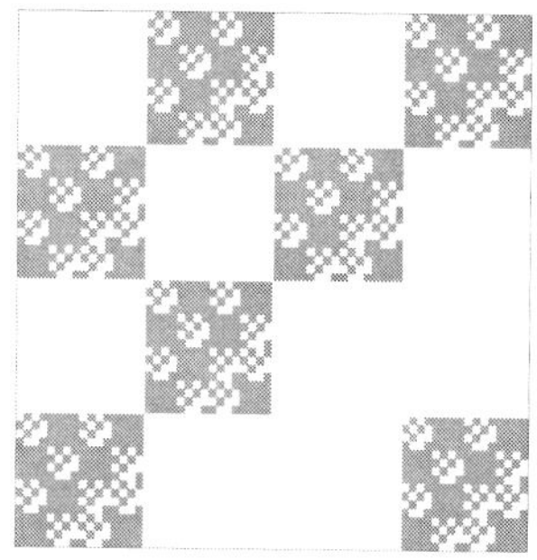

	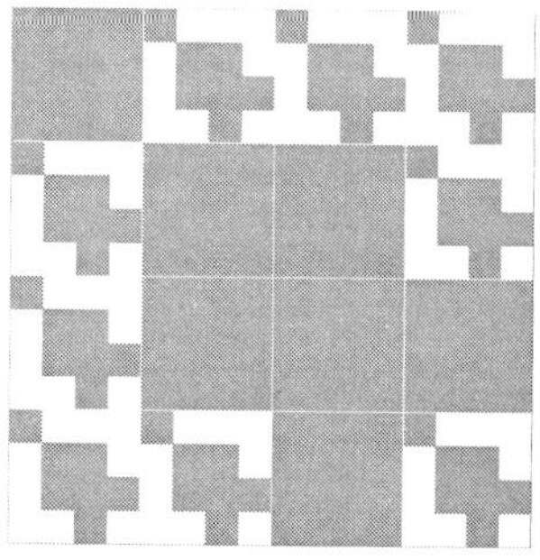	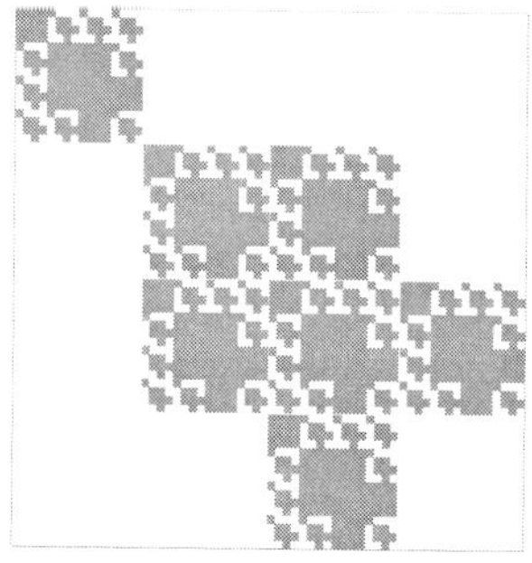

(8) 1단계 8개

① $\log_4 8 = 1.5$	② $\log_{16} 192 = 1.896$	③ $\log_{64} 1536 = 1.764$
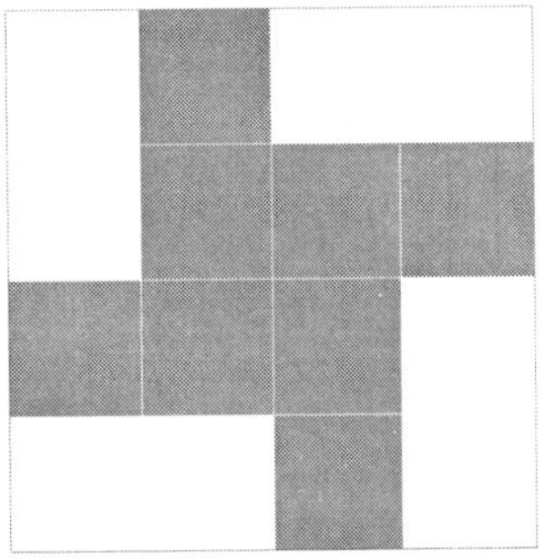	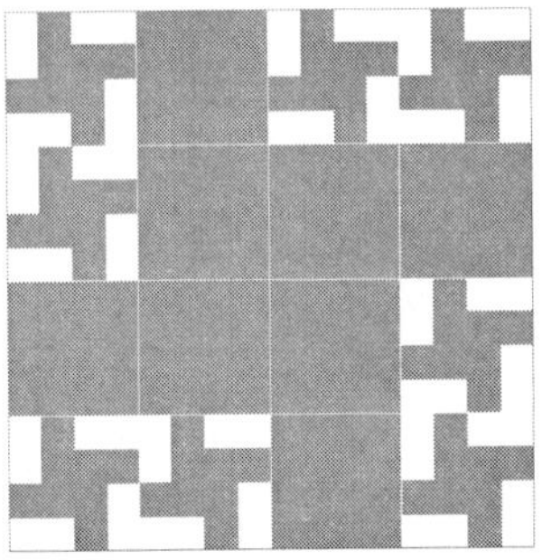	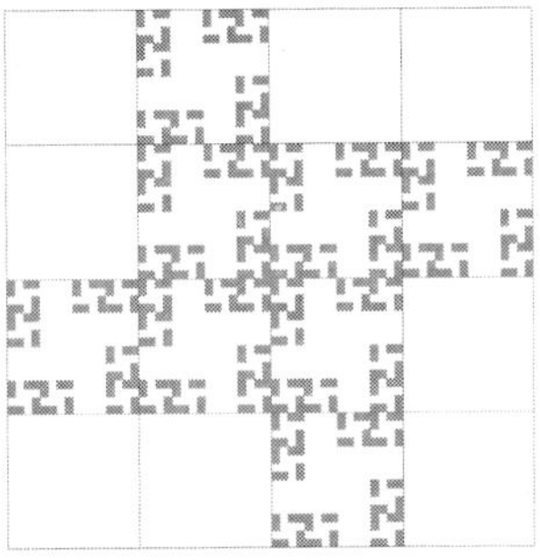
	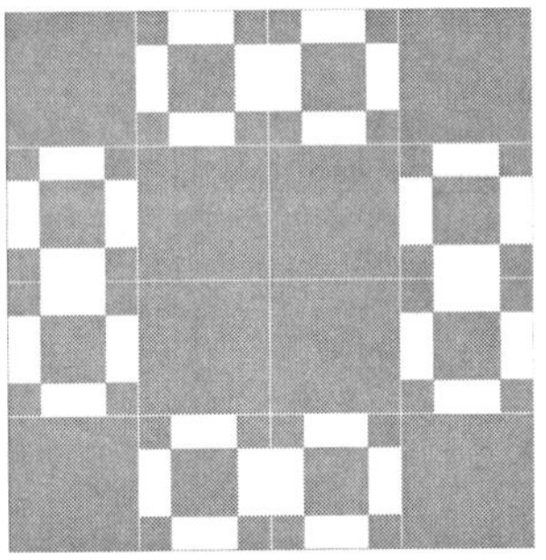	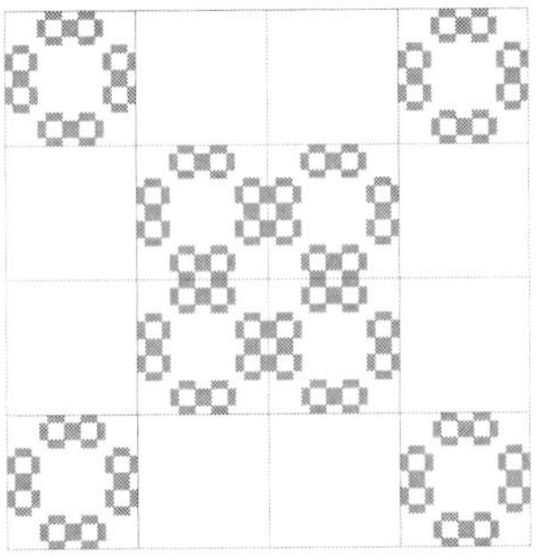
	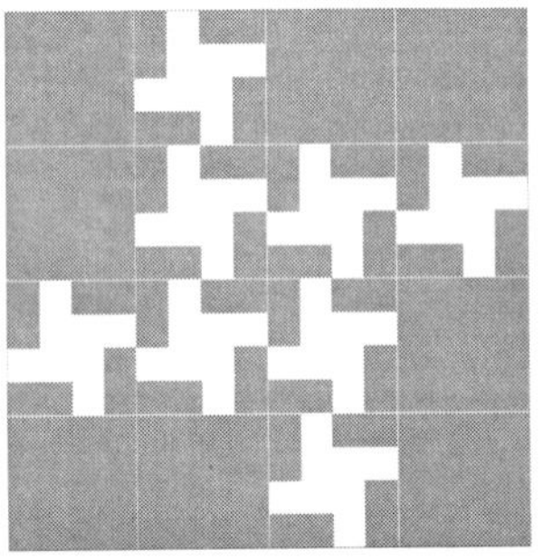	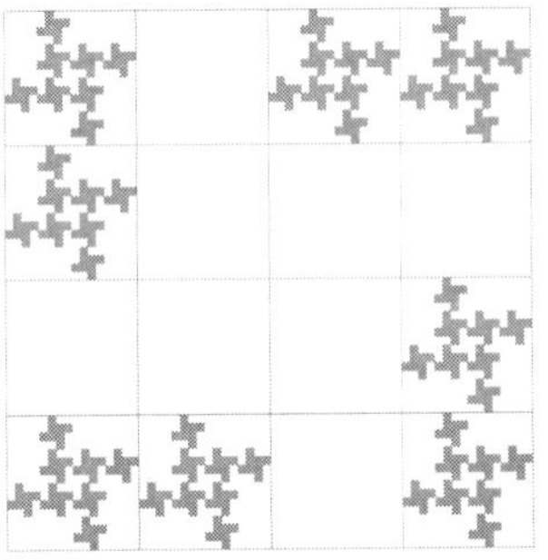
	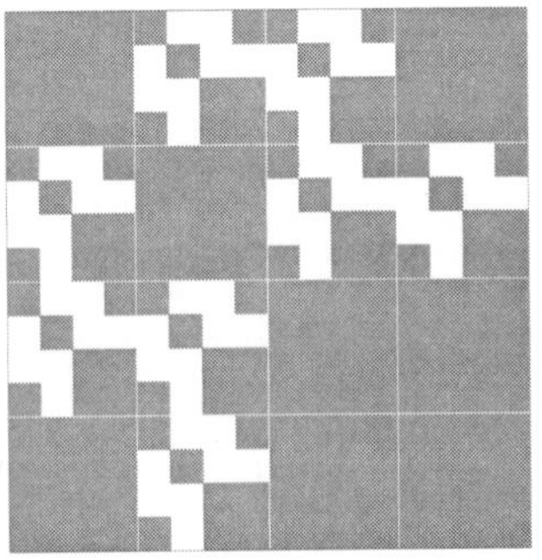	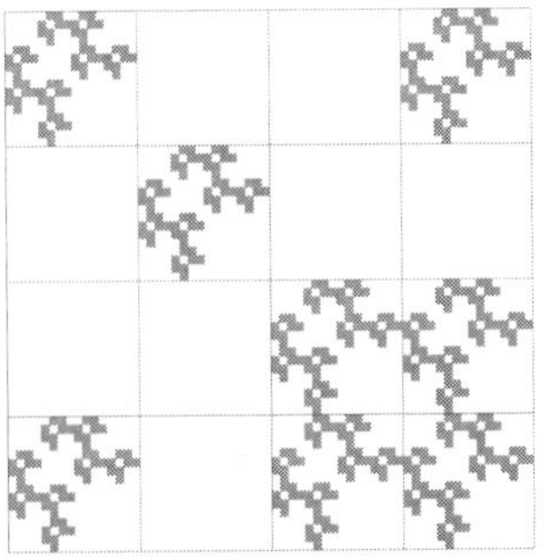

3 5×5 덧셈-곱셈 프랙탈

(1) 1단계 5개

① $\log_5 5 = 1$

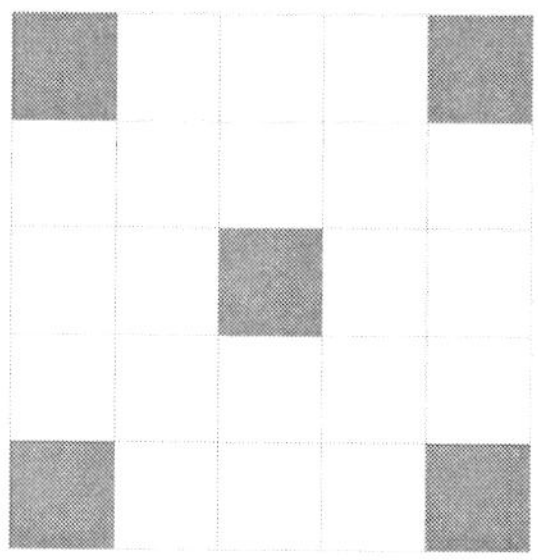

② $\log_{25} 225 = 1.683$

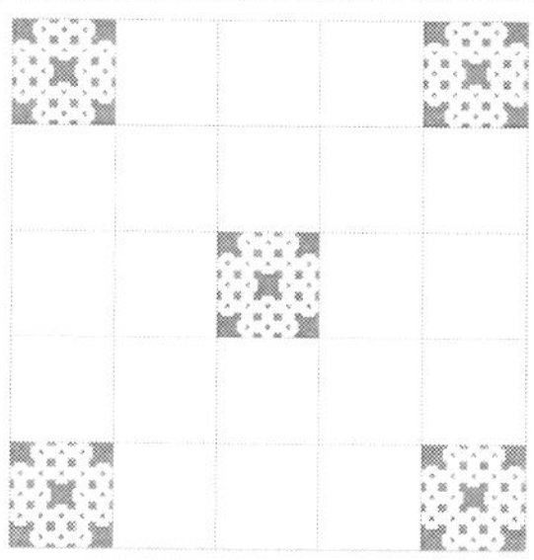

③ $\log_{125} 1125 = 1.455$

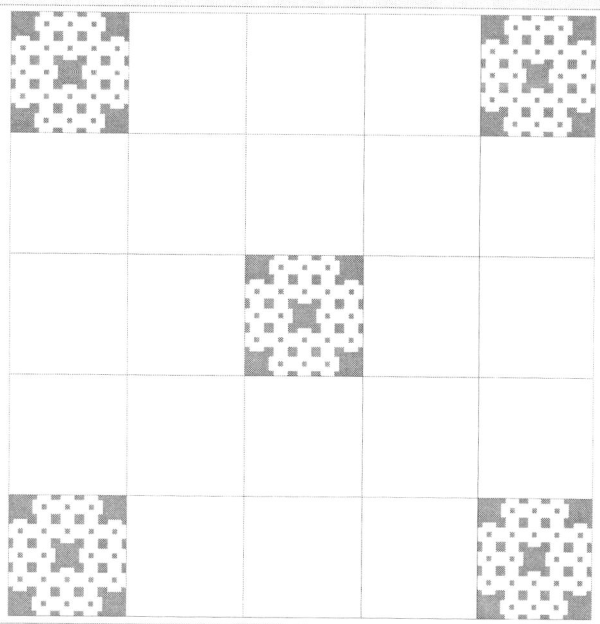

① $\log_5 5 = 1$

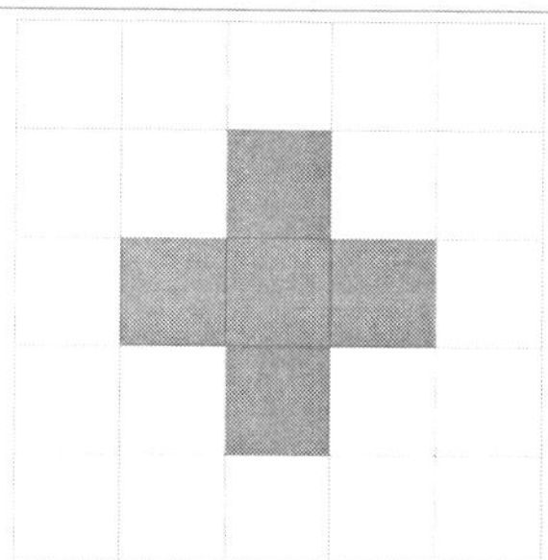

② $\log_{25} 225 = 1.683$

③ $\log_{125} 1125 = 1.455$

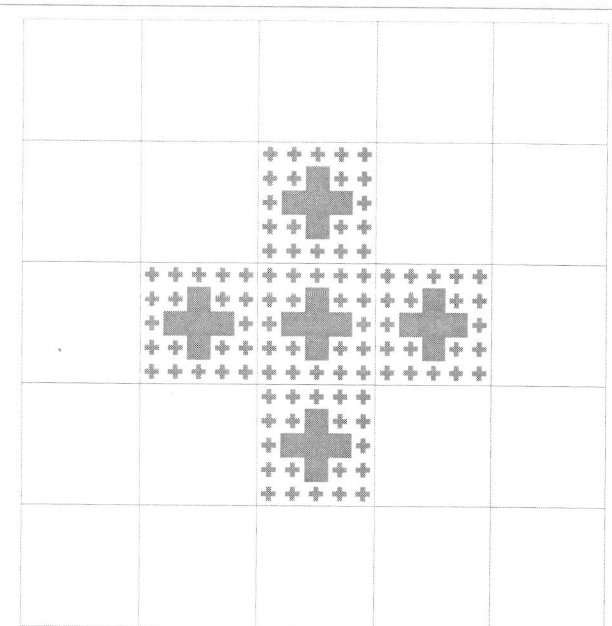

① $\log_5 5 = 1$

② $\log_{25} 225 = 1.683$

③ $\log_{125} 1125 = 1.455$

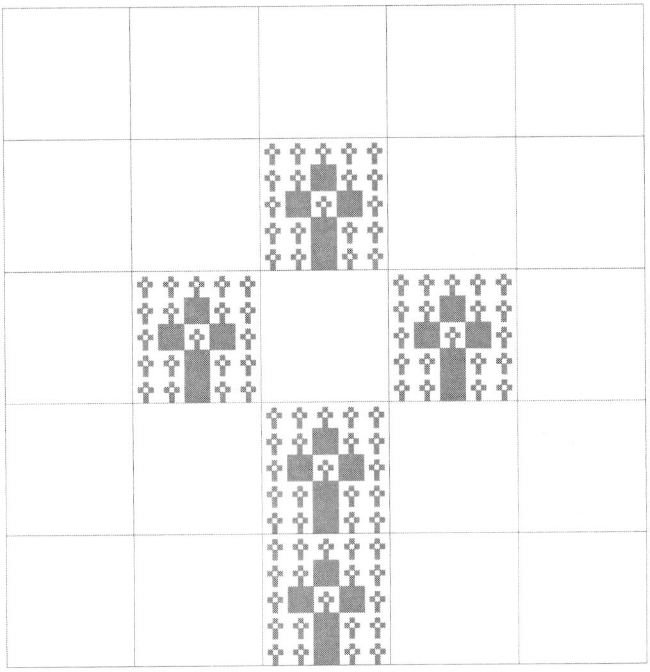

① $\log_5 5 = 1$

② $\log_{25} 225 = 1.683$

③ $\log_{125} 1125 = 1.455$

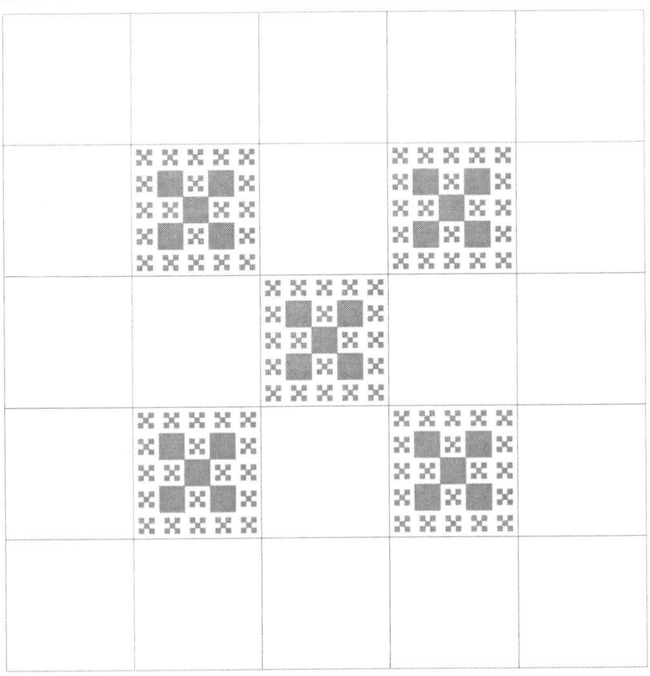

(2) 1단계 7개

① $\log_5 7 = 1.209$

② $\log_{25} 301 = 1.773$

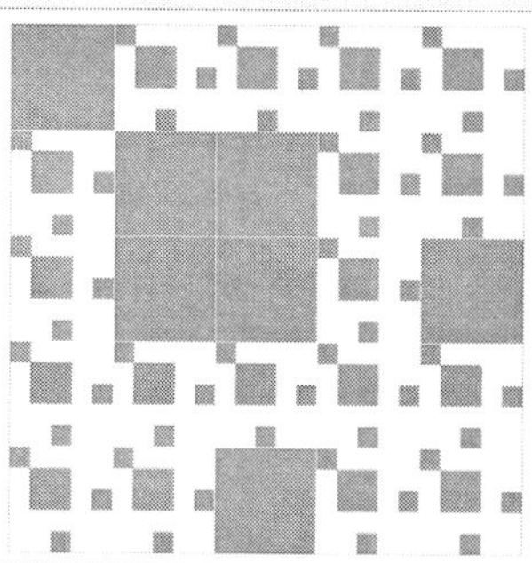

③ $\log_{125} 2107 = 1.585$

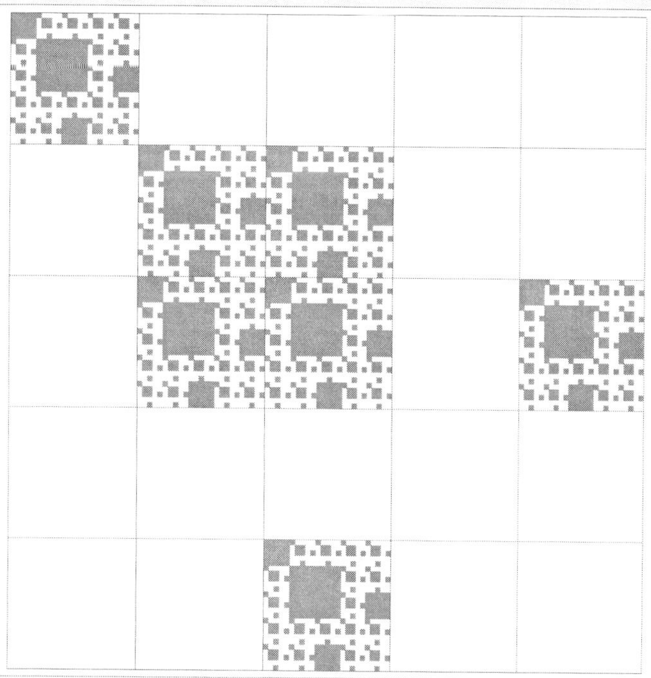

① $\log_5 7 = 1.209$

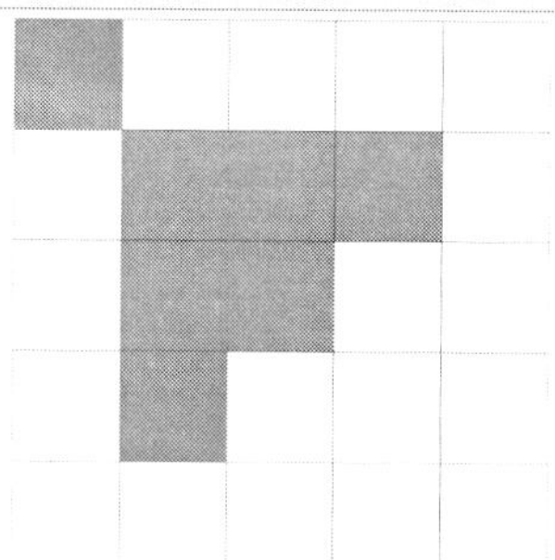

② $\log_{25} 301 = 1.773$

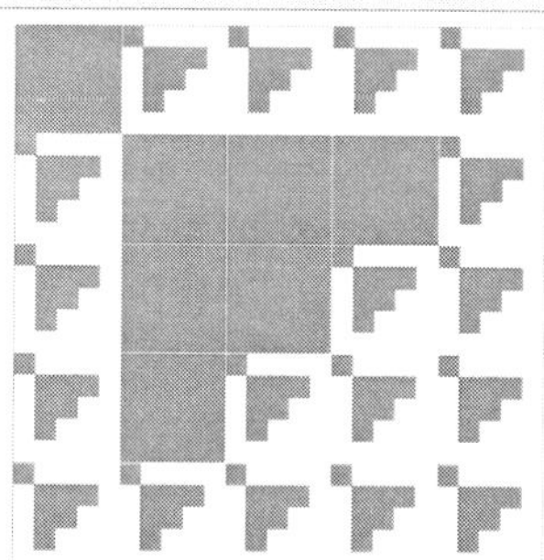

③ $\log_{125} 2107 = 1.585$

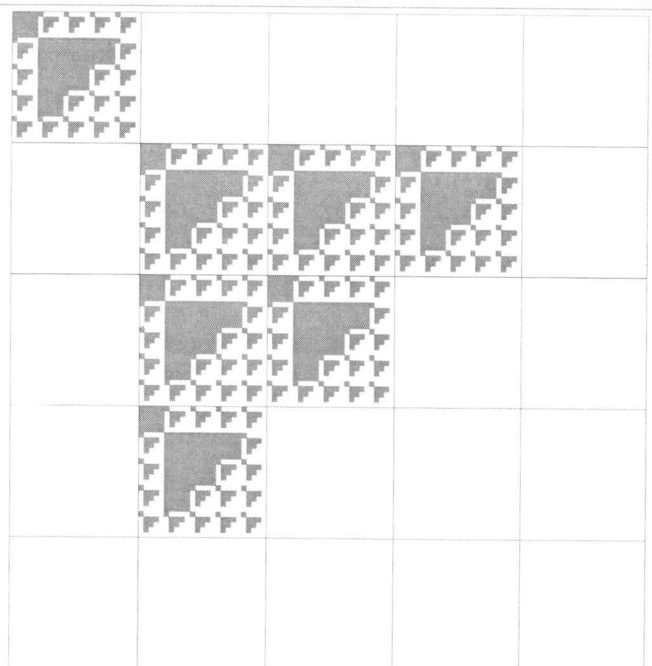

(3) 1단계 8개

① $\log_{5}8 = 1.292$

② $\log_{25}336 = 1.807$

③ $\log_{125}2688 = 1.635$

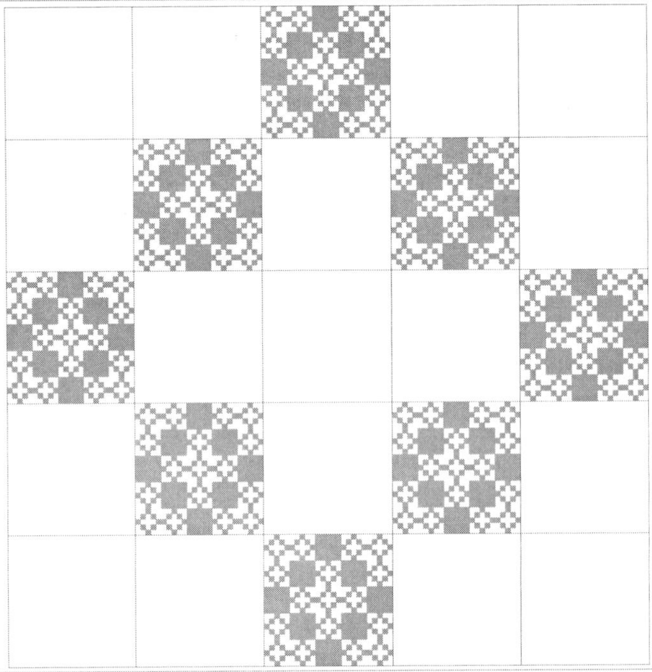

① $\log_{5}8 = 1.292$

② $\log_{25}336 = 1.807$

③ $\log_{125}2688 = 1.635$

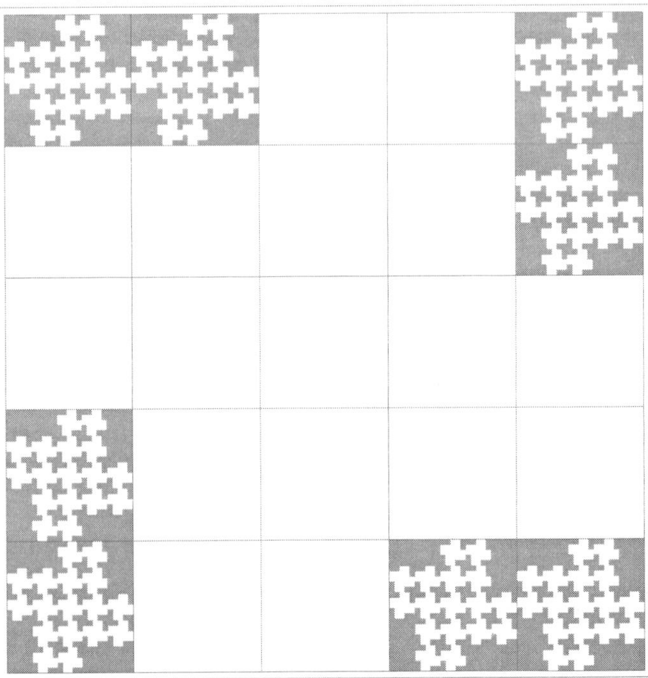

① $\log_5 8 = 1.292$

② $\log_{25} 336 = 1.807$

③ $\log_{125} 2688 = 1.635$

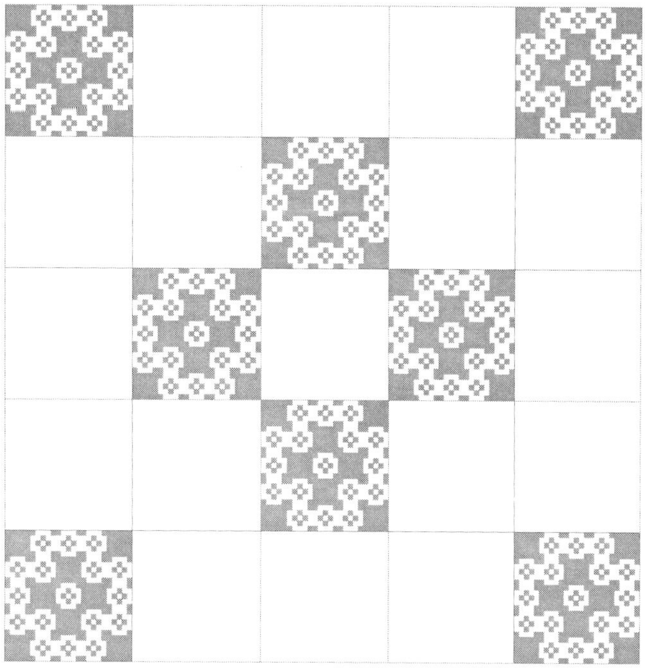

① $\log_5 8 = 1.292$

② $\log_{25} 336 = 1.807$

③ $\log_{125} 2688 = 1.635$

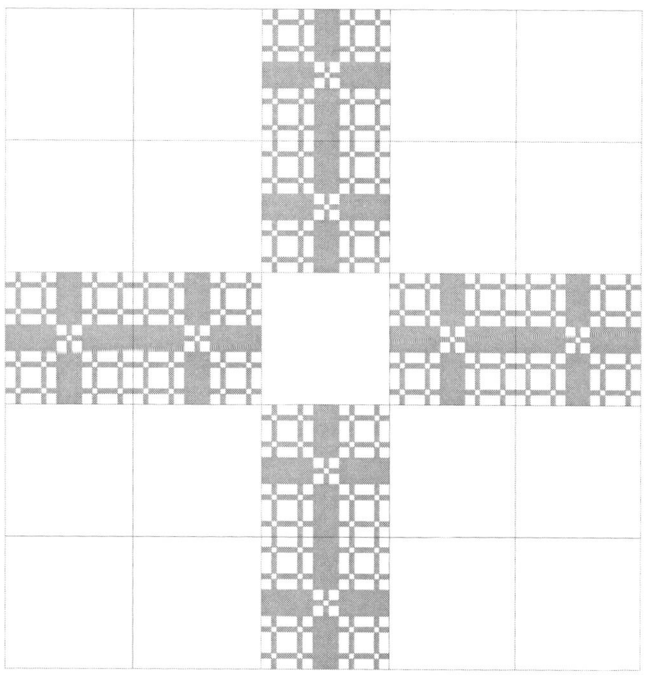

(4) 1단계 9개

① $\log_5 9 = 1.365$

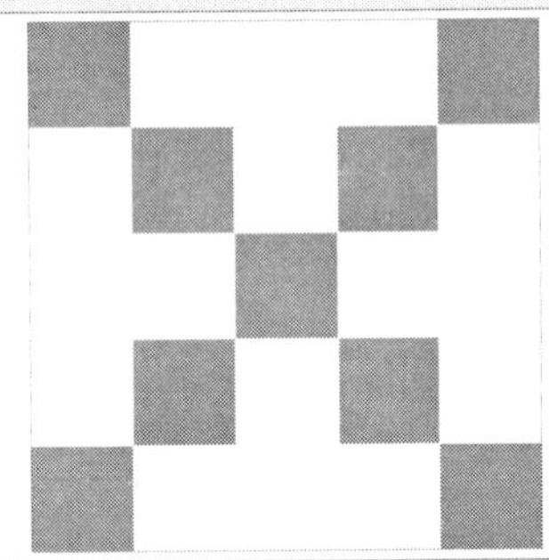

② $\log_{25} 369 = 1.836$

③ $\log_{125} 3321 = 1.679$

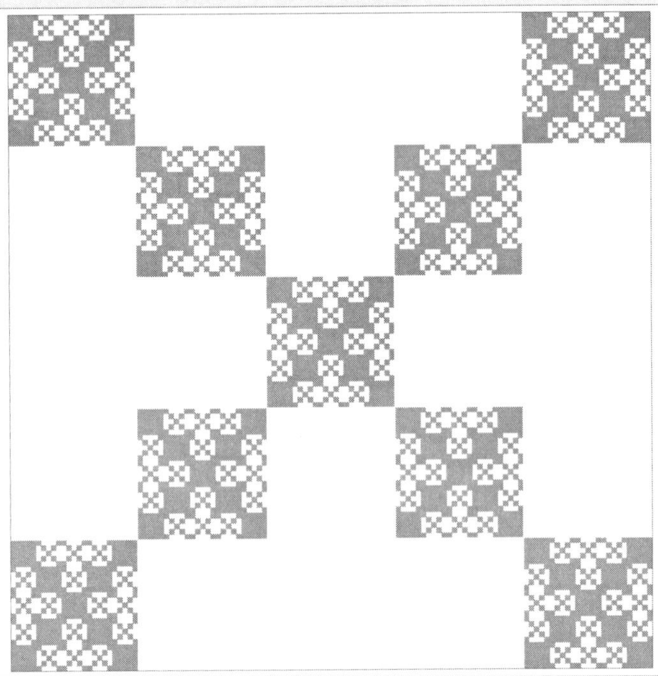

① $\log_5 9 = 1.365$

② $\log_{25} 369 = 1.836$

③ $\log_{125} 3321 = 1.679$

① $\log_5 9 = 1.365$

② $\log_{25} 369 = 1.836$

③ $\log_{125} 3321 = 1.679$

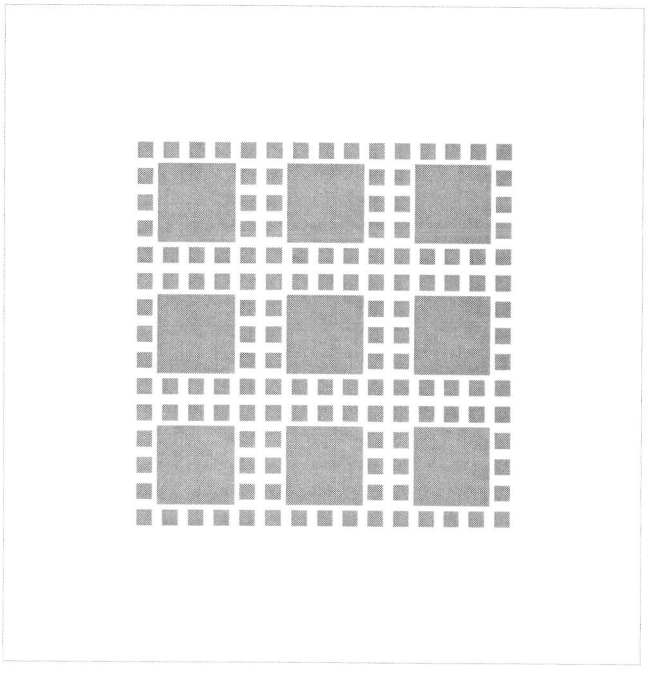

① $\log_5 9 = 1.365$

② $\log_{25} 369 = 1.836$

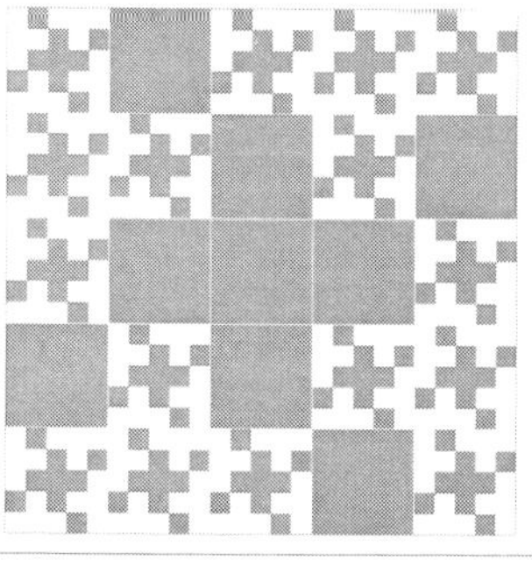

③ $\log_{125} 3321 = 1.679$

(5) 1단계 10개

① $\log_5 10 = 1.431$

② $\log_{25} 400 = 1.861$

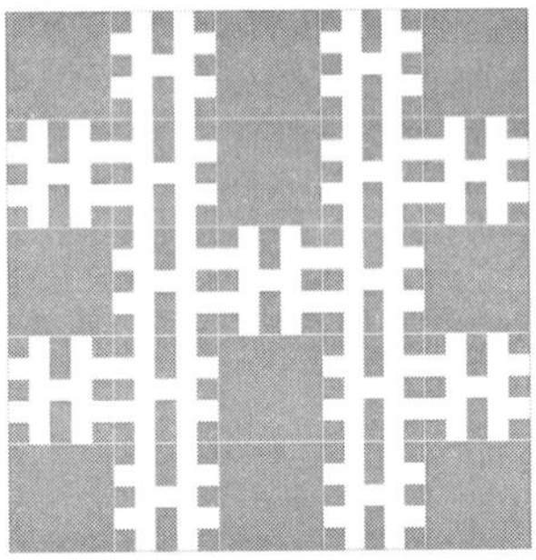

③ $\log_{125} 4000 = 1.718$

① $\log_5 10 = 1.431$

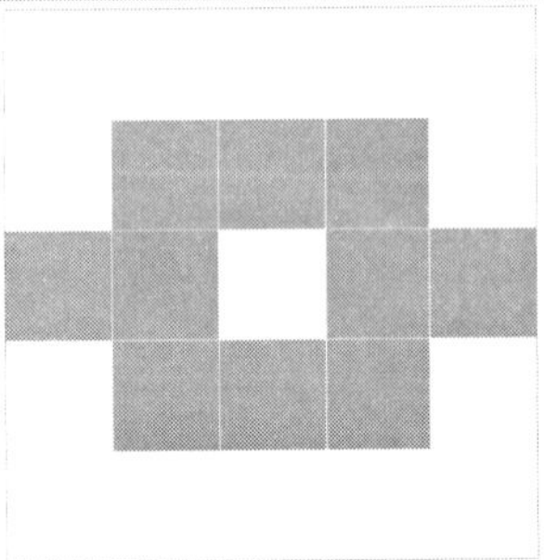

② $\log_{25} 400 = 1.861$

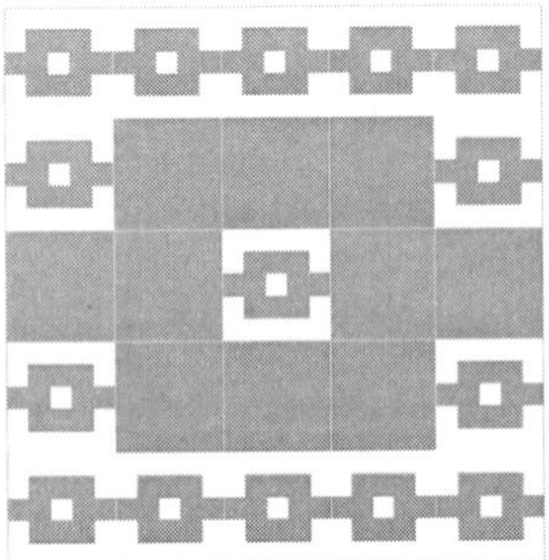

③ $\log_{125} 4000 = 1.718$

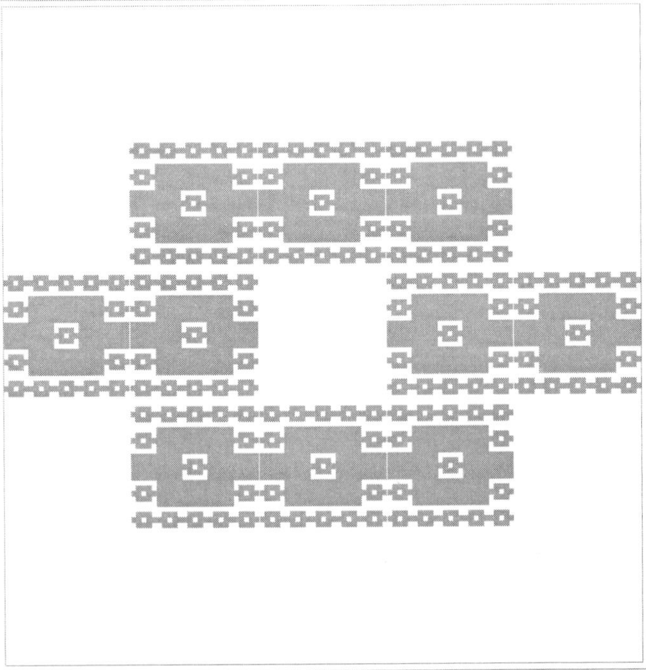

(6) 1단계 11개

① $\log_5 11 = 1.49$

② $\log_{25} 429 = 1.883$

③ $\log_{125} 4179 = 1.752$

① $\log_5 11 = 1.49$

② $\log_{25} 429 = 1.883$

③ $\log_{125} 4179 = 1.752$

(7) 1단계 12개

① $\log_5 12 = 1.544$

② $\log_{25} 456 = 1.902$

③ $\log_{125} 5472 = 1.783$

① $\log_5 12 = 1.544$

② $\log_{25} 456 = 1.902$

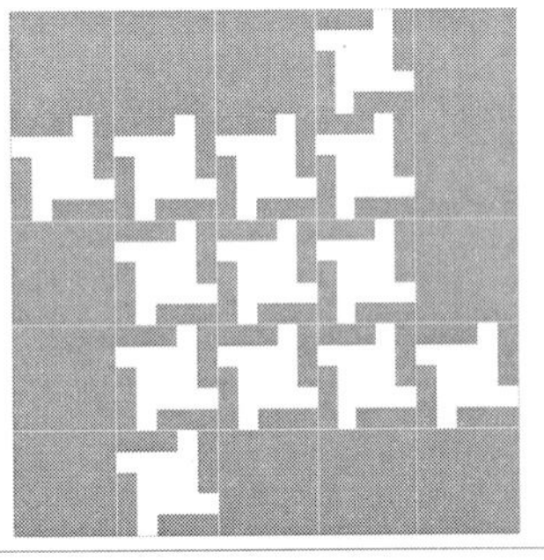

③ $\log_{125} 5472 = 1.783$

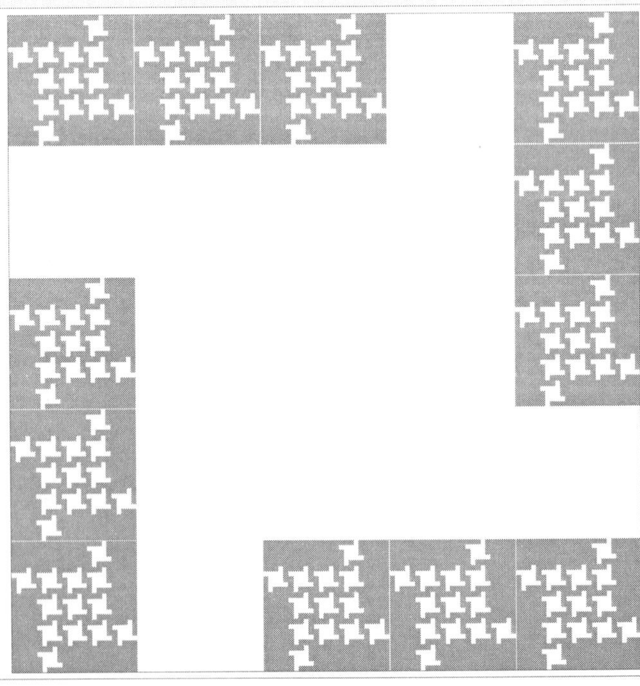

① $\log_5 12 = 1.544$

② $\log_{25} 456 = 1.902$

③ $\log_{125} 5472 = 1.783$

① $\log_5 12 = 1.544$

② $\log_{25} 456 = 1.902$

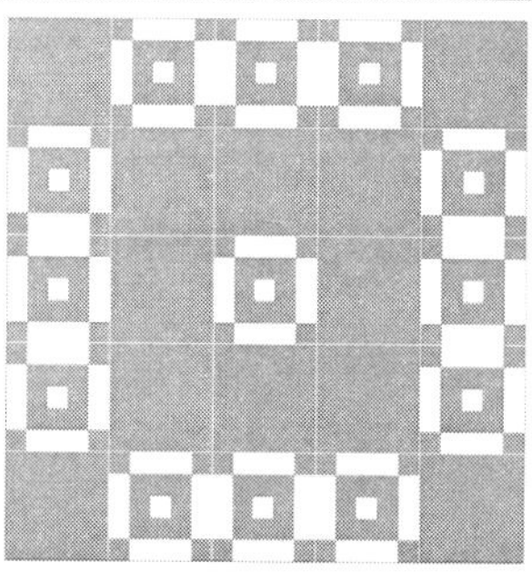

③ $\log_{125} 5472 = 1.783$

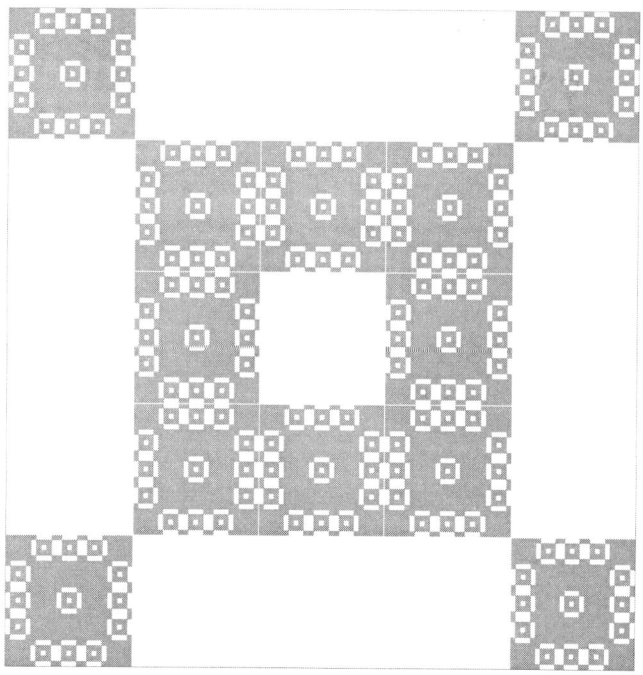

① $\log_5 12 = 1.544$

② $\log_{25} 456 = 1.902$

③ $\log_{125} 5472 = 1.783$

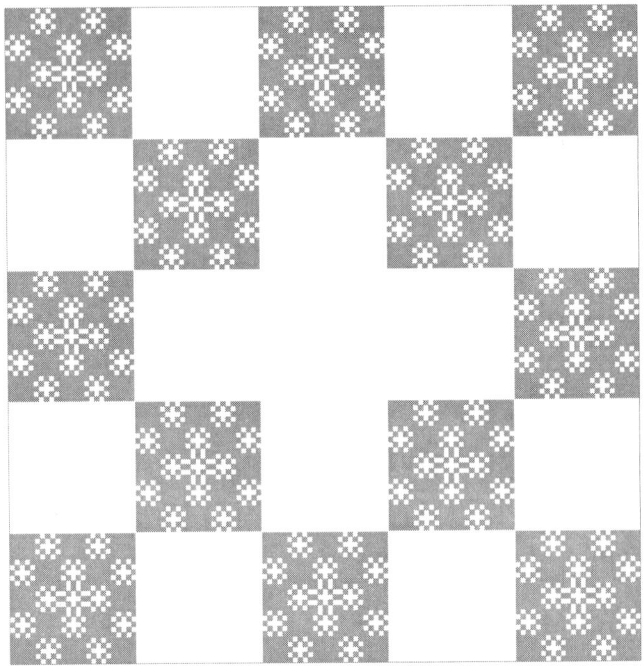

① $\log_5 12 = 1.544$

② $\log_{25} 456 = 1.902$

③ $\log_{125} 5472 = 1.783$

(8) 1단계 13개

① $\log_5 13 = 1.594$

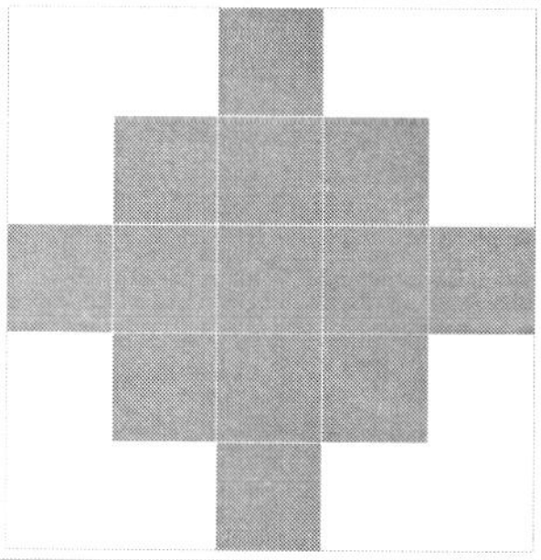

② $\log_{25} 481 = 1.919$

③ $\log_{125} 6253 = 1.81$

① $\log_5 13 = 1.594$

② $\log_{25} 481 = 1.919$

③ $\log_{125} 6253 = 1.81$

① $\log_5 13 = 1.594$

② $\log_{25} 481 = 1.919$

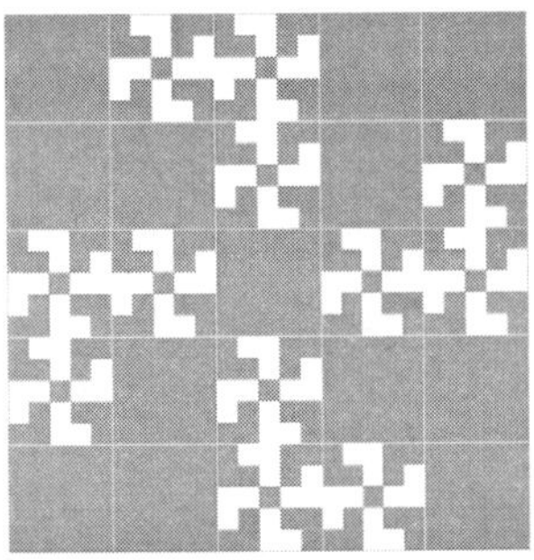

③ $\log_{125} 6253 = 1.81$

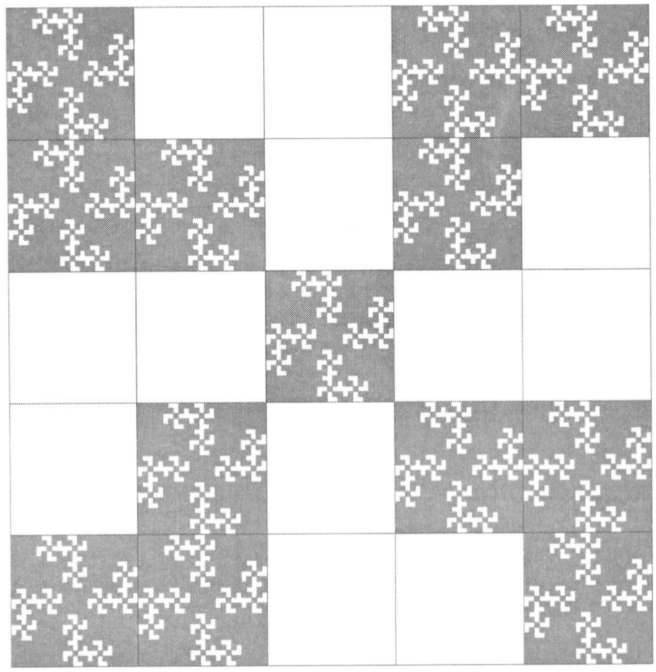

① $\log_5 13 = 1.594$

② $\log_{25} 481 = 1.919$

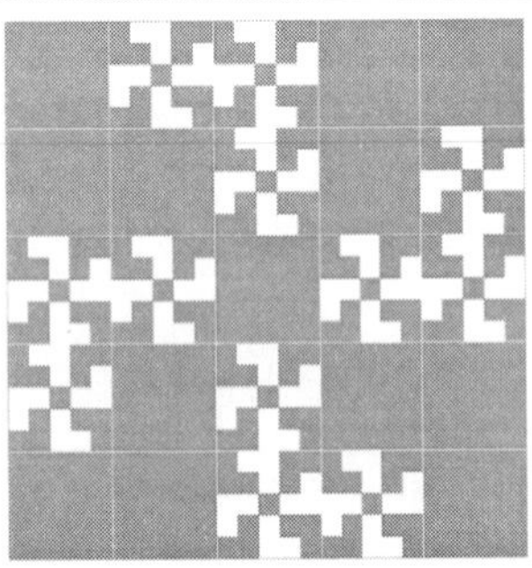

③ $\log_{125} 6253 = 1.81$

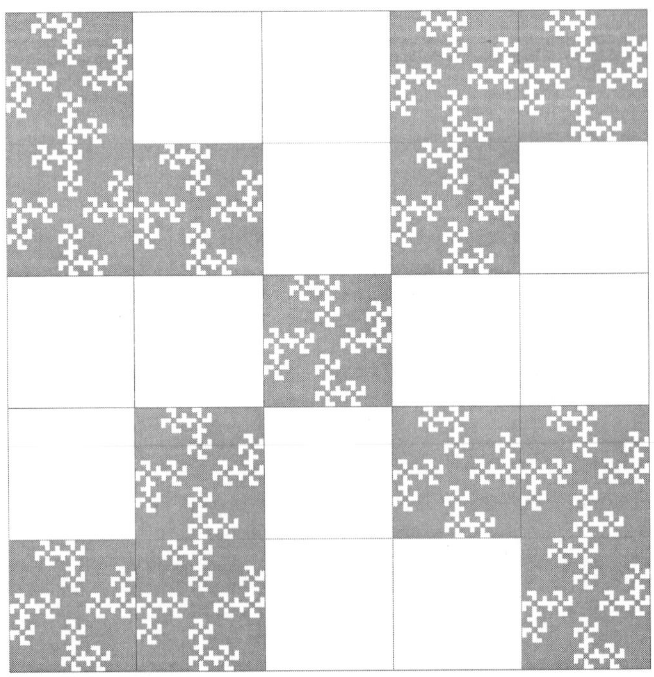

(9) 1단계 16개

① $\log_5 16 = 1.723$

② $\log_{25} 544 = 1.957$

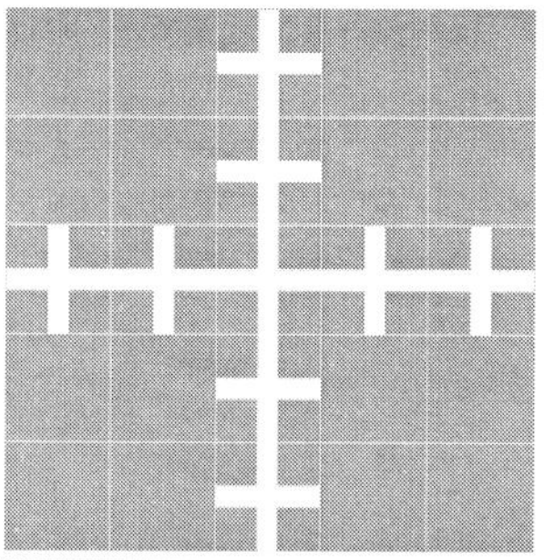

③ $\log_{125} 8704 = 1.879$

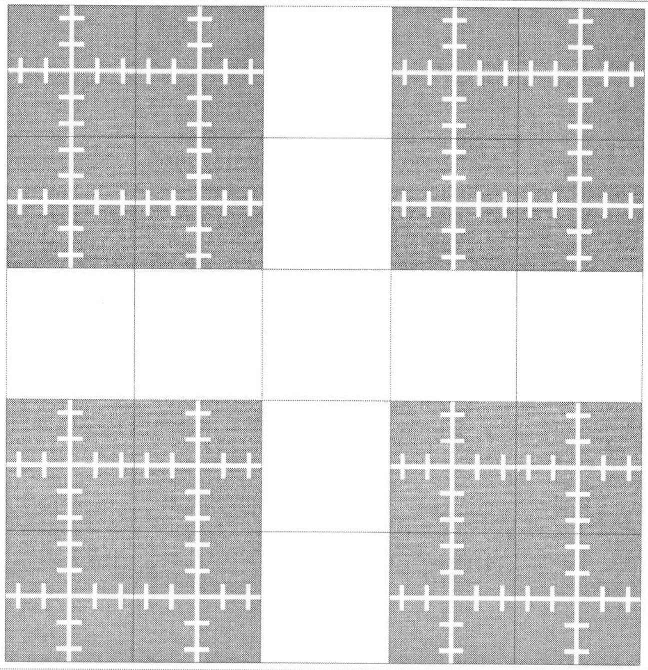

① $\log_5 16 = 1.723$

② $\log_{25} 544 = 1.957$

③ $\log_{125} 8704 = 1.879$

① $\log_5 16 = 1.723$

② $\log_{25} 544 = 1.957$

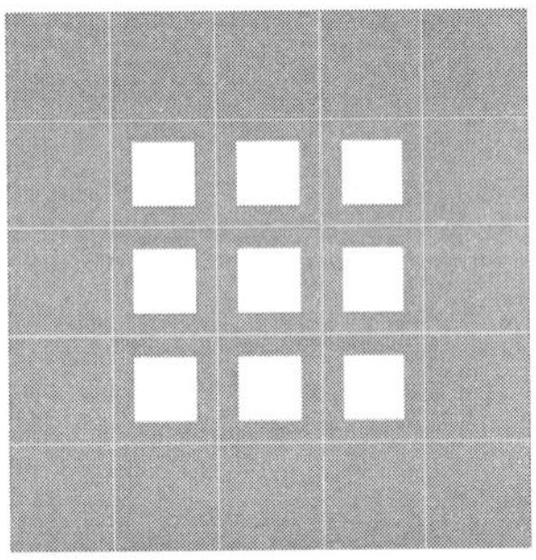

③ $\log_{125} 8704 = 1.879$

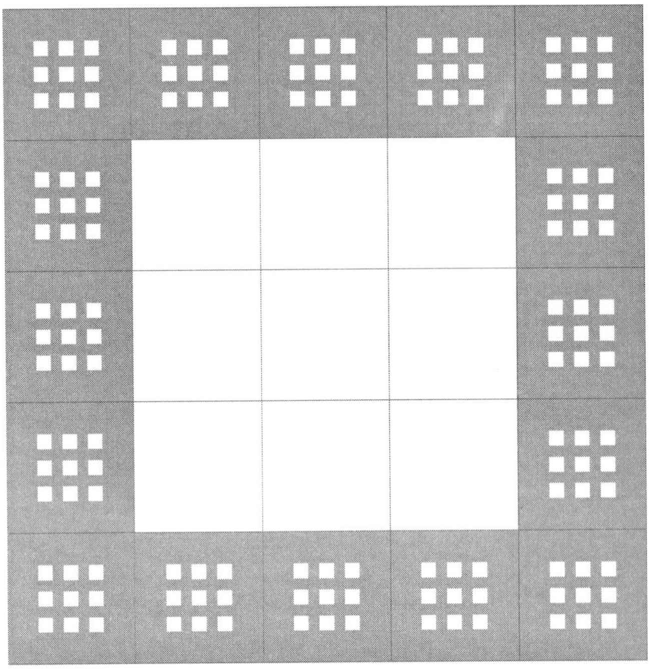

① $\log_5 16 = 1.723$

② $\log_{25} 544 = 1.957$

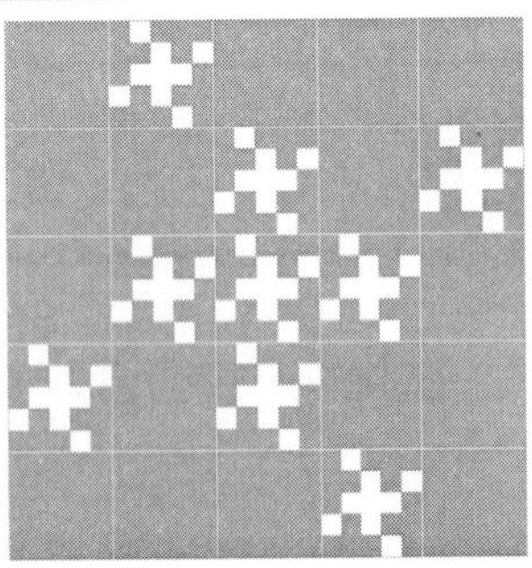

③ $\log_{125} 8704 = 1.879$

4 6×6 덧셈-곱셈 프랙탈

(1) 1단계 2개

① $\log_6 2 = 0.387$

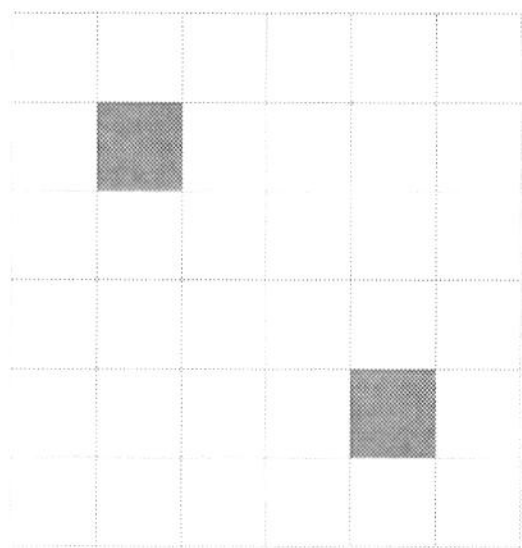

② $\log_{36} 140 = 1.379$

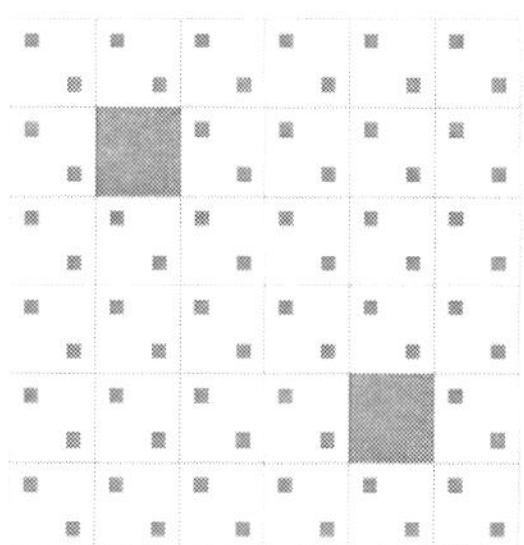

③ $\log_{216} 280 = 1.048$

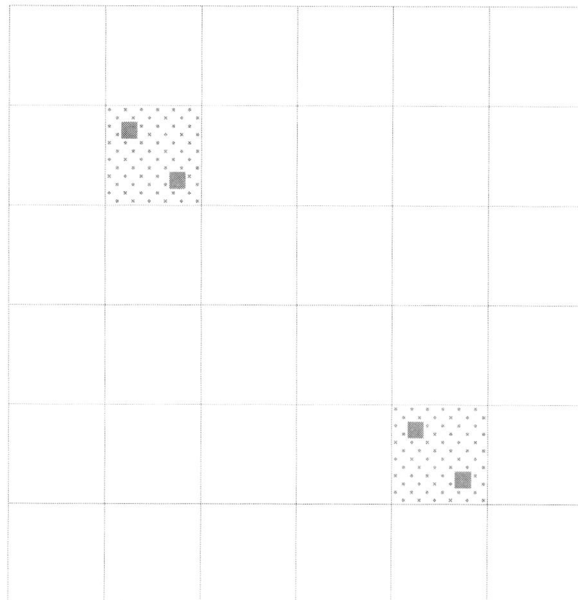

① $\log_6 2 = 0.387$

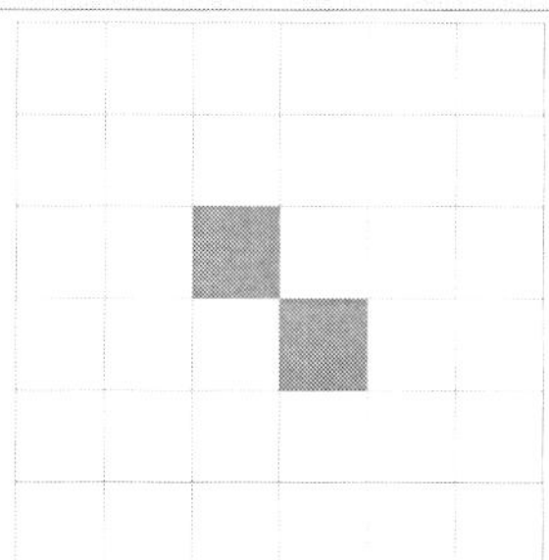

② $\log_{36} 140 = 1.379$

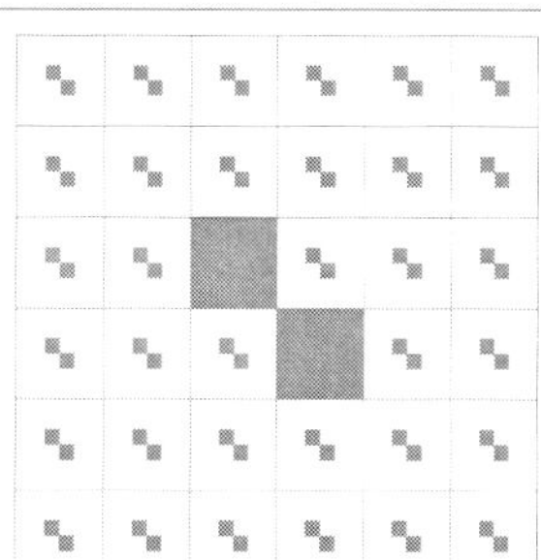

③ $\log_{216} 280 = 1.048$

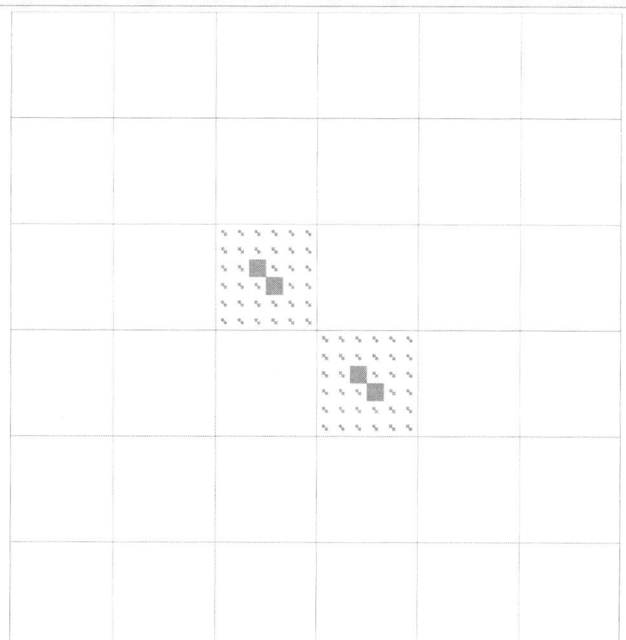

(2) 1단계 4개

① $\log_6 4 = 0.774$

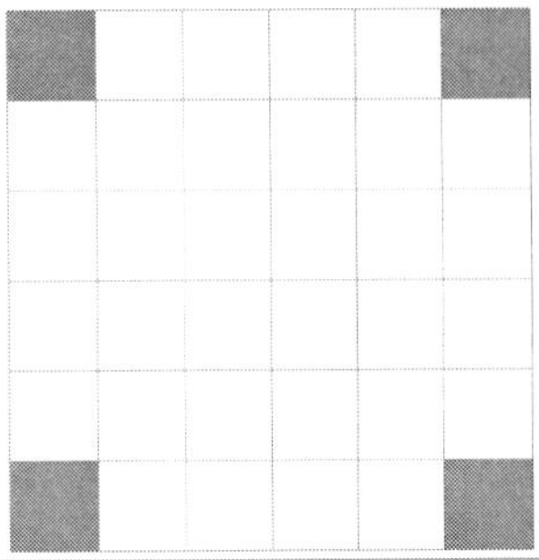

② $\log_{36} 272 = 1.564$

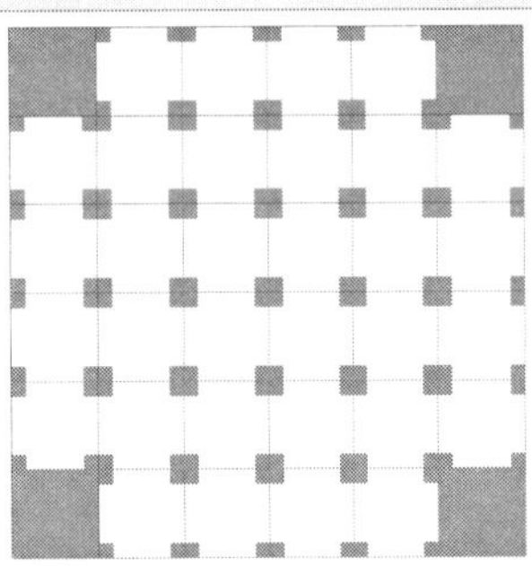

③ $\log_{216} 1088 = 1.301$

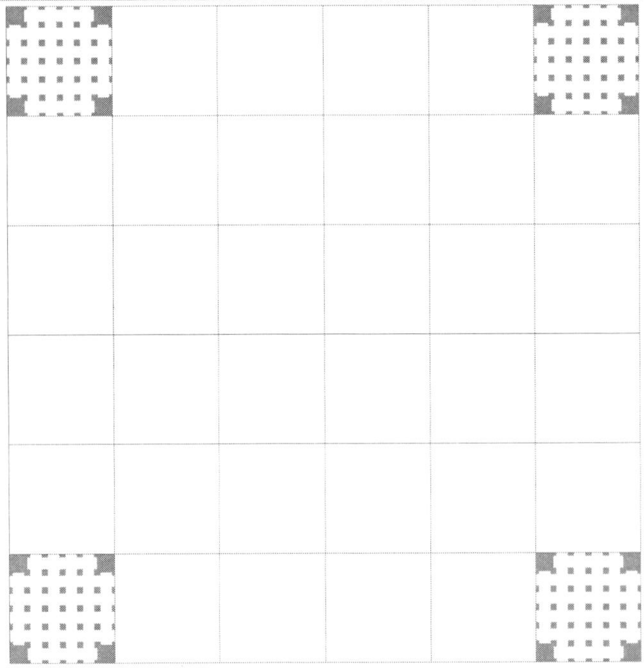

① $\log_6 4 = 0.774$

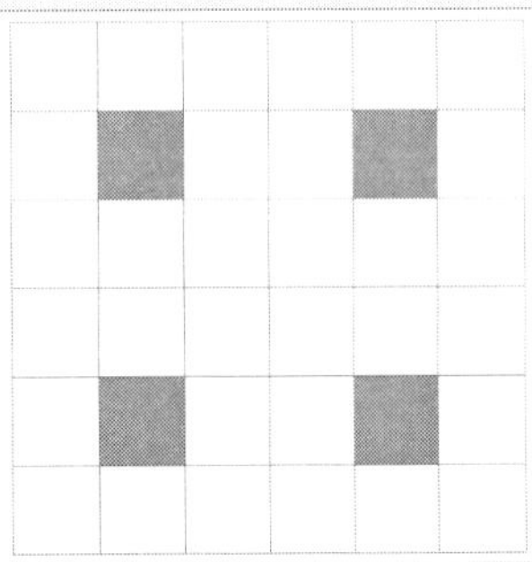

② $\log_{36} 272 = 1.564$

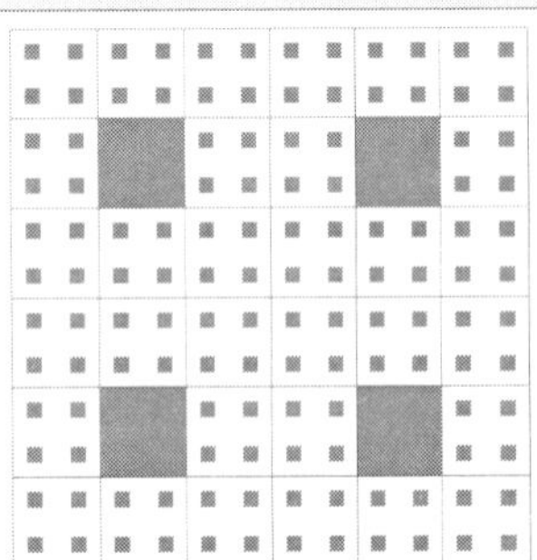

③ $\log_{216} 1088 = 1.301$

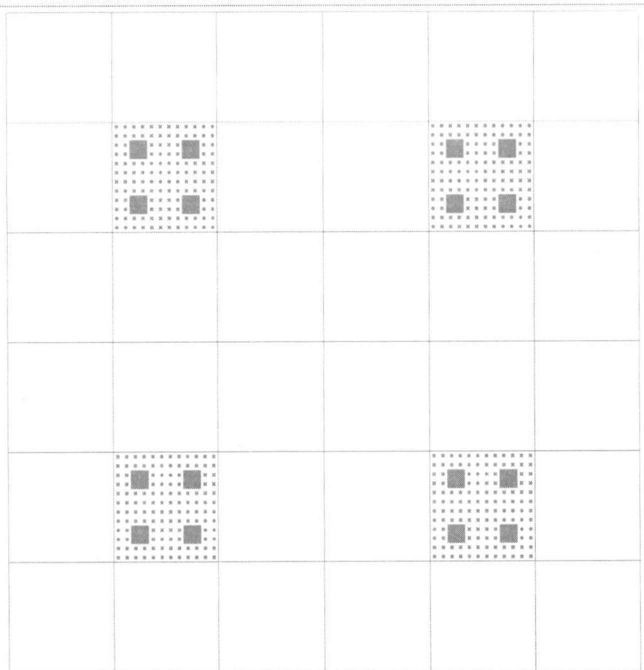

① $\log_6 4 = 0.774$

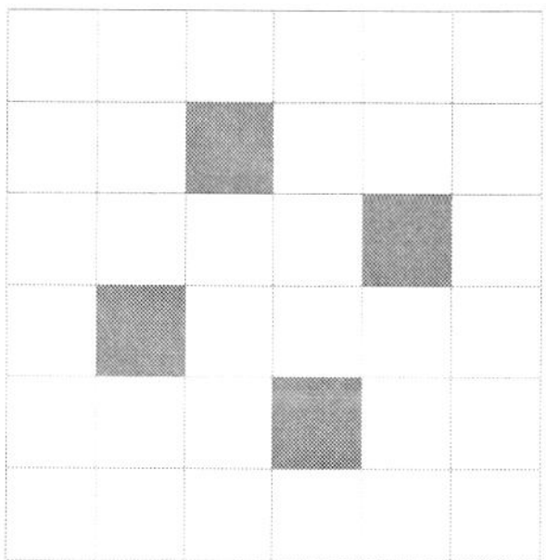

② $\log_{36} 272 = 1.564$

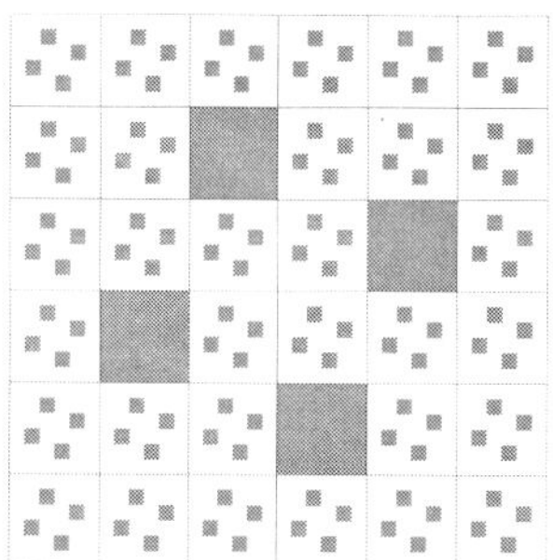

③ $\log_{216} 1088 = 1.301$

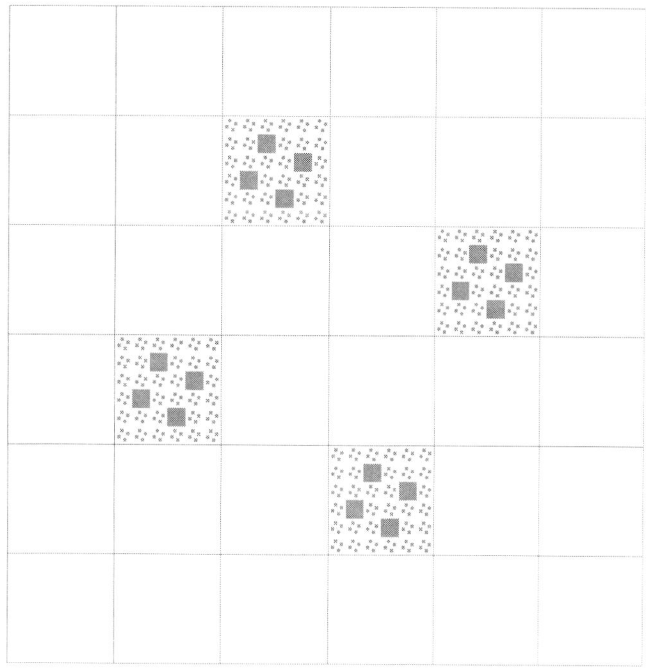

① $\log_6 4 = 0.774$

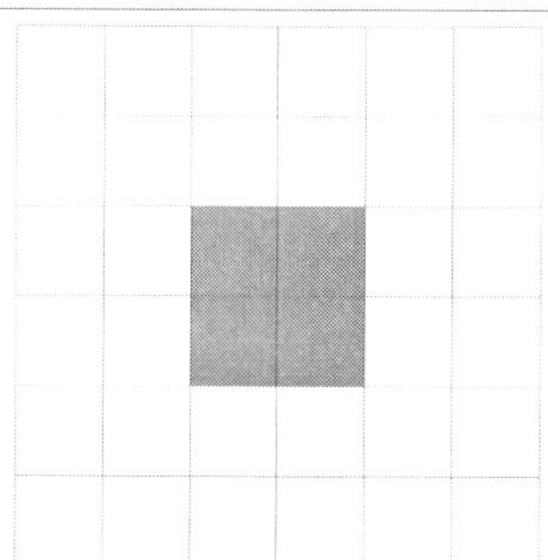

② $\log_{36} 272 = 1.564$

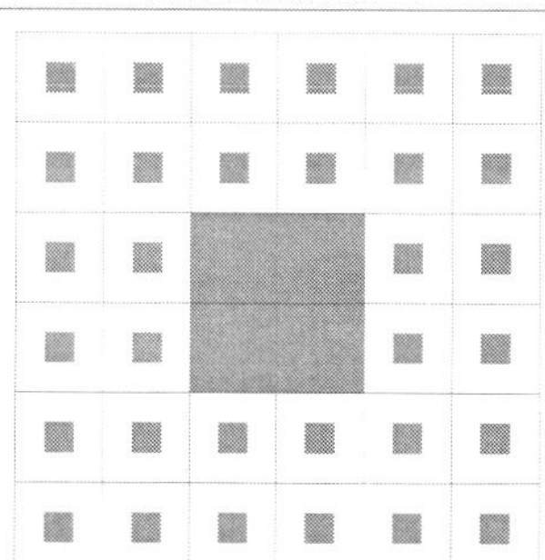

③ $\log_{216} 1088 = 1.301$

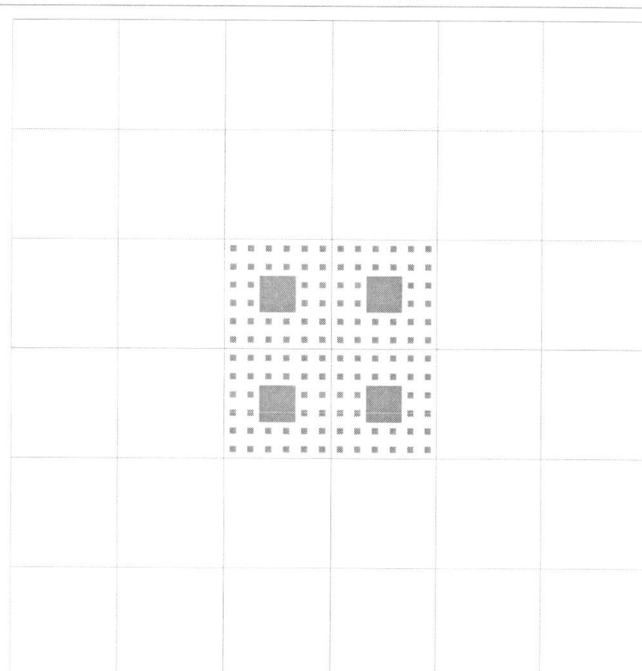

(3) 1단계 8개

① $\log_6 8 = 1.161$

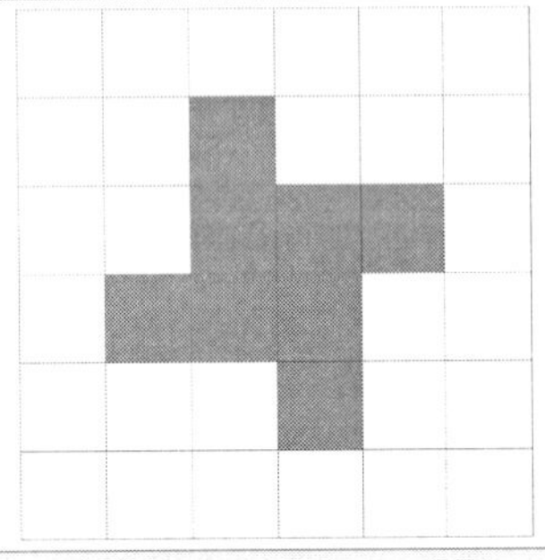

② $\log_{36} 512 = 1.741$

③ $\log_{216} 4096 = 1.547$

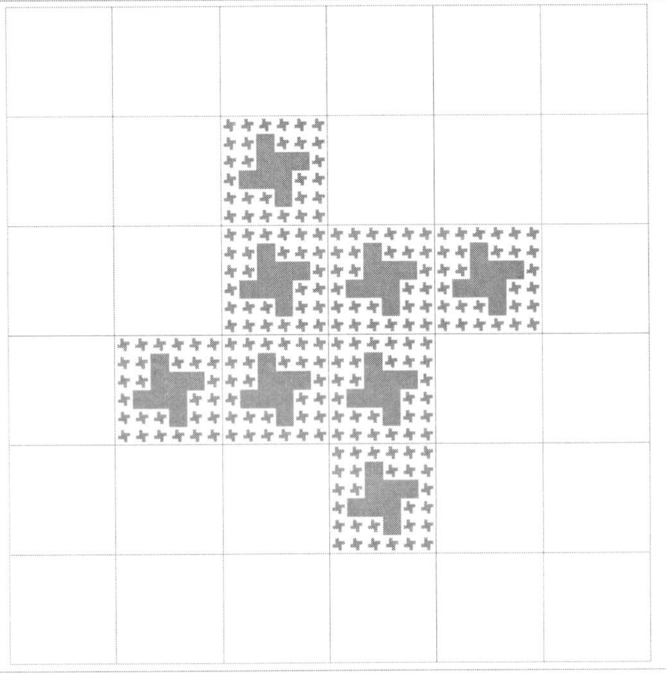

① $\log_6 8 = 1.161$

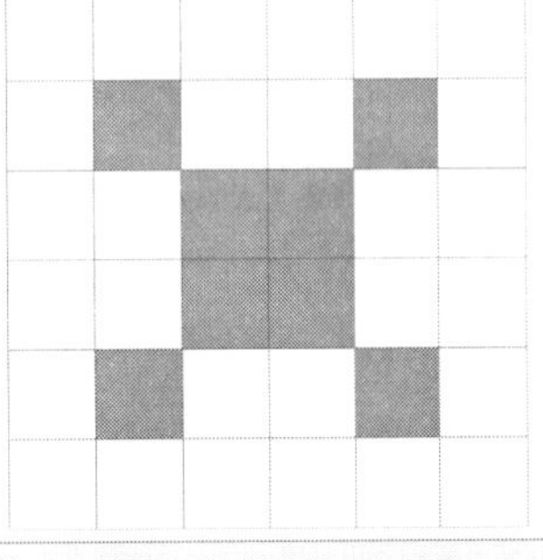

② $\log_{36} 512 = 1.741$

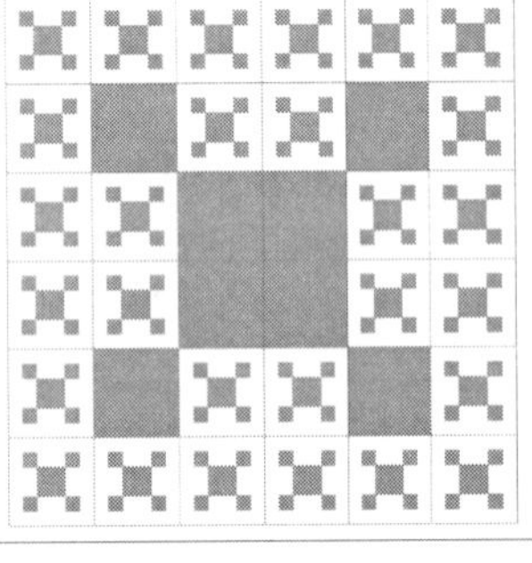

③ $\log_{216} 4096 = 1.547$

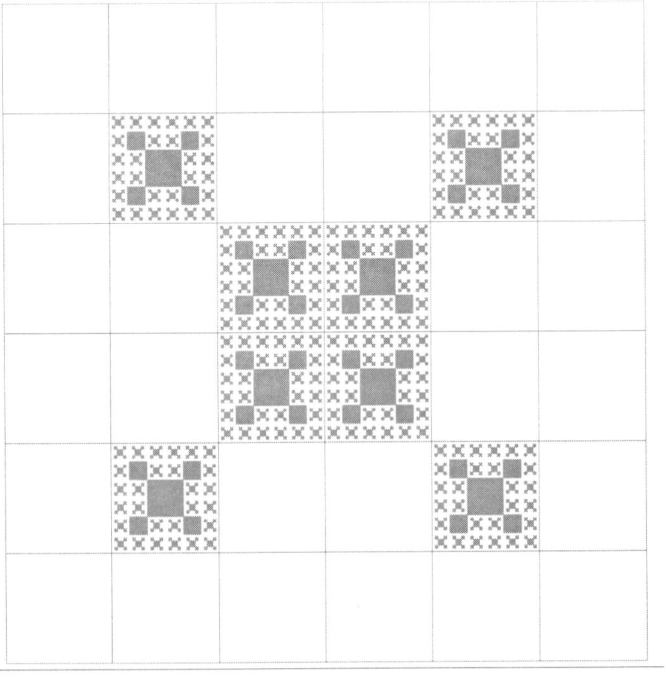

① $\log_6 8 = 1.161$

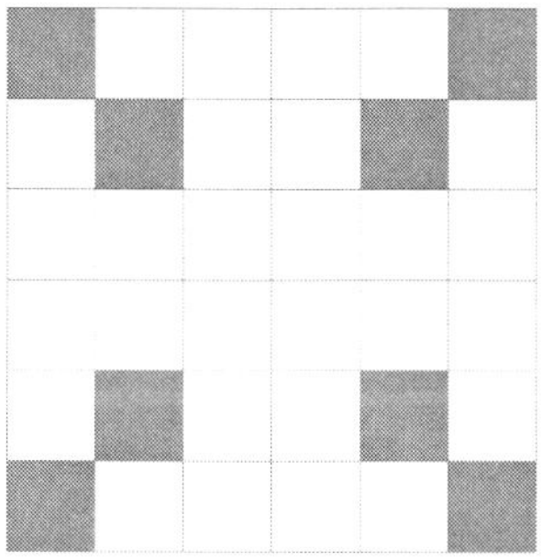

② $\log_{36} 512 = 1.741$

③ $\log_{216} 4096 = 1.547$

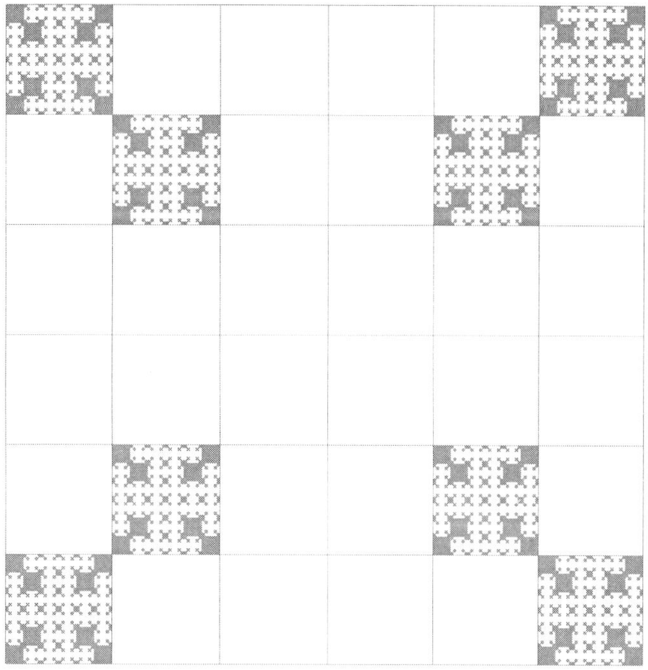

① $\log_6 8 = 1.161$

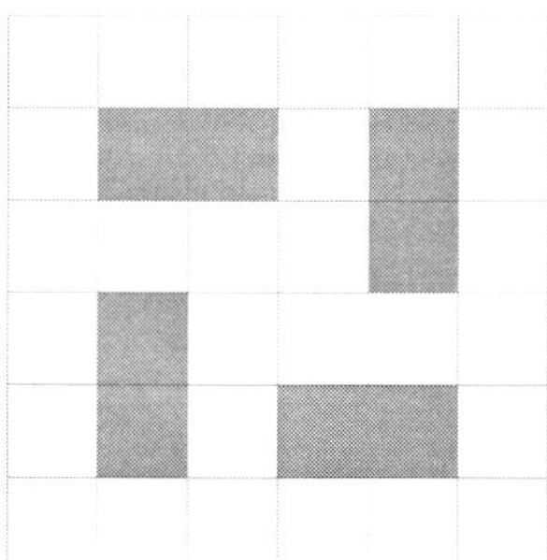

② $\log_{36} 512 = 1.741$

③ $\log_{216} 4096 = 1.547$

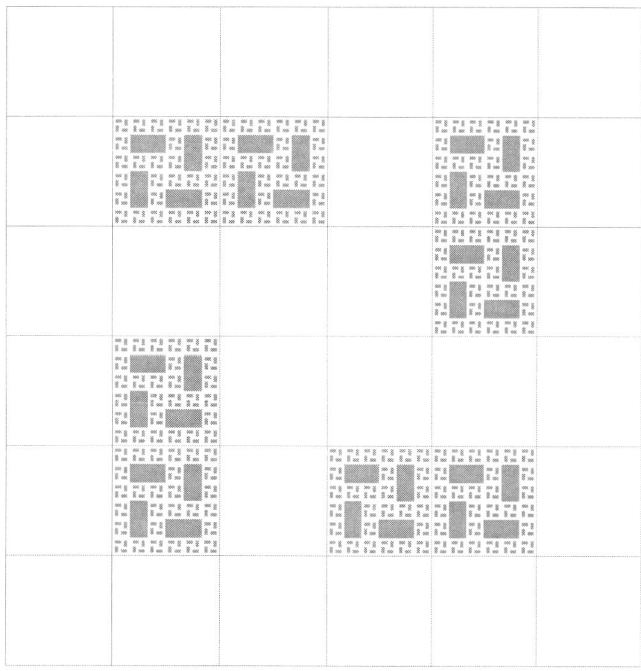

(4) 1단계 12개

① $\log_{6}12 = 1.387$

② $\log_{36}720 = 1.836$

③ $\log_{216}8640 = 1.686$

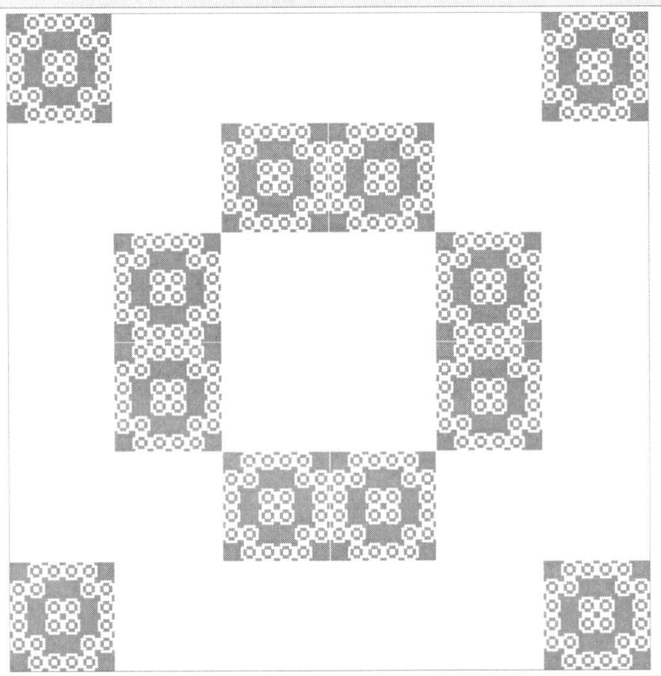

① $\log_{6}12 = 1.387$

② $\log_{36}720 = 1.836$

③ $\log_{216}8640 = 1.686$

① $\log_6 12 = 1.387$

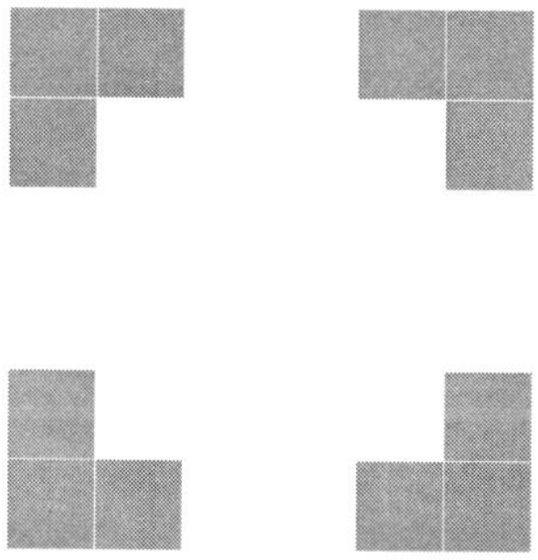

② $\log_{36} 720 = 1.836$

③ $\log_{216} 8640 = 1.686$

① $\log_6 12 = 1.387$

② $\log_{36} 720 = 1.836$

③ $\log_{216} 8640 = 1.686$

① $\log_6 12 = 1.387$

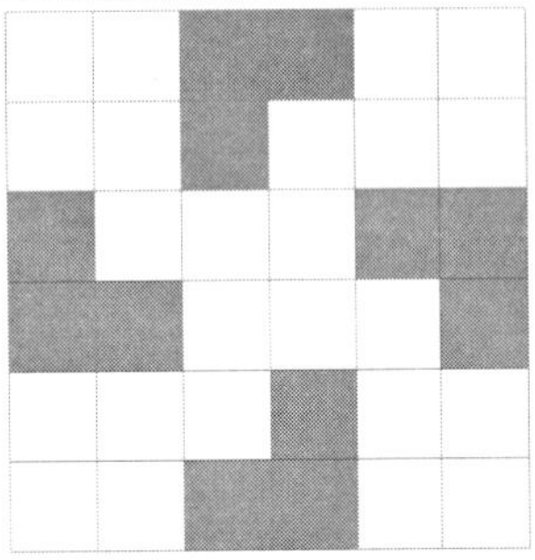

② $\log_{36} 720 = 1.836$

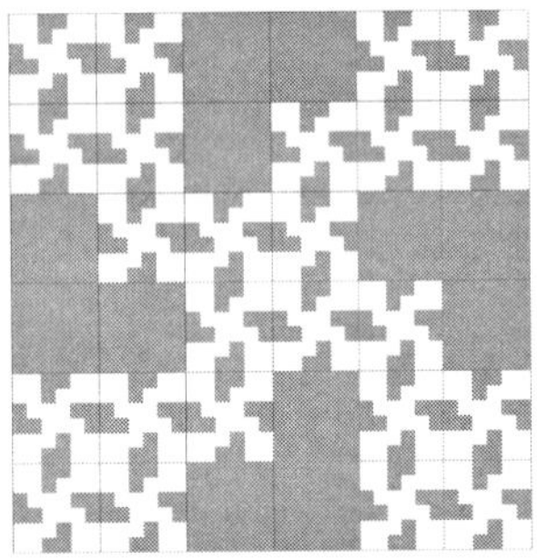

③ $\log_{216} 8640 = 1.686$

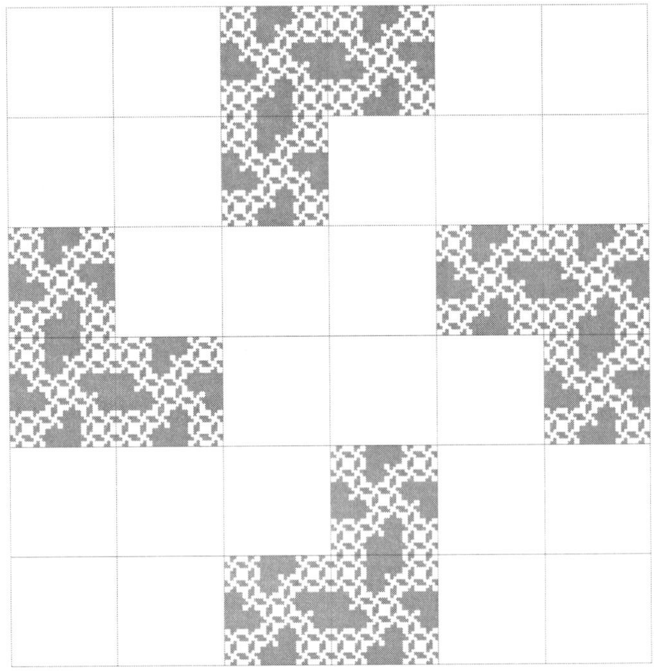

① $\log_6 12 = 1.387$

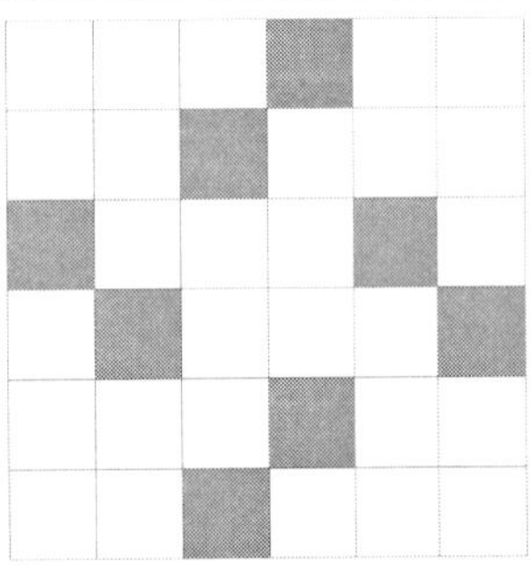

② $\log_{36} 720 = 1.836$

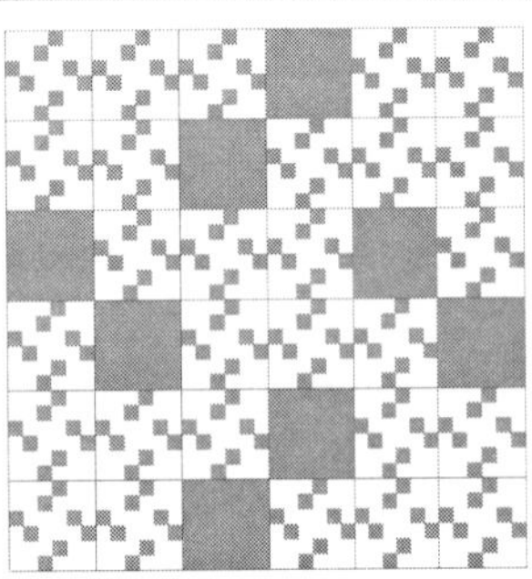

③ $\log_{216} 8640 = 1.686$

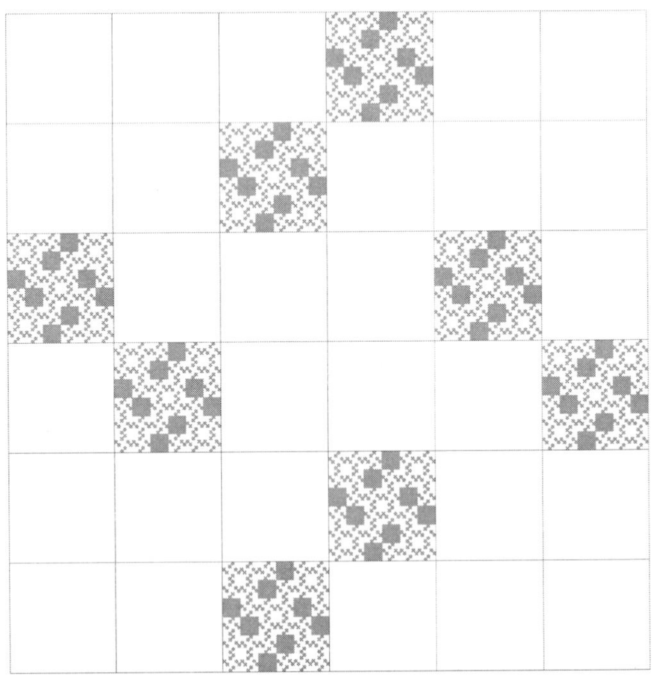

(5) 1단계 16개

① $\log_6 16 = 1.547$

② $\log_{36} 896 = 1.897$

③ $\log_{216} 14336 = 1.78$

① $\log_6 16 = 1.547$

② $\log_{36} 896 = 1.897$

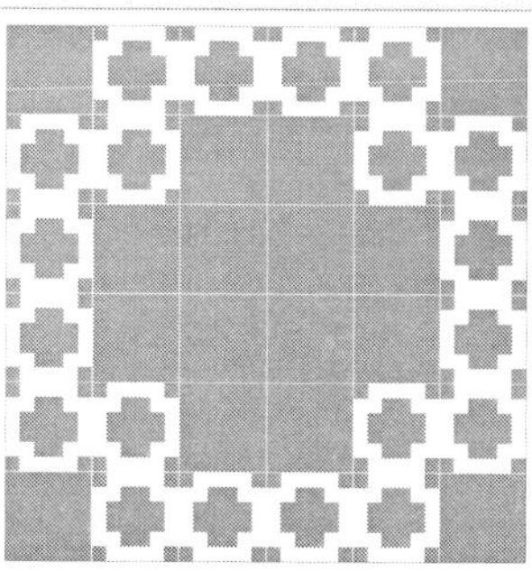

③ $\log_{216} 14336 = 1.78$

① $\log_6 16 = 1.547$

② $\log_{36} 896 = 1.897$

③ $\log_{216} 14336 = 1.78$

① $\log_6 16 = 1.547$

② $\log_{36} 896 = 1.897$

③ $\log_{216} 14336 = 1.78$

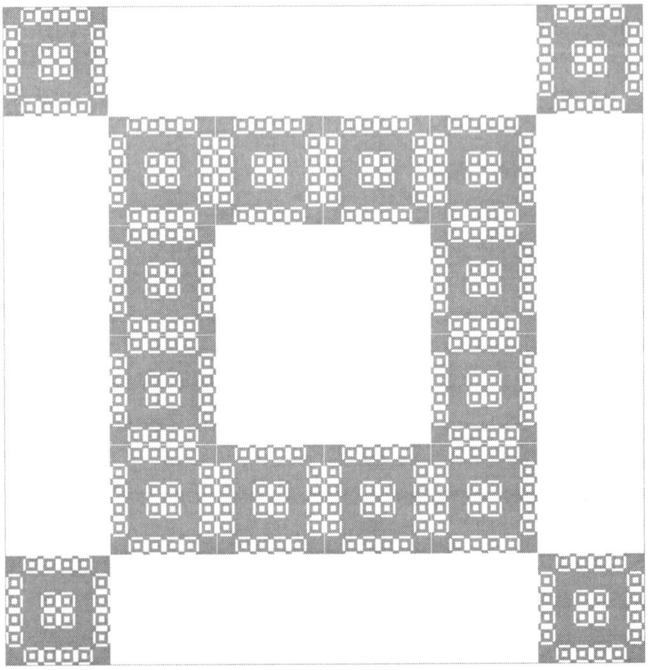

① $\log_6 16 = 1.547$

② $\log_{36} 896 = 1.897$

③ $\log_{216} 14336 = 1.78$

(5) 1단계 20개

① $\log_6 20 = 1.762$

② $\log_{36} 1040 = 1.939$

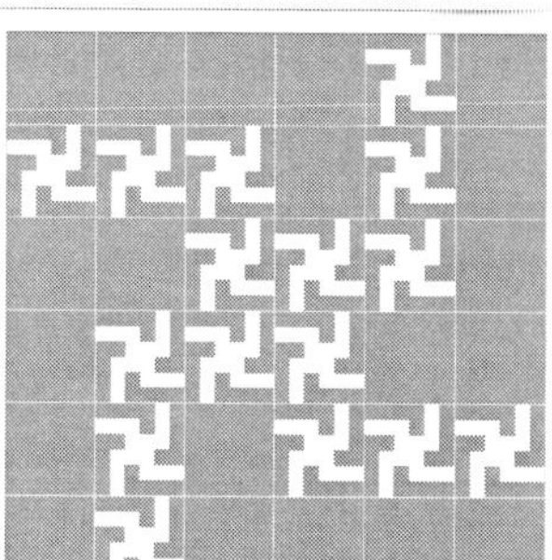

③ $\log_{216} 20800 = 1.85$

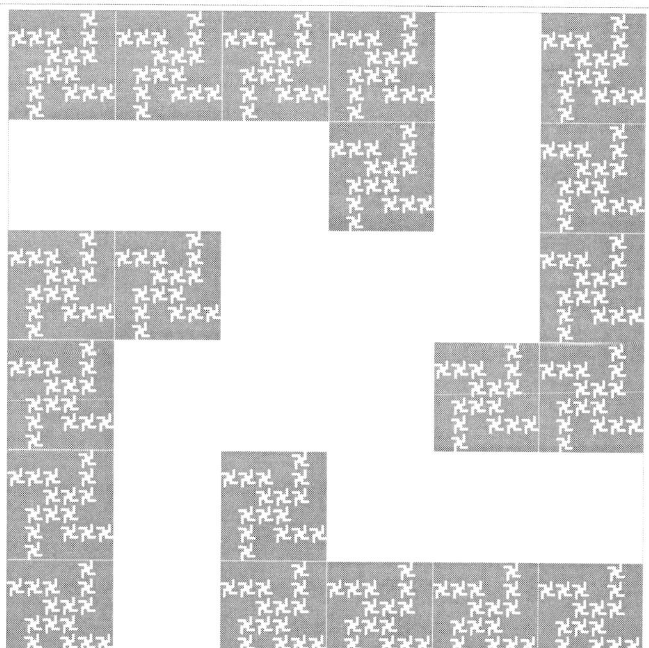

5 7×7 덧셈-곱셈 프랙탈

(1) 1단계 9개

① $\log_7 9 = 1.129$	② $\log_{49} 801 = 1.718$
	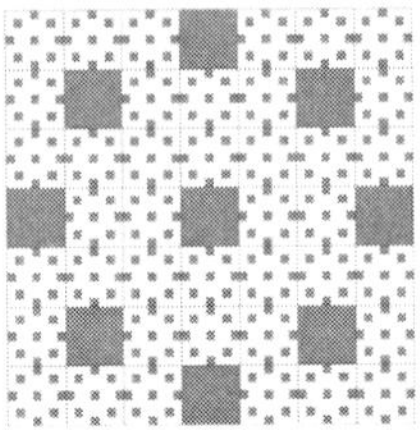

③ $\log_{343} 7209 = 1.522$

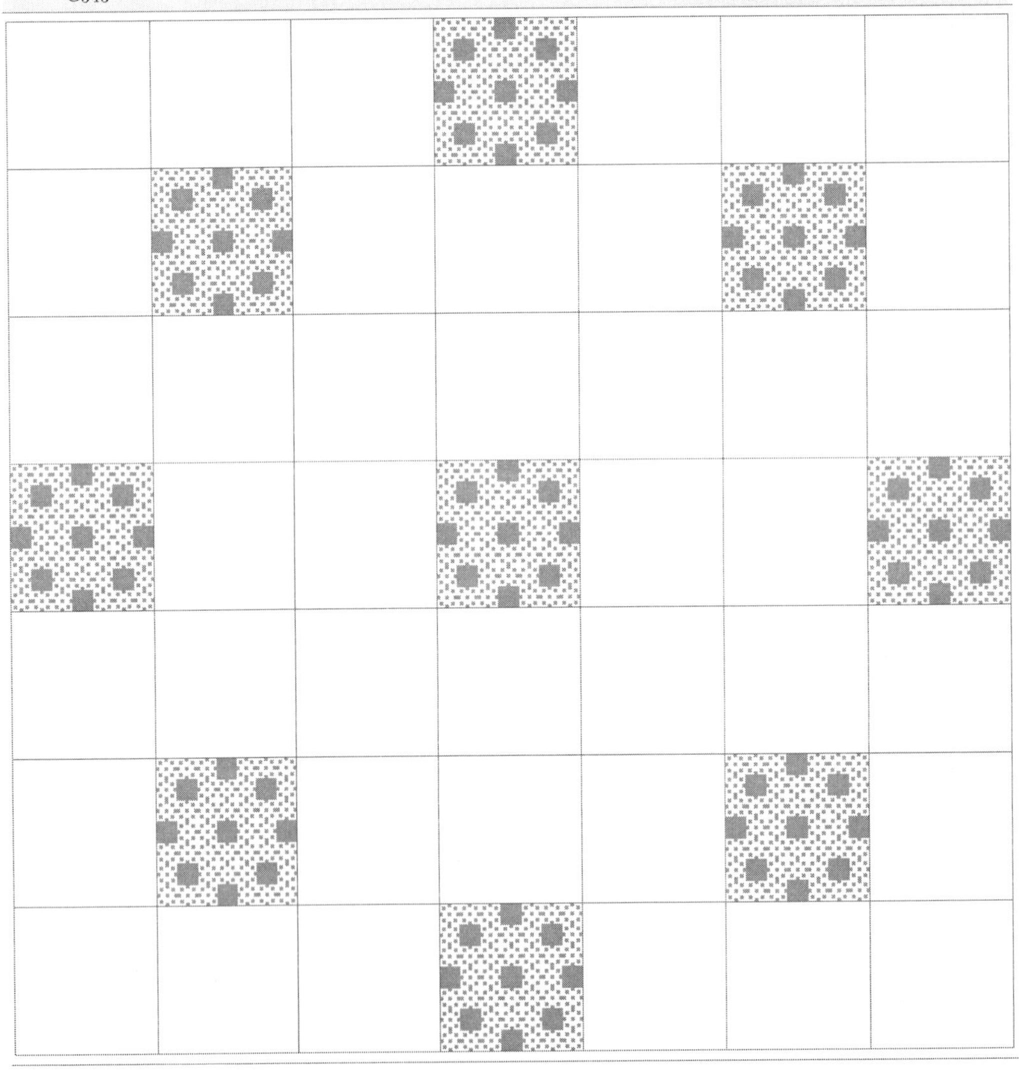

(2) 1단계 9개

① $\log_7 9 = 1.129$

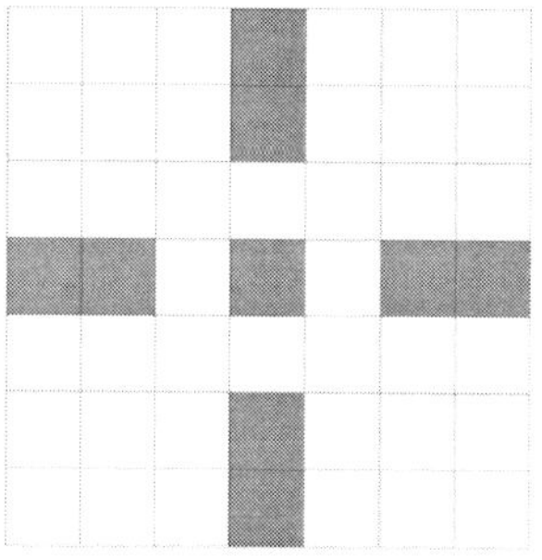

② $\log_{49} 801 = 1.718$

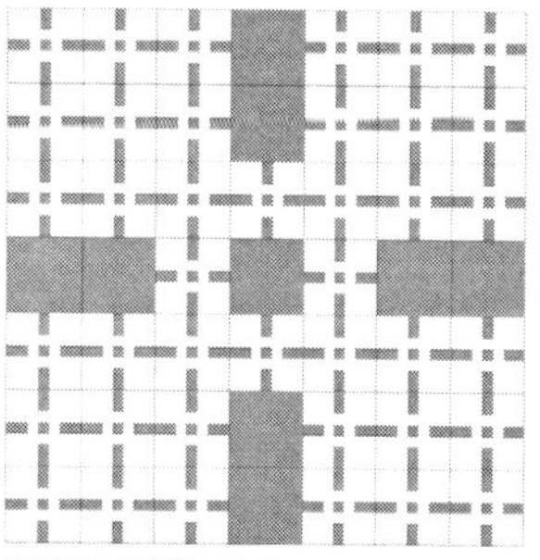

③ $\log_{343} 7209 = 1.522$

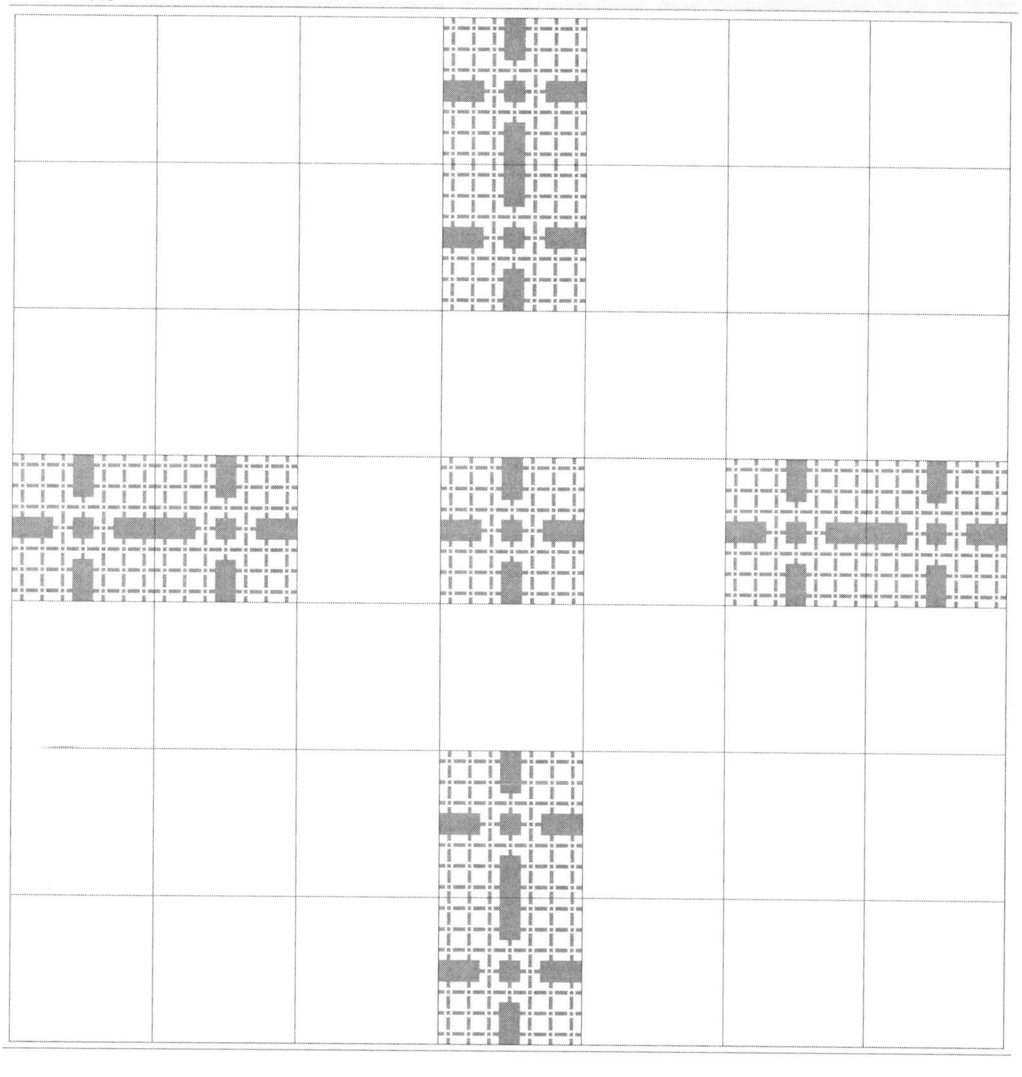

(3) 1단계 10개

① $\log_{7}10 = 1.183$

② $\log_{49}880 = 1.742$

③ $\log_{343}8800 = 1.556$

(4) 1단계 12개

① $\log_7 12 = 1.277$

② $\log_{49} 1032 = 1.783$

③ $\log_{343} 12384 = 1.614$

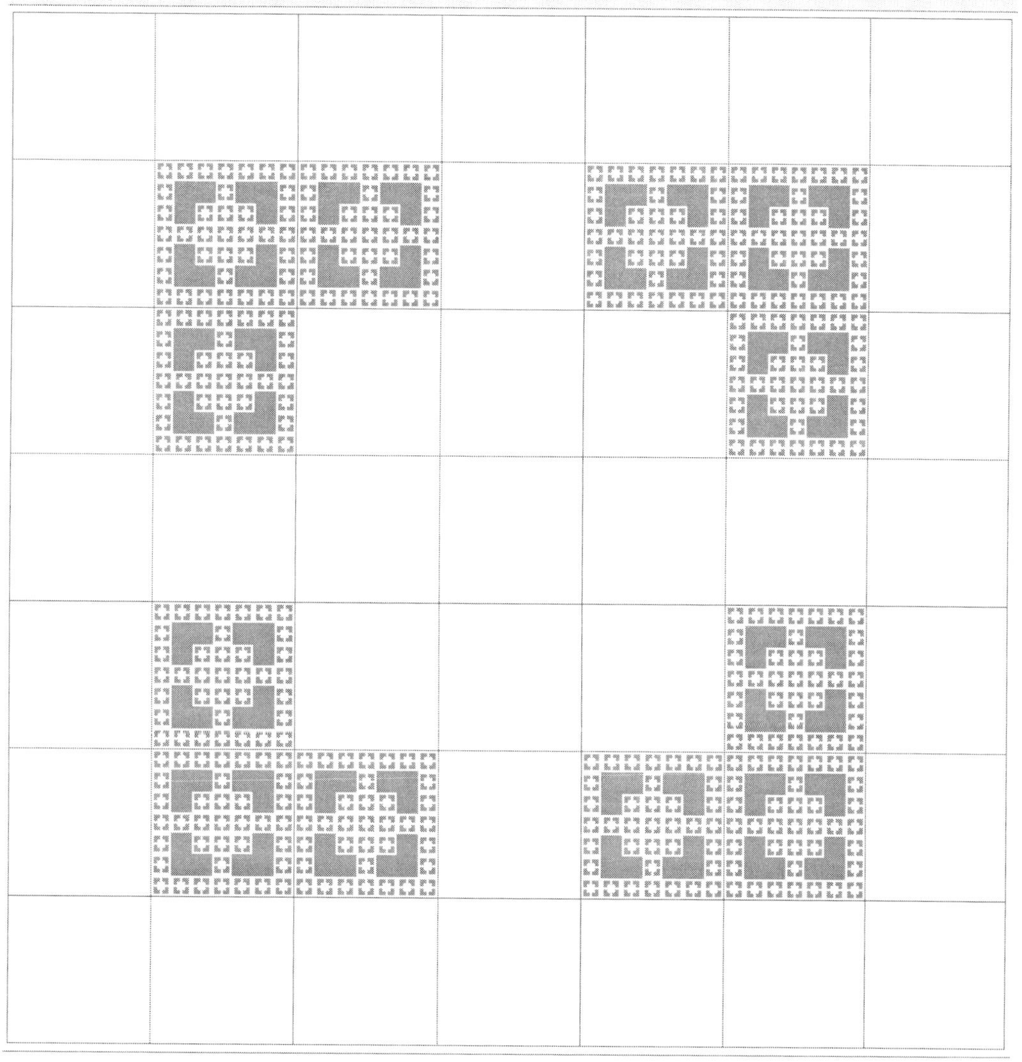

(5) 1단계 13개

① $\log_{7}13 = 1.318$

② $\log_{49}1105 = 1.801$

③ $\log_{343}14365 = 1.64$

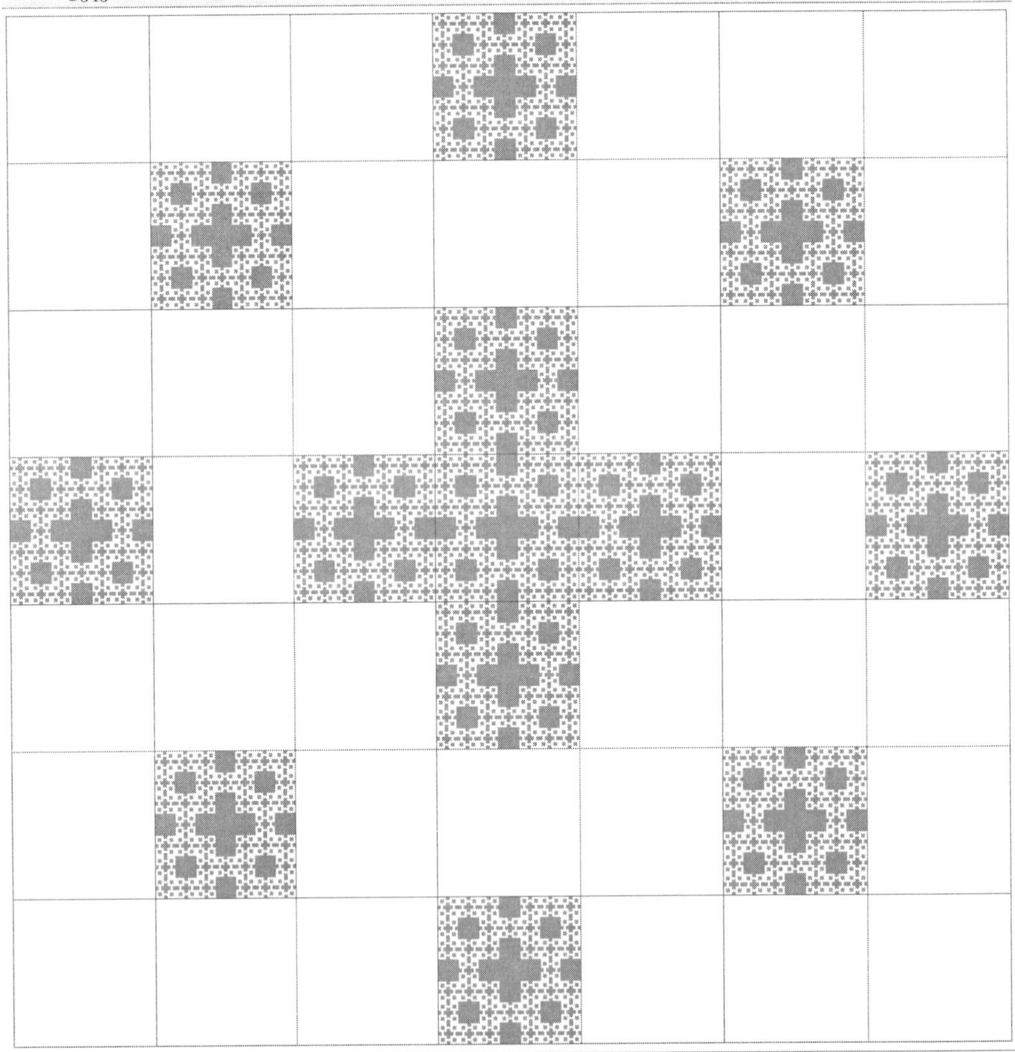

(6) 1단계 16개

① $\log_{7}16 = 1.425$

② $\log_{49}1312 = 1.845$

③ $\log_{343}20992 = 1.705$

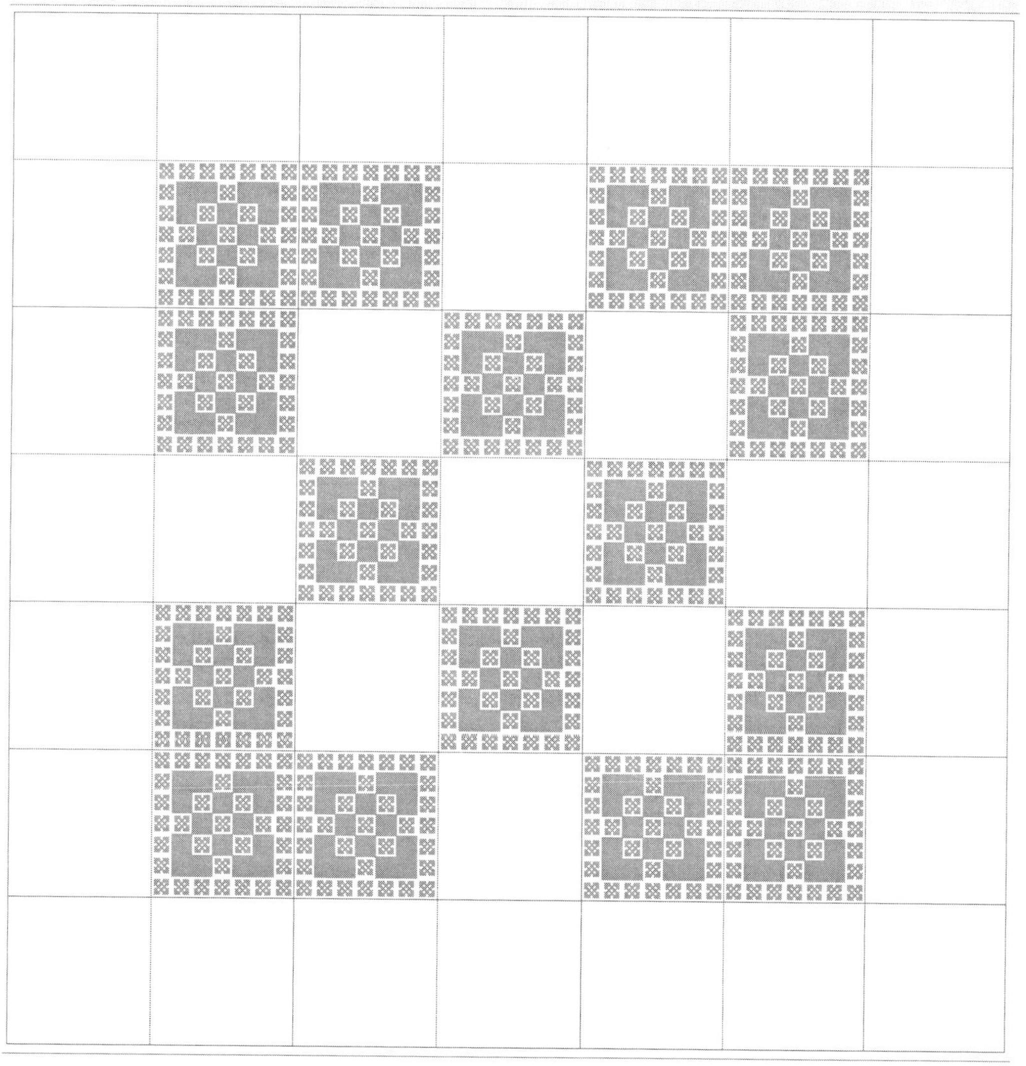

(7) 1단계 16개

① $\log_7 16 = 1.425$	② $\log_{49} 1312 = 1.845$
	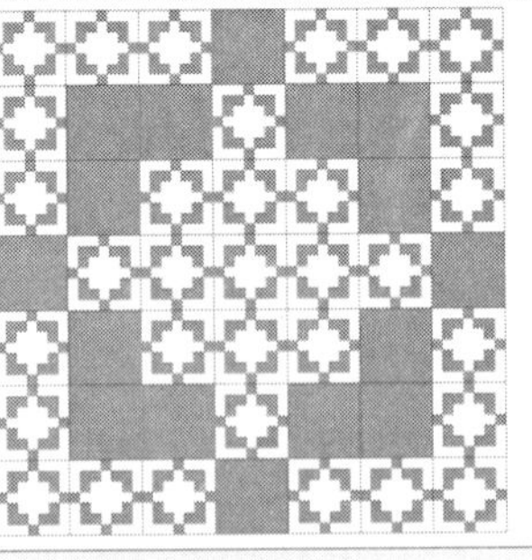

③ $\log_{343} 20992 = 1.705$

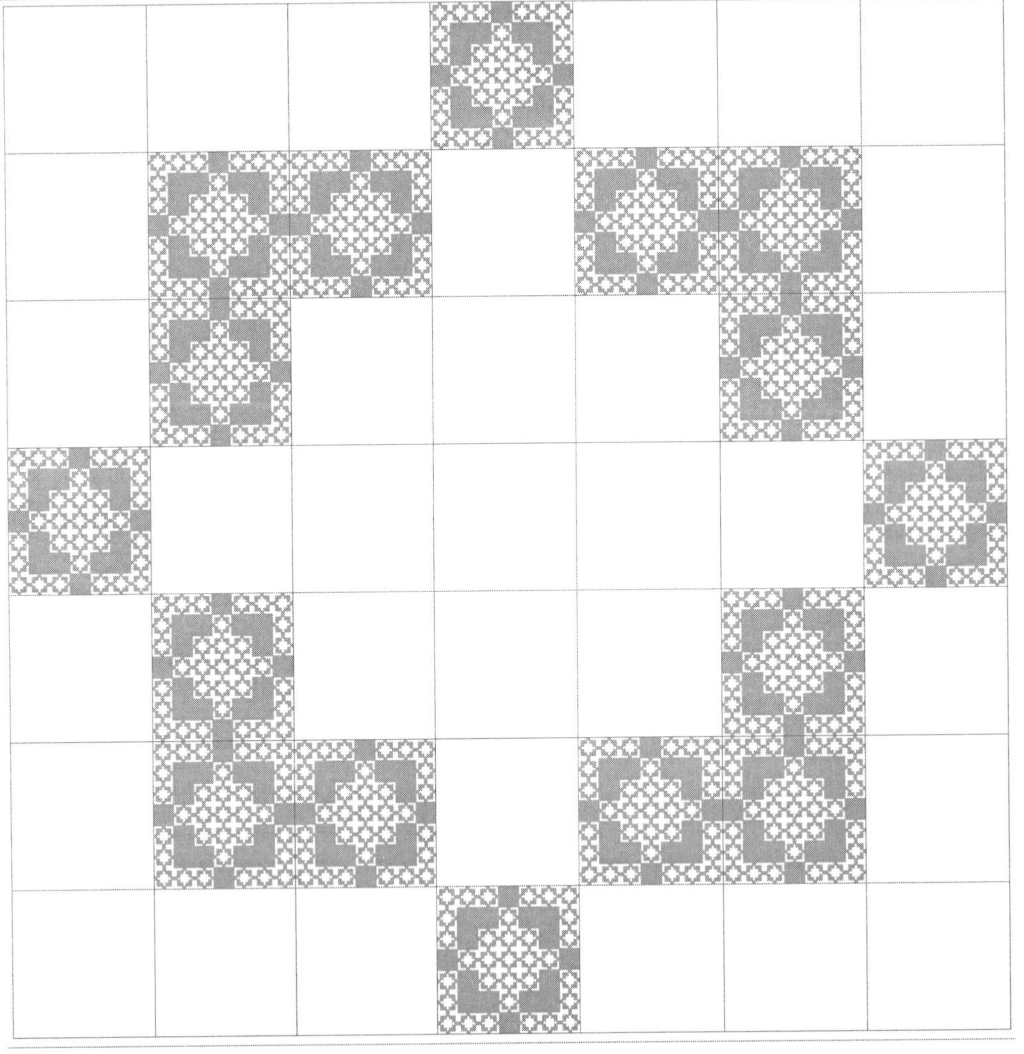

(8) 1단계 17개

① $\log_7 17 = 1.456$	② $\log_{49} 1377 = 1.857$
	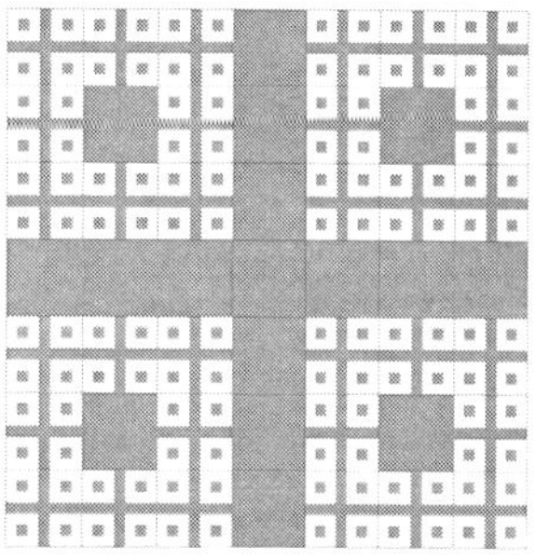

③ $\log_{343} 33409 = 1.723$

① $\log_7 17 = 1.456$

② $\log_{49} 1377 = 1.857$

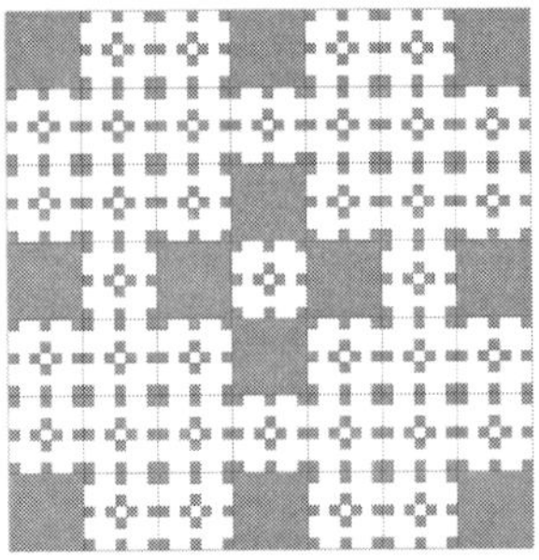

③ $\log_{343} 33409 = 1.723$

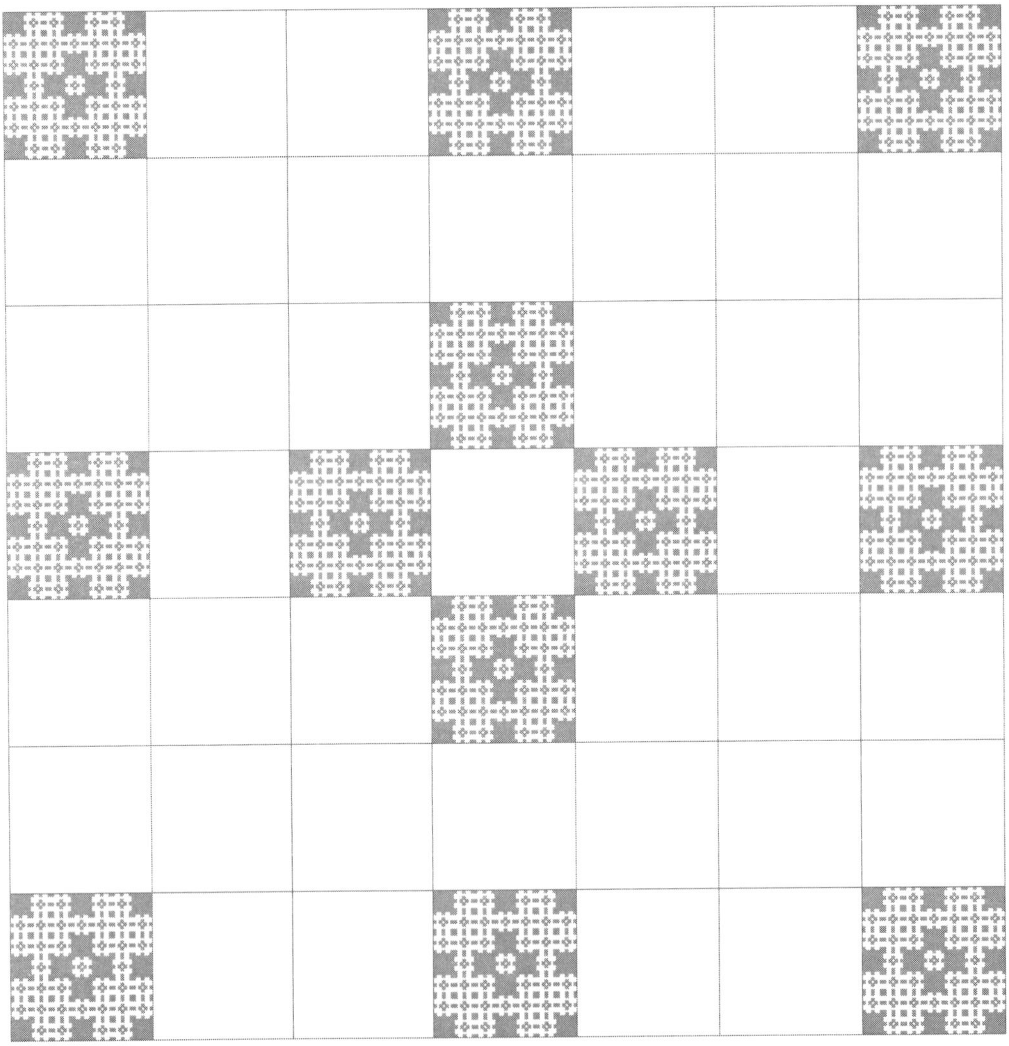

① $\log_7 17 = 1.456$	② $\log_{49} 1377 = 1.857$
	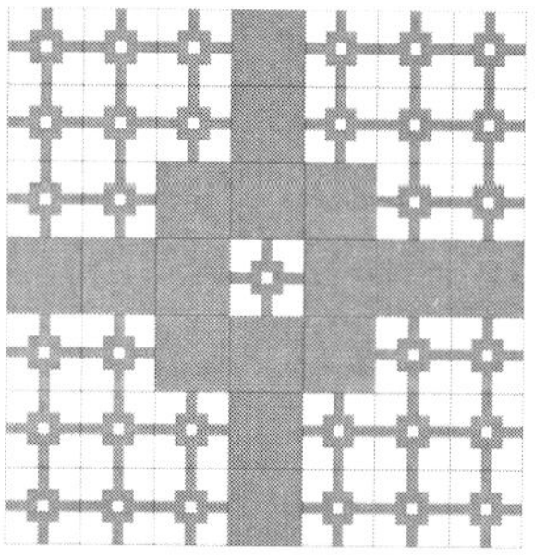

③ $\log_{343} 23409 = 1.723$

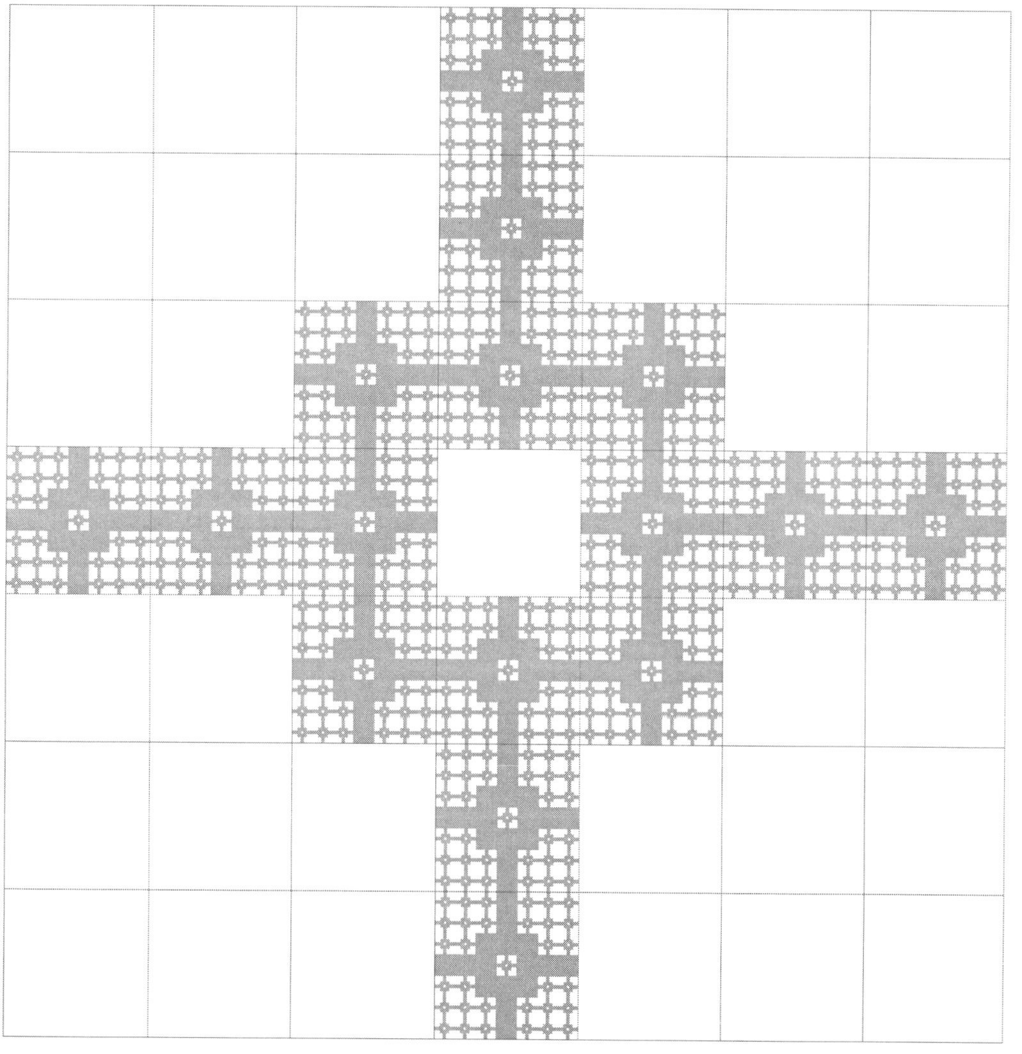

(9) 1단계 20개

① $\log_{7}20 = 1.54$

② $\log_{49}1560 = 1.889$

③ $\log_{343}31200 = 1.773$

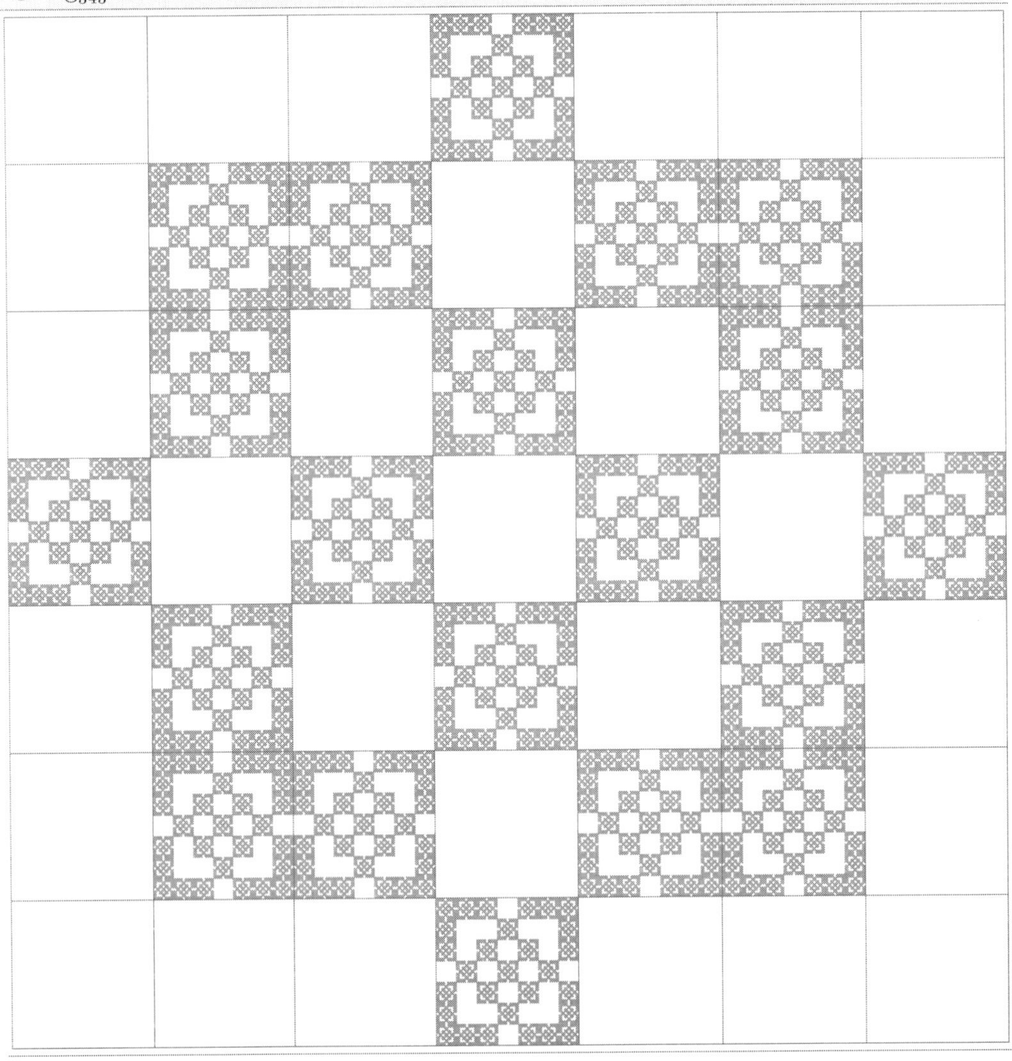

① $\log_7 20 = 1.54$	② $\log_{49} 1560 = 1.889$

③ $\log_{343} 31200 = 1.773$

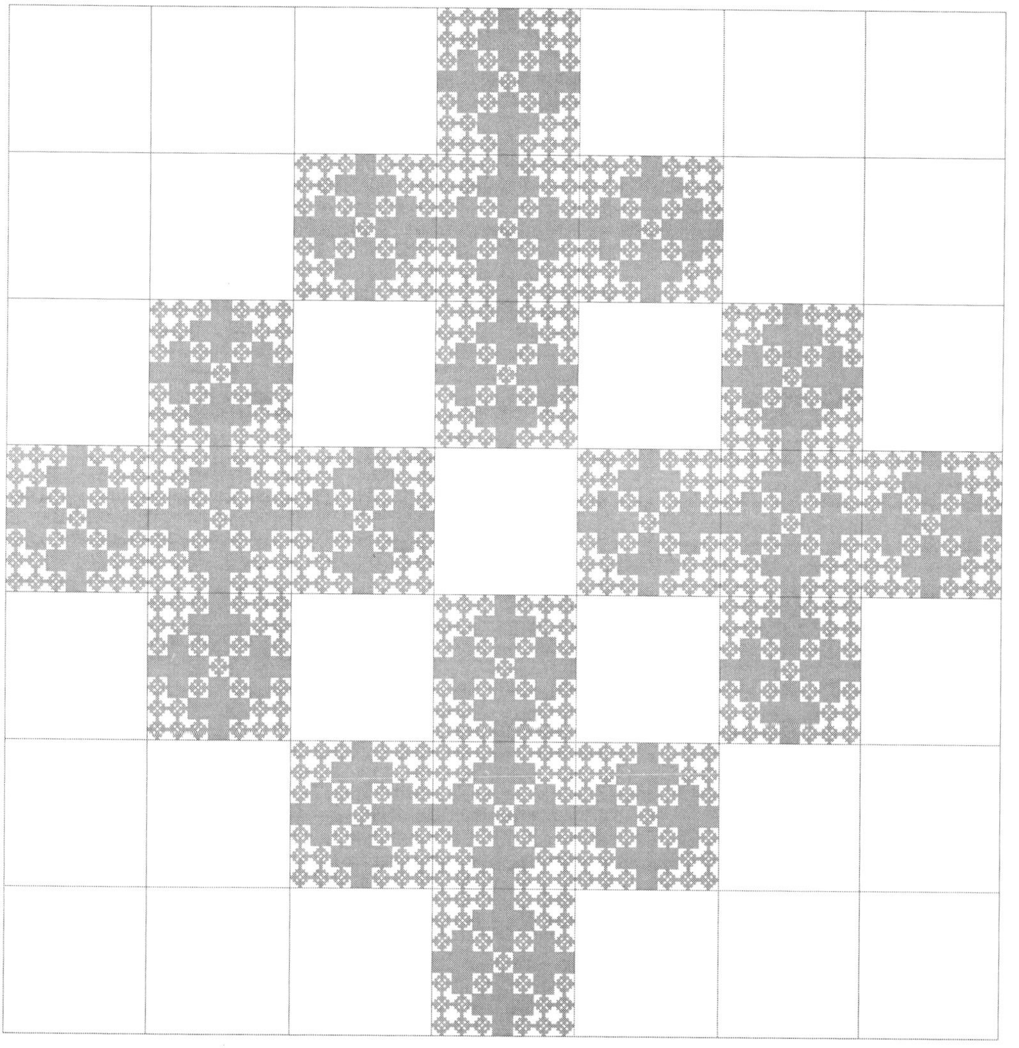

(10) 1단계 21개

① $\log_7 21 = 1.565$

② $\log_{49} 1617 = 1.898$

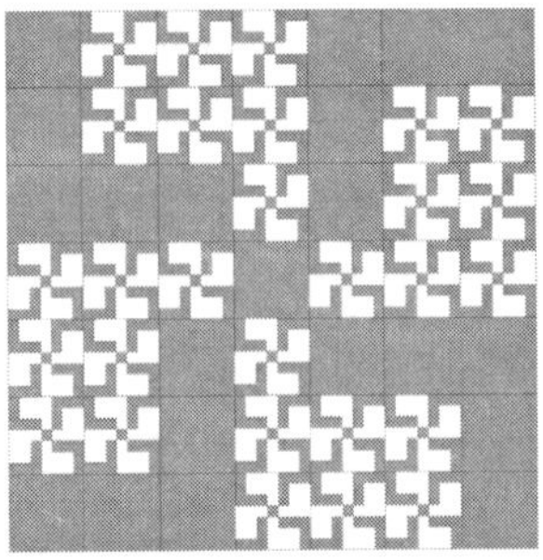

③ $\log_{343} 33957 = 1.787$

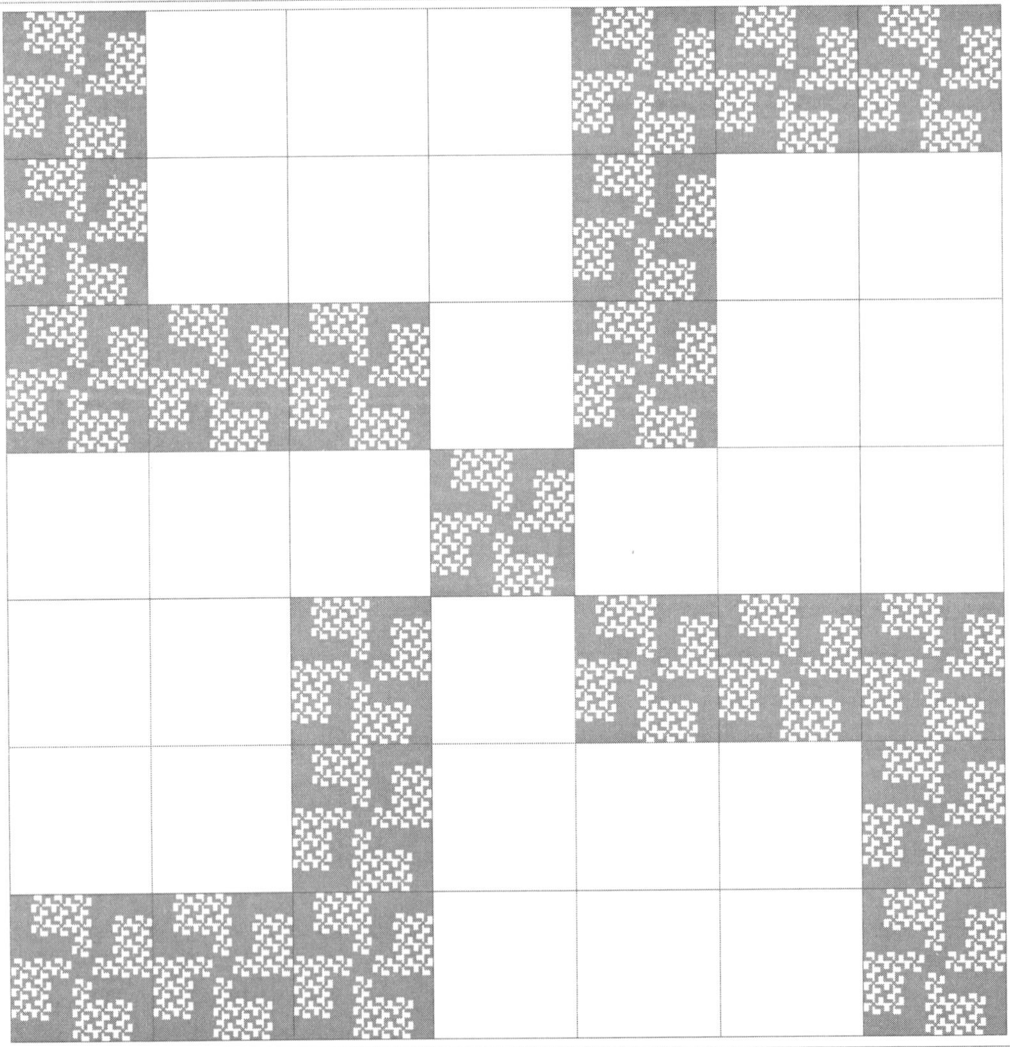

6 8×8 덧셈-곱셈 프랙탈

(1) 1단계 8개

① $\log_8 8 = 1$

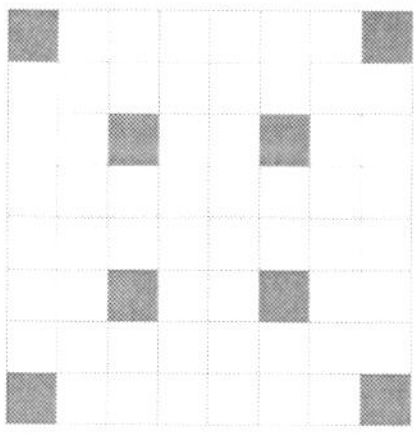

② $\log_{64} 960 = 1.651$

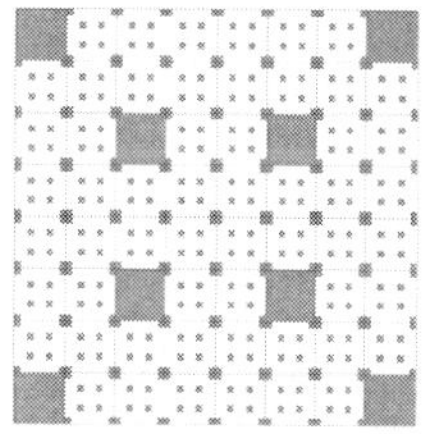

③ $\log_{512} 7680 = 1.434$

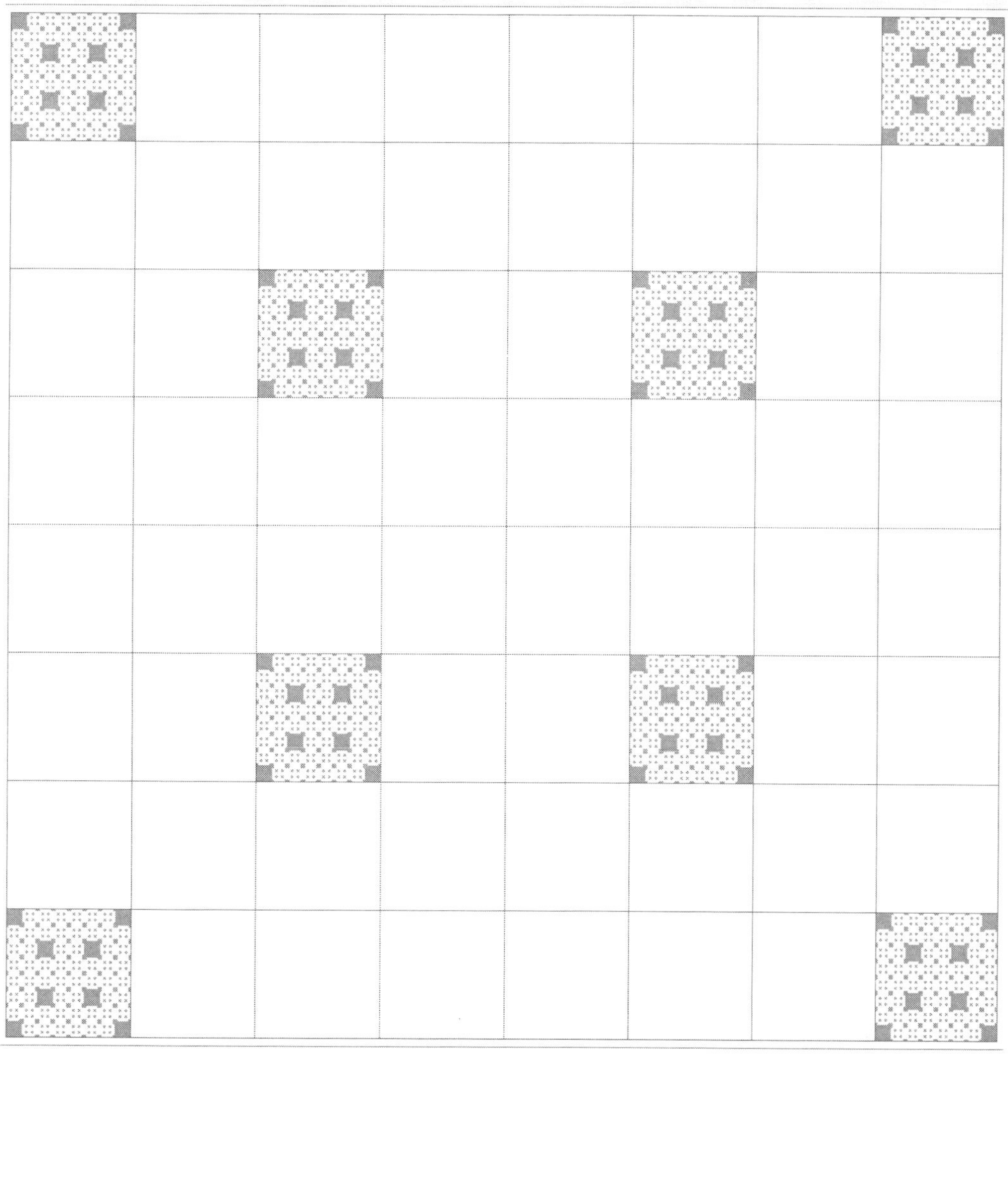

① $\log_8 12 = 1.195$

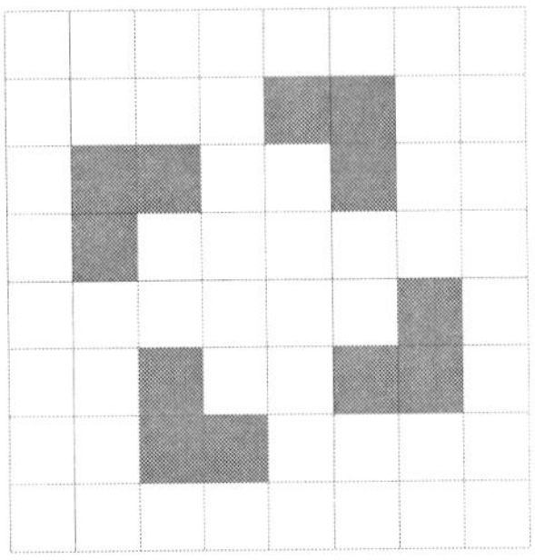

② $\log_{64} 1392 = 1.74$

③ $\log_{512} 16704 = 1.559$

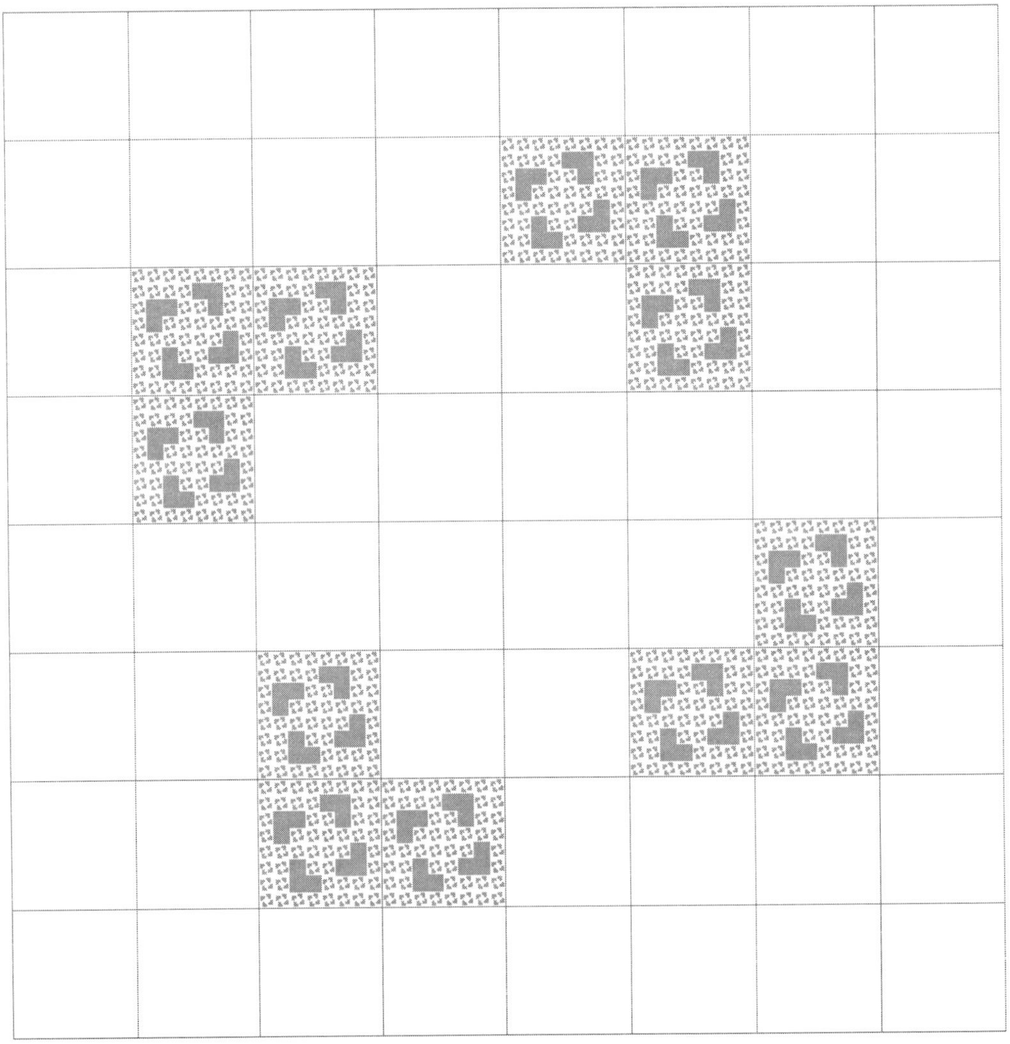

(2) 1단계 16개

① $\log_8 16 = 1.333$	② $\log_8 1792 = 1.801$
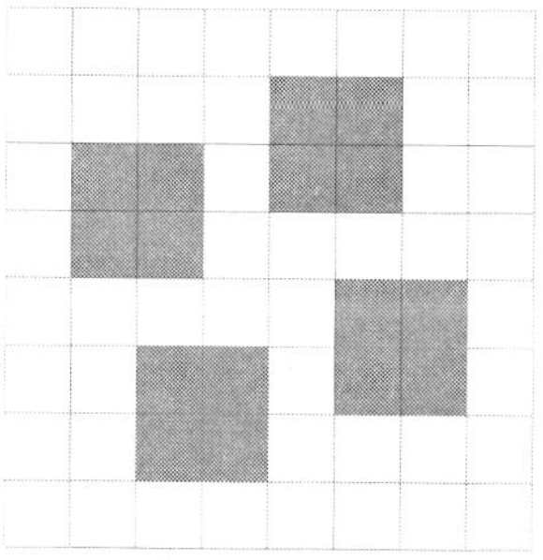	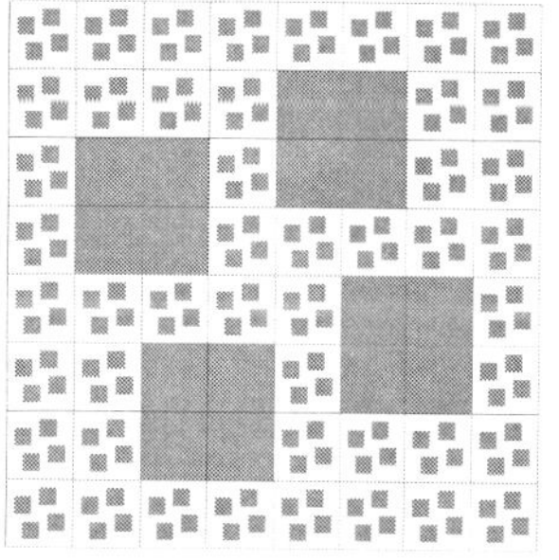

③ $\log_{512} 28672 = 1.645$

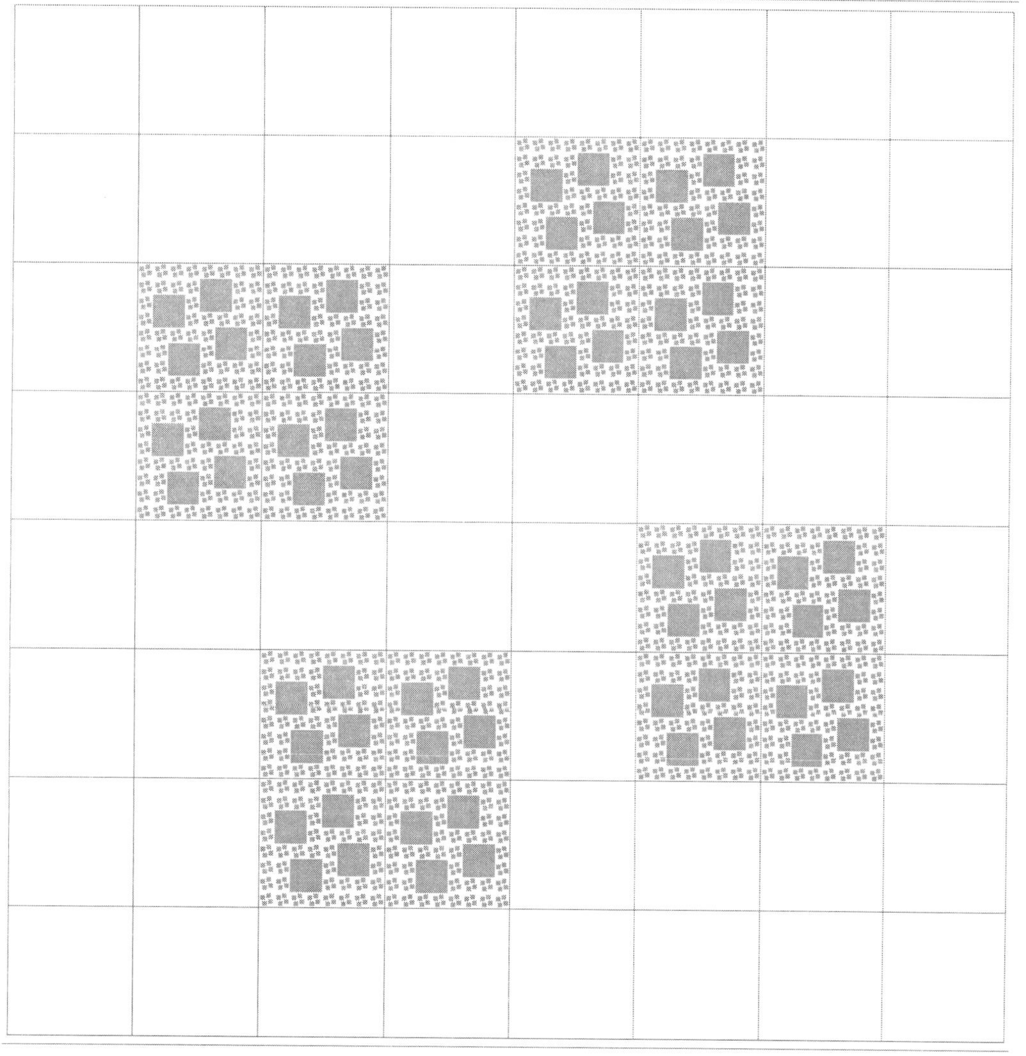

① $\log_8 16 = 1.333$

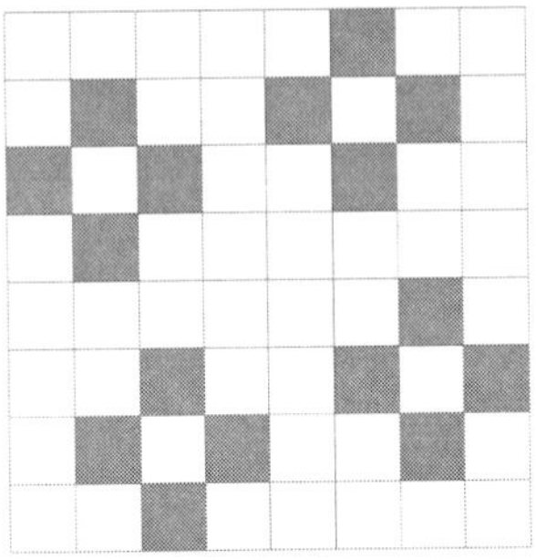

② $\log_{64} 1792 = 1.801$

③ $\log_{512} 28672 = 1.645$

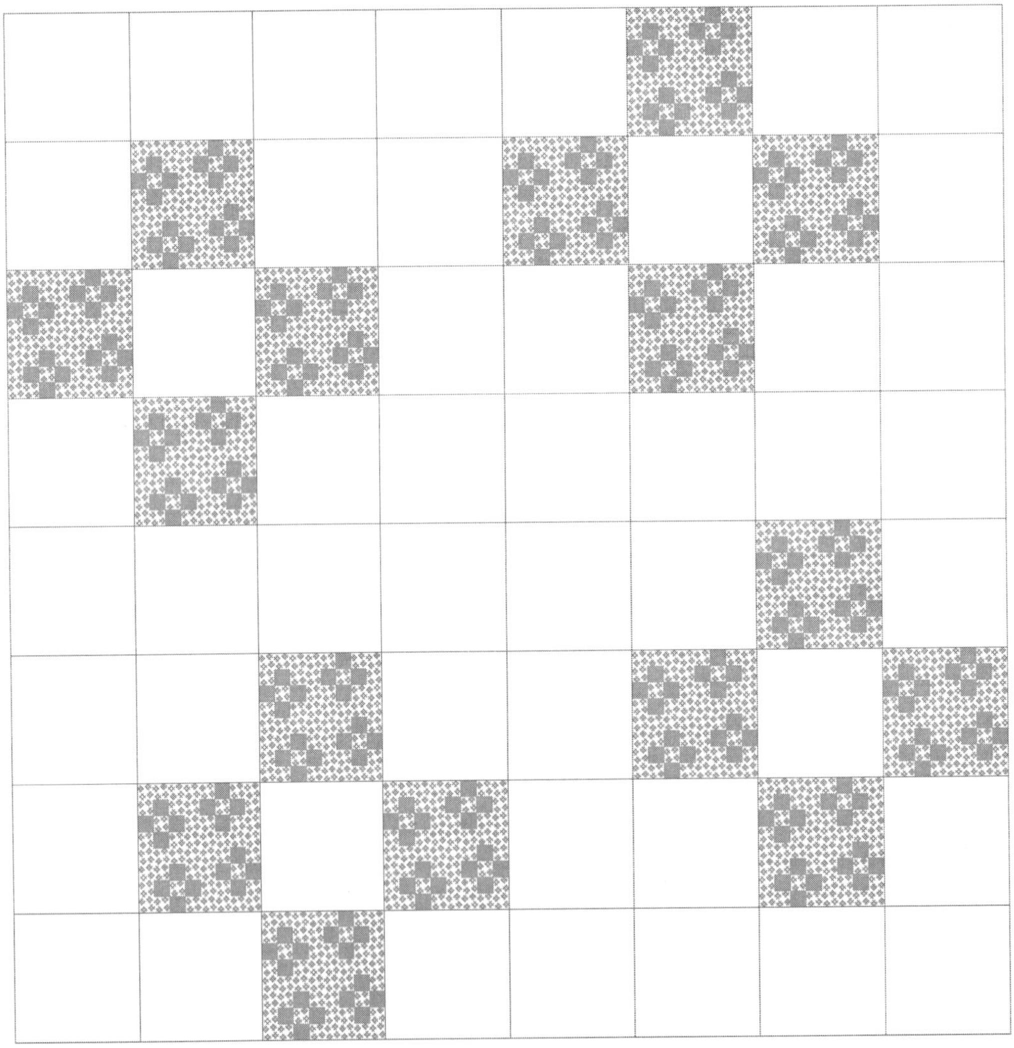

① $\log_8 16 = 1.333$

② $\log_{64} 1792 = 1.801$

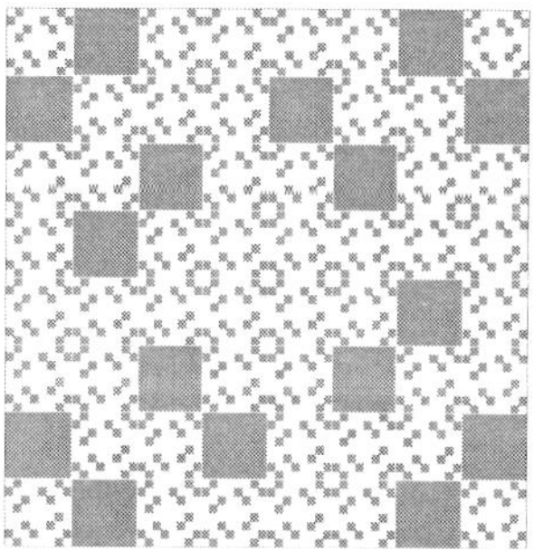

③ $\log_{512} 28672 = 1.645$

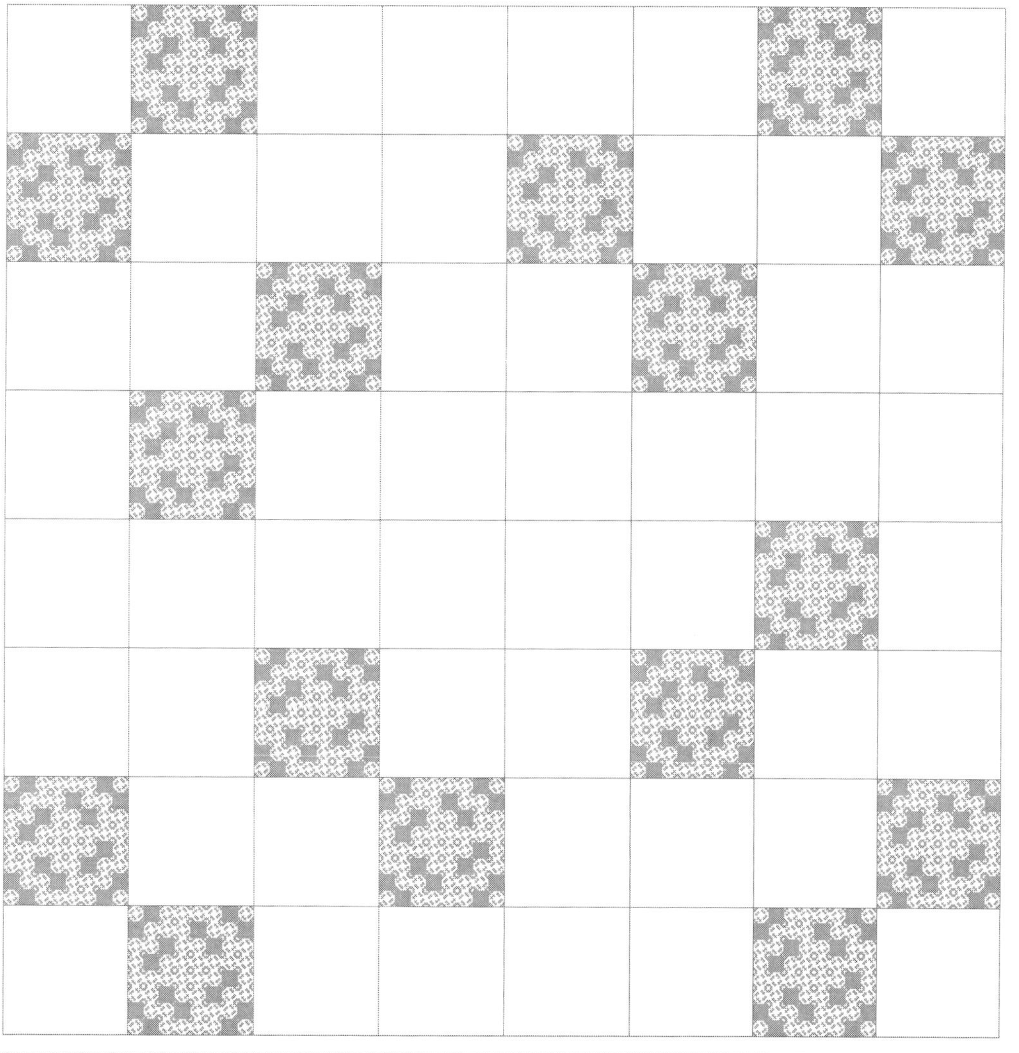

(3) 1단계 20개

① $\log_8 20 = 1.441$

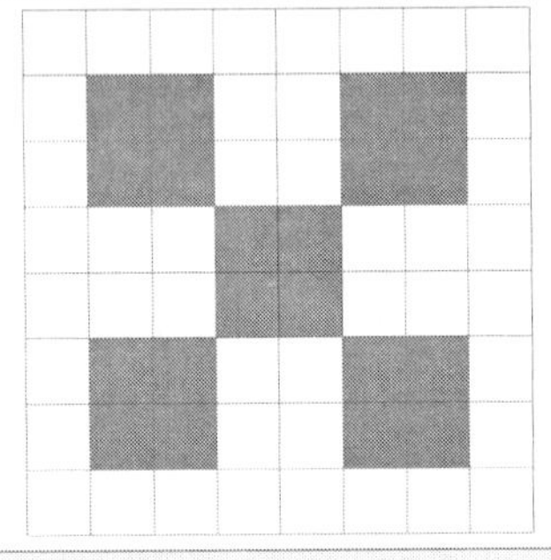

② $\log_{64} 2160 = 1.846$

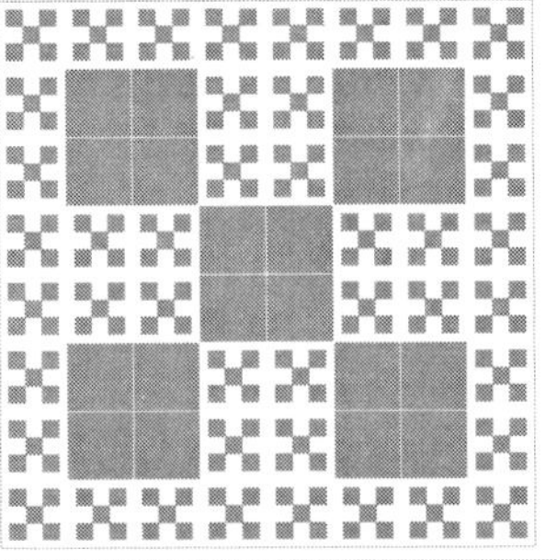

③ $\log_{512} 43200 = 1.711$

(4) 1단계 24개

① $\log_8 24 = 1.528$

② $\log_{64} 2496 = 1.881$

③ $\log_{512} 59904 = 1.763$

① $\log_8 24 = 1.528$

② $\log_{64} 2496 = 1.881$

③ $\log_{512} 59904 = 1.763$

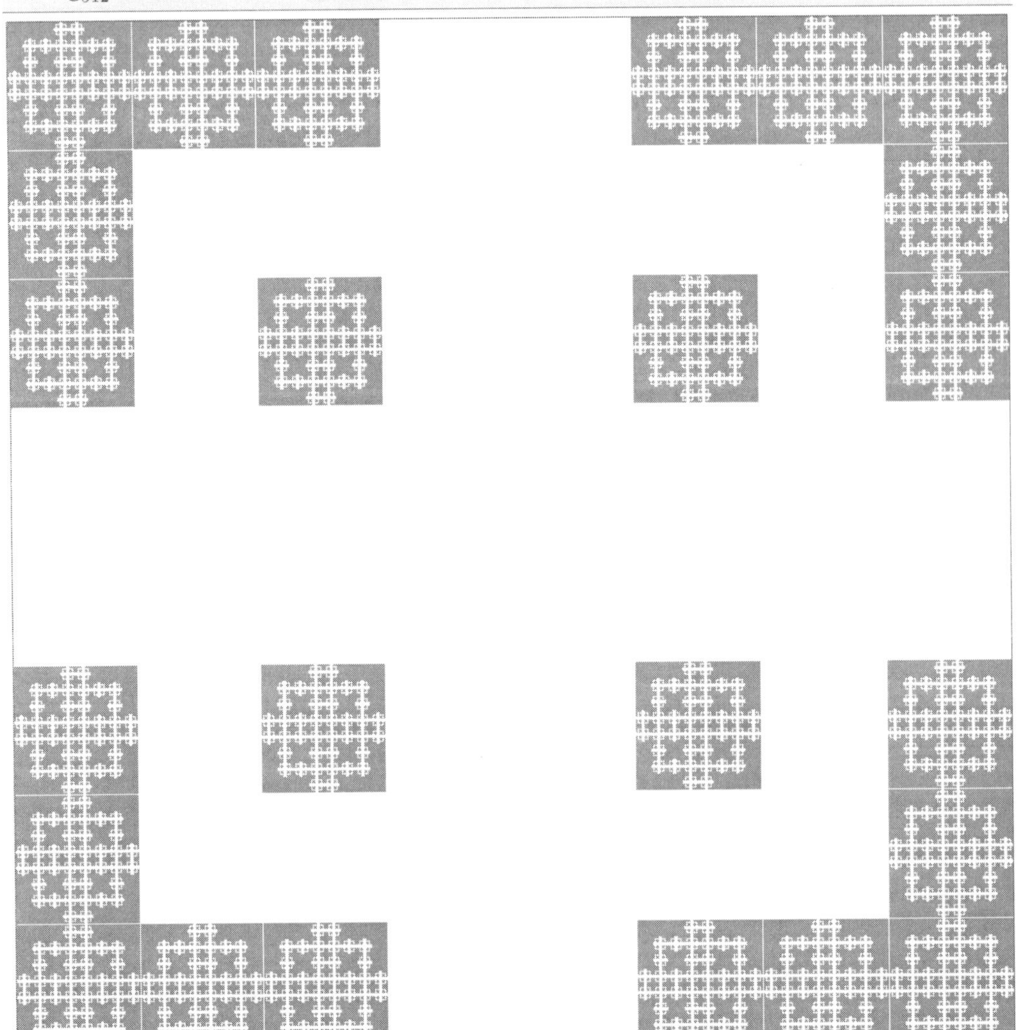

(5) 1단계 28개

① $\log_8 84 = 1.602$	② $\log_{64} 2800 = 1.909$
	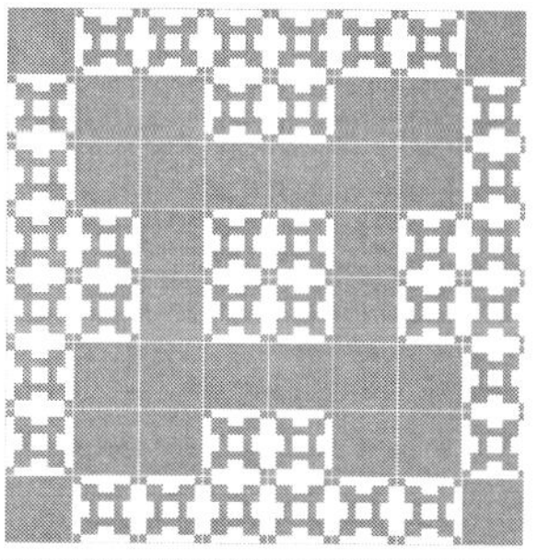

③ $\log_{512} 78400 = 1.807$

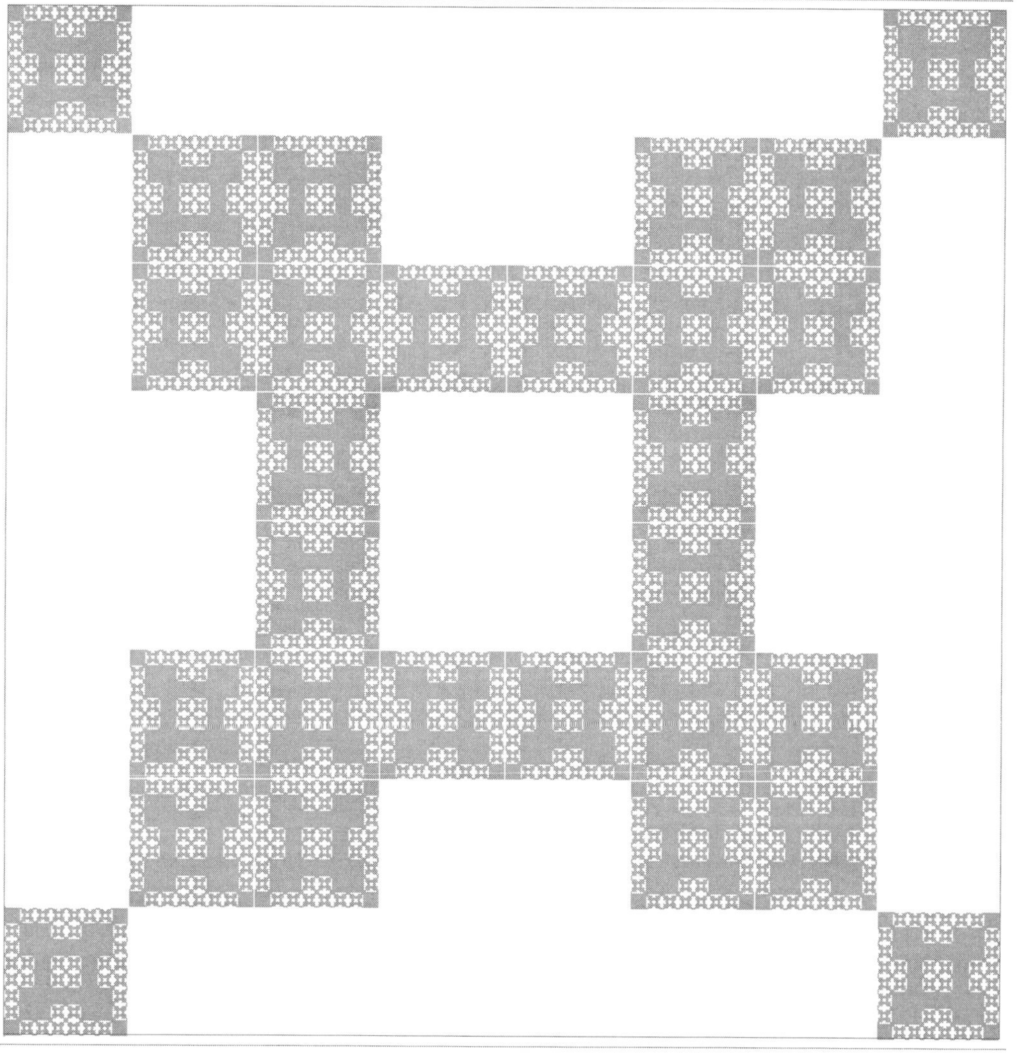

(6) 1단계 32개

① $\log_8 32 = 1.667$

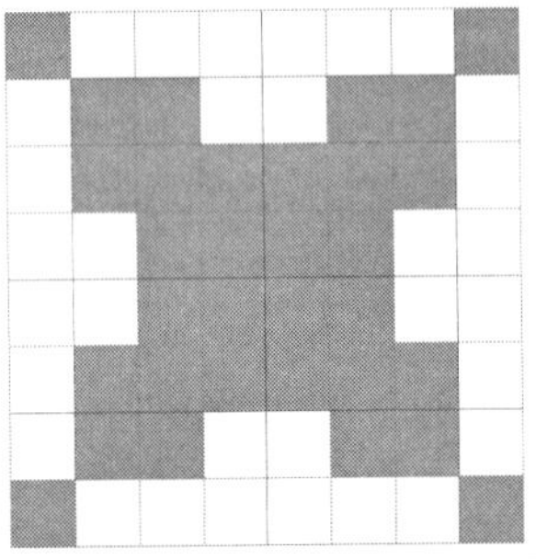

② $\log_{64} 3072 = 1.931$

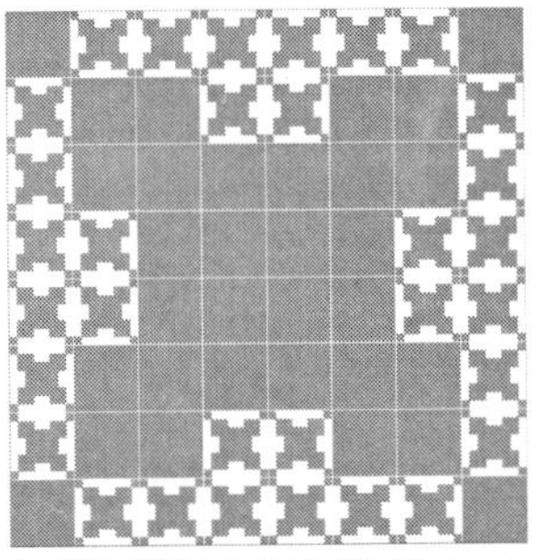

③ $\log_{512} 98304 = 1.843$

① $\log_8 32 = 1.667$

② $\log_{64} 3072 = 1.931$

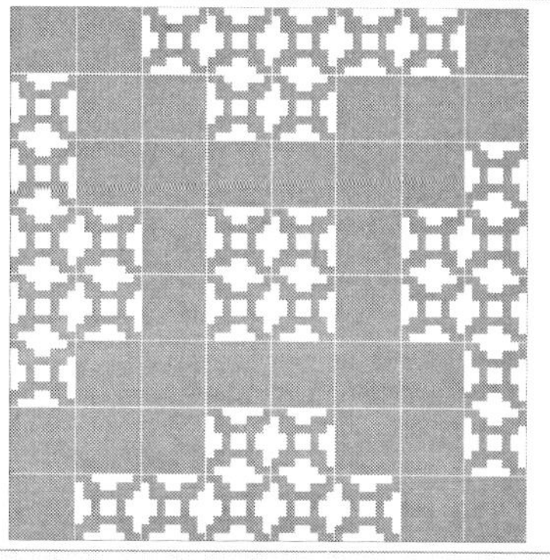

③ $\log_{512} 98304 = 1.843$

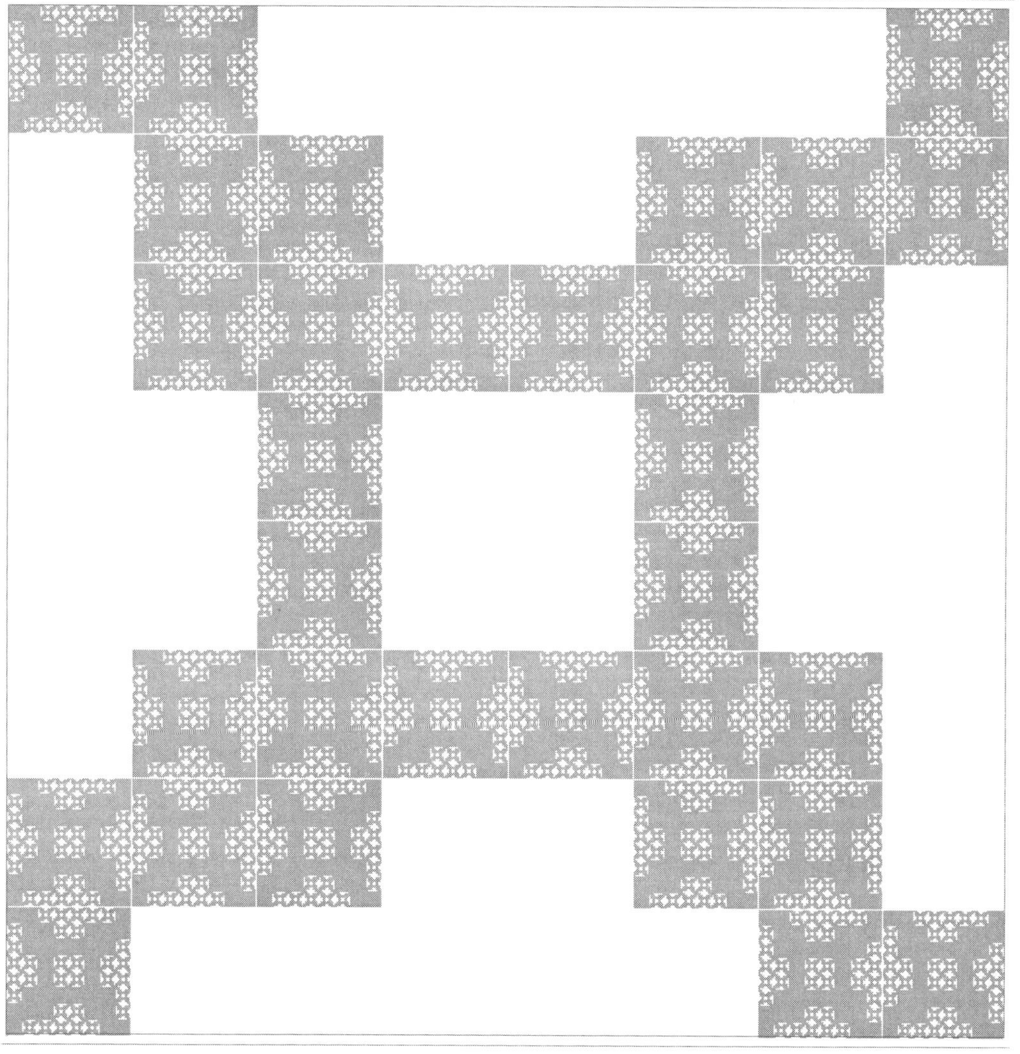

① $\log_8 32 = 1.667$

② $\log_{64} 3072 = 1.931$

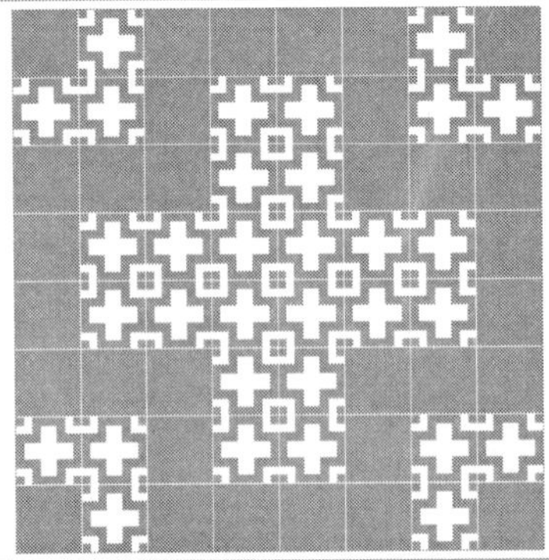

③ $\log_{512} 98304 = 1.843$

① $\log_8 32 = 1.667$

② $\log_{64} 3072 = 1.931$

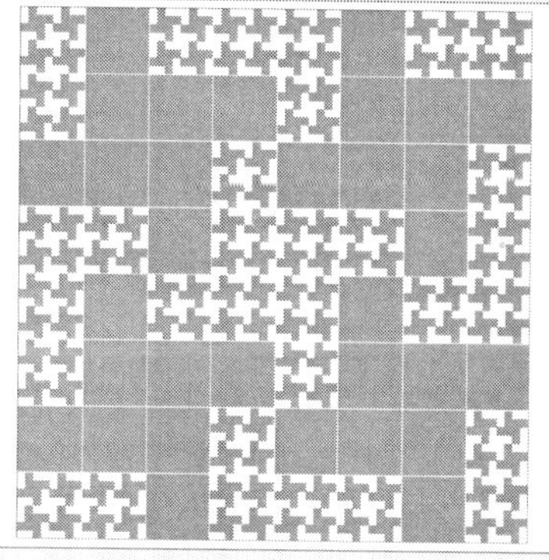

③ $\log_{512} 98304 = 1.843$

① $\log_8 32 = 1.667$

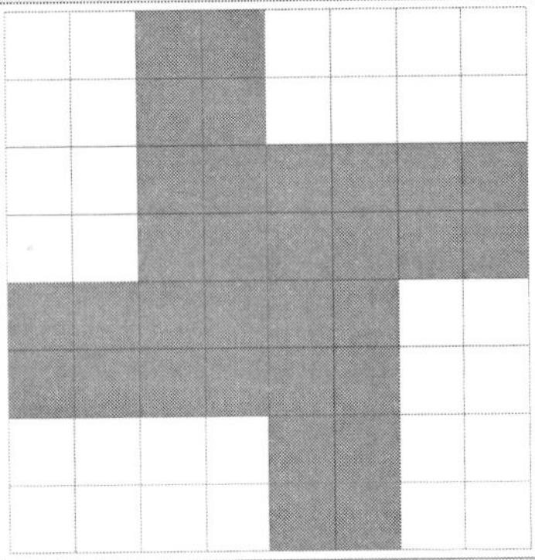

② $\log_{64} 3072 = 1.931$

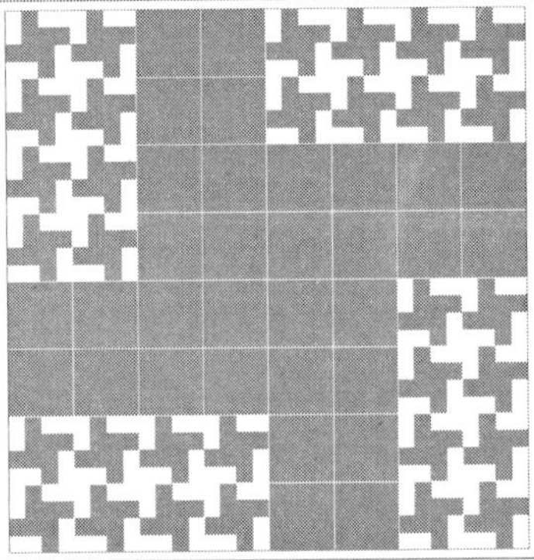

③ $\log_{512} 98304 = 1.843$

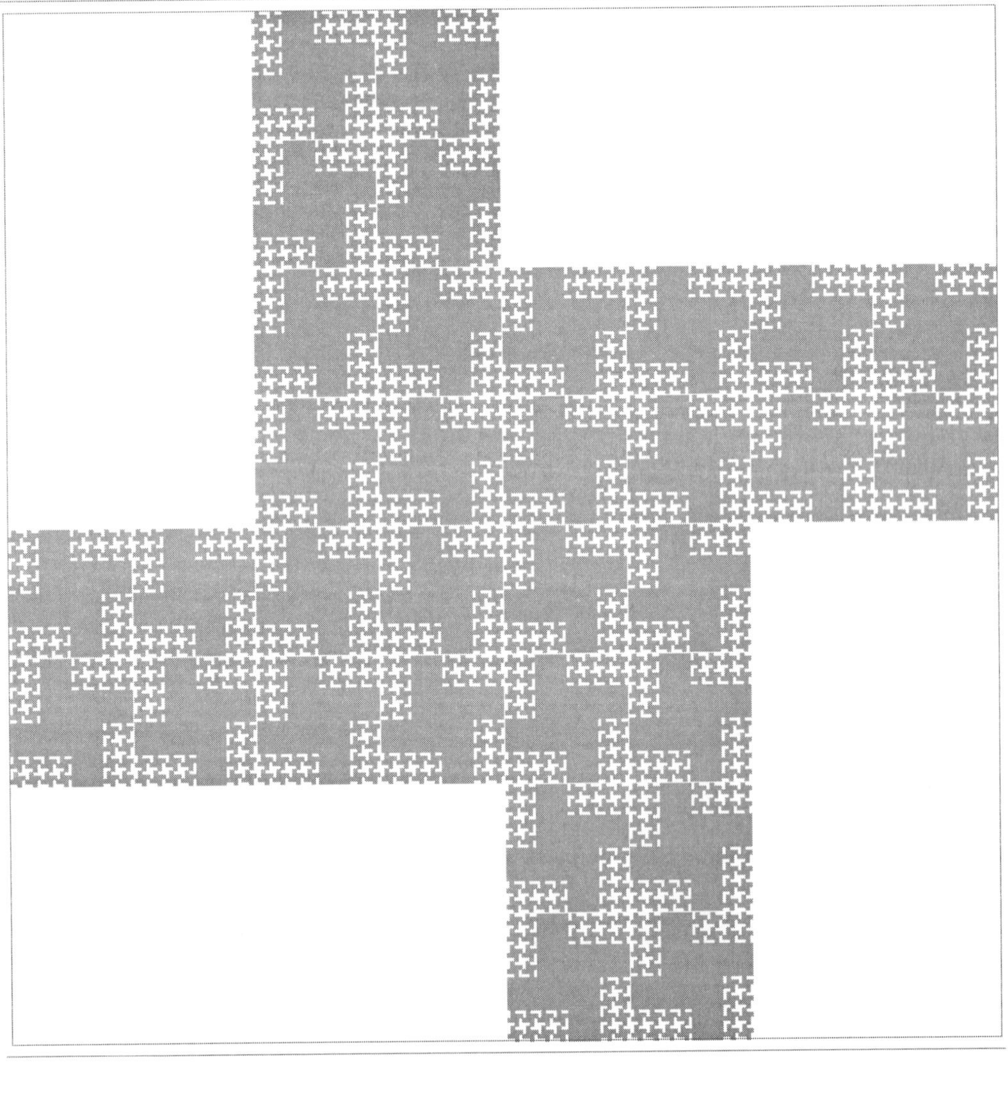

① $\log_8 32 = 1.667$

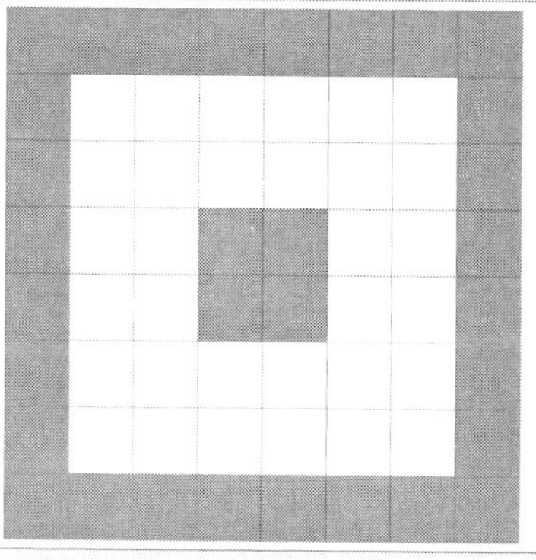

② $\log_{64} 3072 = 1.931$

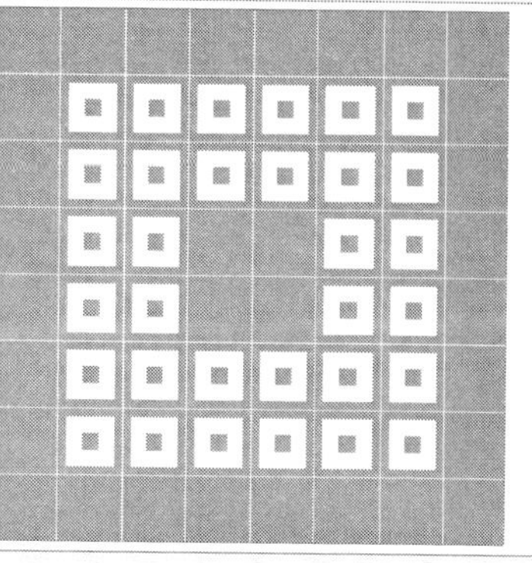

③ $\log_{512} 98304 = 1.843$

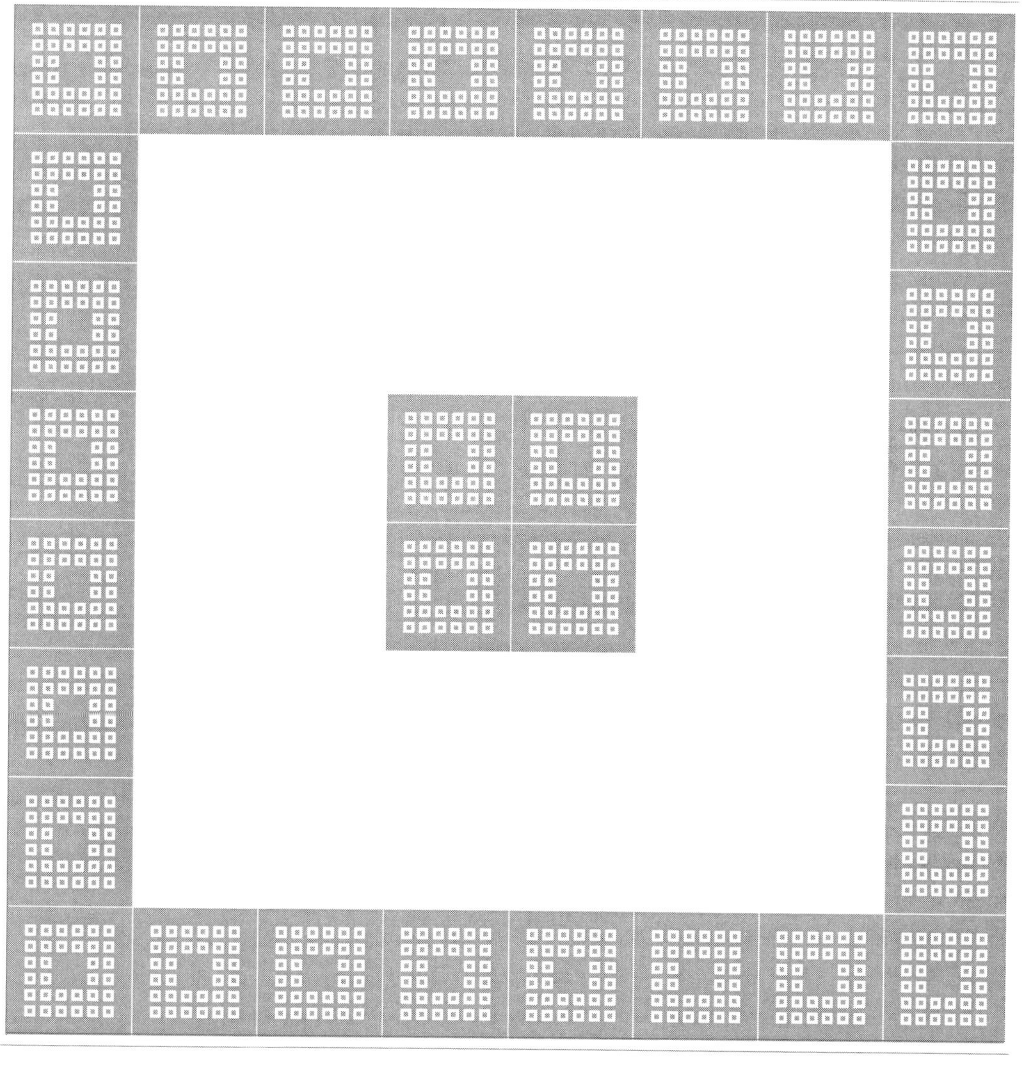

제 3 장

덧셈-뺄셈 프랙탈 디자인

1 3×3 덧셈-뺄셈 프랙탈

덧셈-곱셈 프랙탈은 1단계 프랙탈을 이용하여 2단계 프랙탈을 만들때, 덧셈 프랙탈을 이용한다. 1단계와 2단계를 이용하여 3단계 프랙탈을 만들때 뺄셈 프랙탈을 이용한다. 덧셈-덧셈 프랙탈을 만드는 방법을 살펴보기 바란다.

(1) 1단계 1개

① $\log_3 1 = 0$	② $\log_9 17 = 1.289$	③ $\log_{27} 64 = 1.262$
	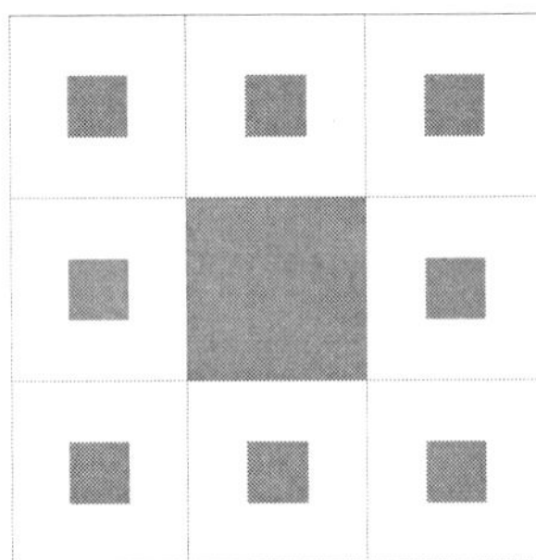	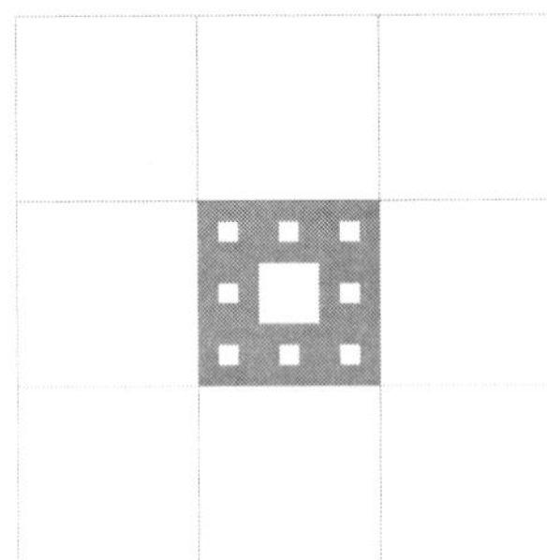
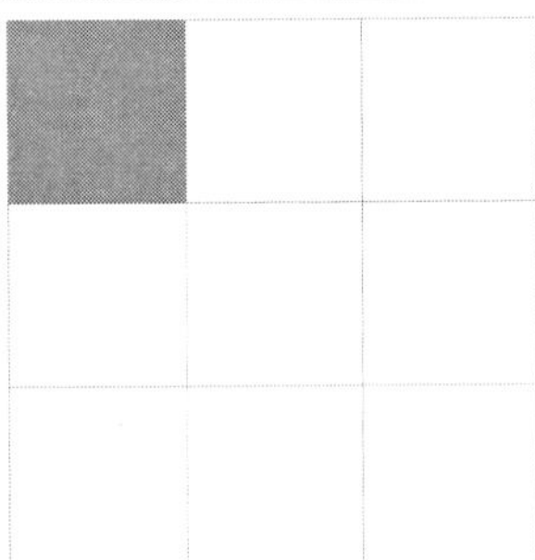	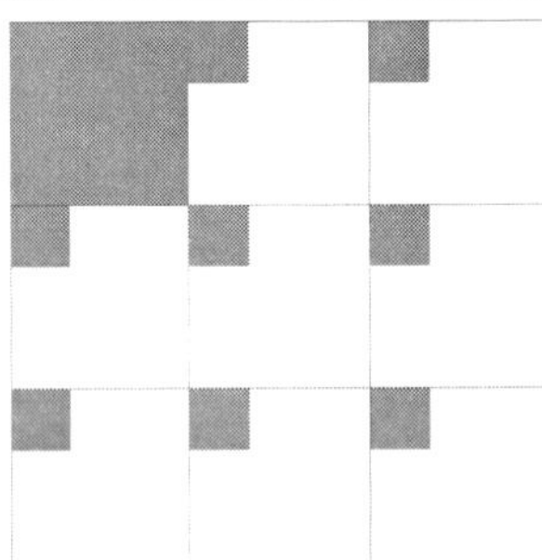	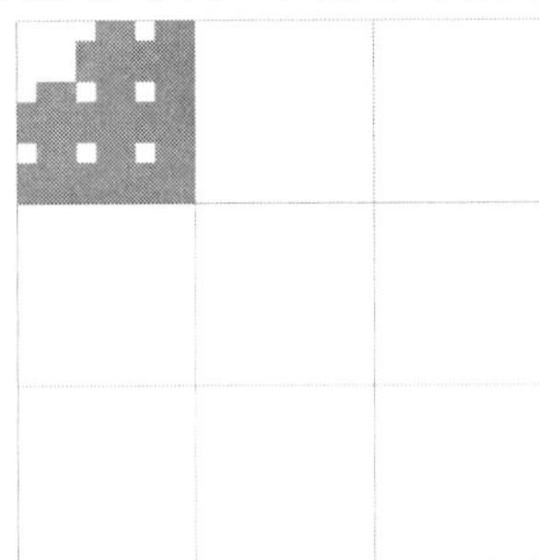

(2) 1단계 2개

① $\log_3 2 = 0.631$	② $\log_9 32 = 1.577$	③ $\log_{27} 98 = 1.391$
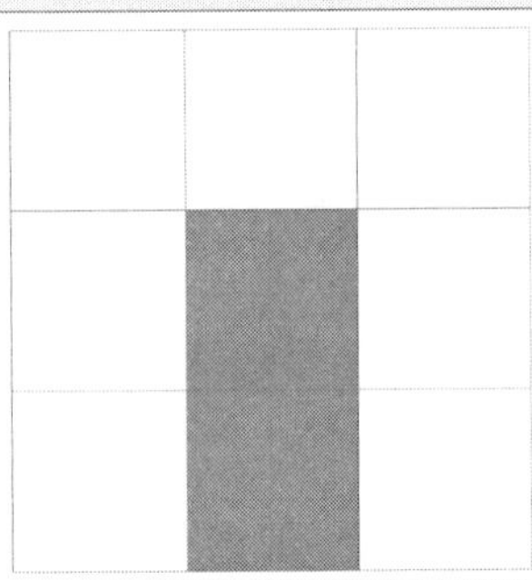	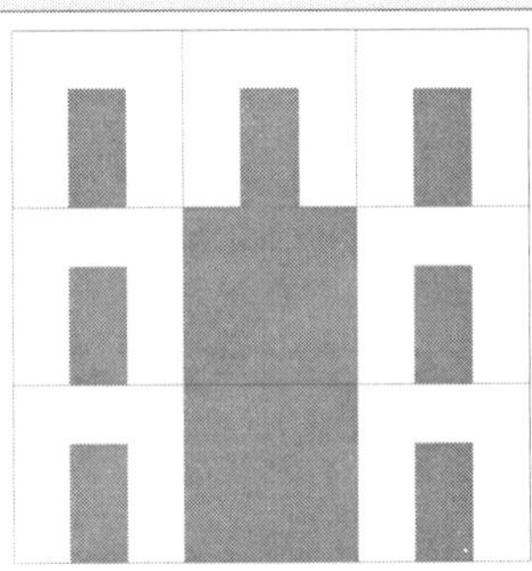	

(3) 1단계 3개

① $\log_3 3 = 1$	② $\log_9 45 = 1.732$	③ $\log_{27} 108 = 1.421$

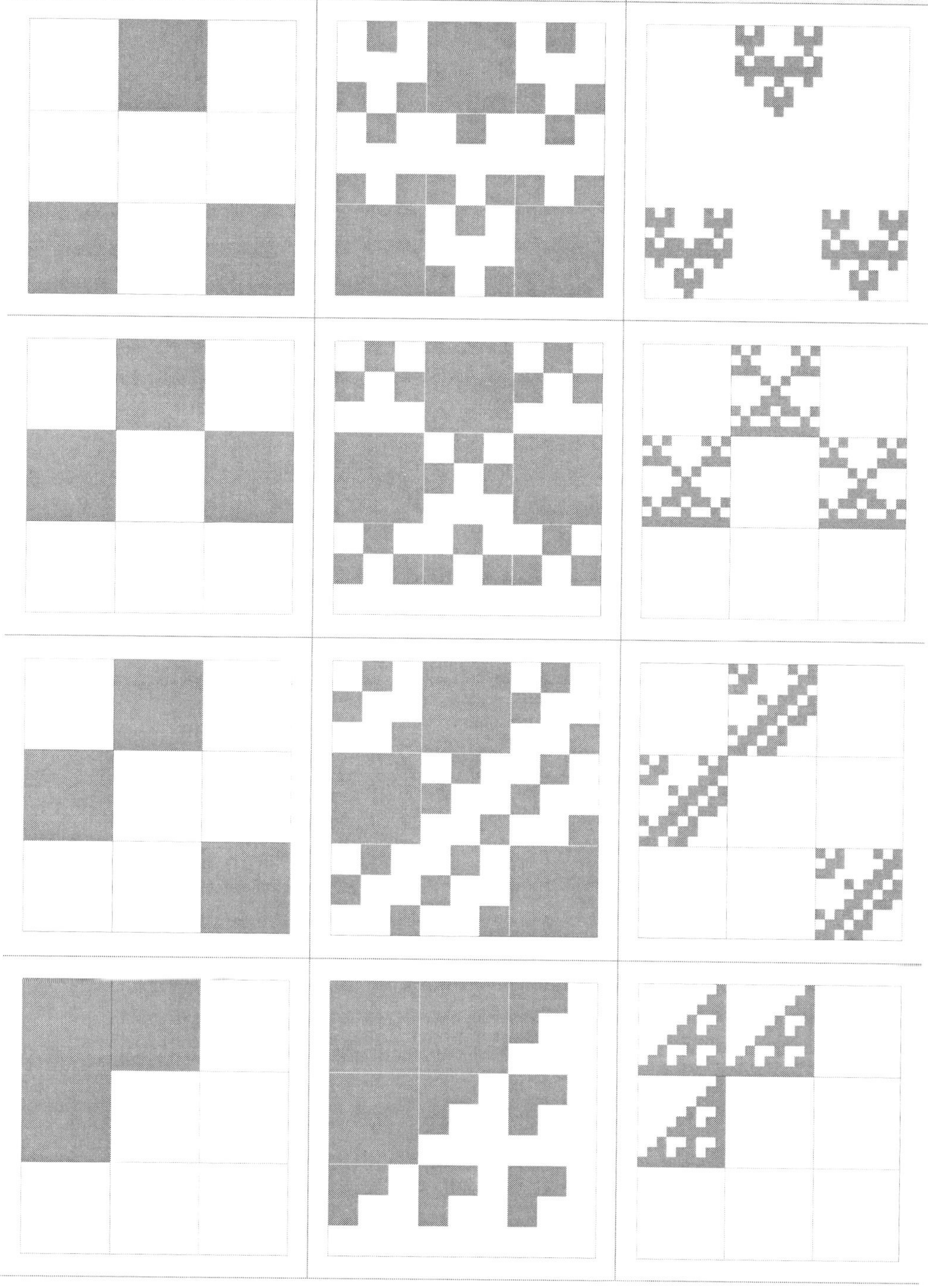

(4) 1단계 4개

① $\log_3 4 = 1.262$	② $\log_9 56 = 1.832$	③ $\log_{27} 100 = 1.397$
		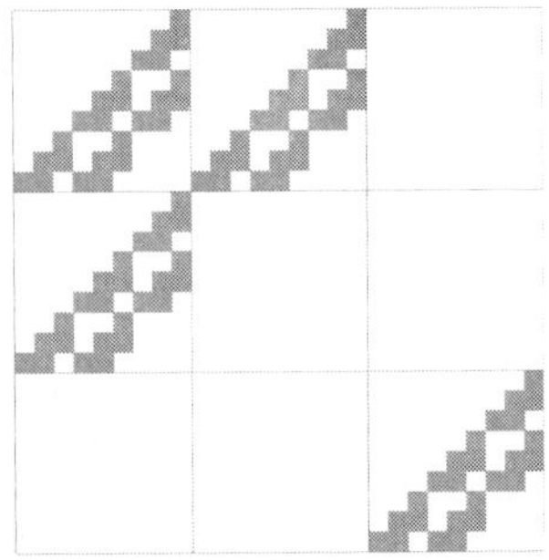
		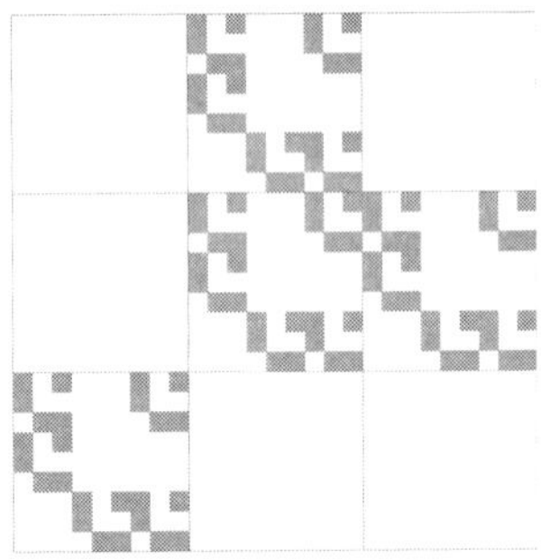
		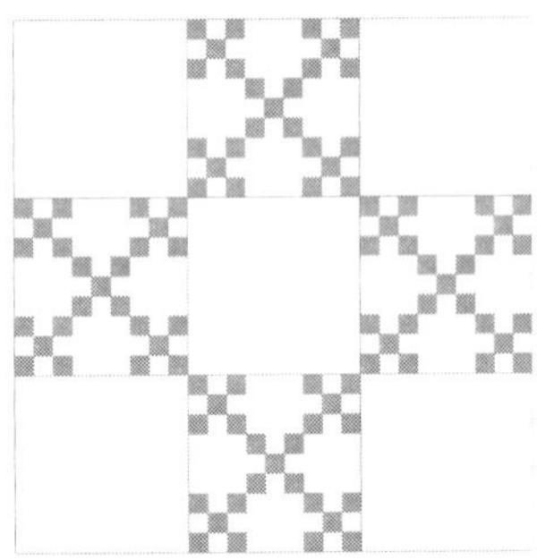
	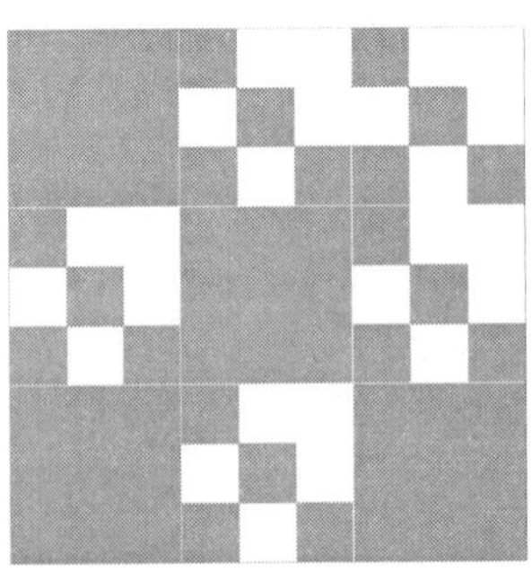	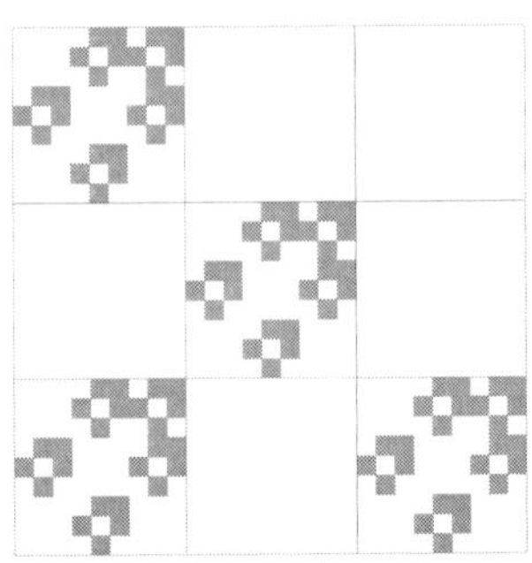

(5) 1단계 5개

① $\log_3 5 = 1.465$	② $\log_9 65 = 1.9$	③ $\log_{27} 80 = 1.33$
		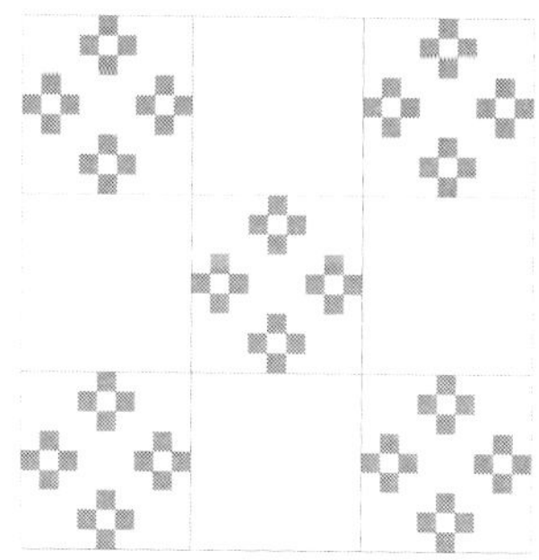
	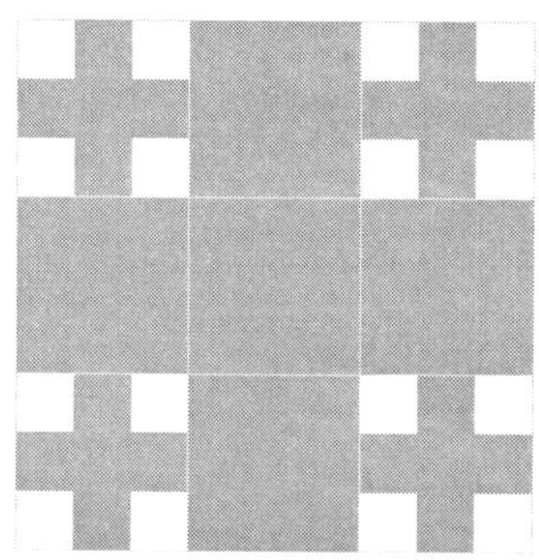	
		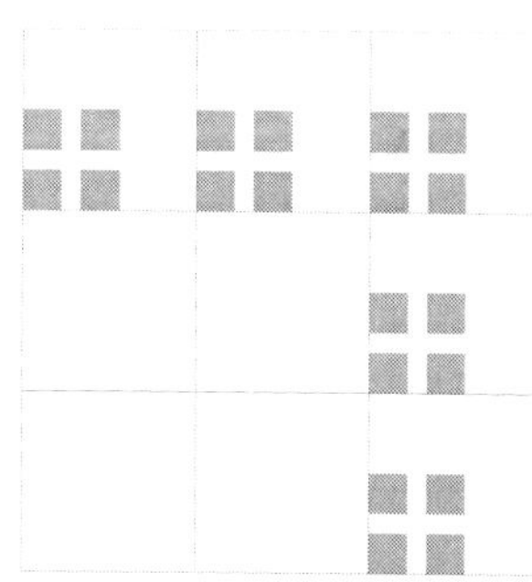
		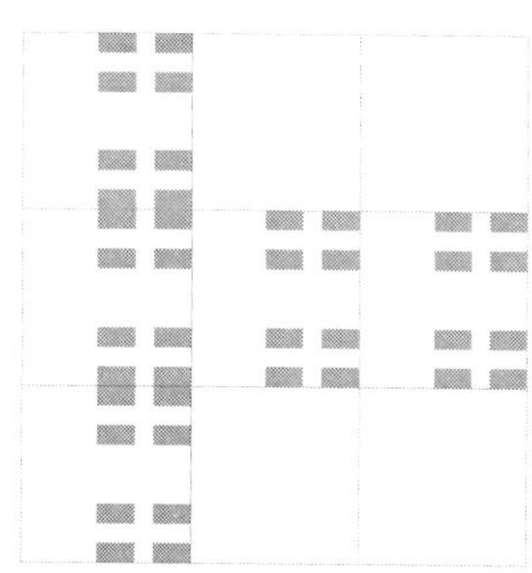

(6) 1단계 6개

① $\log_3 6 = 1.631$	② $\log_9 72 = 1.946$	③ $\log_{27} 54 = 1.21$
	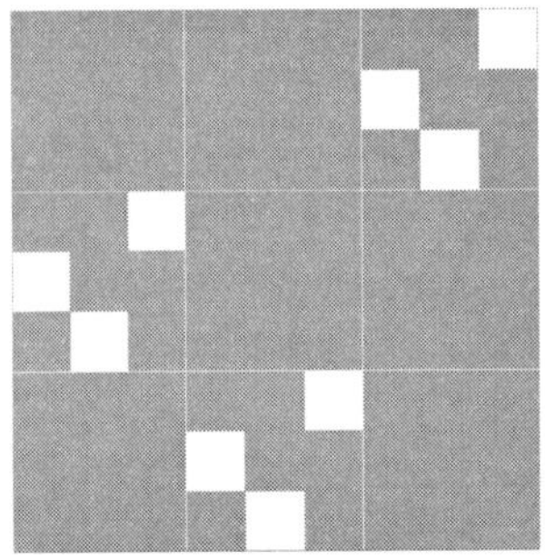	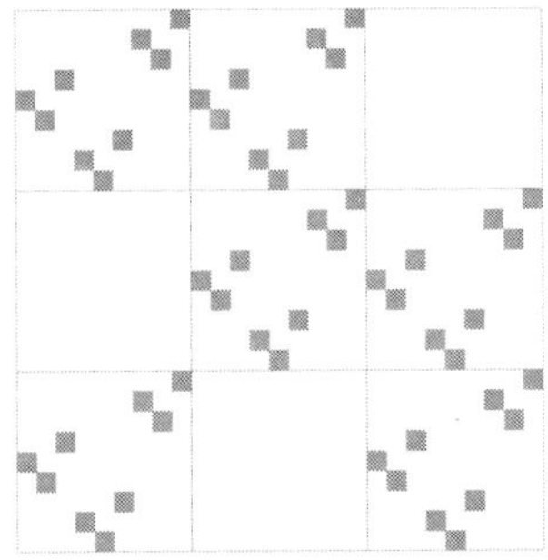
	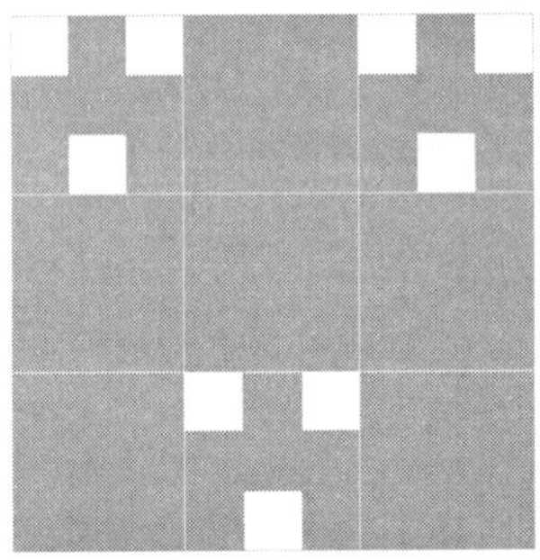	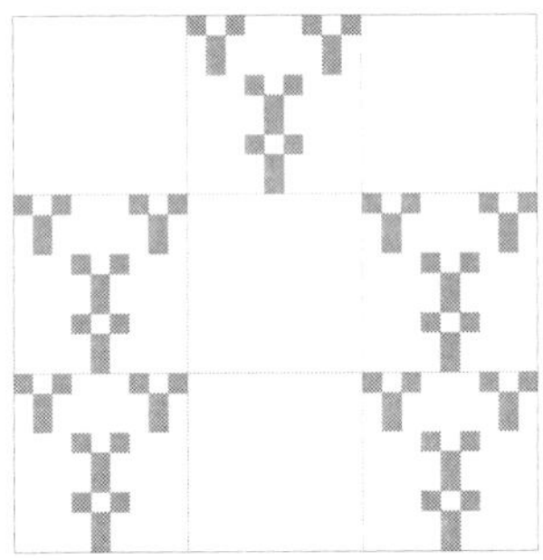
	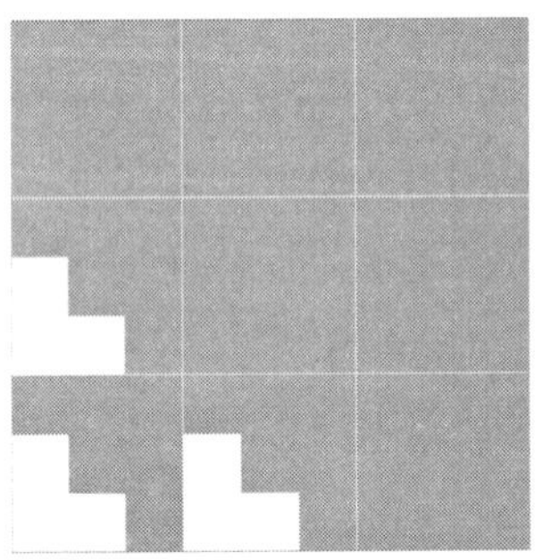	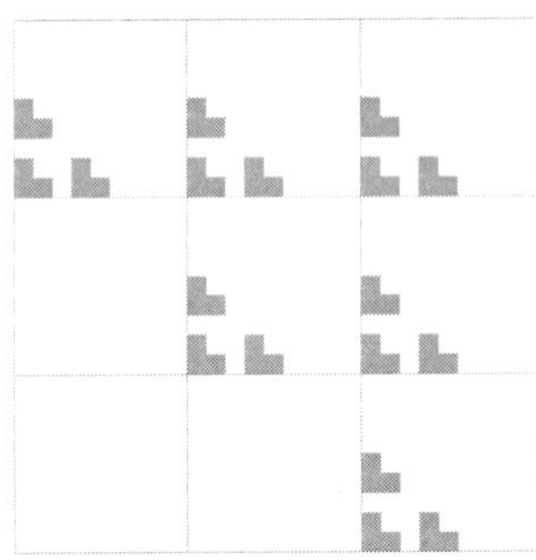
		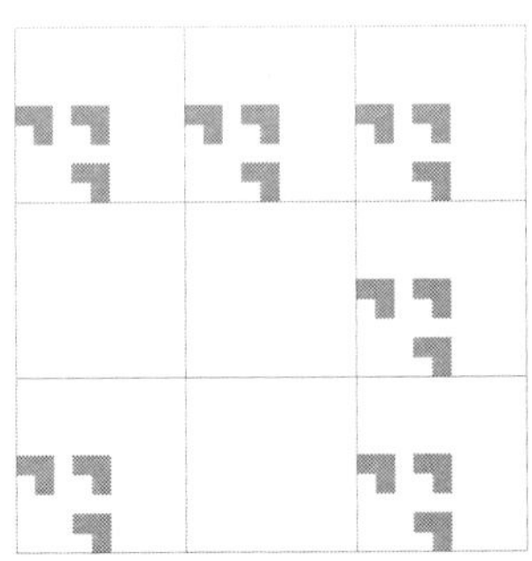

(7) 1단계 7개

① $\log_3 7 = 1.771$	② $\log_9 77 = 1.977$	③ $\log_{27} 28 = 1.101$
	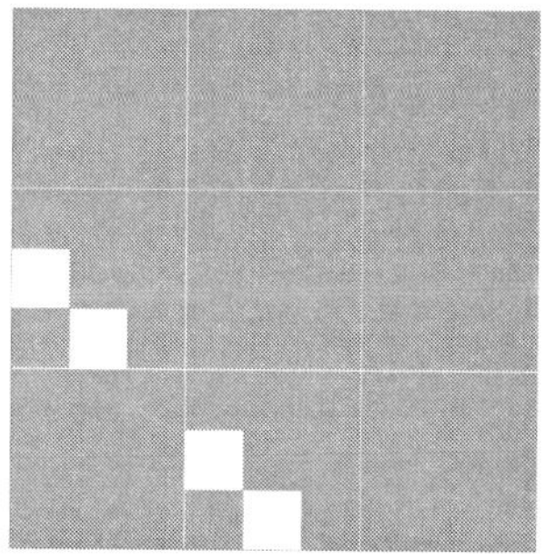	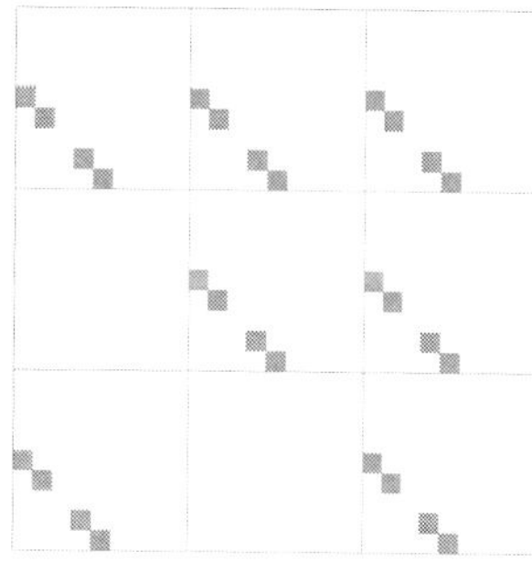

① $\log_3 7 = 1.771$	② $\log_9 77 = 1.977$	③ $\log_{27} 28 = 1.101$
	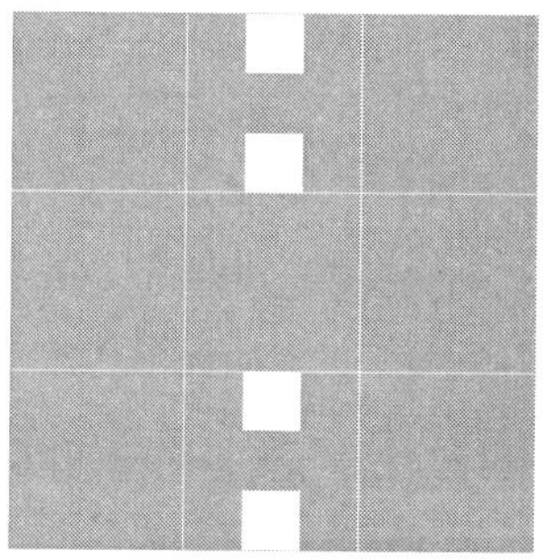	

(8) 1단계 8개

① $\log_3 7 = 1.771$	② $\log_9 77 = 1.977$	③ $\log_{27} 8 = 0.631$

2 4×4 덧셈-뺄셈 프랙탈

(1) 1단계 1개

① $\log_4 1 = 0$	② $\log_{16} 31 = 1.239$	③ $\log_{64} 225 = 1.302$
	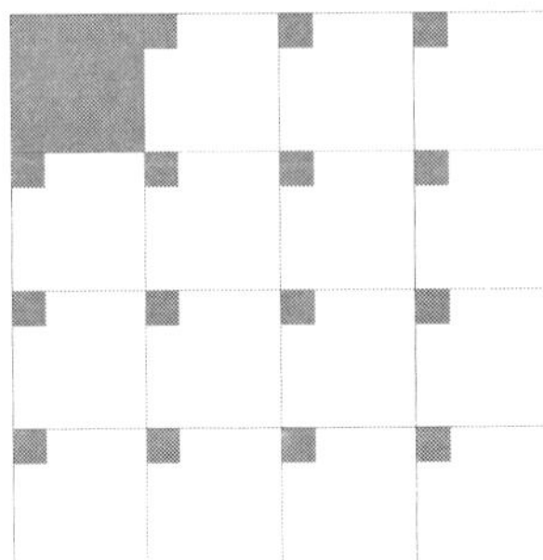	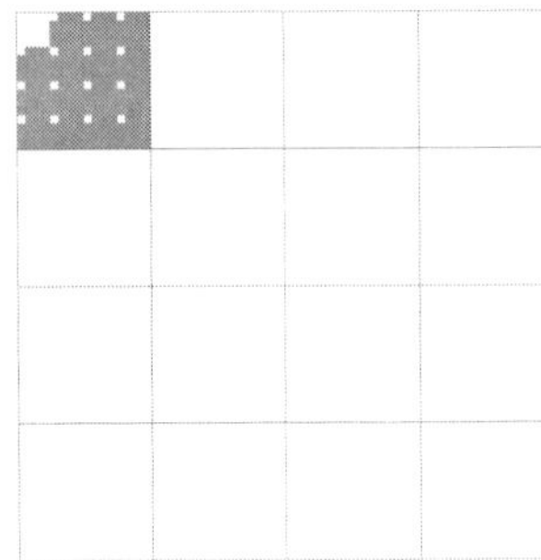

(2) 1단계 2개

① $\log_4 2 = 0.5$	② $\log_{16} 60 = 1.477$	③ $\log_{64} 392 = 1.436$
	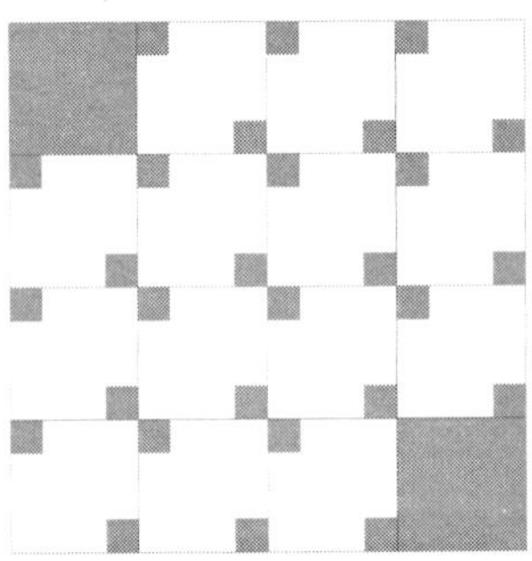	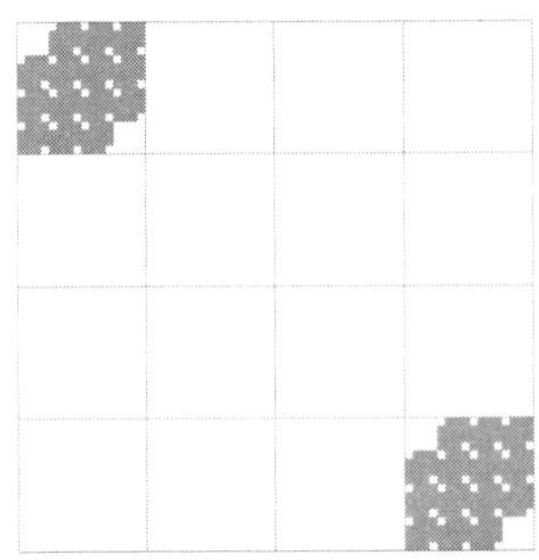
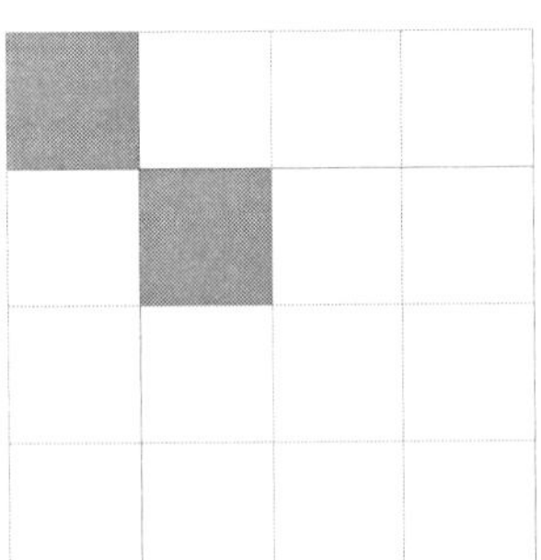	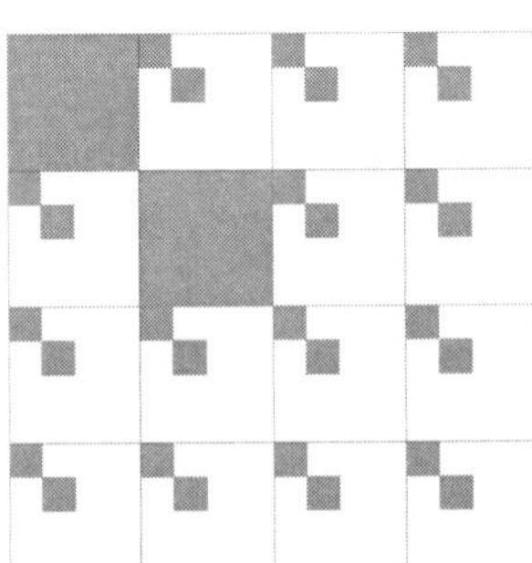	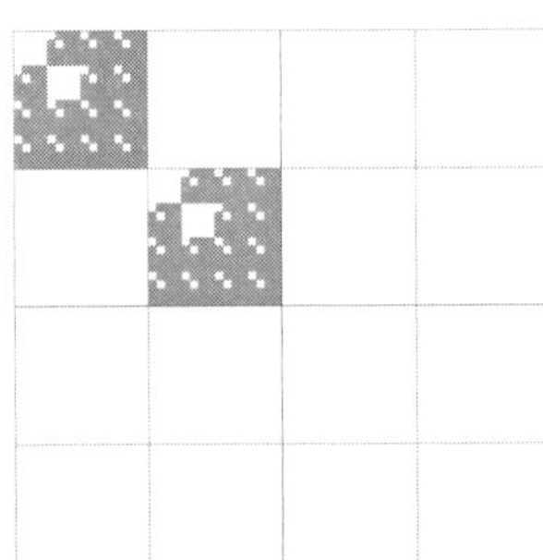

(3) 1단계 3개

① $\log_4 3 = 0.792$	② $\log_{16} 87 = 1.611$	③ $\log_{64} 507 = 1.498$

(4) 1단계 4개

① $\log_4 4 = 1$	② $\log_{16} 112 = 1.702$	③ $\log_{64} 576 = 1.528$

		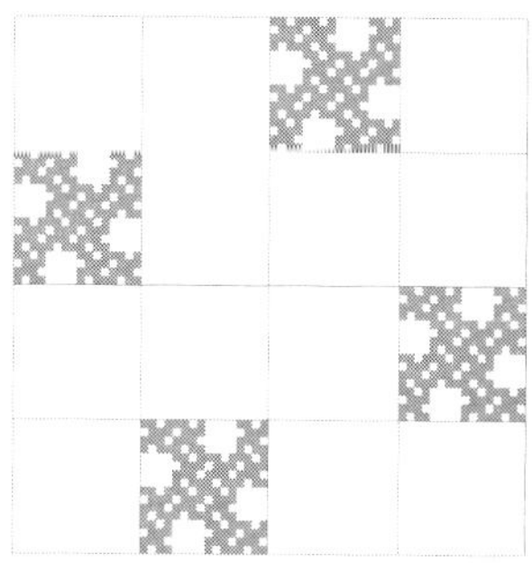

(5) 1단계 5개

① $\log_4 5 = 1.161$	② $\log_{16} 135 = 1.769$	③ $\log_{64} 605 = 1.538$
	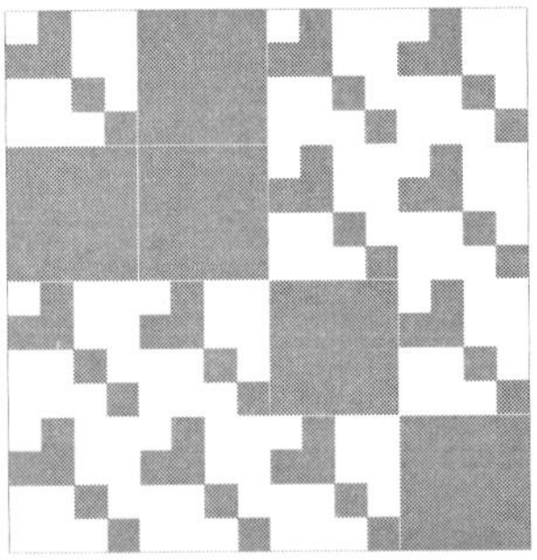	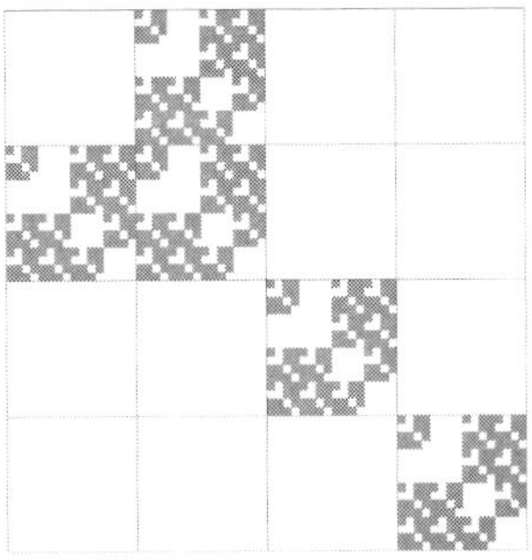
		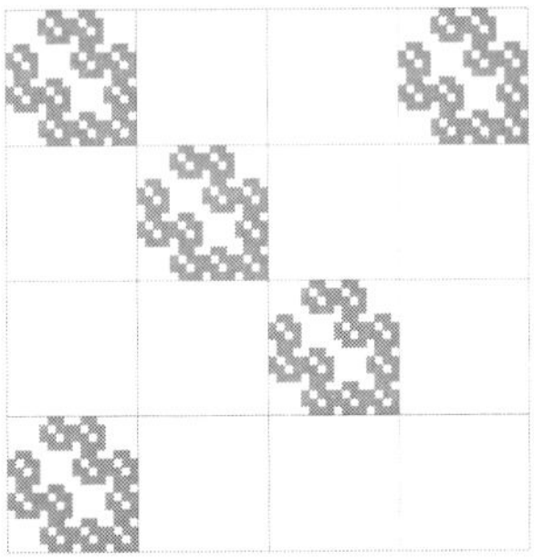
	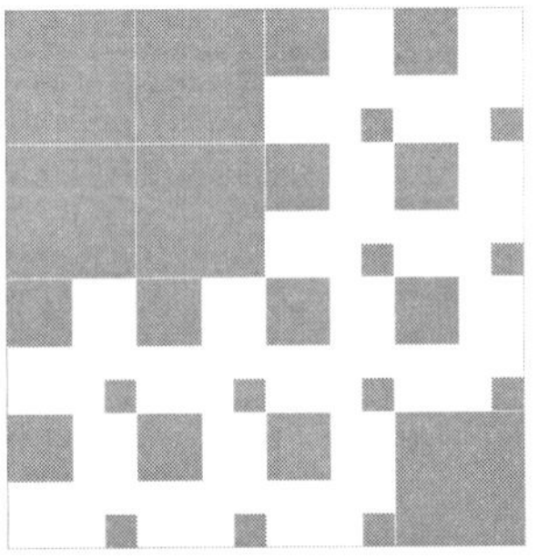	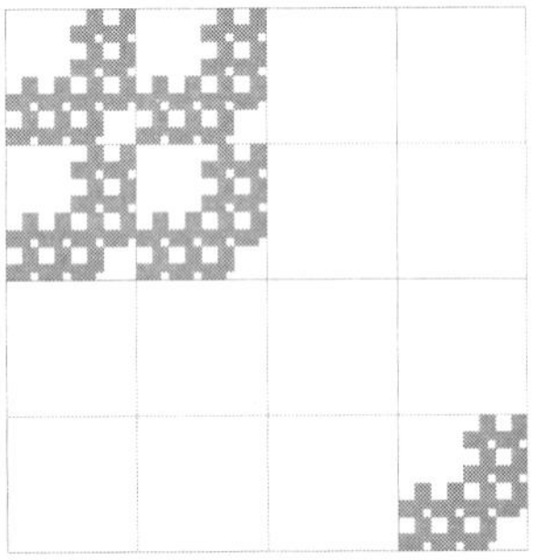
	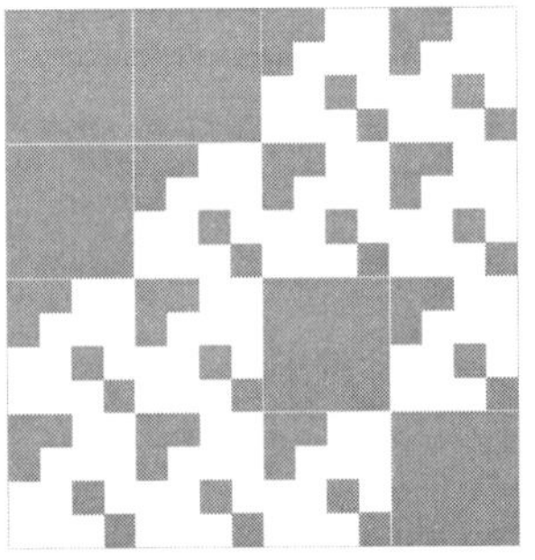	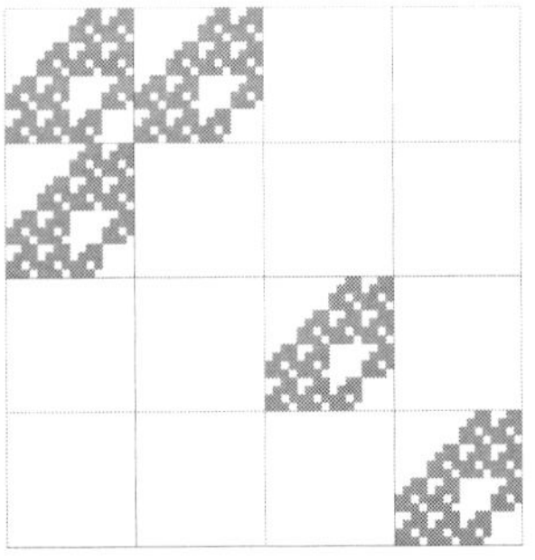

(6) 1단계 6개

① $\log_4 6 = 1.292$	② $\log_{16} 156 = 1.821$	③ $\log_{64} 600 = 1.538$
	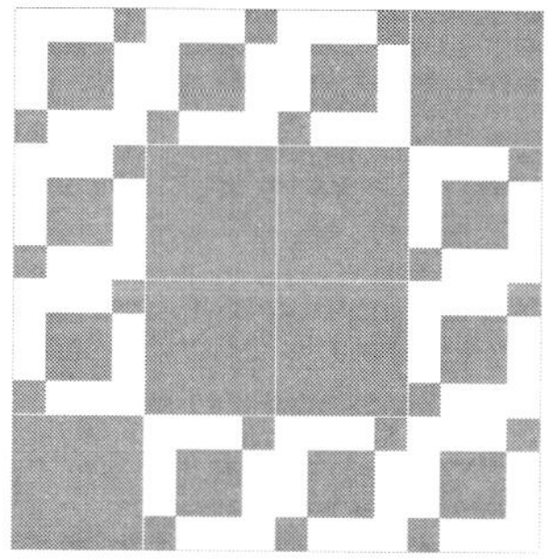	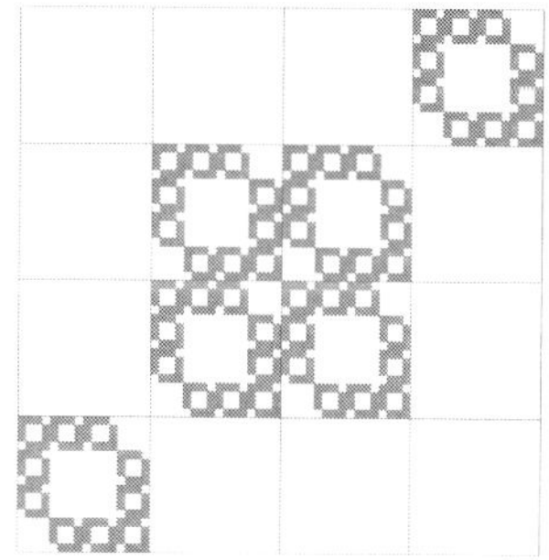
	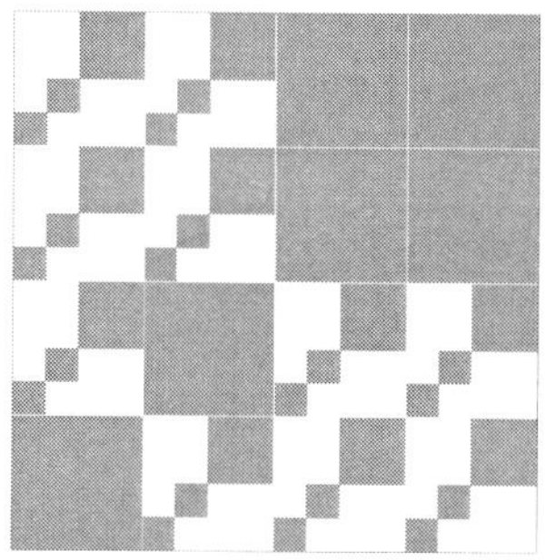	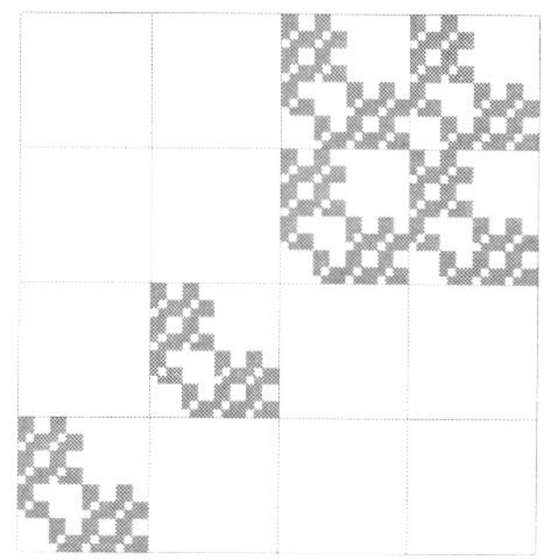
	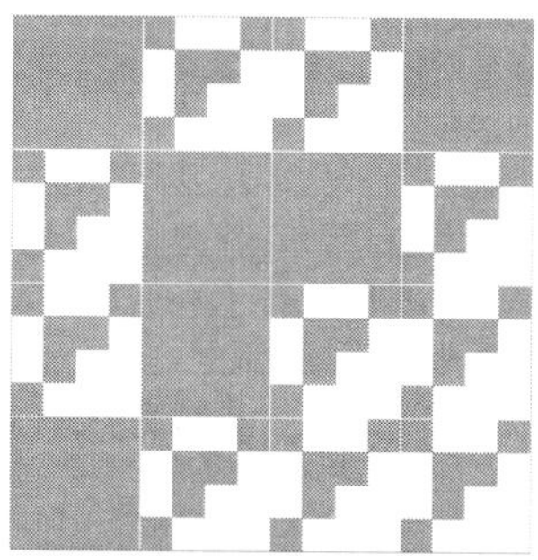	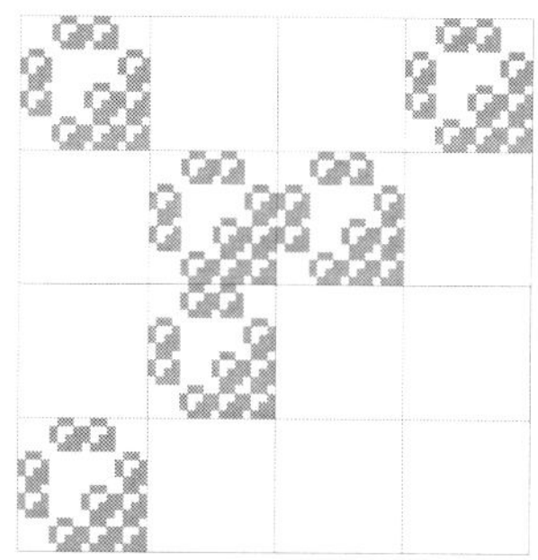
	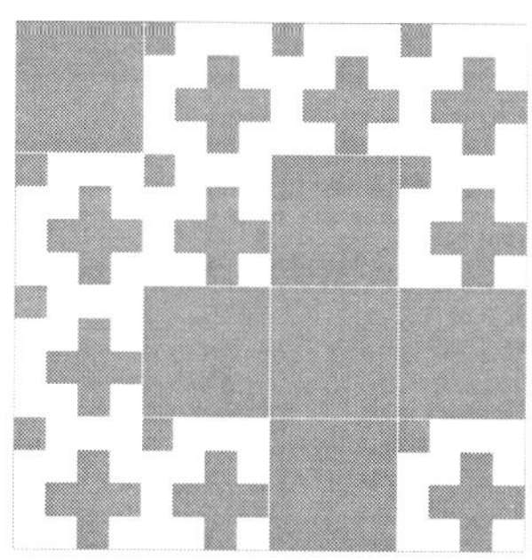	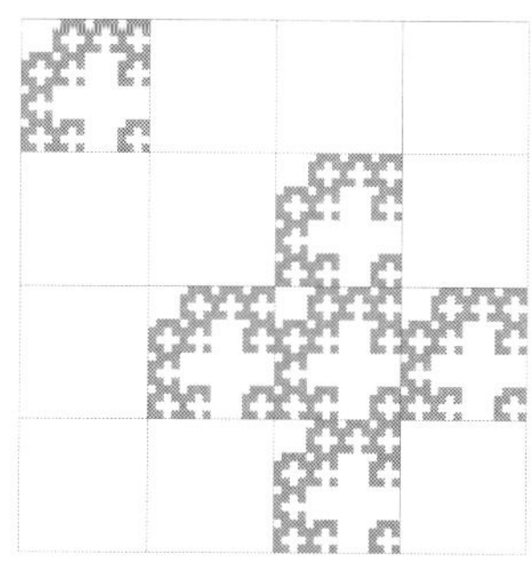

(7) 1단계 7개

① $\log_4 7 = 1.404$	② $\log_{16} 175 = 1.863$	③ $\log_{64} 567 = 1.525$
	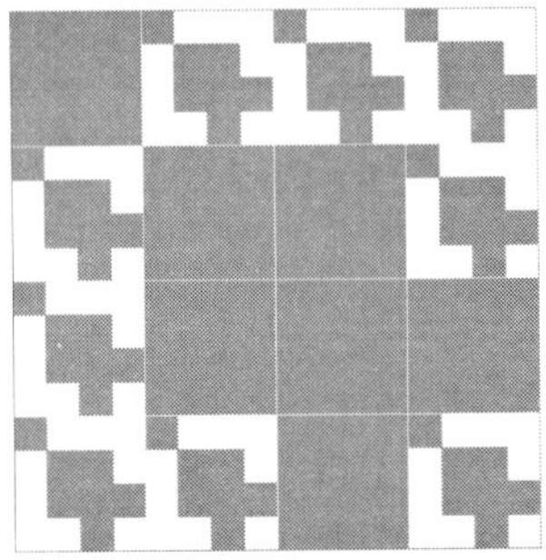	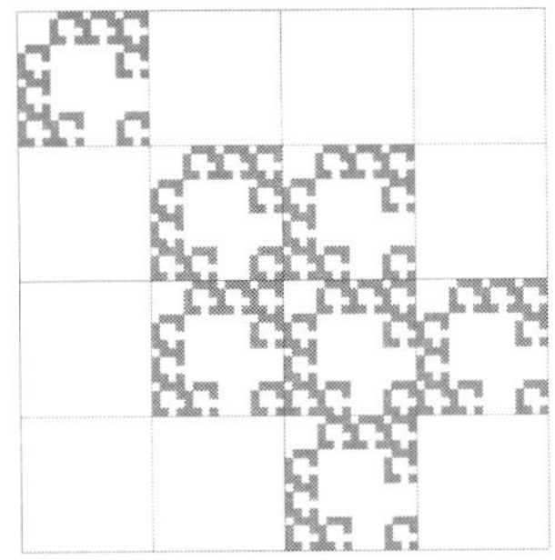
	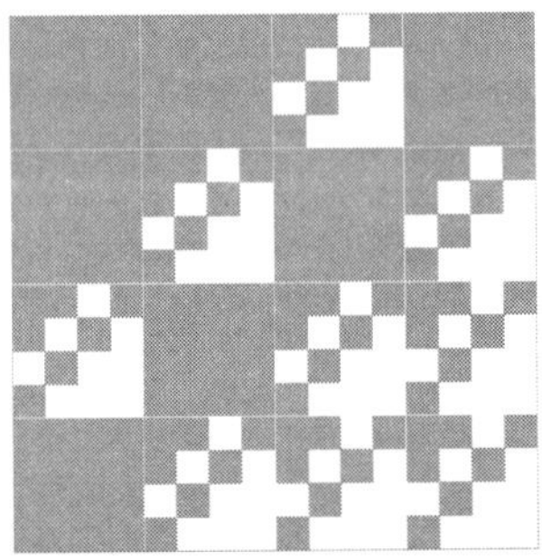	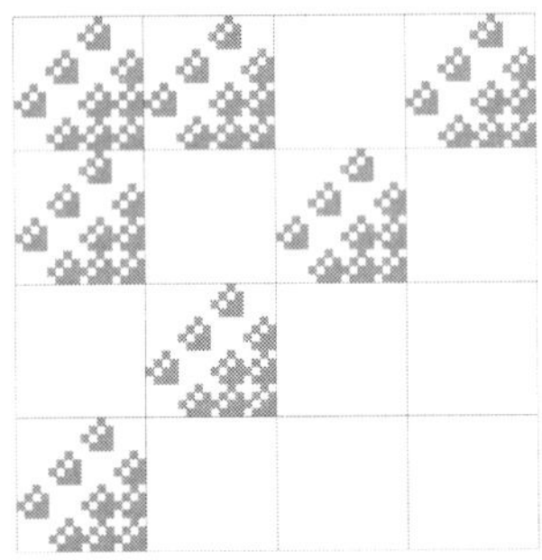
	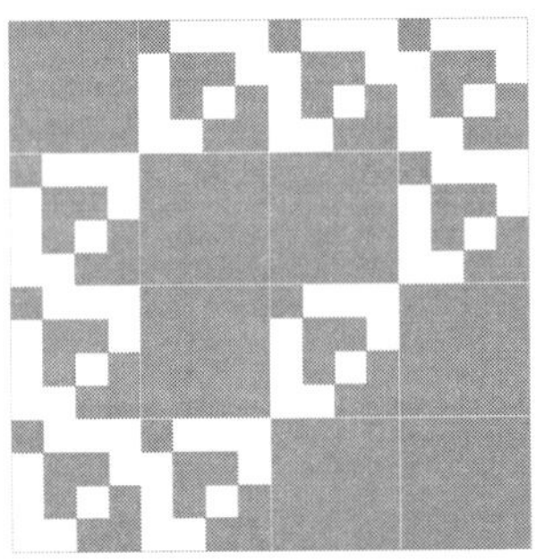	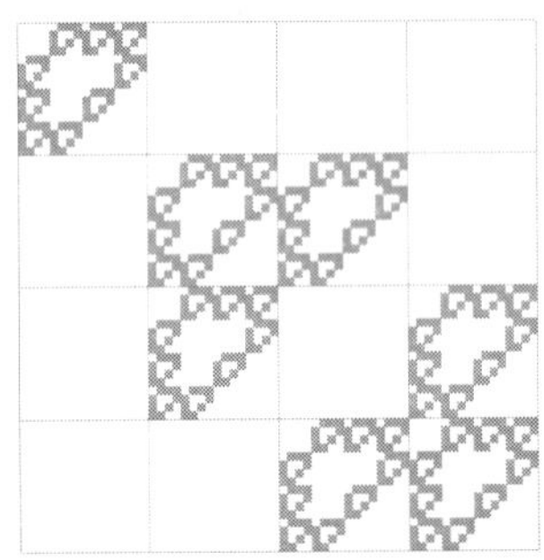
	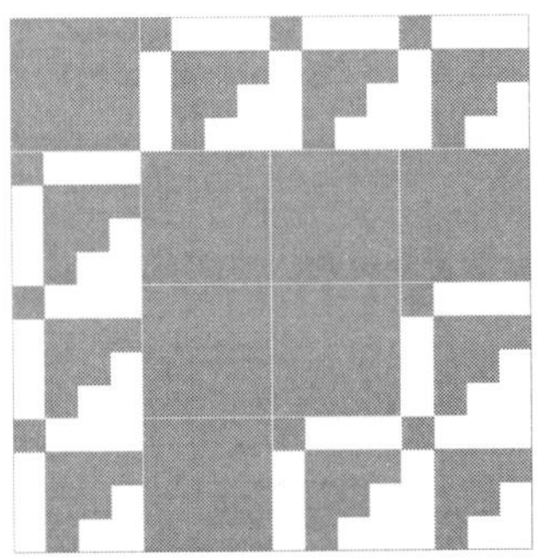	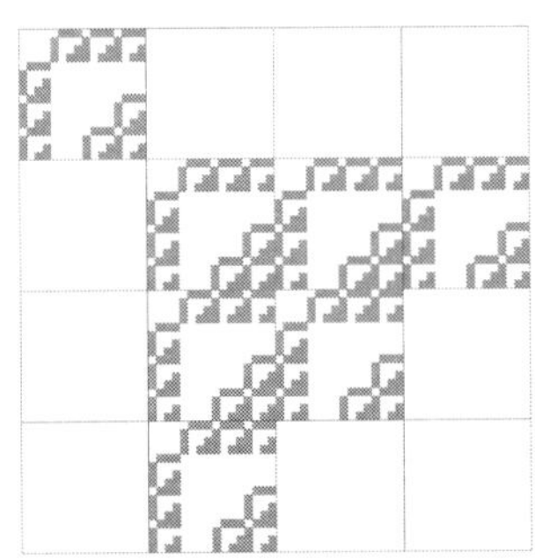

(8) 1단계 8개

① $\log_4 8 = 1.5$	② $\log_{16} 192 = 1.896$	③ $\log_{64} 512 = 1.5$
	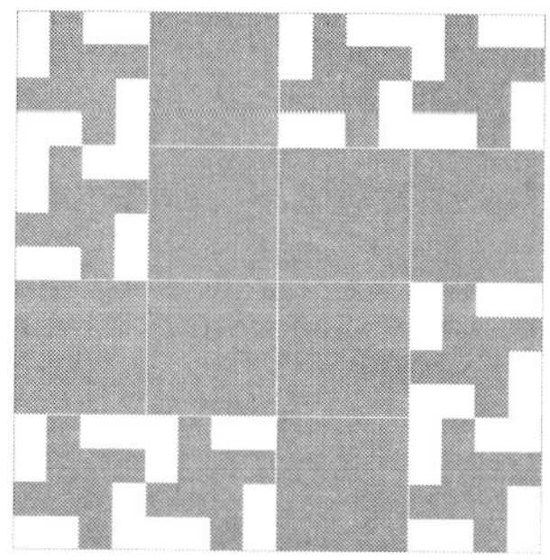	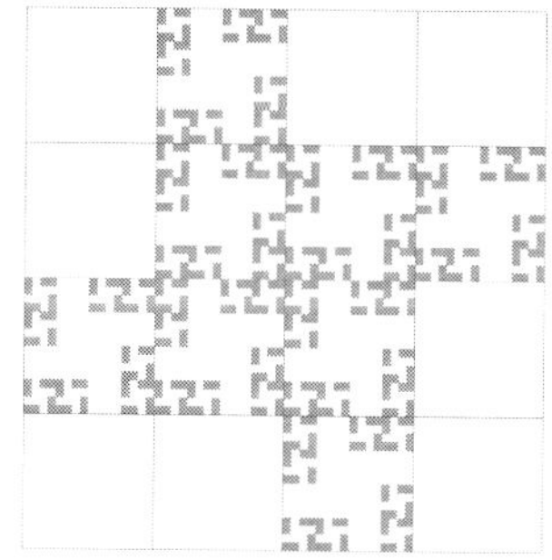
	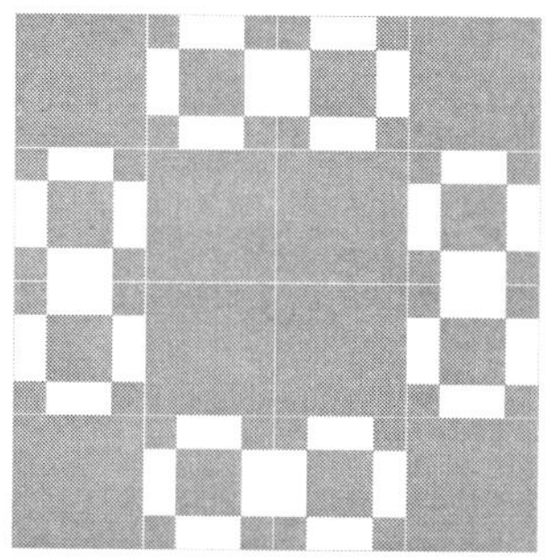	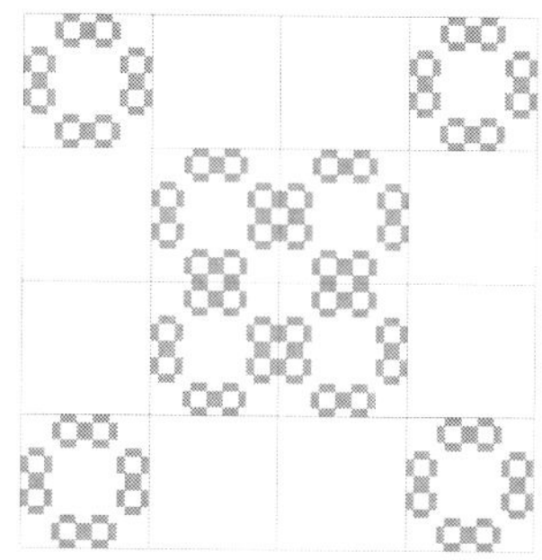
	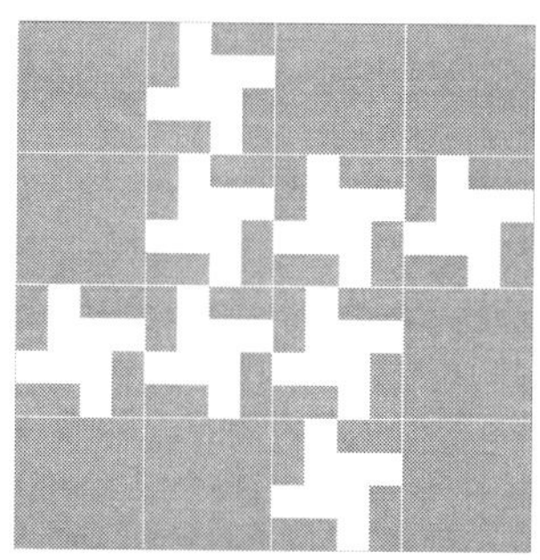	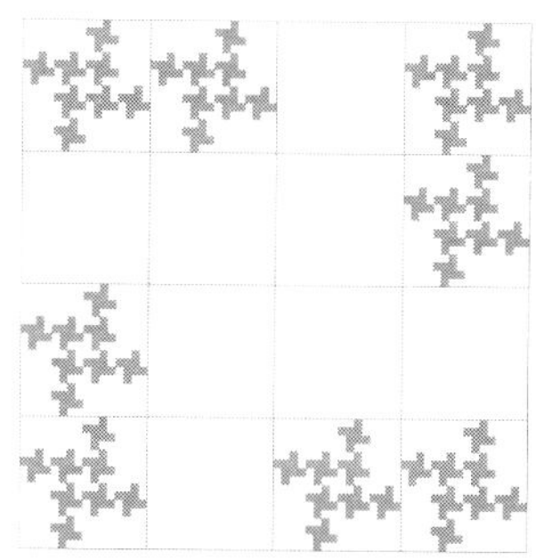
	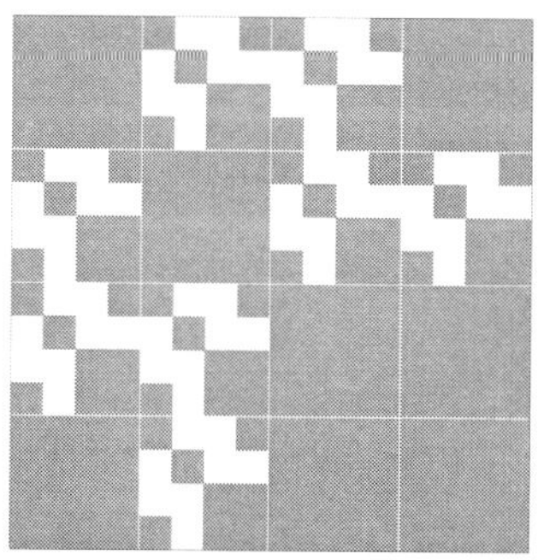	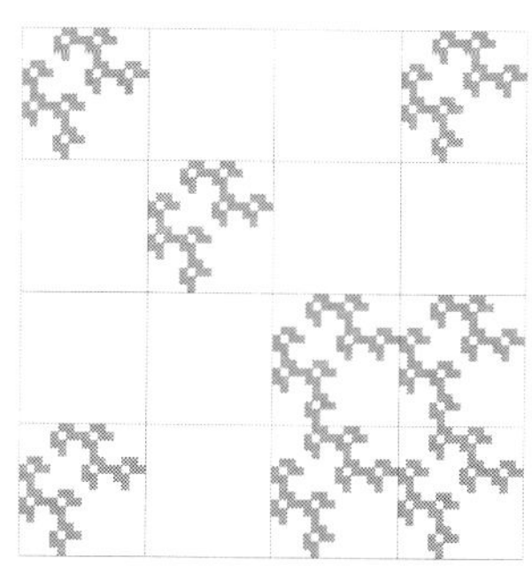

(9) 1단계 12개

① $\log_4 12 = 1.792$	② $\log_{16} 240 = 1.977$	③ $\log_{64} 192 = 1.264$

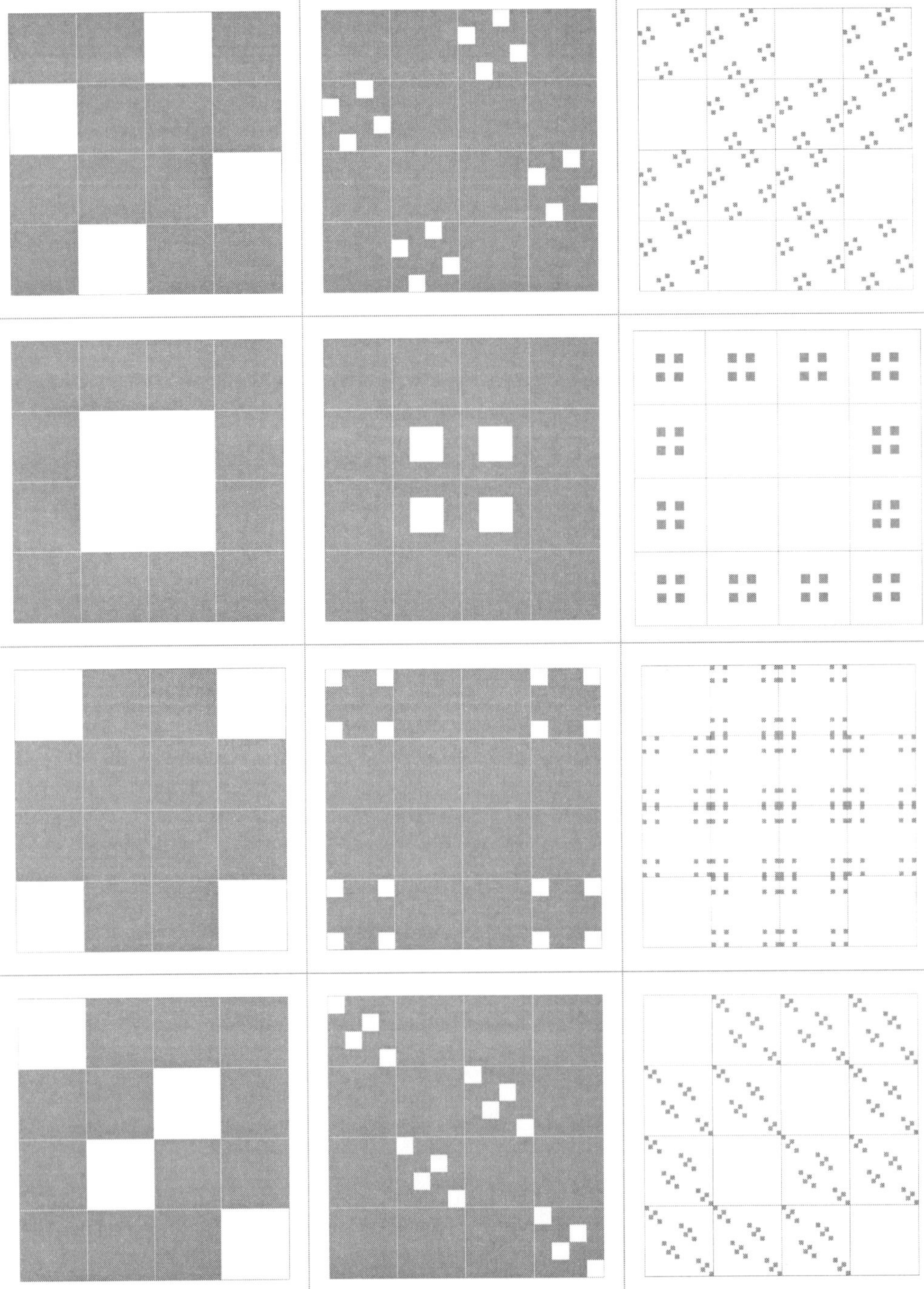

3 5×5 덧셈-뺄셈 프랙탈

(1) 1단계 5개

① $\log_5 5 = 1$

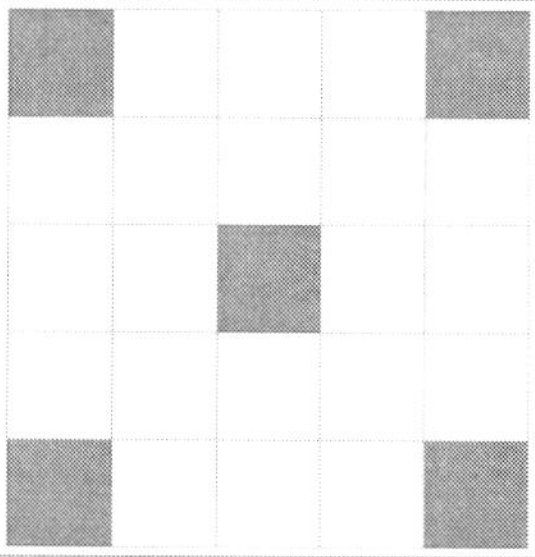

② $\log_{25} 225 = 1.683$

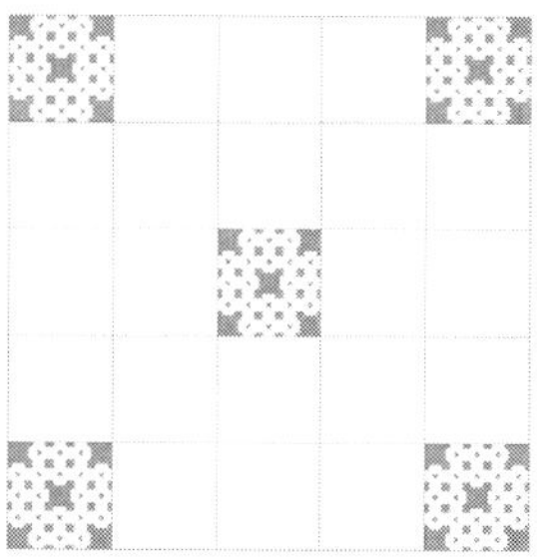

③ $\log_{125} 2000 = 1.574$

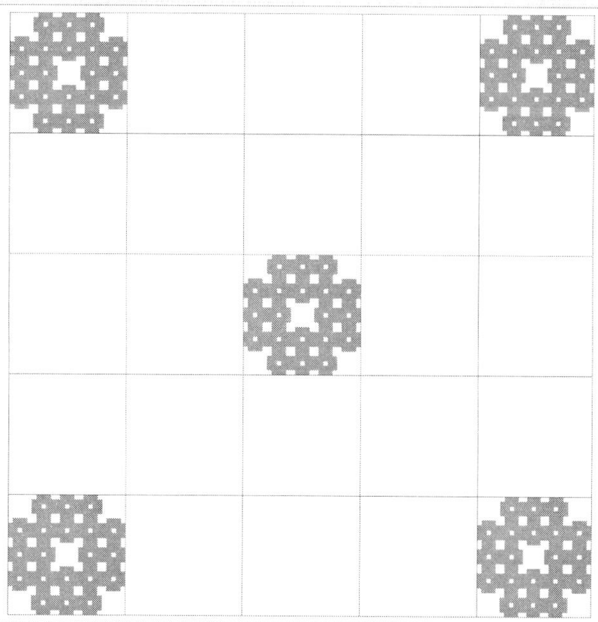

① $\log_5 5 = 1$

② $\log_{25} 225 = 1.683$

③ $\log_{125} 2000 = 1.574$

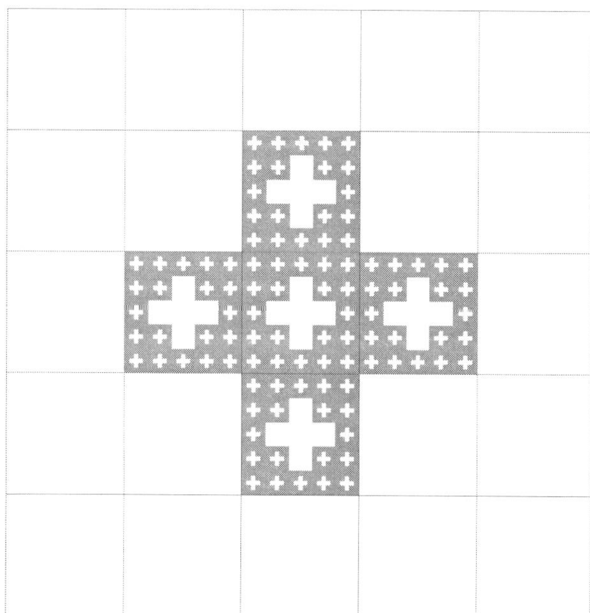

① $\log_5 5 = 1$

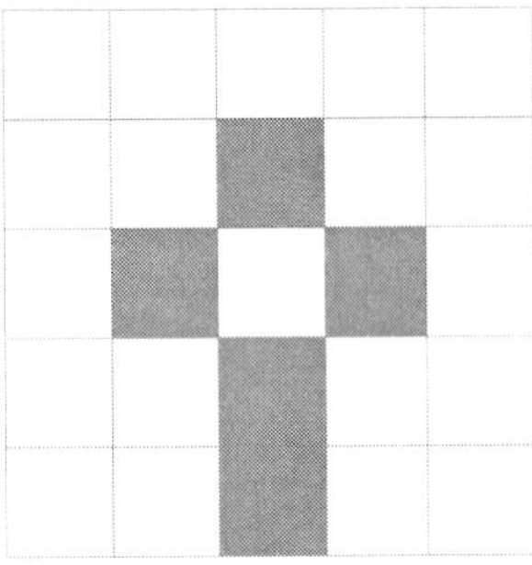

② $\log_{25} 225 = 1.683$

③ $\log_{125} 2000 = 1.574$

① $\log_5 5 = 1$

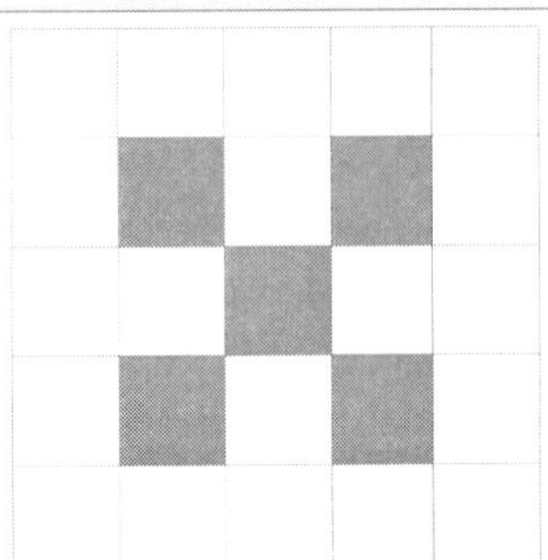

② $\log_{25} 225 = 1.683$

③ $\log_{125} 2000 = 1.574$

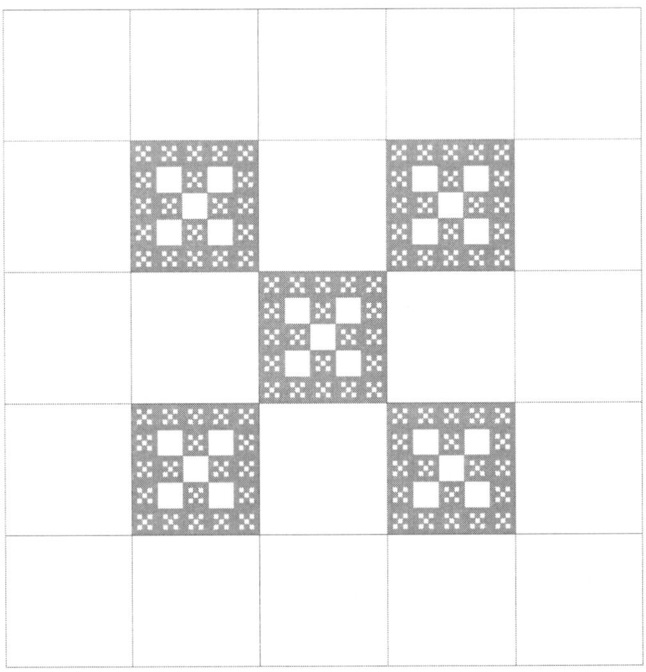

(2) 1단계 7개

① $\log_{5}7 = 1.209$

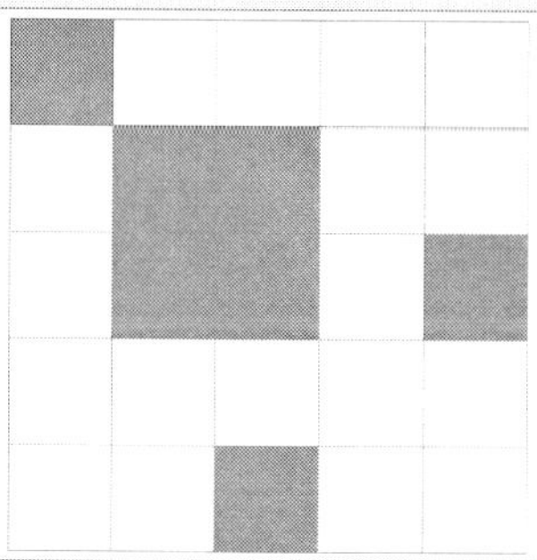

② $\log_{25}301 = 1.773$

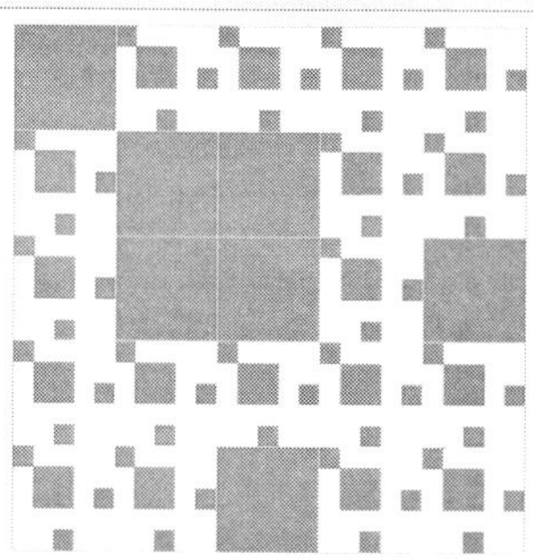

③ $\log_{125}2268 = 1.6$

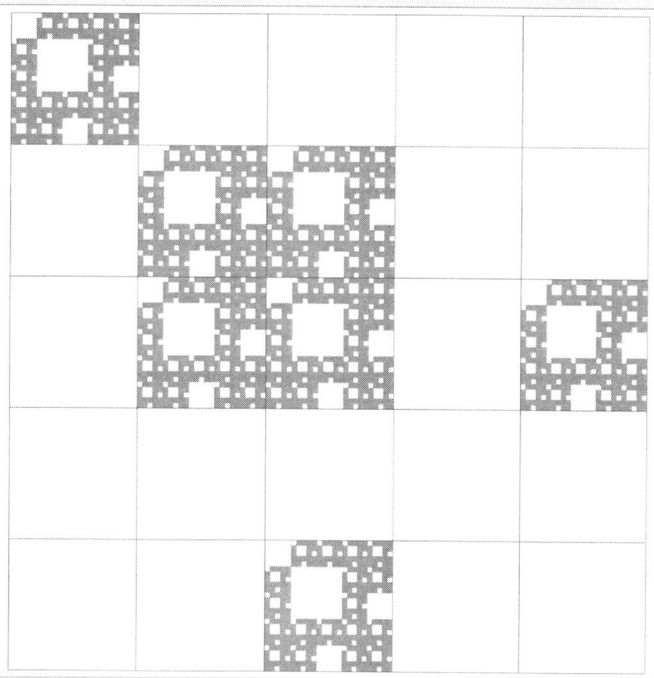

① $\log_{5}7 = 1.209$

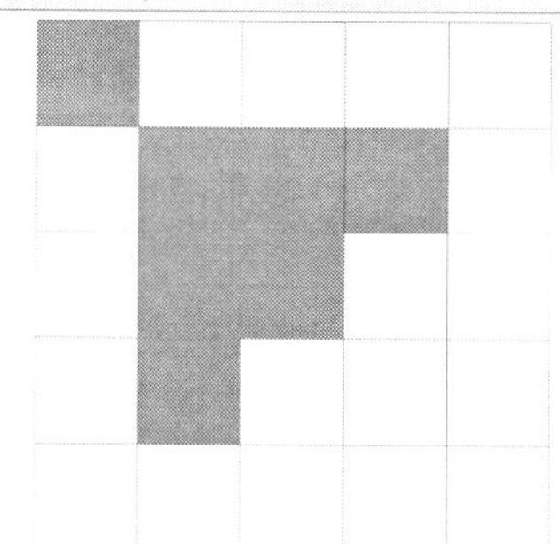

② $\log_{25}301 = 1.773$

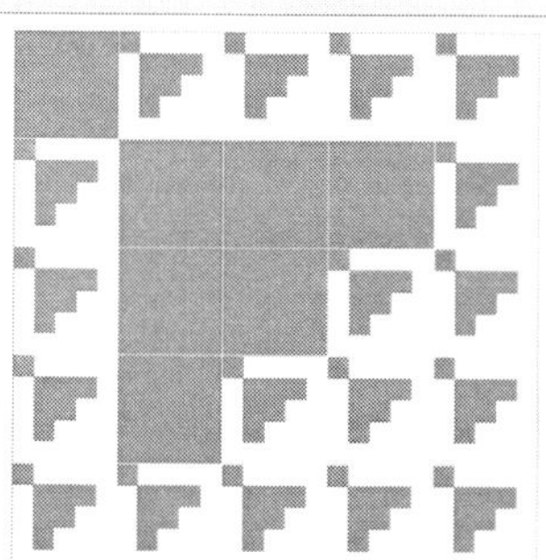

③ $\log_{125}2268 = 1.6$

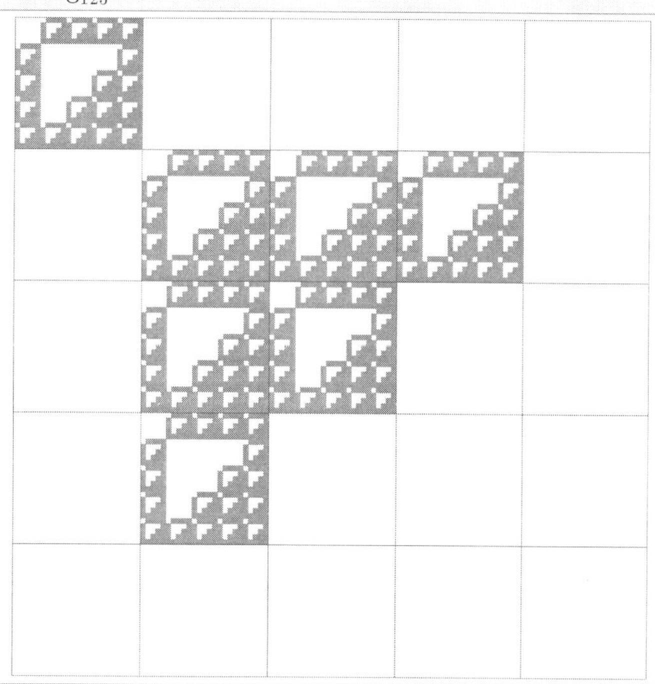

(3) 1단계 8개

① $\log_5 8 = 1.292$

② $\log_{25} 336 = 1.807$

③ $\log_{125} 2312 = 1.604$

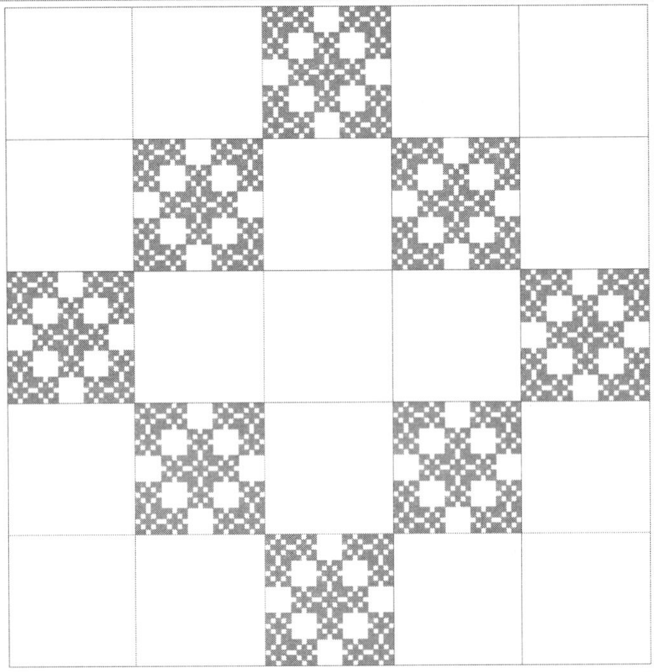

① $\log_5 8 = 1.292$

② $\log_{25} 336 = 1.807$

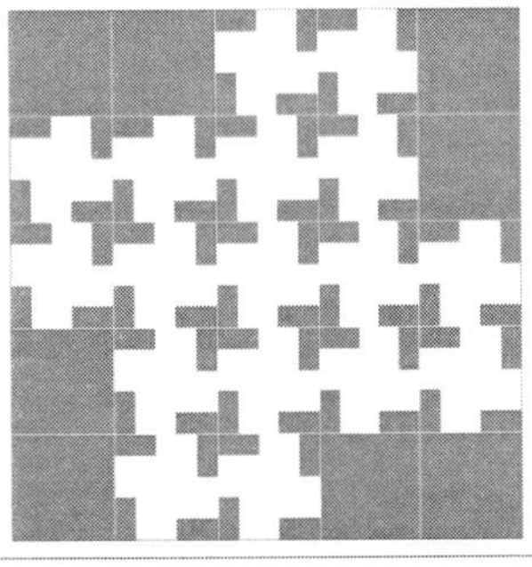

③ $\log_{125} 2312 = 1.604$

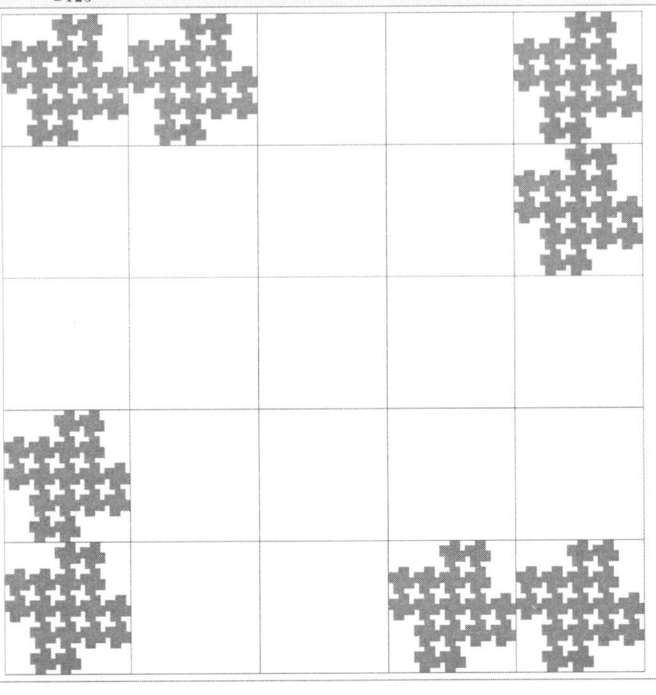

① $\log_5 8 = 1.292$

② $\log_{25} 336 = 1.807$

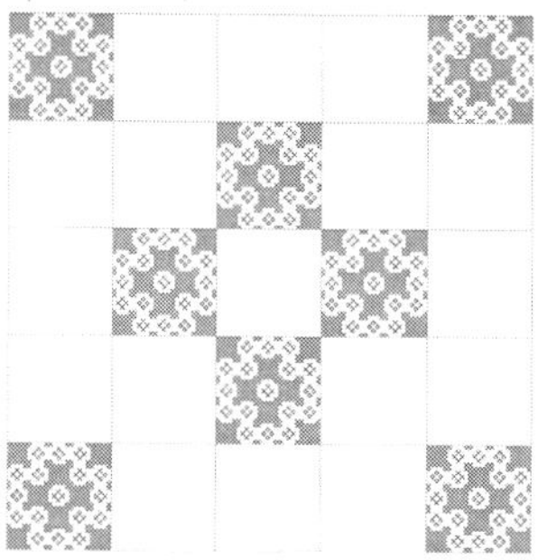

③ $\log_{125} 2312 = 1.604$

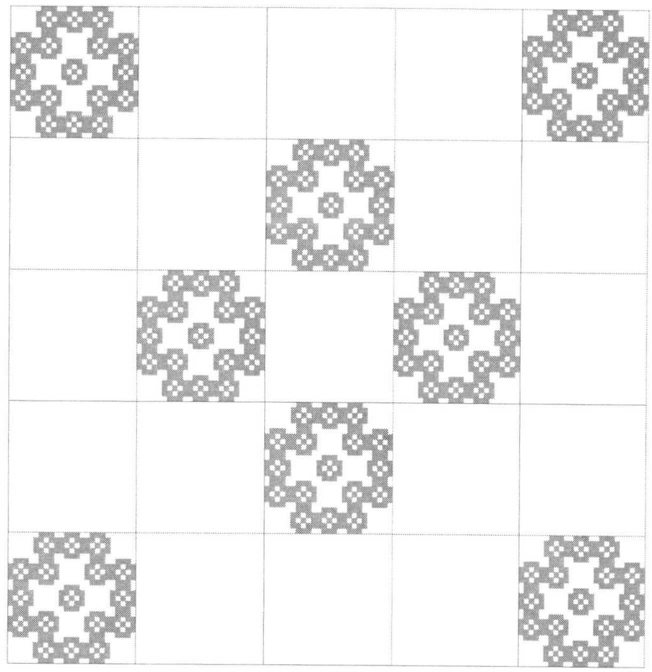

① $\log_5 8 = 1.292$

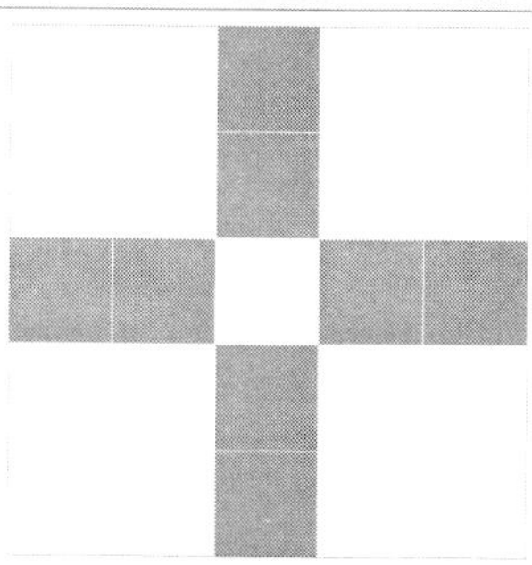

② $\log_{25} 336 = 1.807$

③ $\log_{125} 2312 = 1.604$

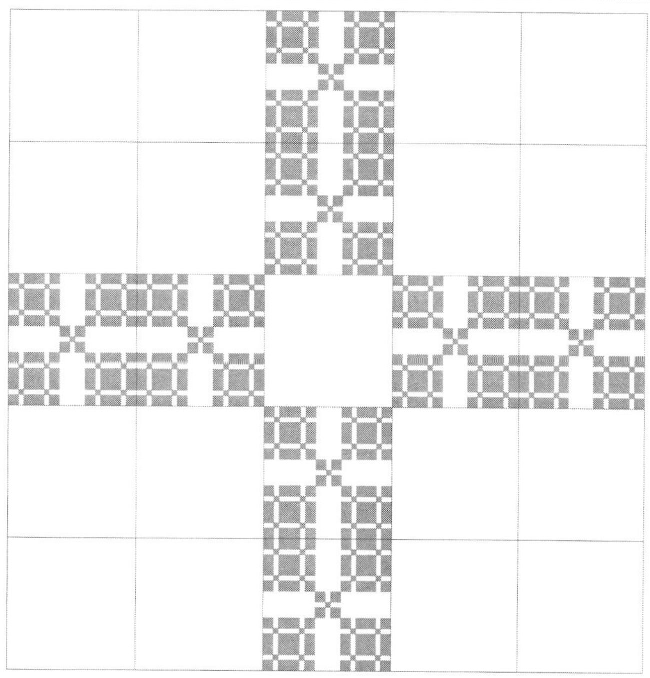

(4) 1단계 9개

① $\log_5 9 = 1.365$

② $\log_{25} 369 = 1.836$

③ $\log_{125} 2304 = 1.604$

① $\log_5 9 = 1.365$

② $\log_{25} 369 = 1.836$

③ $\log_{125} 2304 = 1.604$

① $\log_5 9 = 1.365$

② $\log_{25} 369 = 1.836$

③ $\log_{125} 2304 = 1.604$

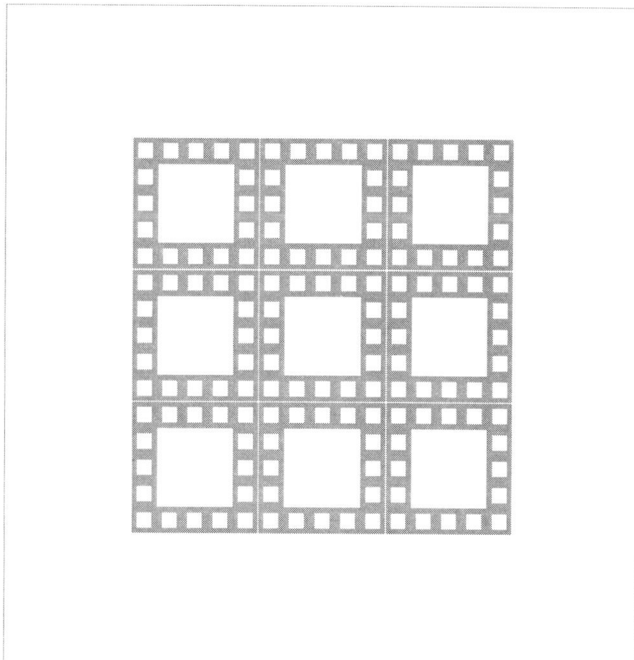

① $\log_5 9 = 1.365$

② $\log_{25} 369 = 1.836$

③ $\log_{125} 2304 = 1.604$

(5) 1단계 10개

① $\log_5 10 = 1.431$

② $\log_{25} 400 = 1.861$

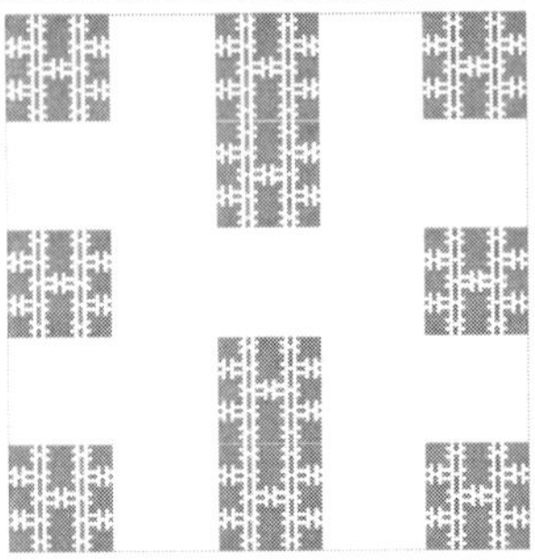

③ $\log_{125} 2250 = 1.599$

① $\log_5 10 = 1.431$

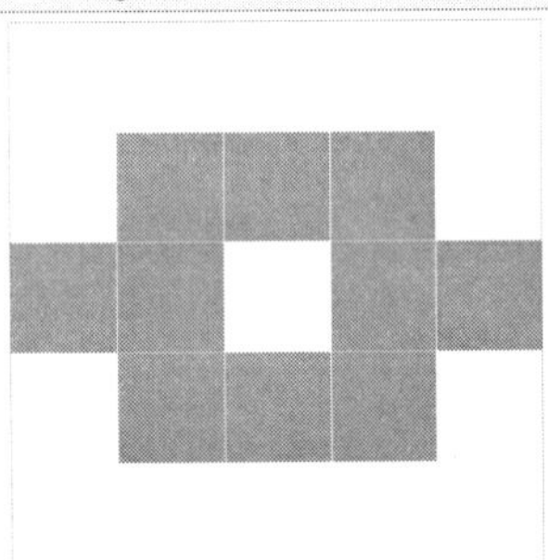

② $\log_{25} 400 = 1.861$

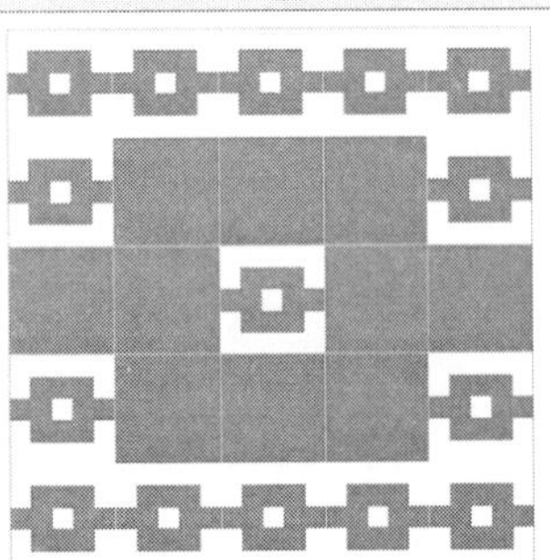

③ $\log_{125} 2250 = 1.599$

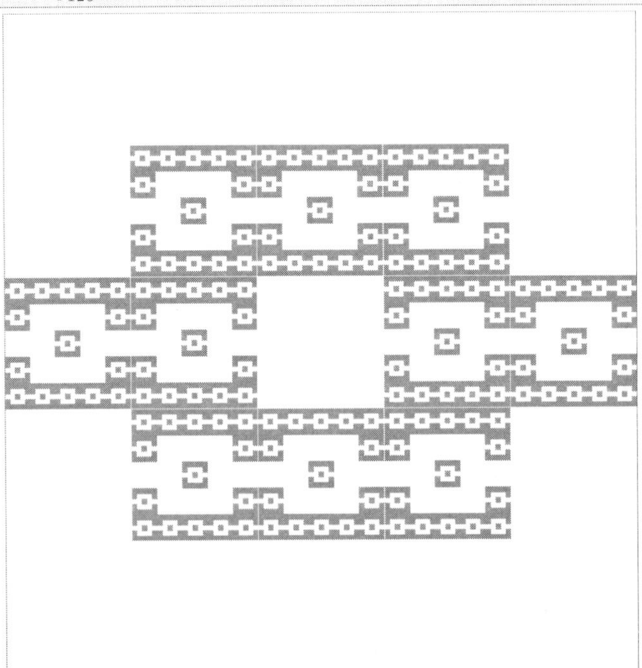

(6) 1단계 11개

① $\log_5 11 = 1.49$

② $\log_{25} 429 = 1.883$

③ $\log_{125} 2156 = 1.59$

① $\log_5 11 = 1.49$

② $\log_{25} 429 - 1.883$

③ $\log_{125} 2156 = 1.59$

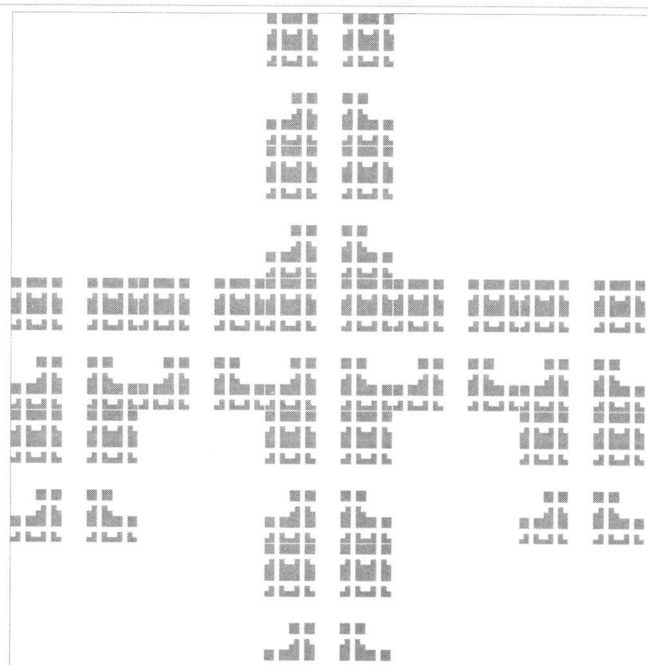

(7) 1단계 12개

① $\log_5 12 = 1.544$

② $\log_{25} 456 = 1.902$

③ $\log_{125} 2028 = 1.577$

① $\log_5 12 = 1.544$

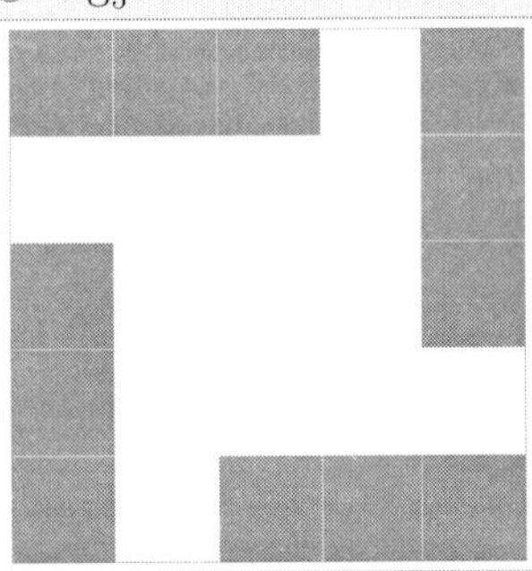

② $\log_{25} 456 = 1.902$

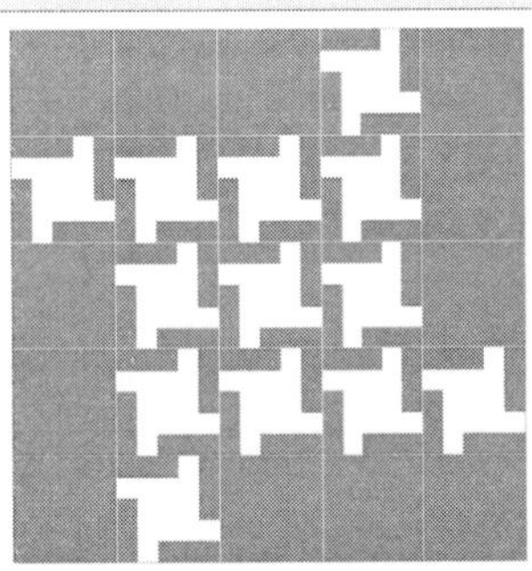

③ $\log_{125} 2028 = 1.577$

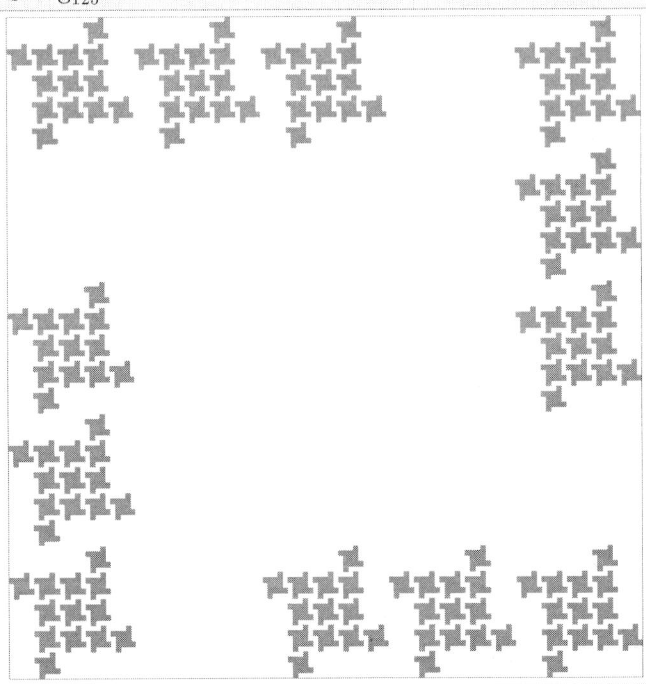

① $\log_5 12 = 1.544$

② $\log_{25} 456 = 1.902$

③ $\log_{125} 2028 = 1.577$

① $\log_5 12 = 1.544$

② $\log_{25} 456 = 1.902$

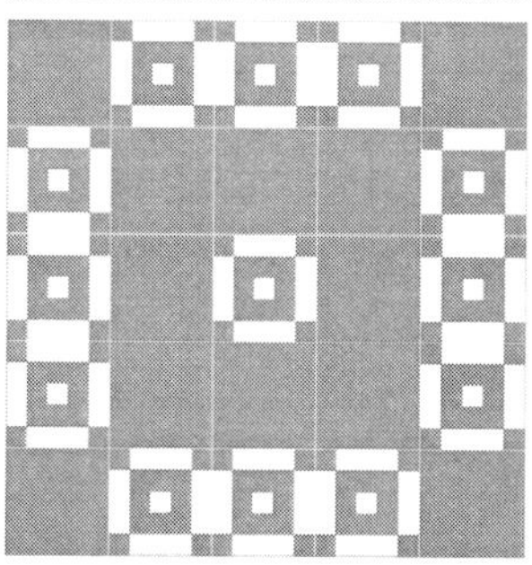

③ $\log_{125} 2028 = 1.577$

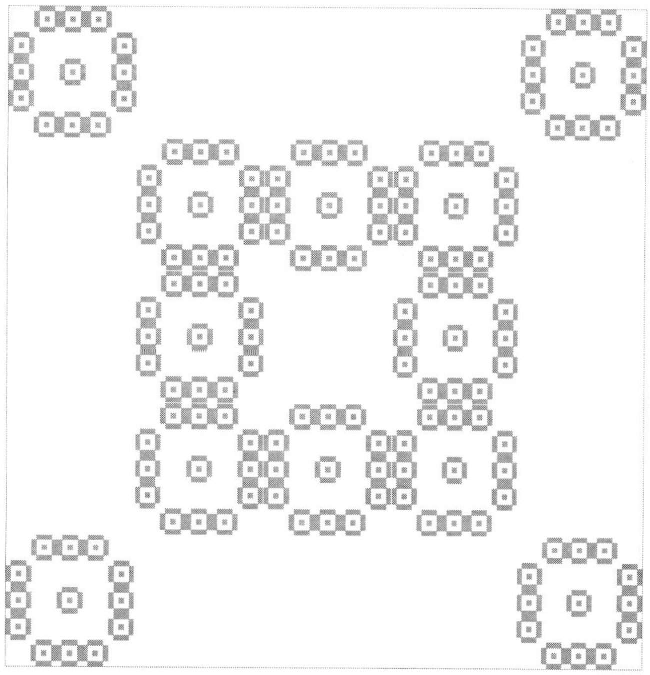

① $\log_5 12 = 1.544$

② $\log_{25} 456 = 1.902$

③ $\log_{125} 2028 = 1.577$

① $\log_5 12 = 1.544$

② $\log_{25} 456 = 1.902$

③ $\log_{125} 2028 = 1.577$

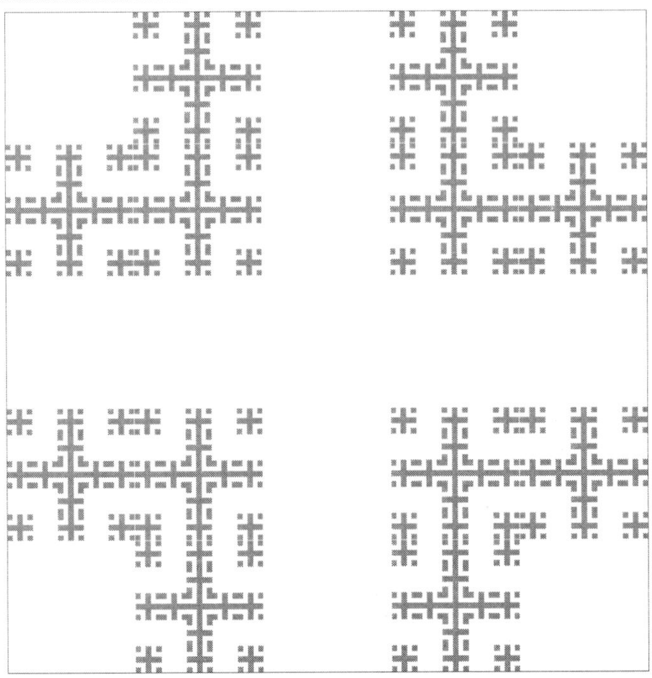

(8) 1단계 13개

① $\log_5 13 = 1.594$

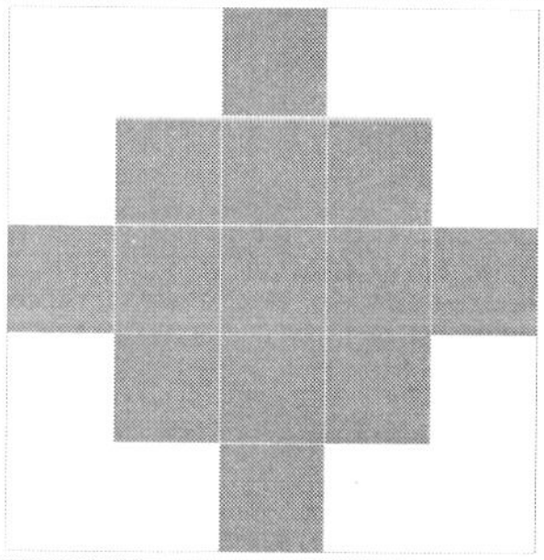

② $\log_{25} 481 = 1.919$

③ $\log_{125} 1872 = 1.561$

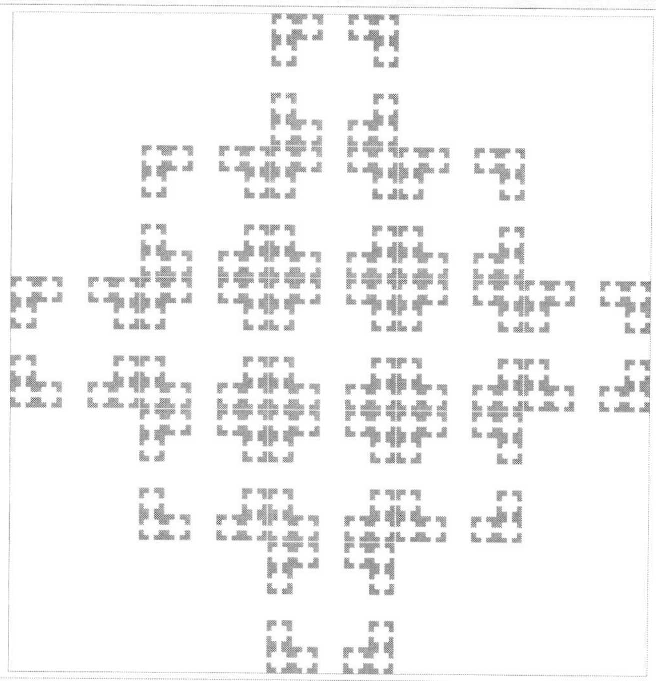

① $\log_5 13 = 1.594$

② $\log_{25} 481 = 1.919$

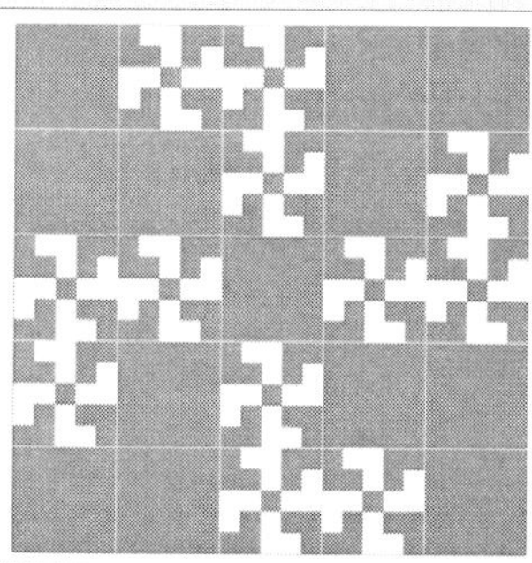

③ $\log_{125} 1872 = 1.561$

① $\log_5 13 = 1.594$

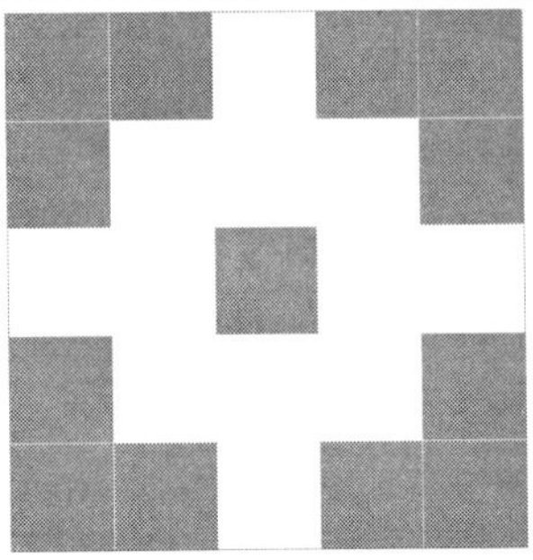

② $\log_{25} 481 = 1.919$

③ $\log_{125} 1872 = 1.561$

① $\log_5 13 = 1.594$

② $\log_{25} 481 = 1.919$

③ $\log_{125} 1872 = 1.561$

(9) 1단계 16개

① $\log_{5}16 = 1.723$

② $\log_{25}544 = 1.957$

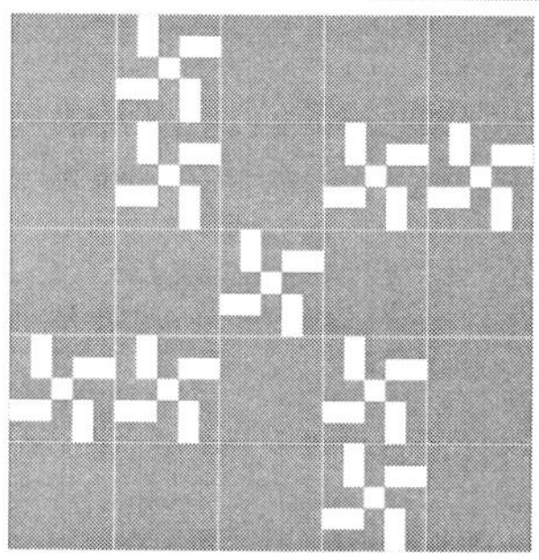

③ $\log_{125}1296 = 1.484$

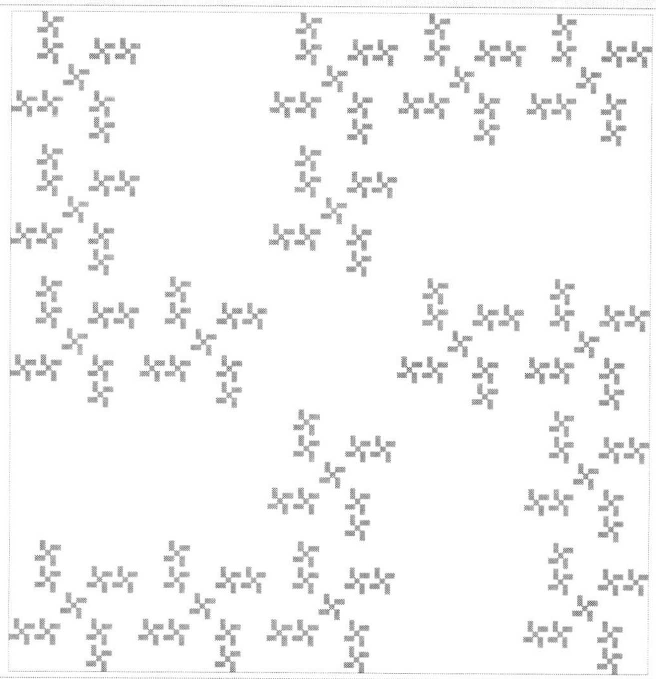

① $\log_{5}16 = 1.723$

② $\log_{25}544 = 1.957$

③ $\log_{125}1296 = 1.484$

① $\log_5 16 = 1.723$

② $\log_{25} 544 = 1.957$

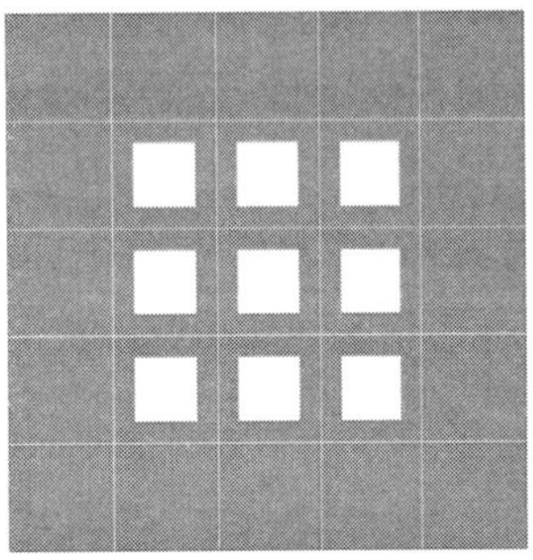

③ $\log_{125} 1296 = 1.484$

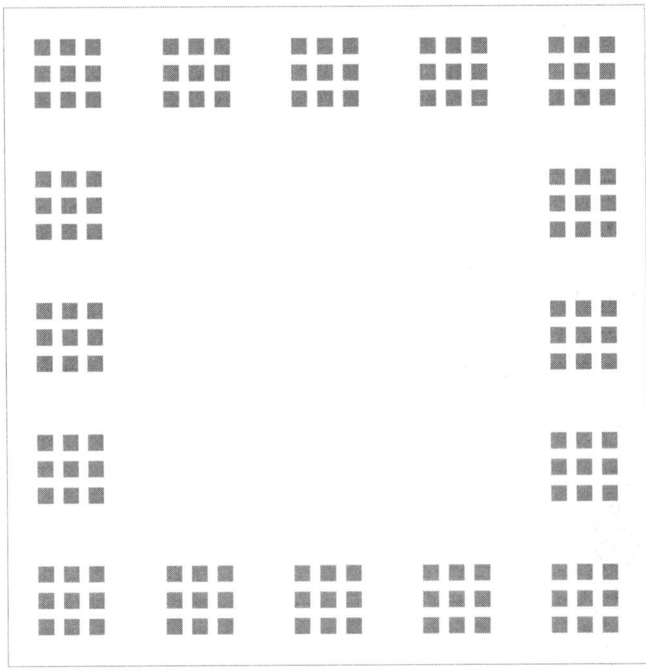

① $\log_5 16 = 1.723$

② $\log_{25} 544 = 1.957$

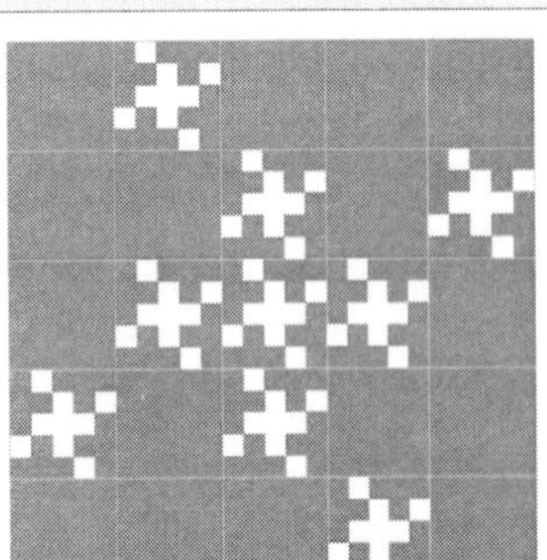

③ $\log_{125} 1296 = 1.484$

4 6×6 덧셈-뺄셈 프랙탈

(1) 1단계 2개

① $\log_6 2 = 0.387$

② $\log_{36} 140 = 1.379$

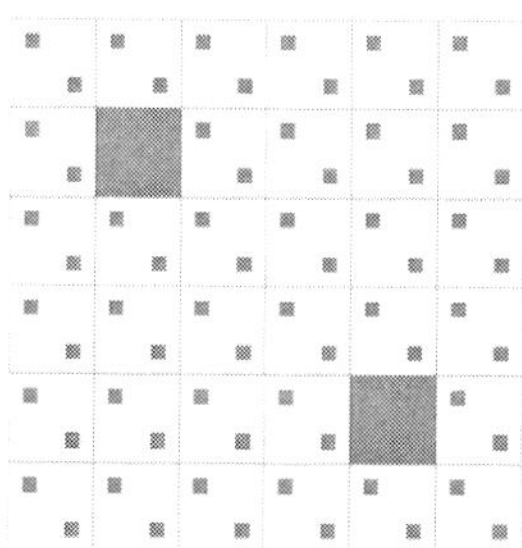

③ $\log_{216} 2312 = 1.441$

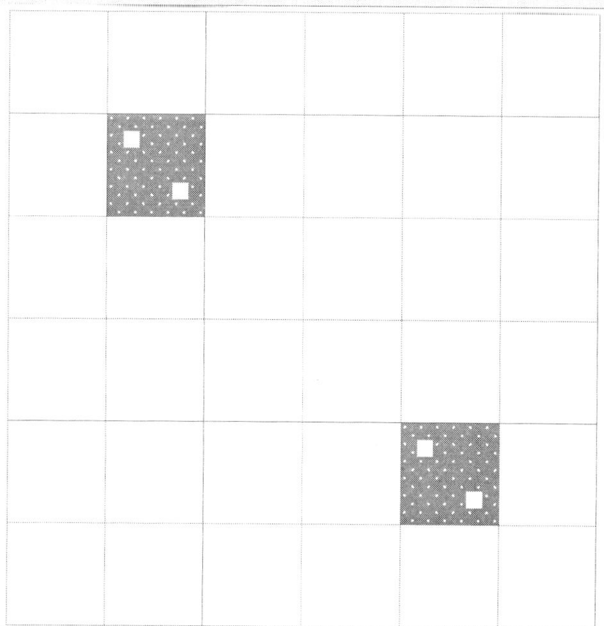

① $\log_6 2 = 0.387$

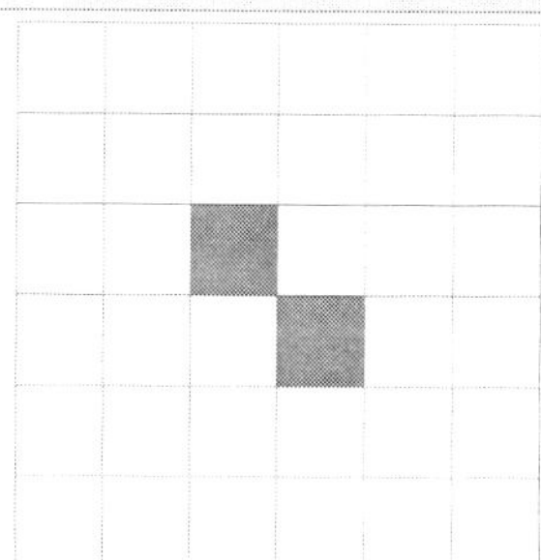

② $\log_{36} 140 = 1.379$

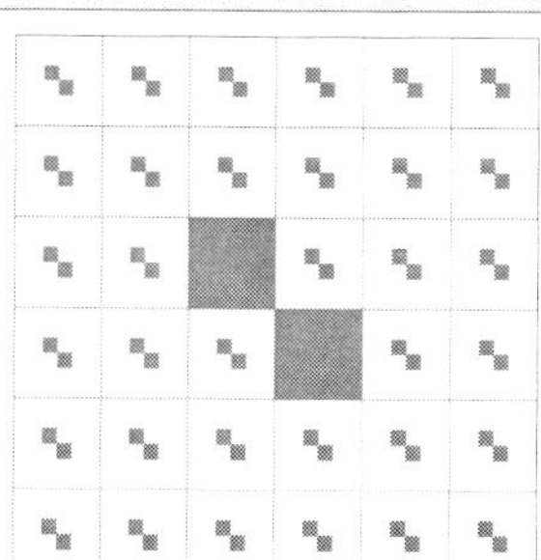

③ $\log_{216} 2312 = 1.441$

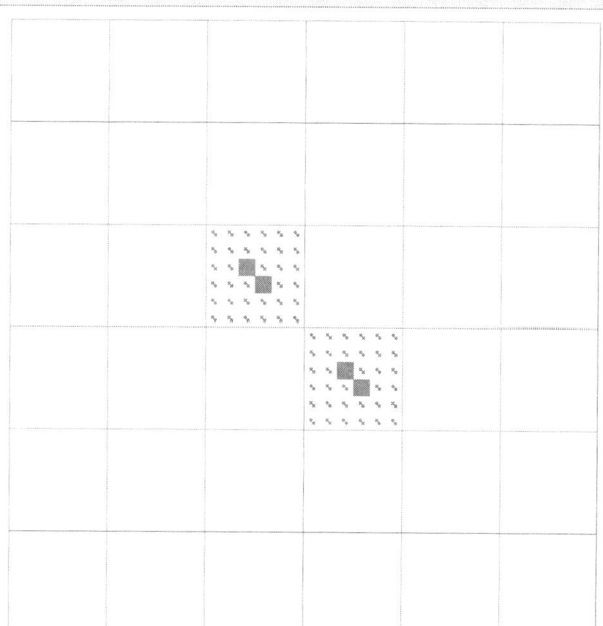

(2) 1단계 4개

① $\log_{6}4 = 0.774$

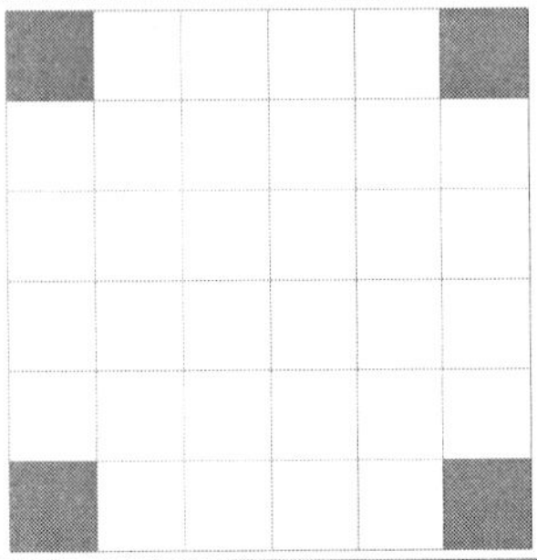

② $\log_{36}272 = 1.564$

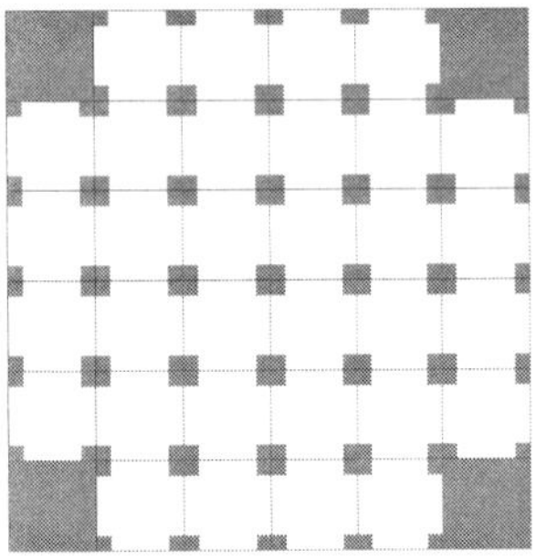

③ $\log_{216}4096 = 1.547$

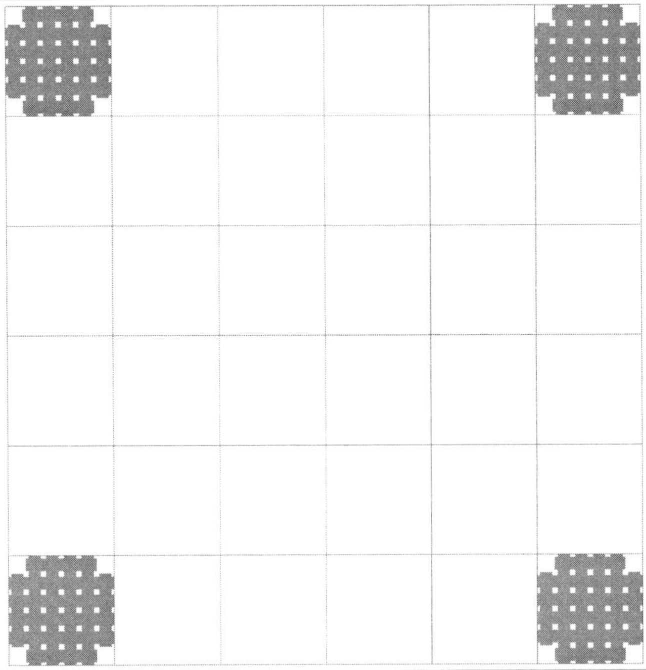

① $\log_{6}4 = 0.774$

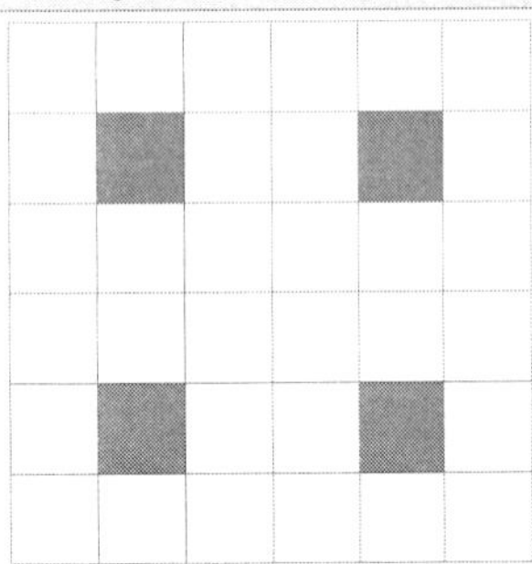

② $\log_{36}272 = 1.564$

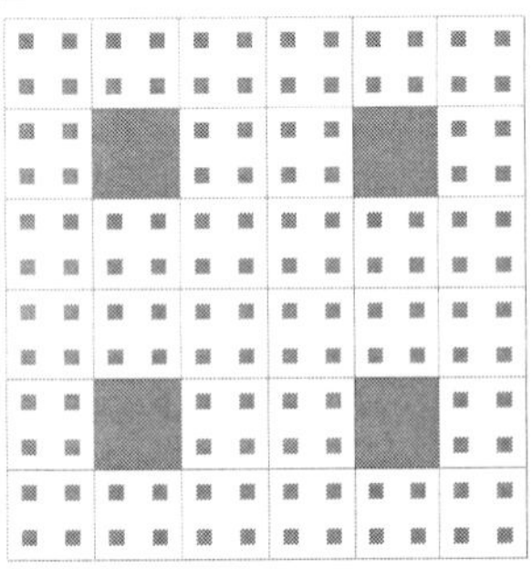

③ $\log_{216}4096 = 1.547$

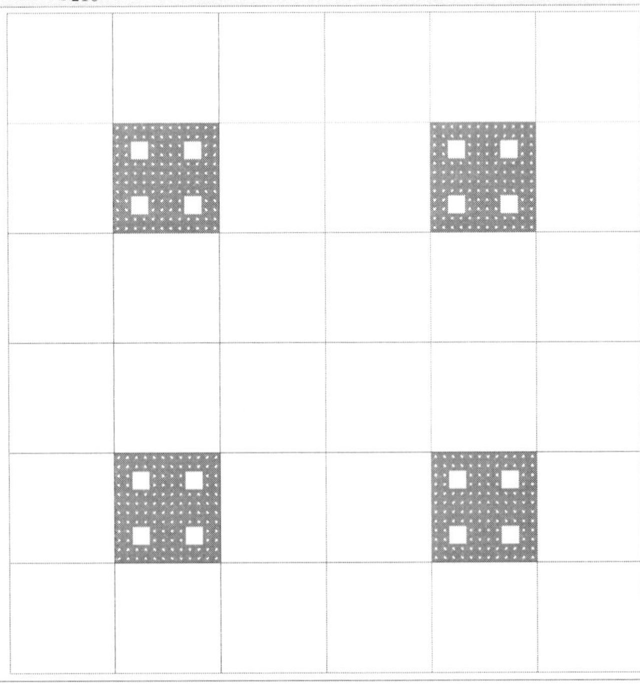

① $\log_6 4 = 0.774$

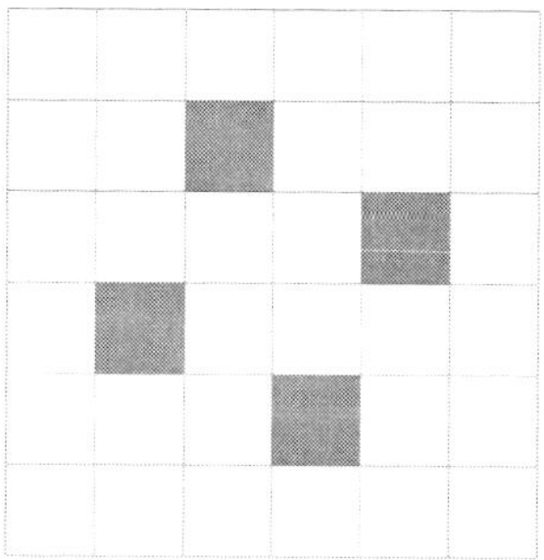

② $\log_{36} 272 = 1.564$

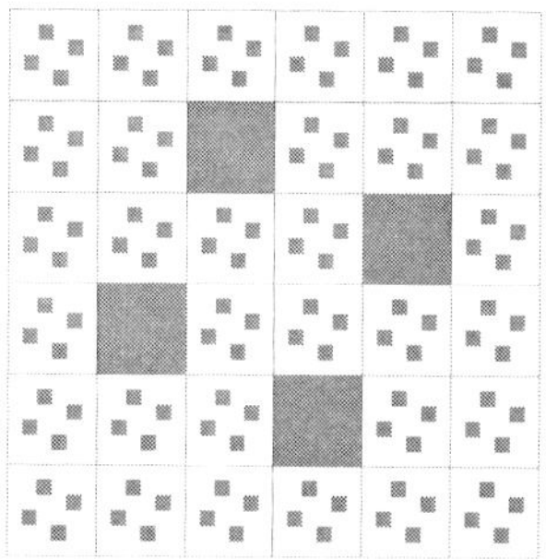

③ $\log_{216} 4096 = 1.547$

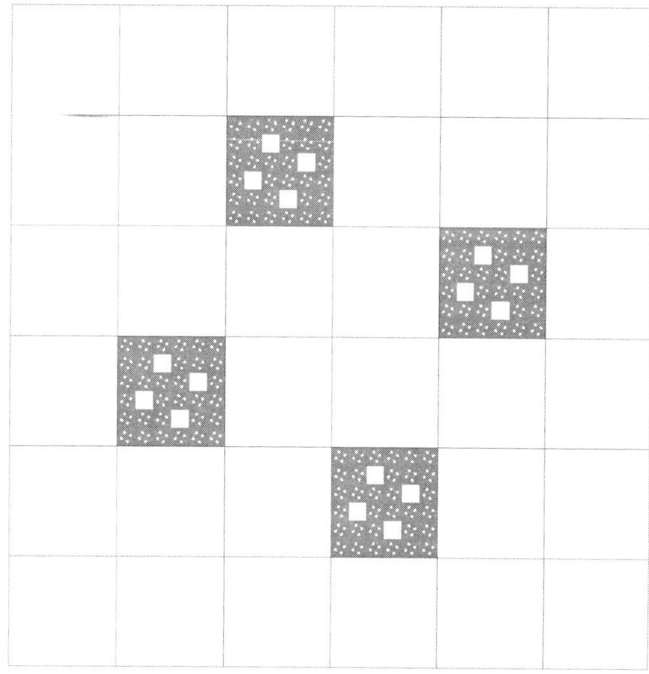

① $\log_6 4 = 0.774$

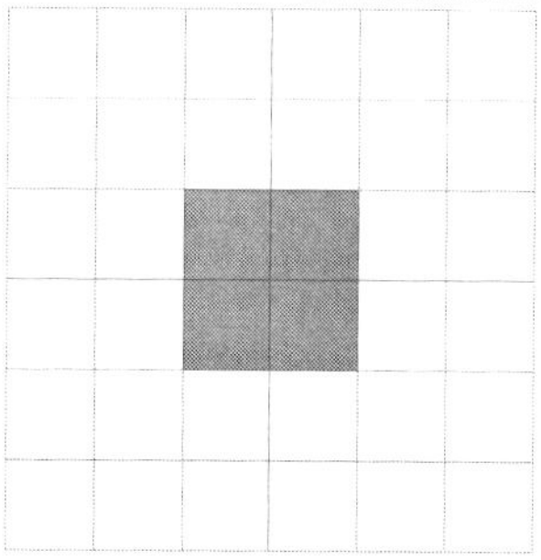

② $\log_{36} 272 = 1.564$

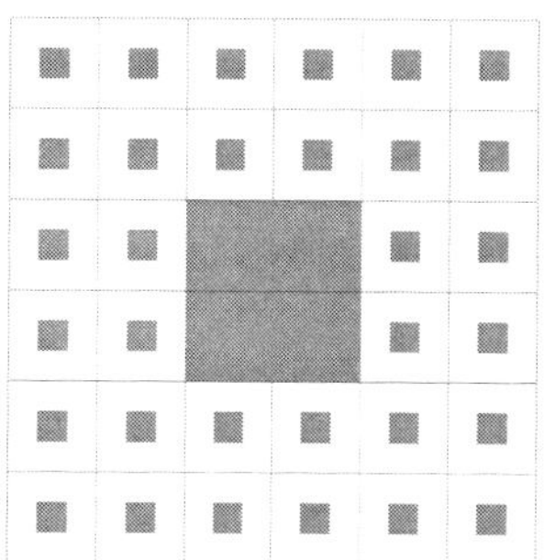

③ $\log_{216} 4096 = 1.547$

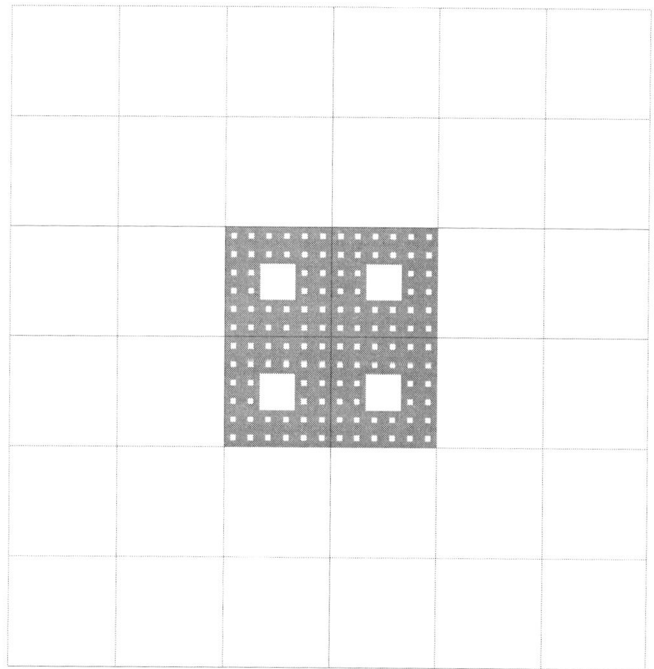

(3) 1단계 8개

① $\log_6 8 = 1.161$

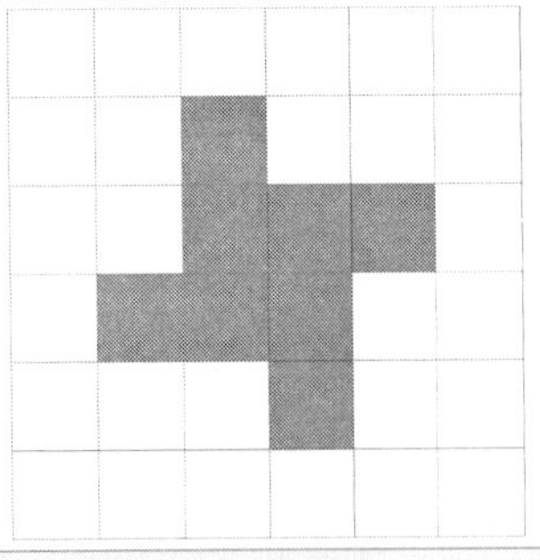

② $\log_{36} 512 = 1.741$

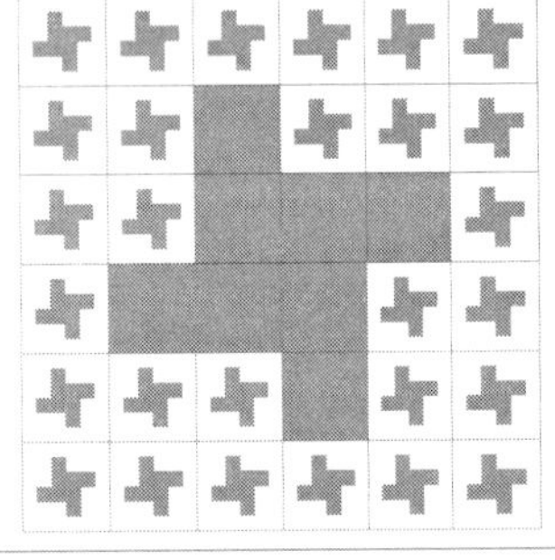

③ $\log_{216} 6272 = 1.627$

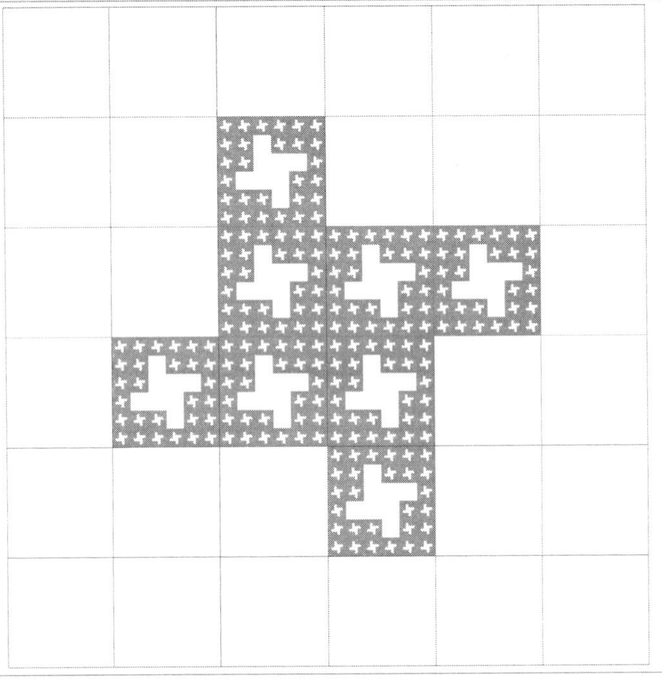

① $\log_6 8 = 1.161$

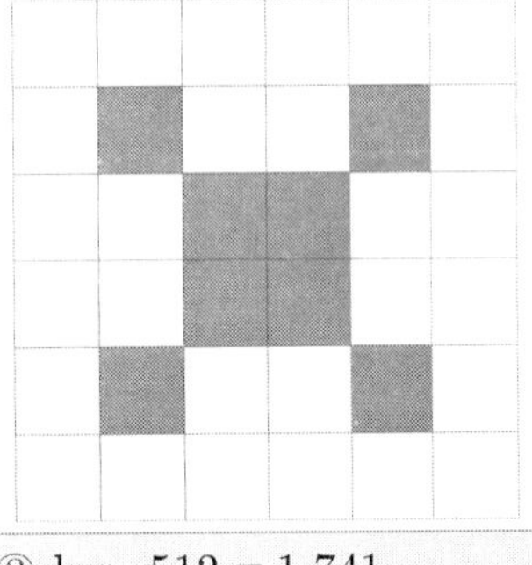

② $\log_{36} 512 = 1.741$

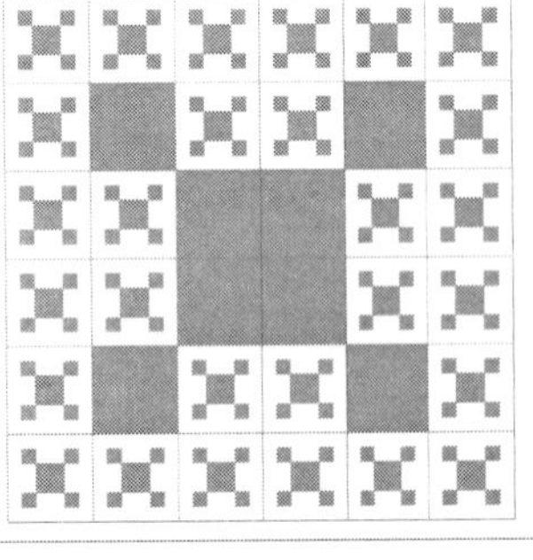

③ $\log_{216} 6272 = 1.627$

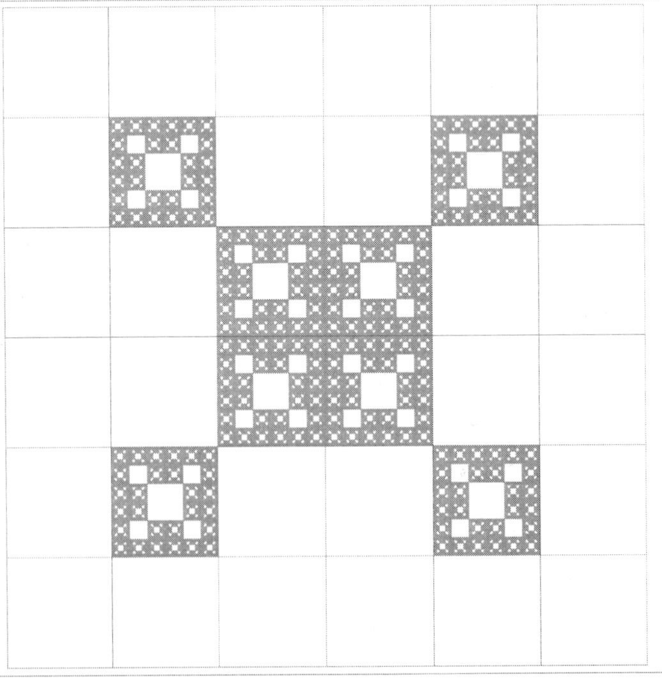

① $\log_6 8 = 1.161$

② $\log_{36} 512 = 1.741$

③ $\log_{216} 6272 = 1.627$

① $\log_6 8 = 1.161$

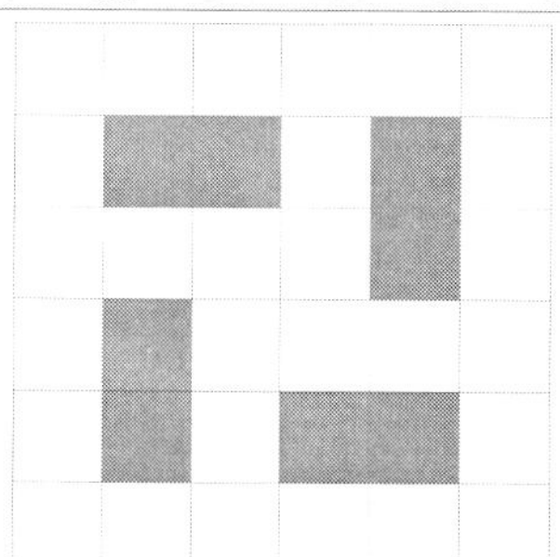

② $\log_{36} 512 = 1.741$

③ $\log_{216} 6272 = 1.627$

① $\log_6 8 = 1.161$

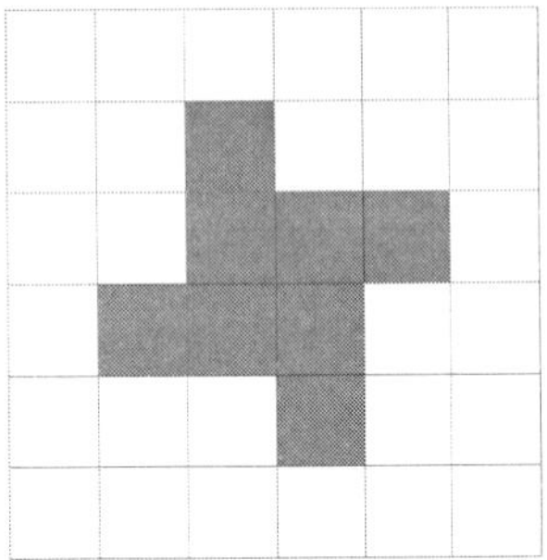

② $\log_{36} 512 = 1.741$

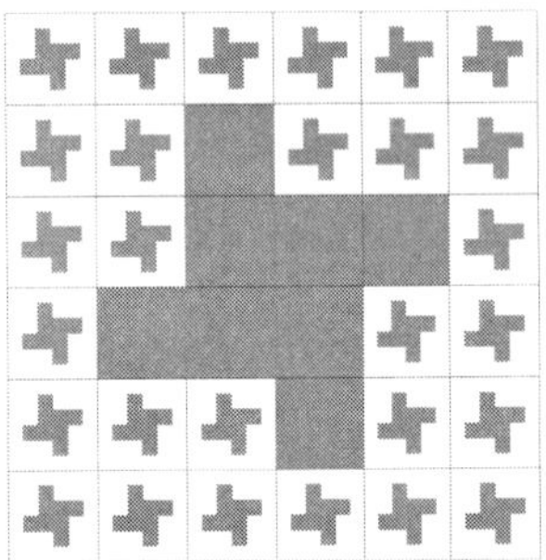

③ $\log_{216} 6272 = 1.627$

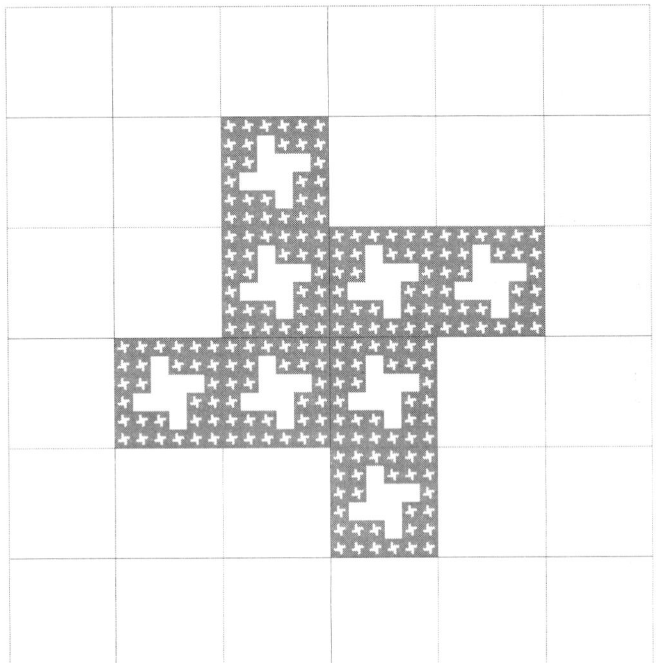

① $\log_6 8 = 1.161$

② $\log_{36} 512 = 1.741$

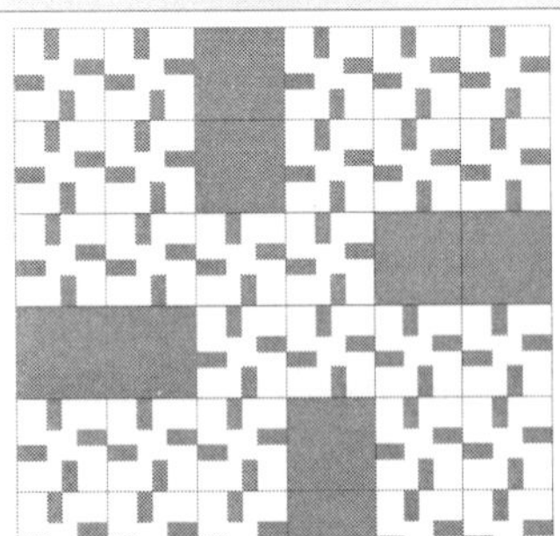

③ $\log_{216} 6272 = 1.627$

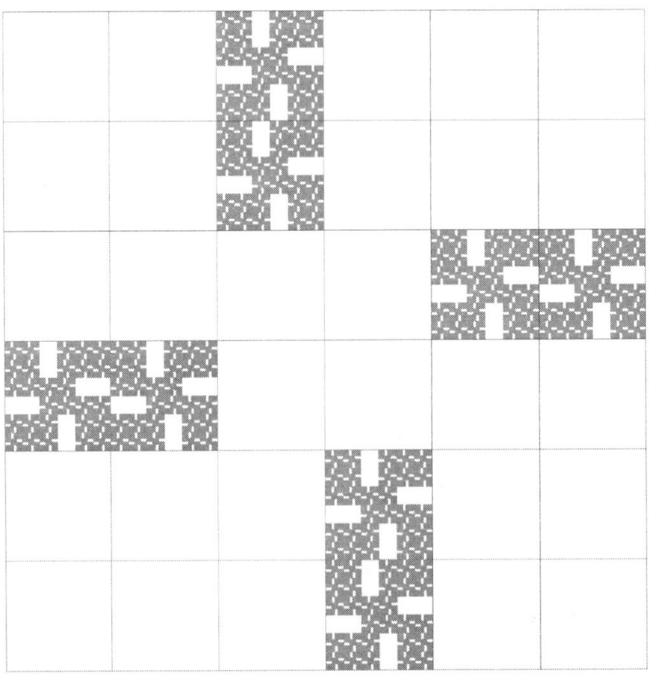

(4) 1단계 12개

① $\log_6 12 = 1.387$

② $\log_{36} 720 = 1.836$

③ $\log_{216} 6912 = 1.645$

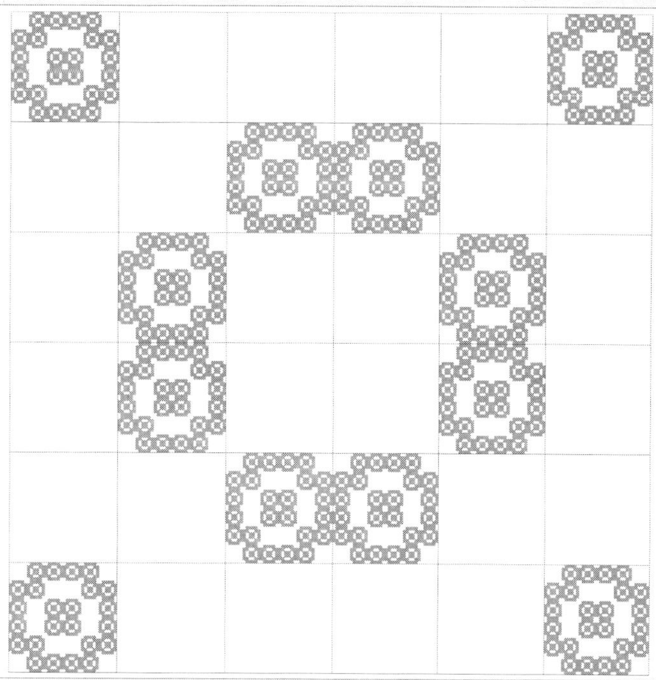

① $\log_6 12 = 1.387$

② $\log_{36} 720 = 1.836$

③ $\log_{216} 6912 = 1.645$

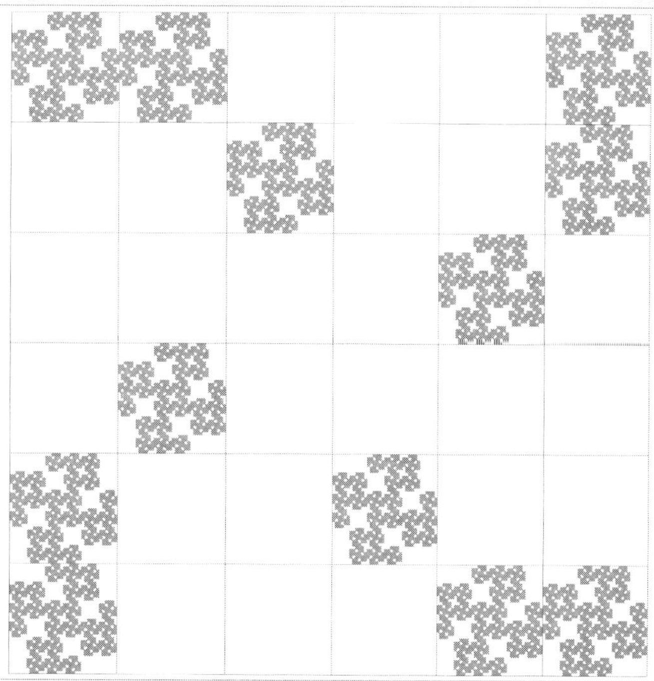

① $\log_6 12 = 1.387$

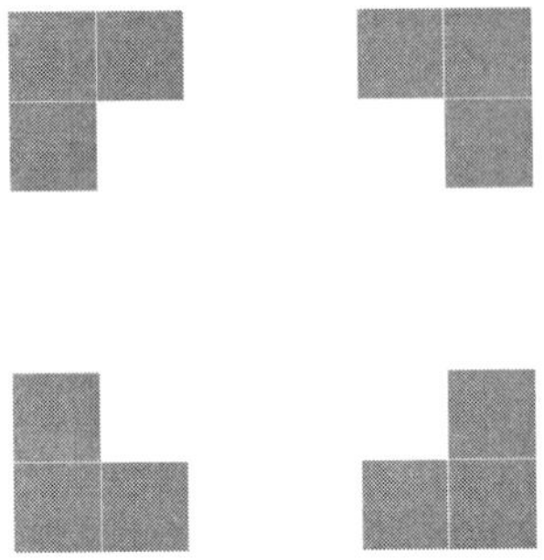

② $\log_{36} 720 = 1.836$

③ $\log_{216} 6912 = 1.645$

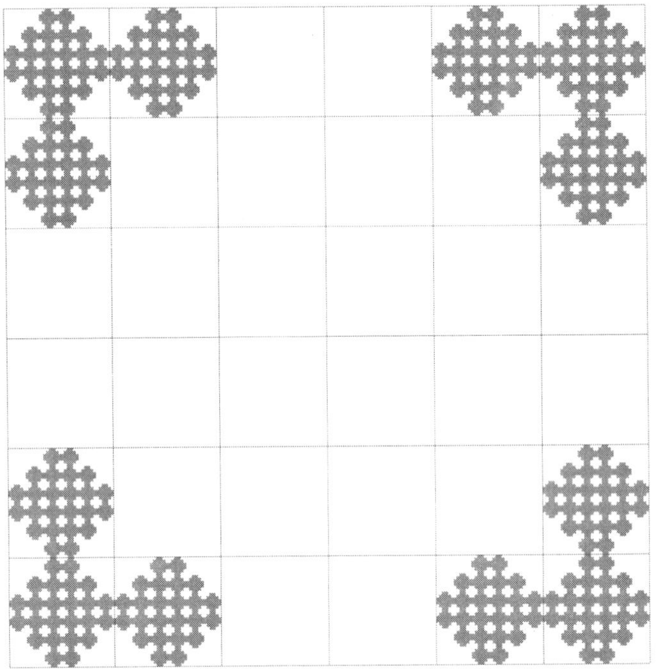

① $\log_6 12 = 1.387$

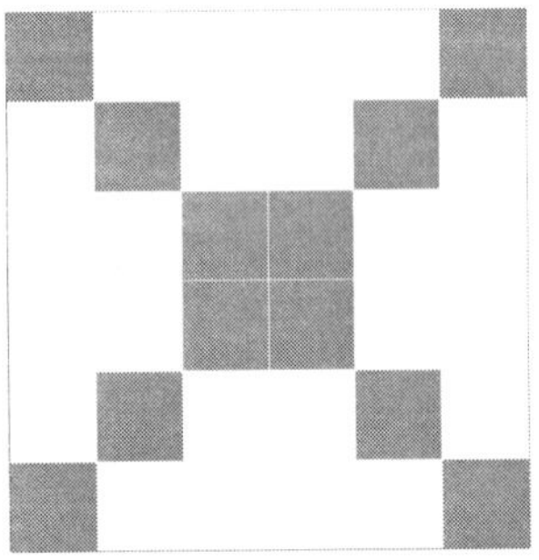

② $\log_{36} 720 = 1.836$

③ $\log_{216} 6912 = 1.645$

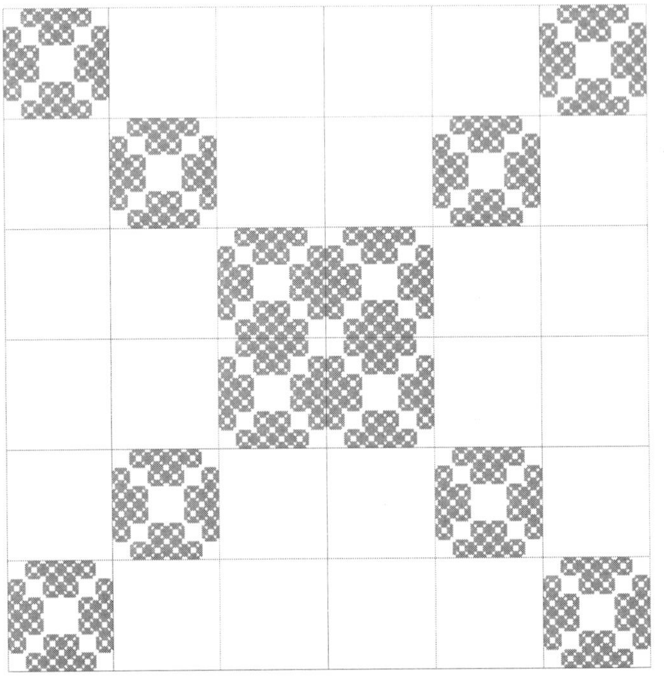

① $\log_6 12 = 1.387$

② $\log_{36} 720 = 1.836$

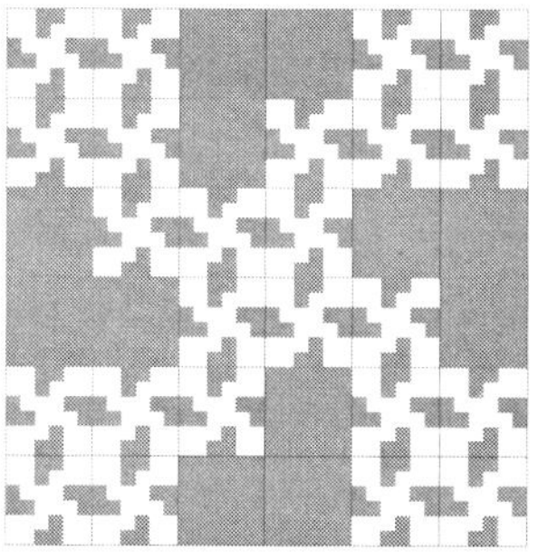

③ $\log_{216} 6912 = 1.645$

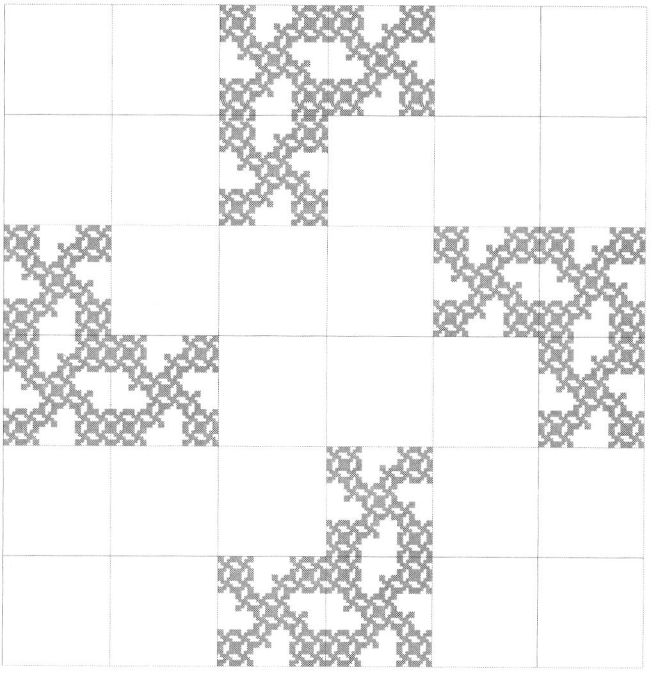

① $\log_6 12 = 1.387$

② $\log_{36} 720 = 1.836$

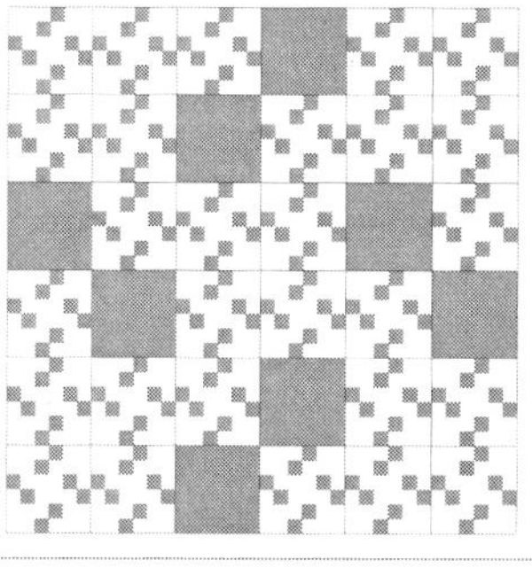

③ $\log_{216} 6912 = 1.645$

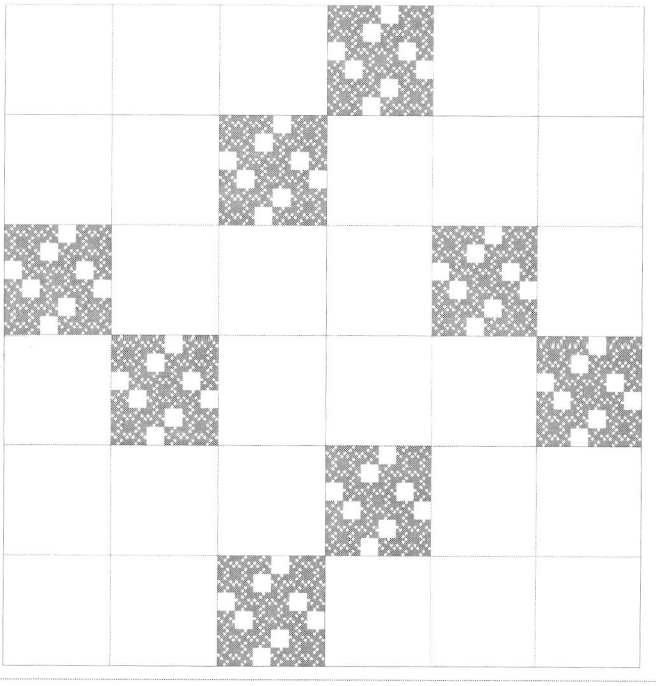

(5) 1단계 16개

① $\log_6 16 = 1.547$

② $\log_{36} 896 = 1.897$

③ $\log_{216} 6400 = 1.63$

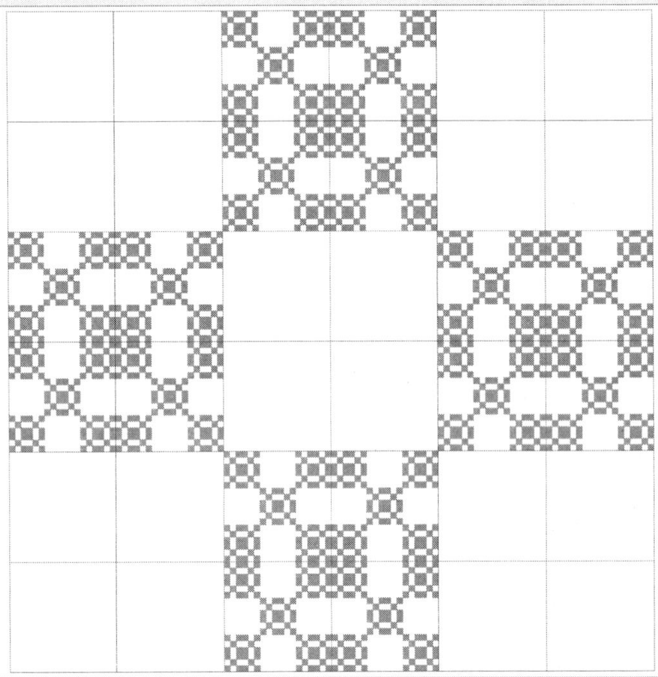

① $\log_6 16 = 1.547$

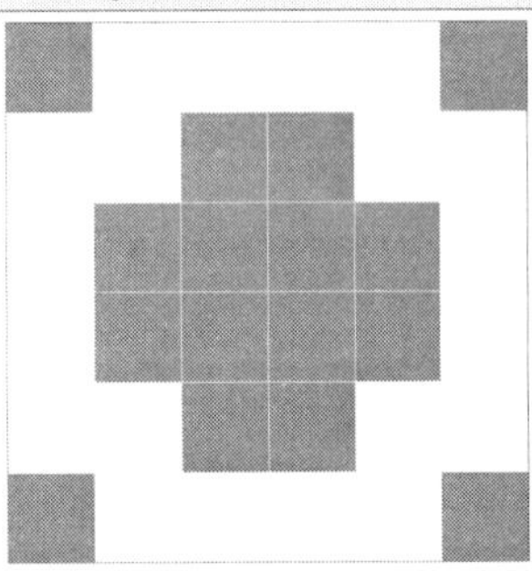

② $\log_{36} 896 = 1.897$

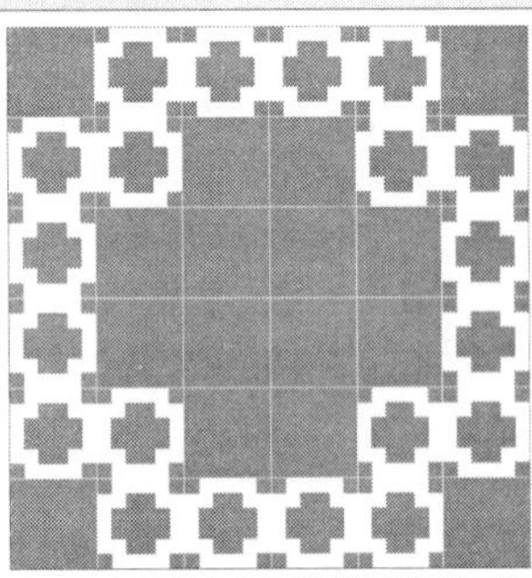

③ $\log_{216} 6400 = 1.63$

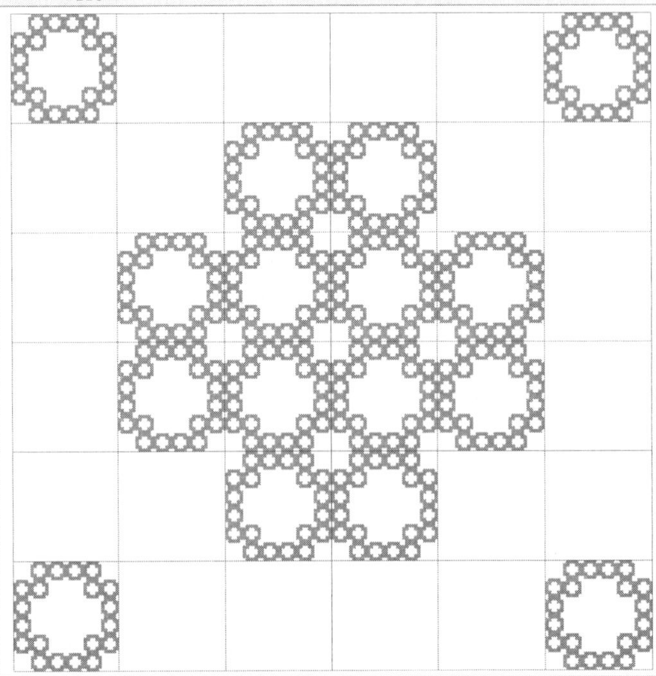

① $\log_{6}16 = 1.547$

② $\log_{36}896 = 1.897$

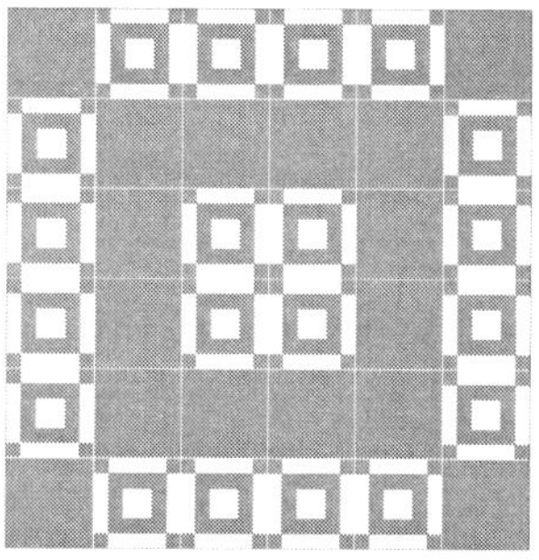

③ $\log_{216}6400 = 1.63$

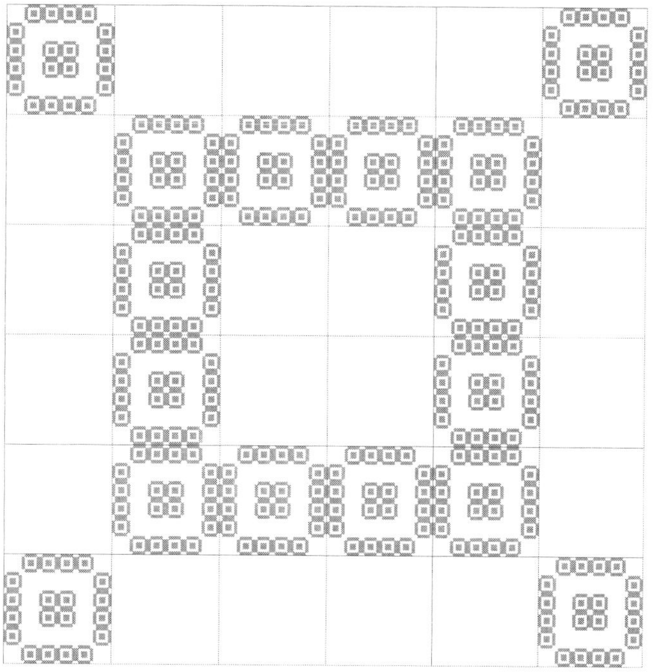

① $\log_{6}16 = 1.547$

② $\log_{36}896 - 1.897$

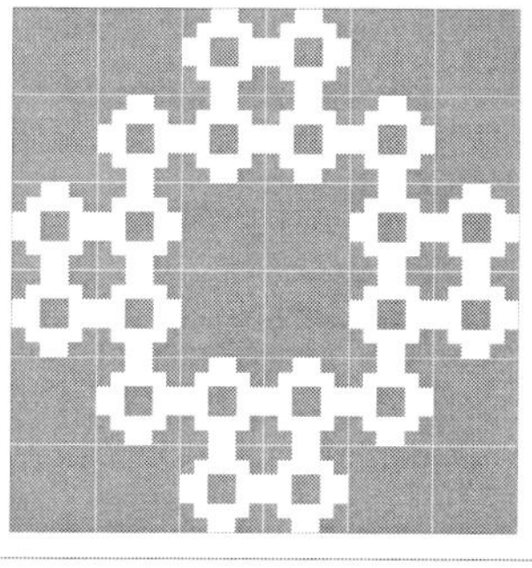

③ $\log_{216}6400 = 1.63$

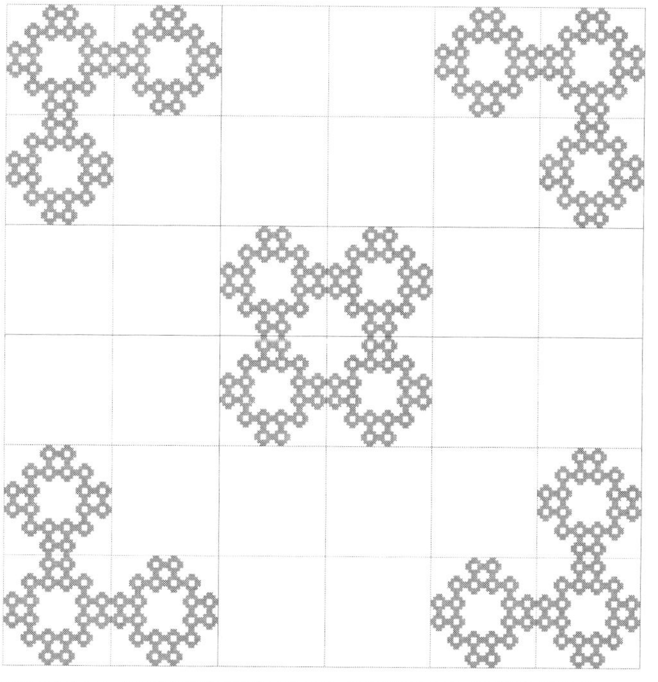

(6) 1단계 20개

① $\log_6 20 = 1.672$

② $\log_{36} 1040 = 1.939$

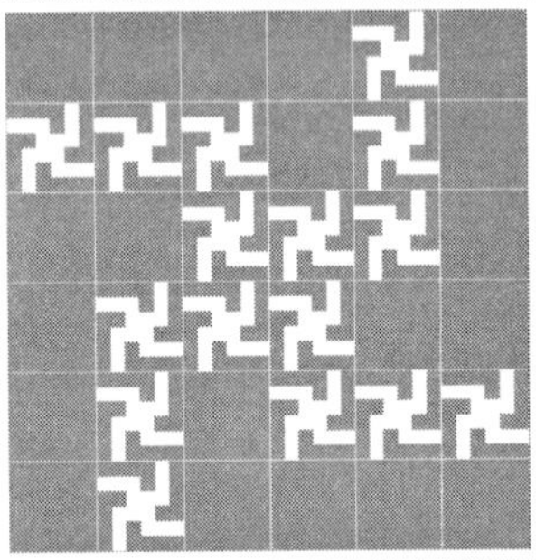

③ $\log_{216} 5120 = 1.589$

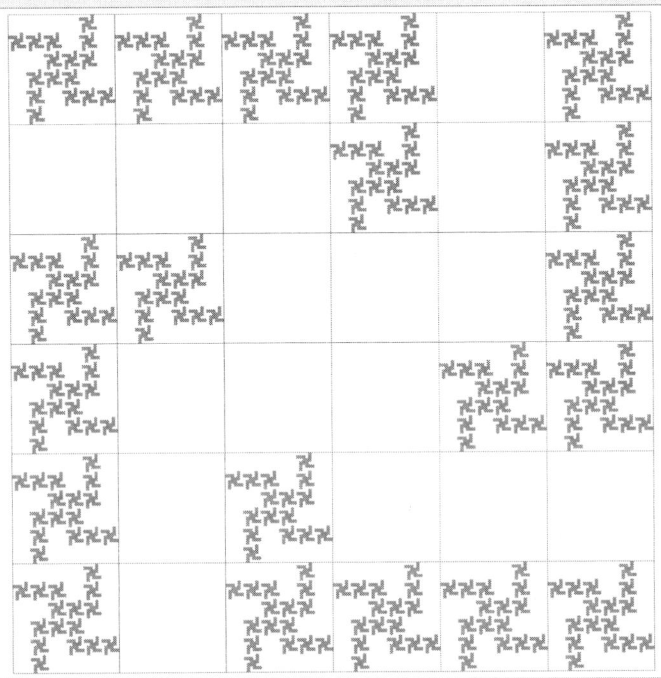

① $\log_6 20 = 1.672$

② $\log_{36} 1040 = 1.939$

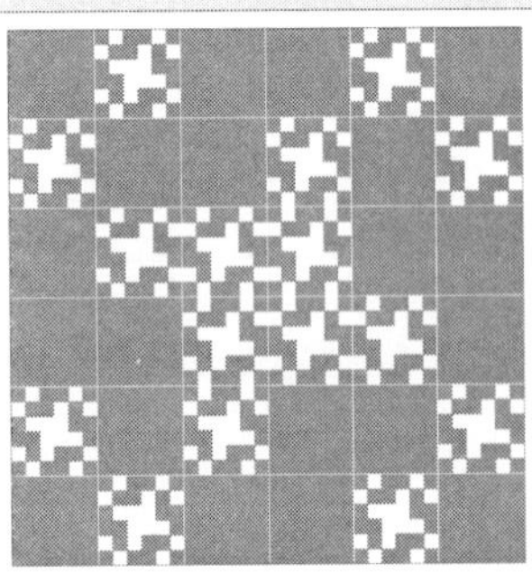

③ $\log_{216} 5120 = 1.589$

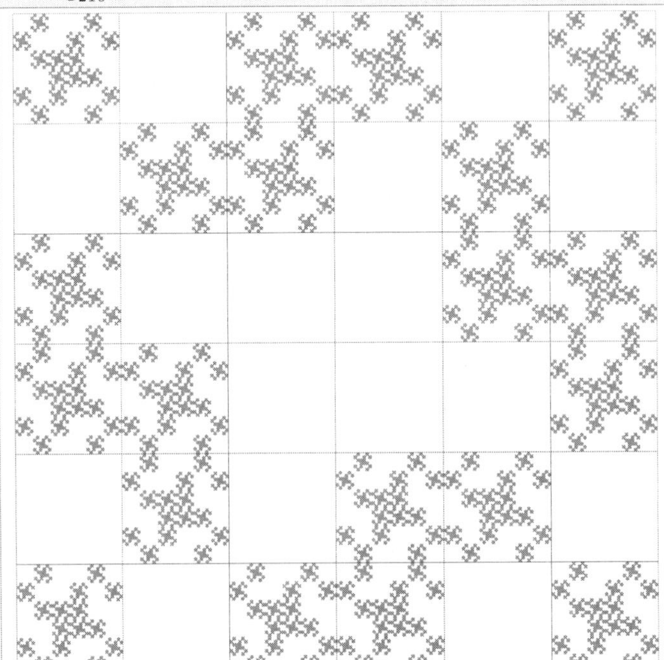

5 7×7 덧셈-뺄셈 프랙탈

(1) 1단계 9개

① $\log_7 9 - 1.129$	② $\log_{49} 801 = 1.718$

③ $\log_{343} 14400 = 1.64$

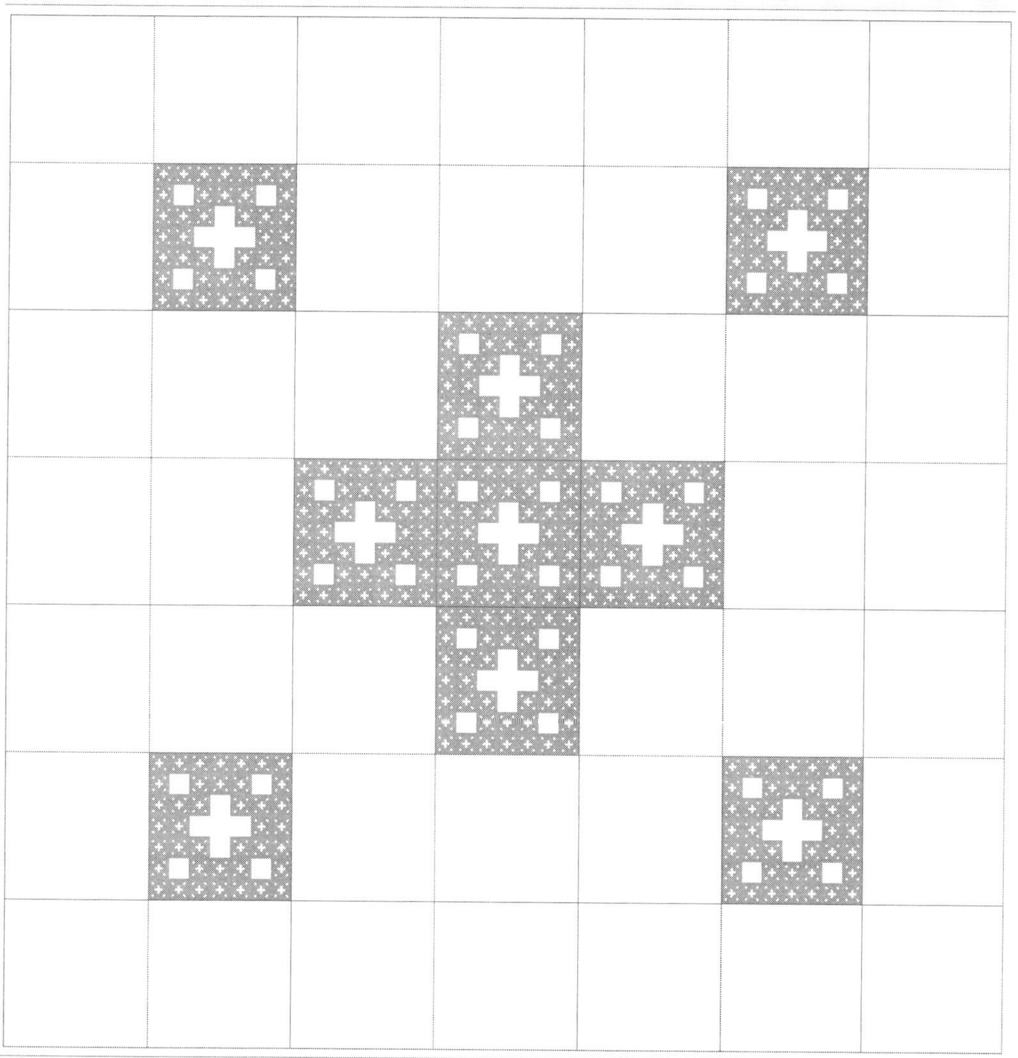

① $\log_7 9 = 1.129$

② $\log_{49} 801 = 1.718$

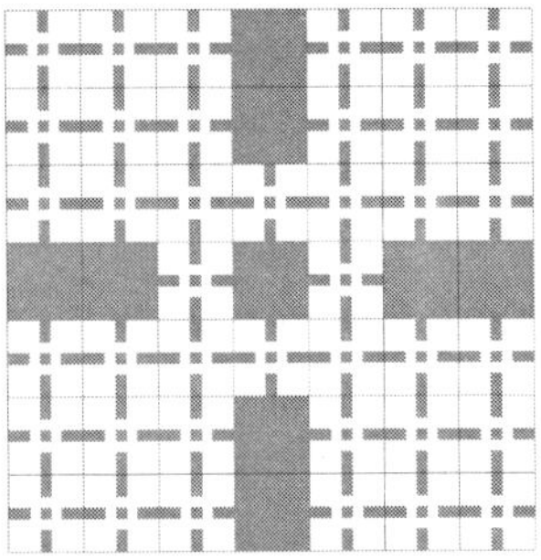

③ $\log_{343} 14400 = 1.64$

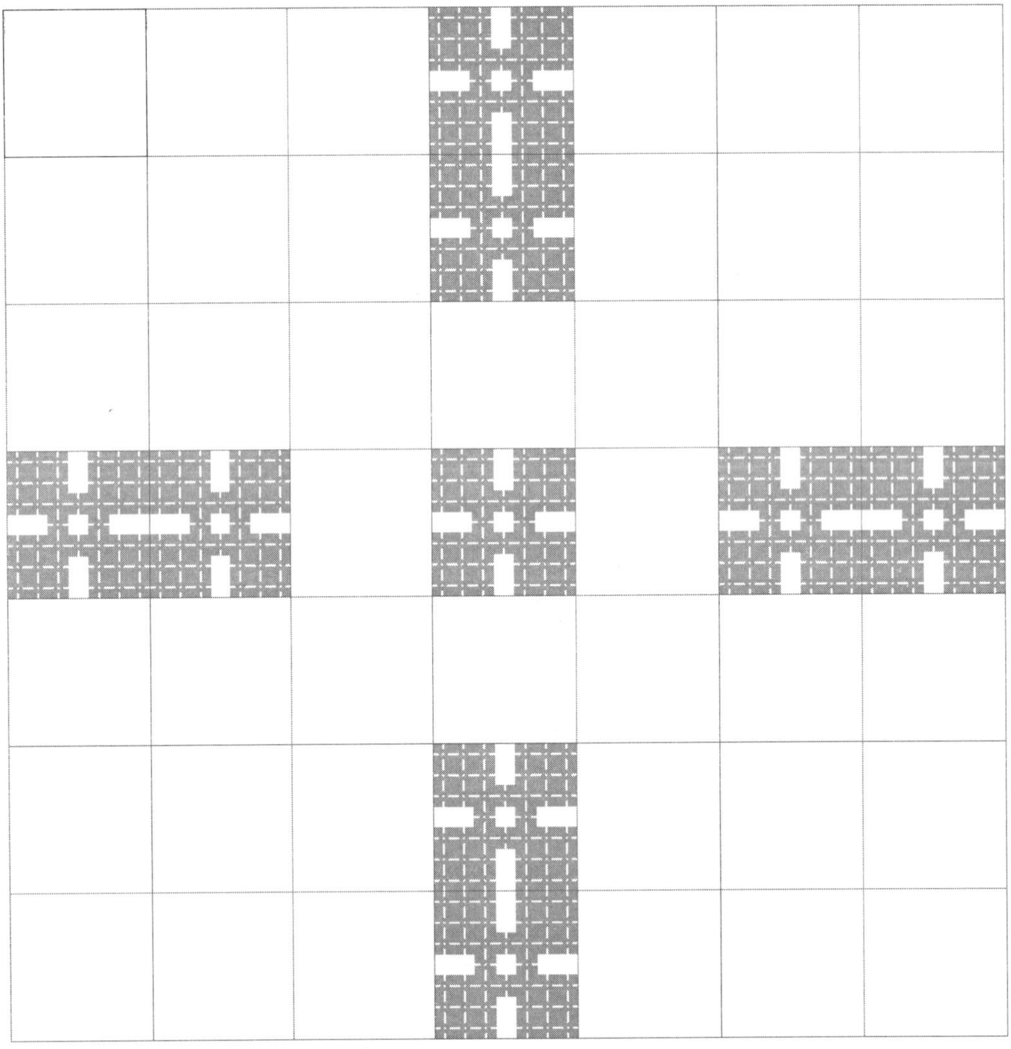

(2) 1단계 10개

① $\log_{7}10 = 1.183$

② $\log_{49}880 = 1.742$

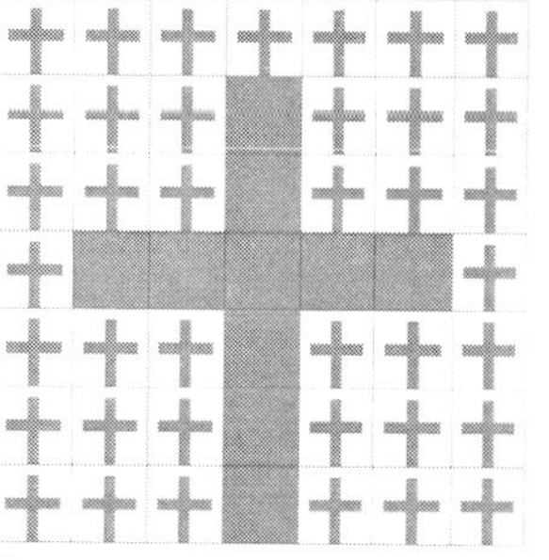

③ $\log_{343}15210 = 1.65$

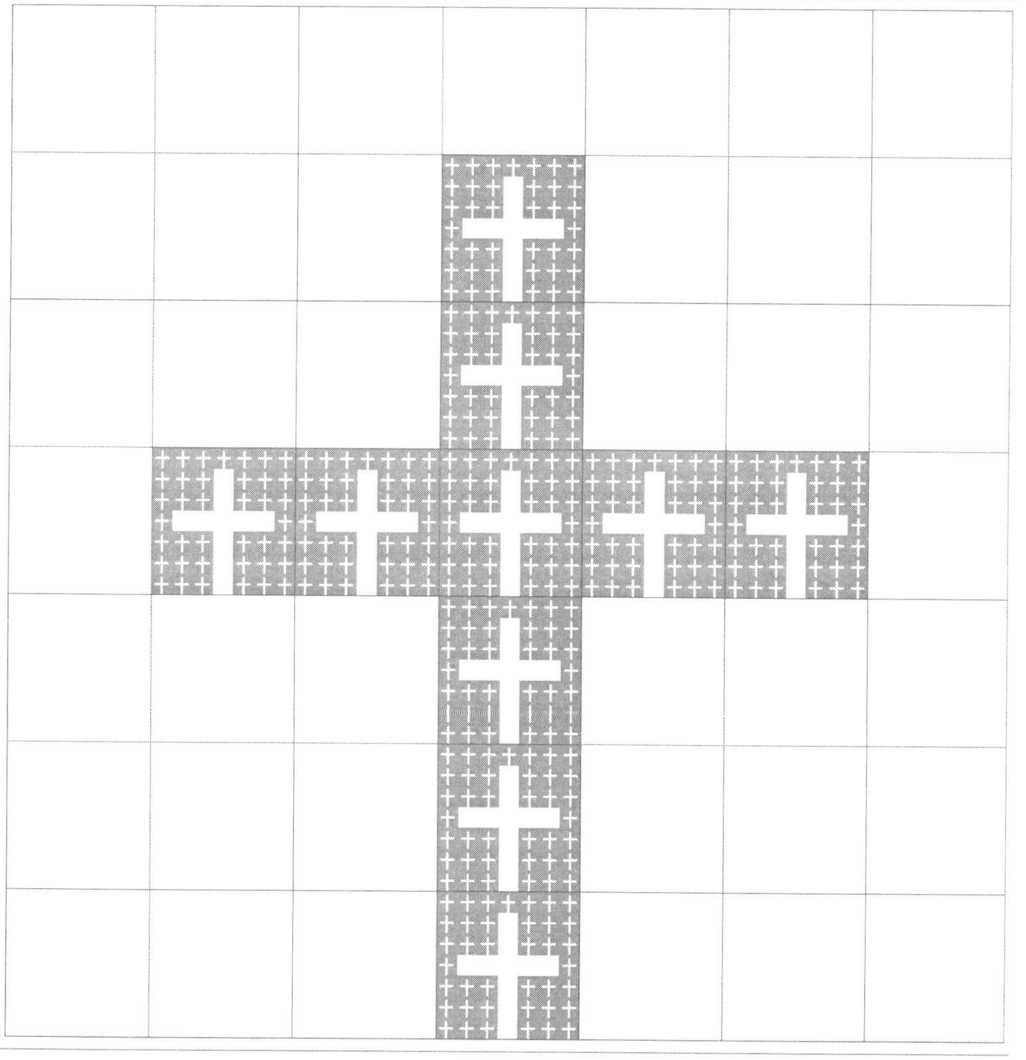

(3) 1단계 12개

① $\log_{7}12 = 1.277$

② $\log_{49}1032 = 1.783$

③ $\log_{343}16428 = 1.663$

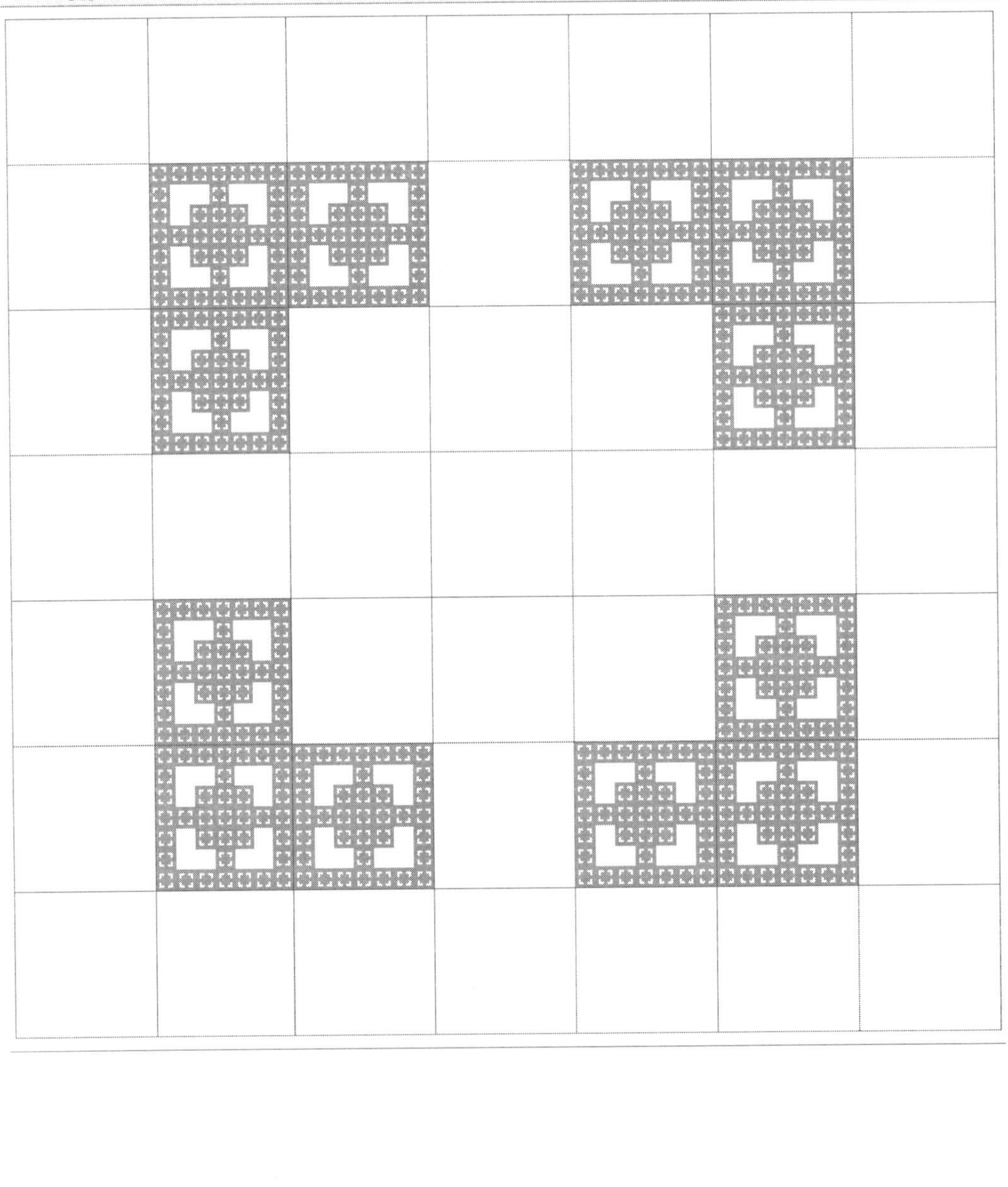

(4) 1단계 13개

① $\log_7 13 = 1.318$

② $\log_{49} 1105 = 1.801$

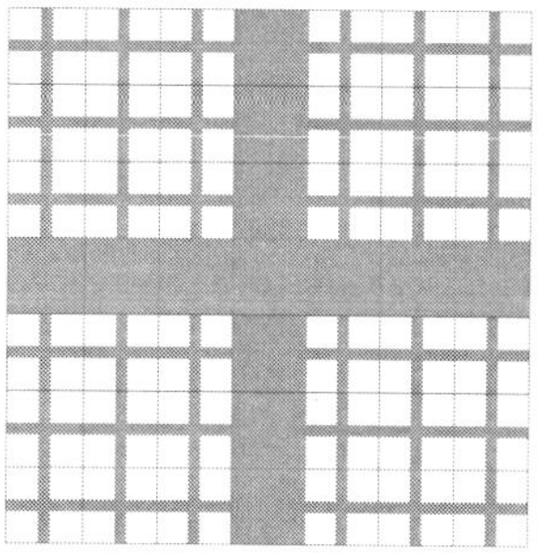

③ $\log_{343} 16848 = 1.667$

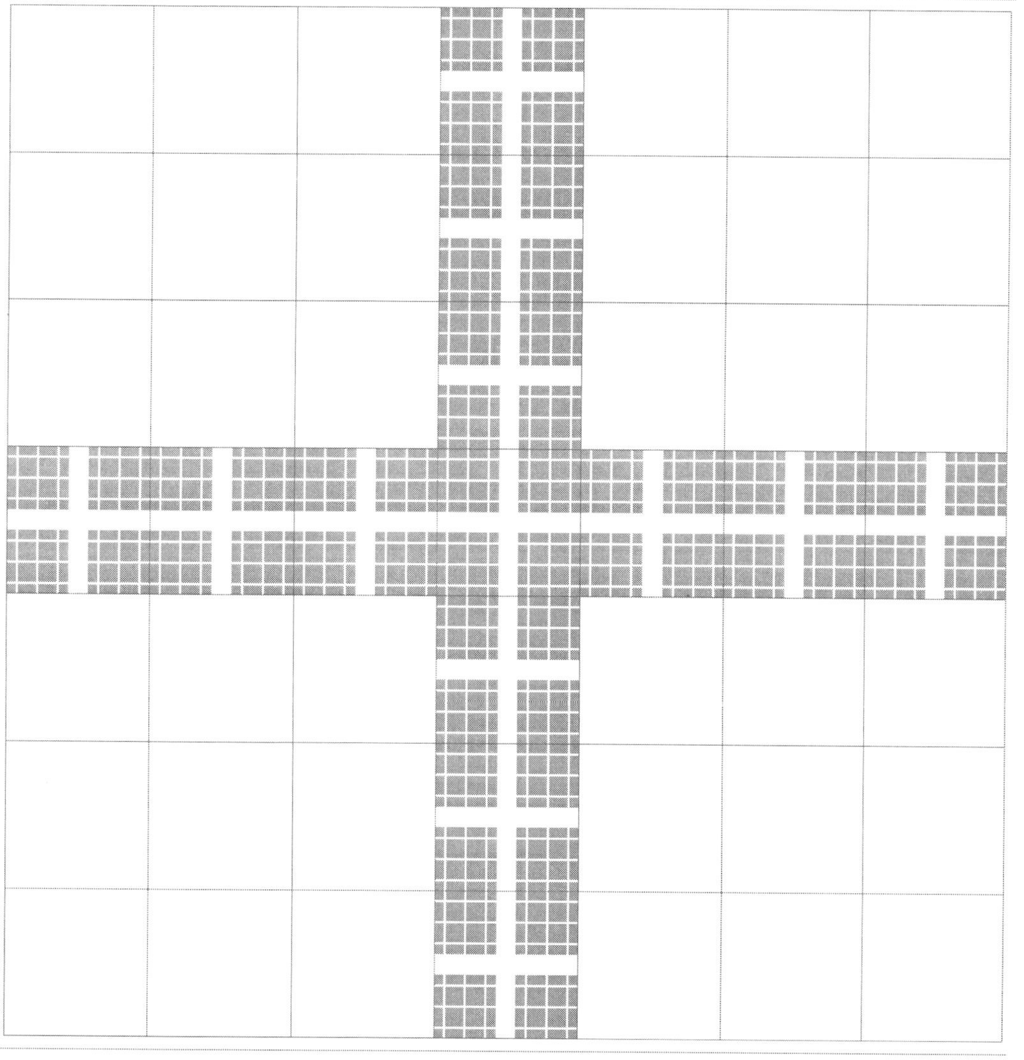

(5) 1단계 16개

① $\log_7 16 = 1.425$	② $\log_{49} 1312 = 1.845$

③ $\log_{343} 17424 = 1.673$

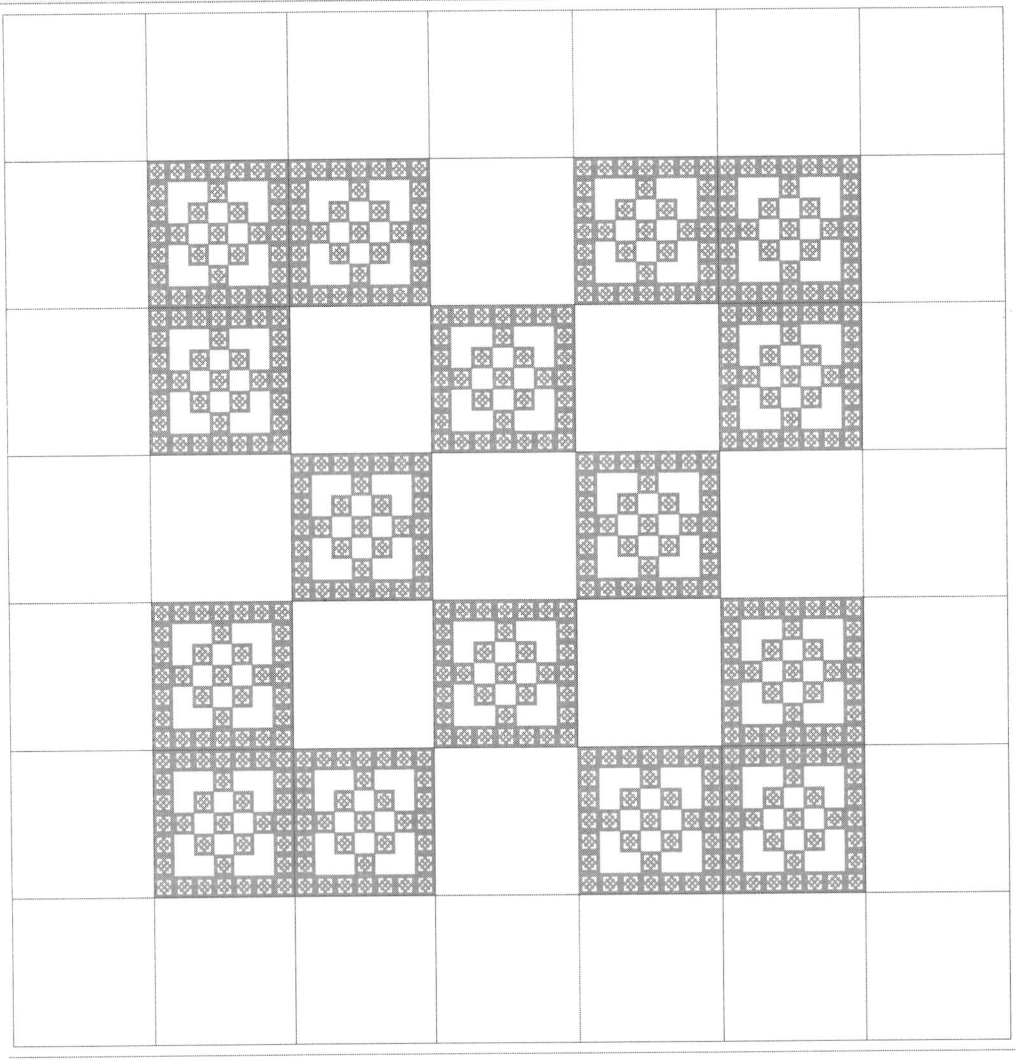

① $\log_7 16 = 1.425$

② $\log_{49} 1312 = 1.845$

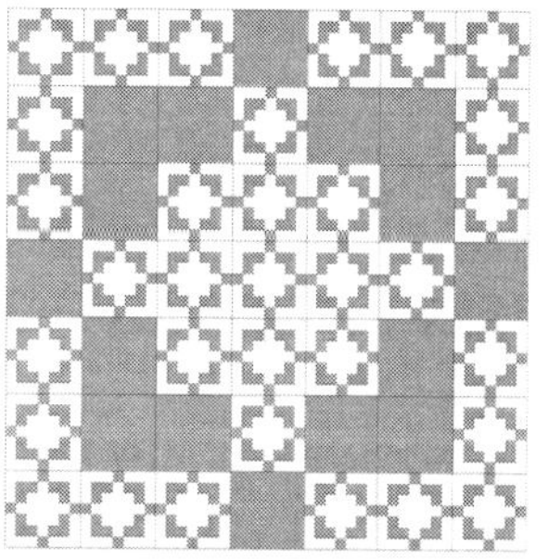

③ $\log_{343} 17424 = 1.673$

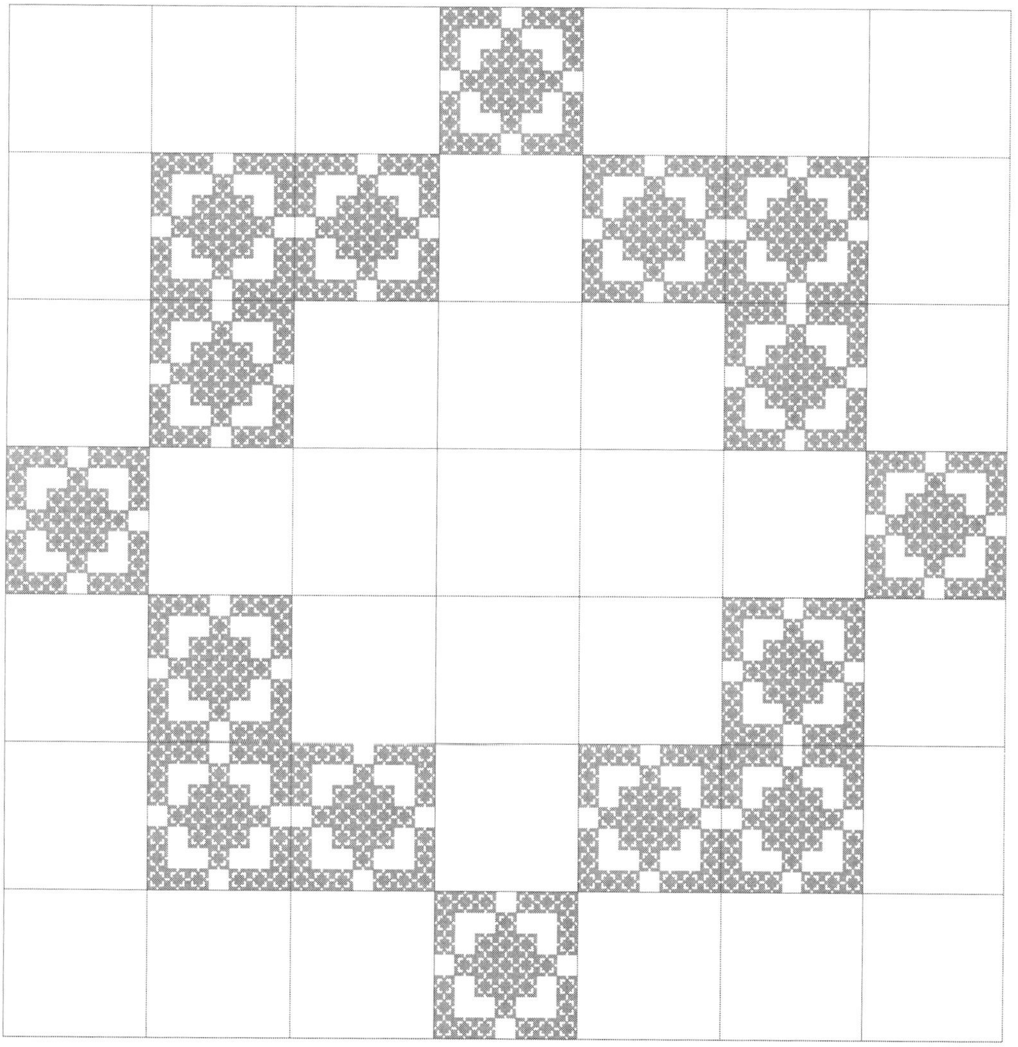

(6) 1단계 17개

① $\log_{7}17 = 1.456$	②$\log_{49}1377 = 1.857$
	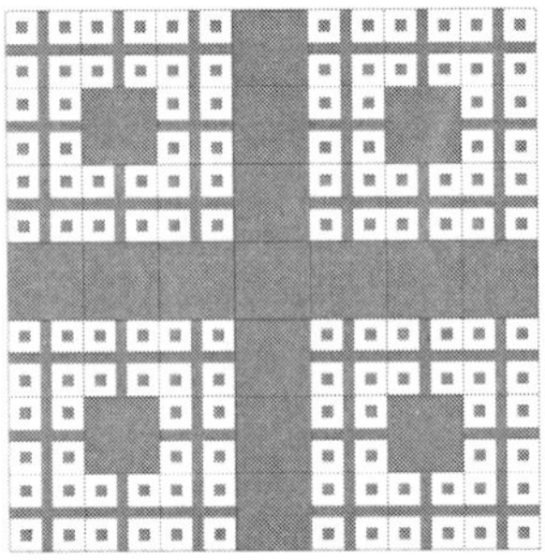

③ $\log_{343}17408 = 1.673$

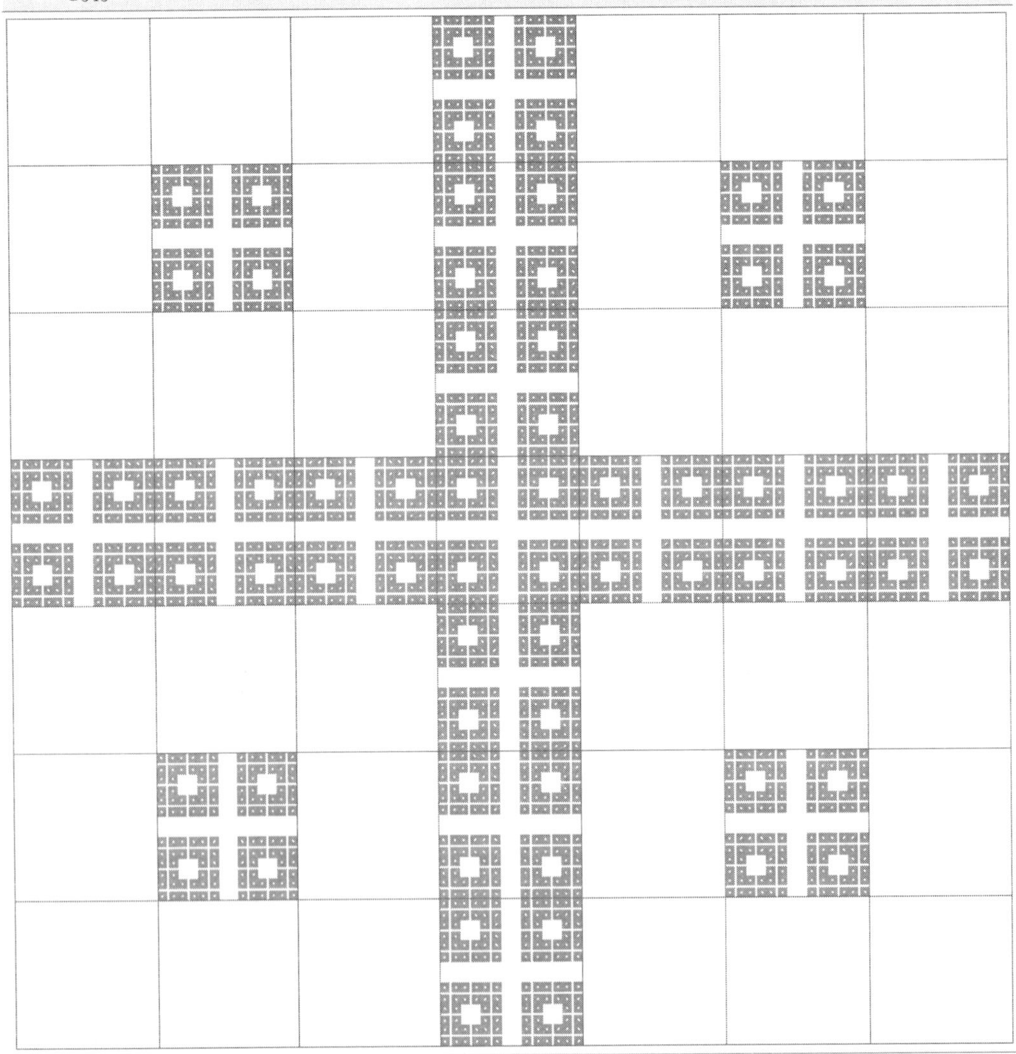

① $\log_7 17 = 1.456$	② $\log_{49} 1377 = 1.857$
	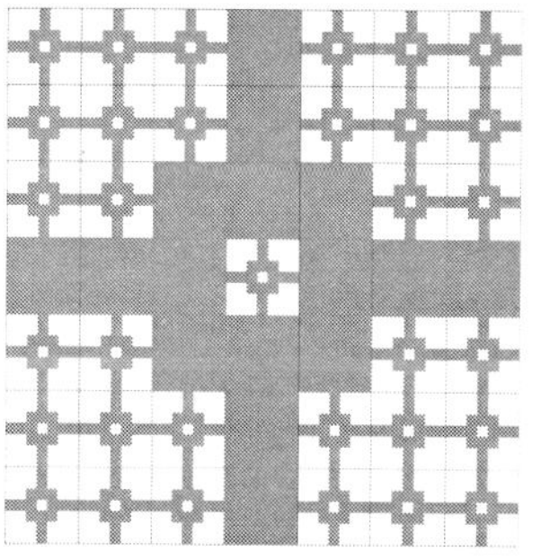

③ $\log_{343} 17408 = 1.673$

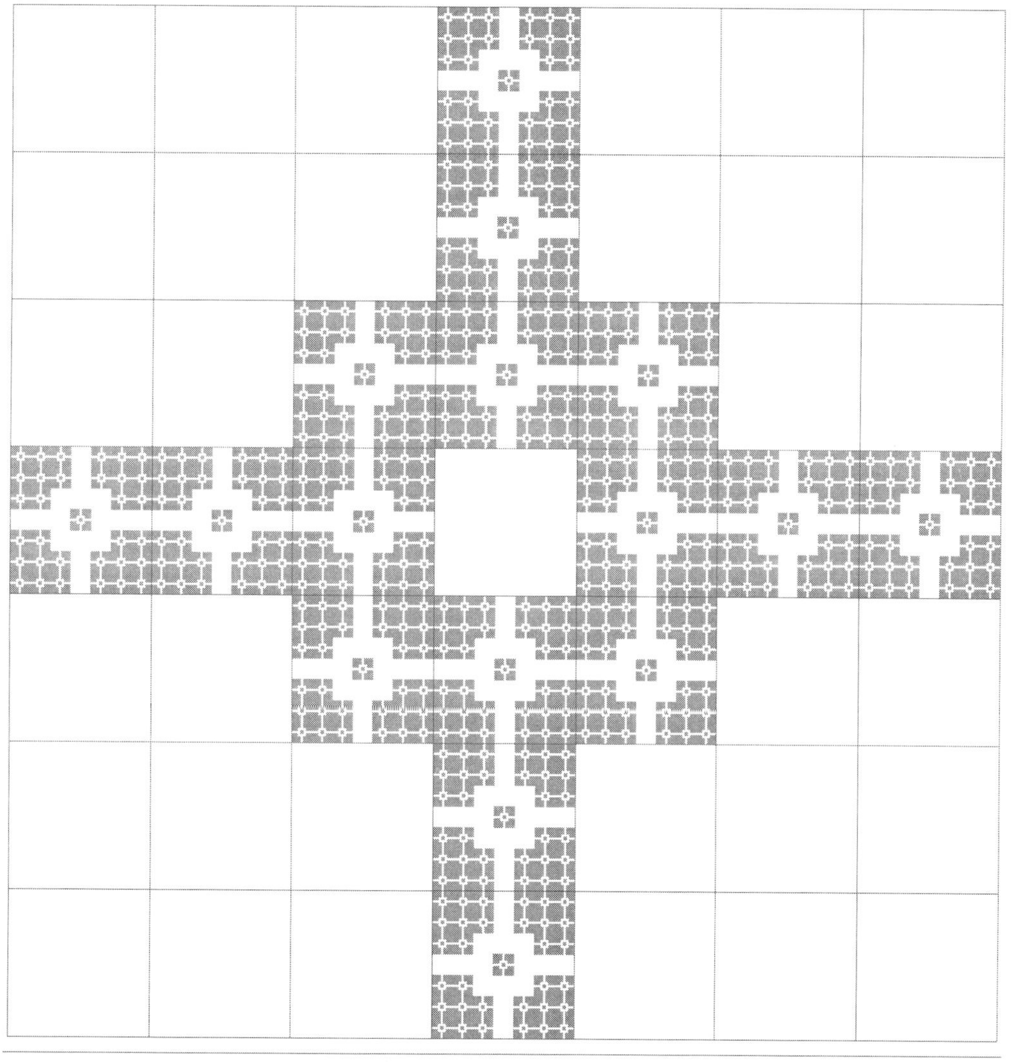

(7) 1단계 20개

① $\log_7 20 = 1.54$

② $\log_{49} 1560 = 1.889$

③ $\log_{343} 16820 = 1.667$

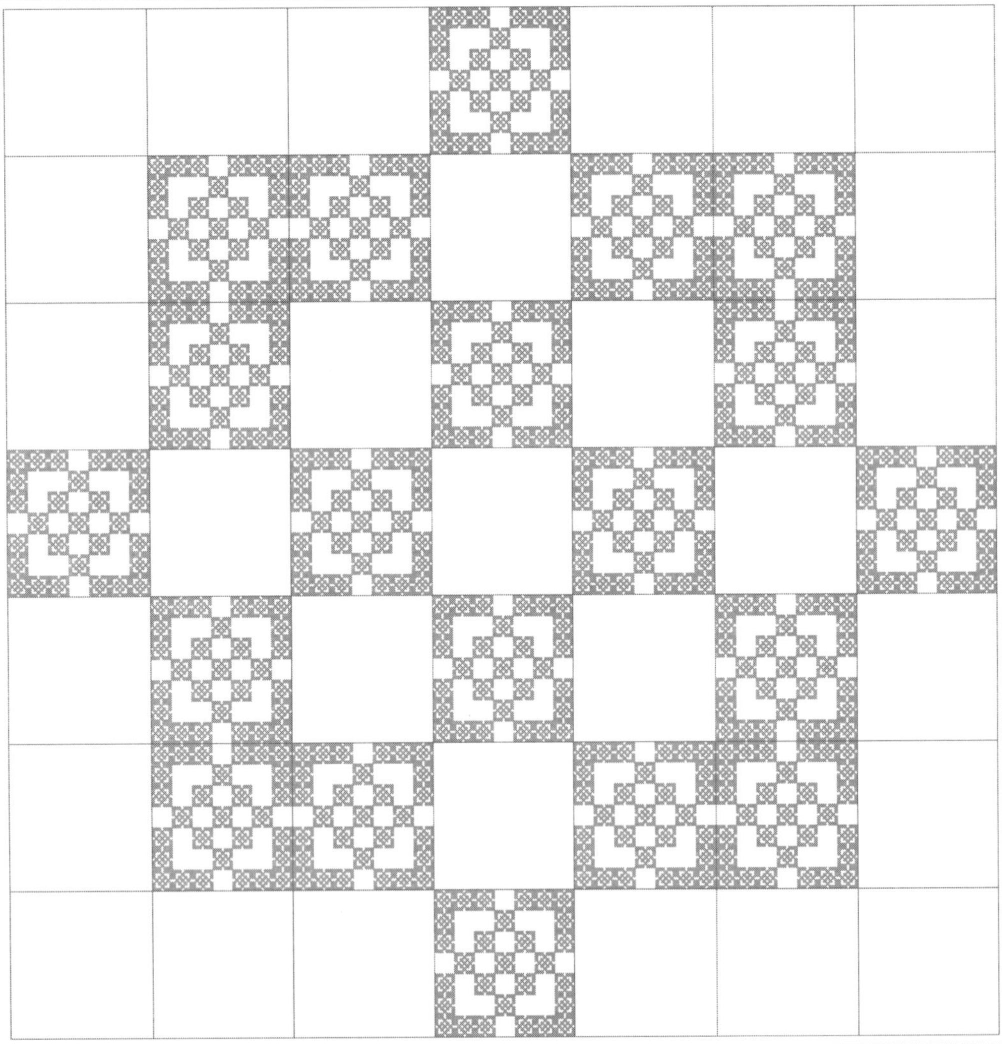

① $\log_7 20 = 1.54$

② $\log_{49} 1560 = 1.889$

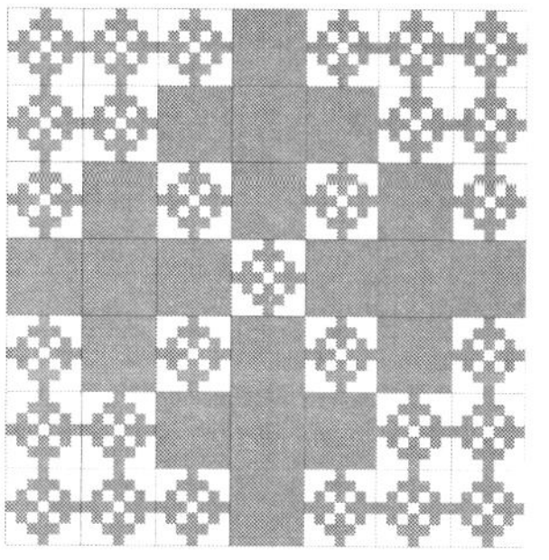

③ $\log_{343} 16820 = 1.667$

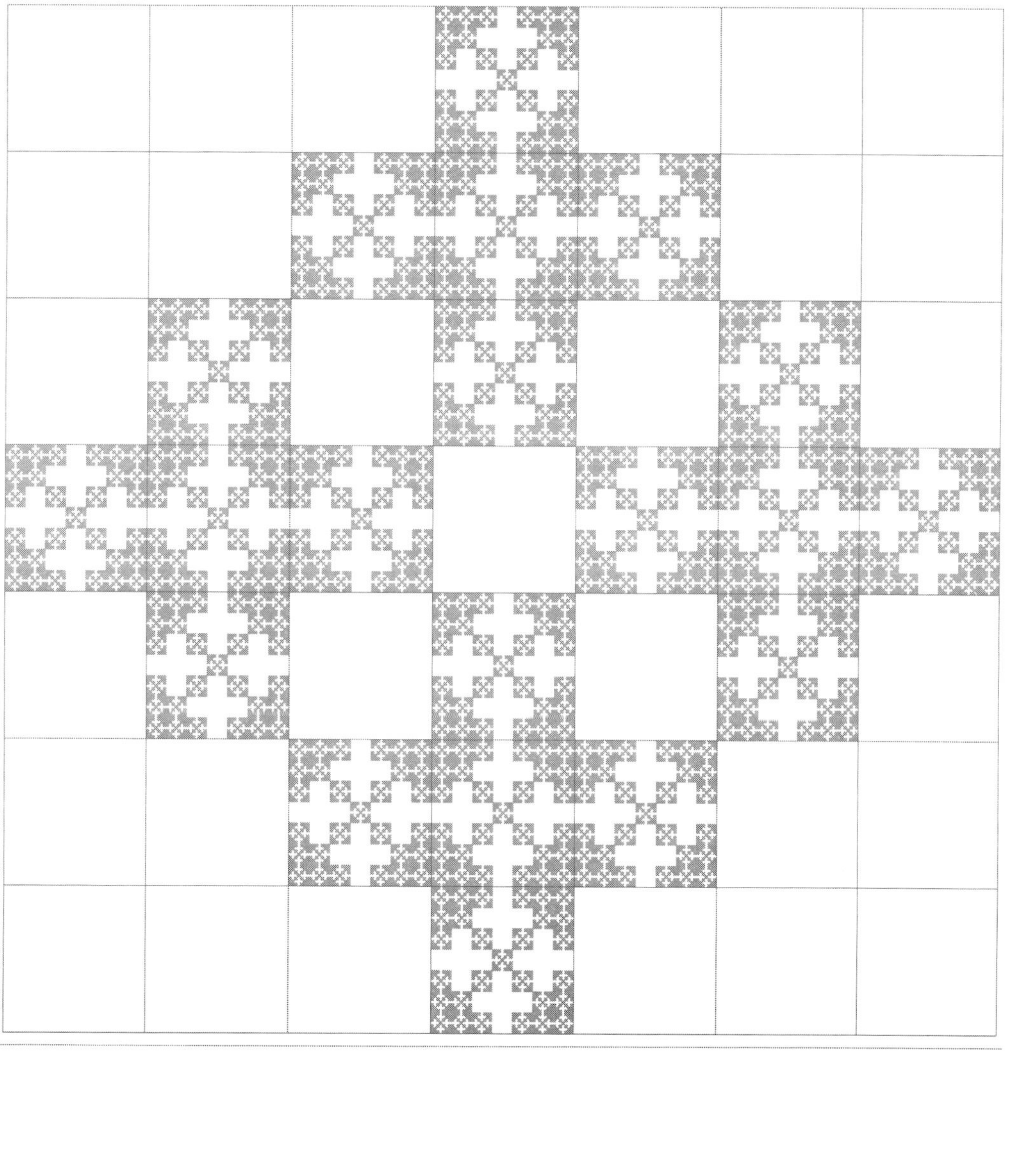

① $\log_7 20 = 1.54$

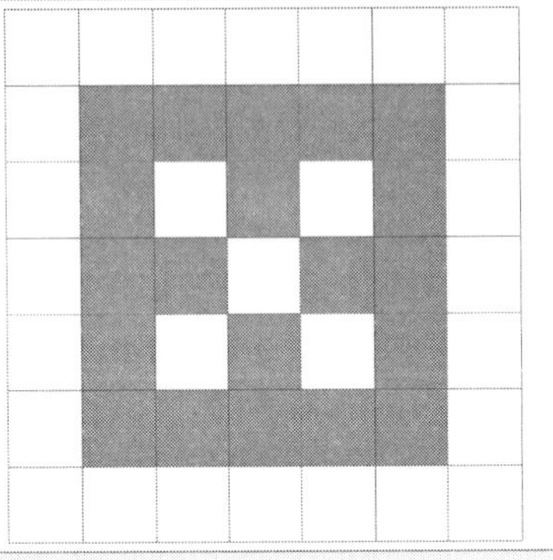

② $\log_{49} 1560 = 1.889$

③ $\log_{343} 16820 = 1.667$

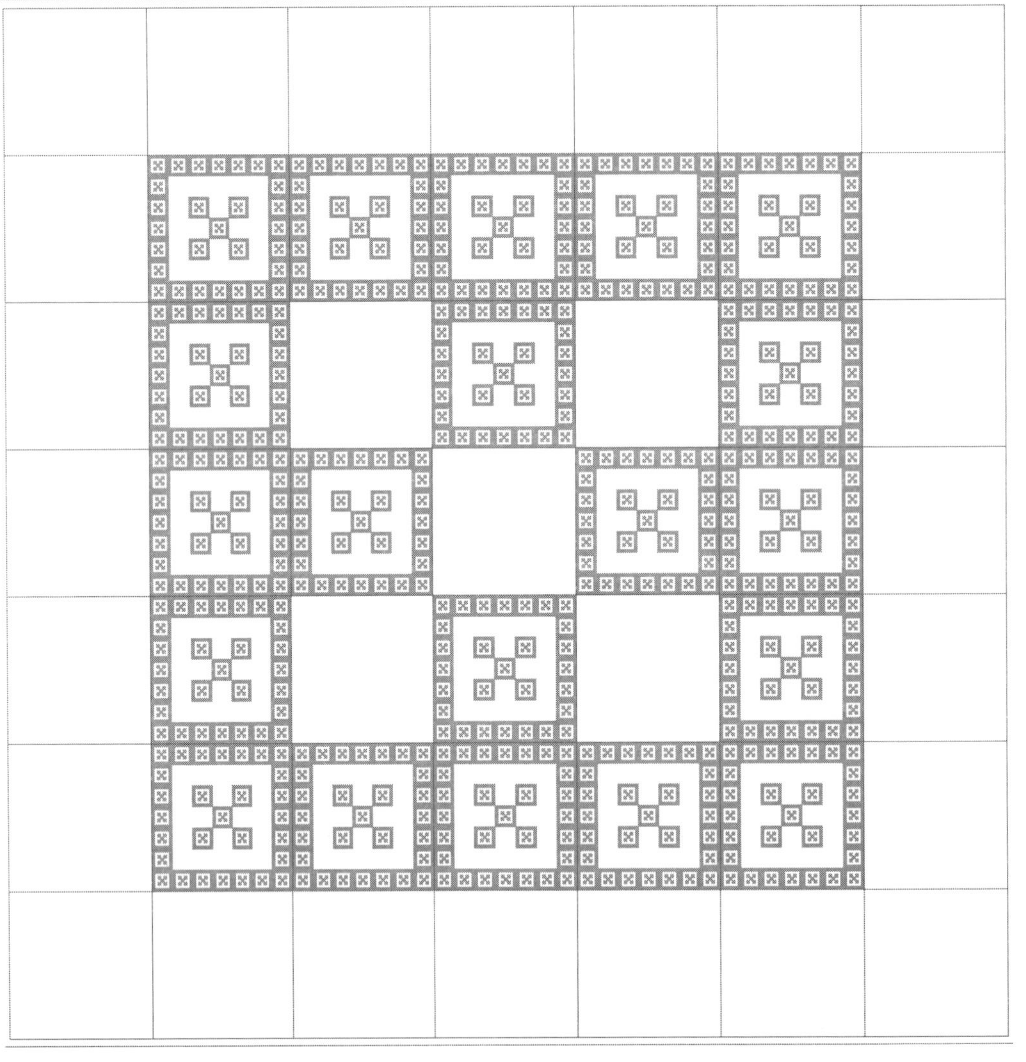

(8) 1단계 21개

① $\log_7 21 = 1.565$

② $\log_{49} 1617 = 1.898$

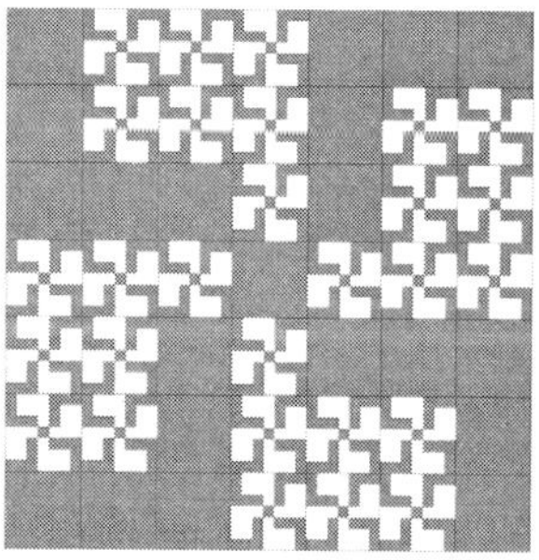

③ $\log_{343} 16464 = 1.663$

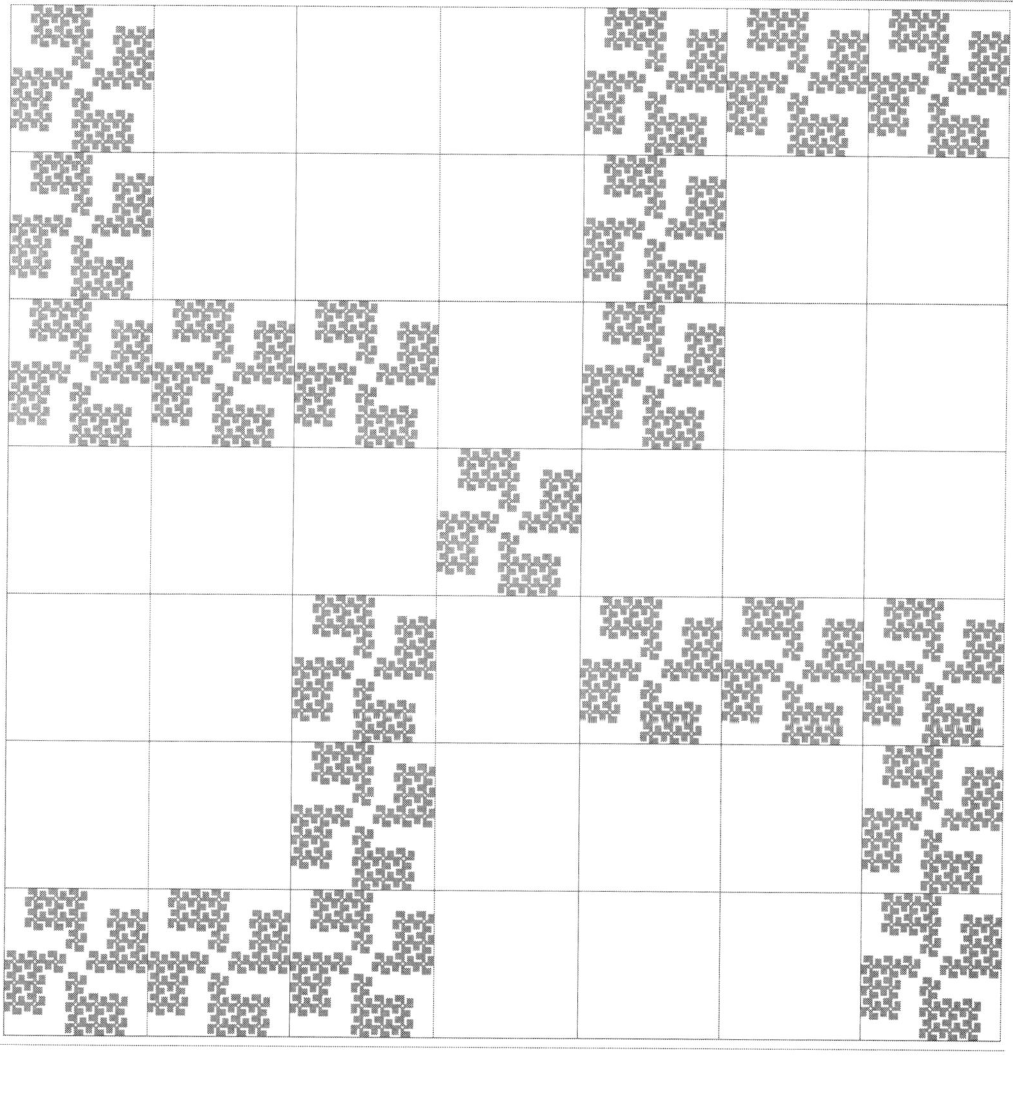

6 8×8 덧셈-뺄셈 프랙탈

(1) 1단계 8개

① $\log_{8}8=1$	② $\log_{64}960=1.651$
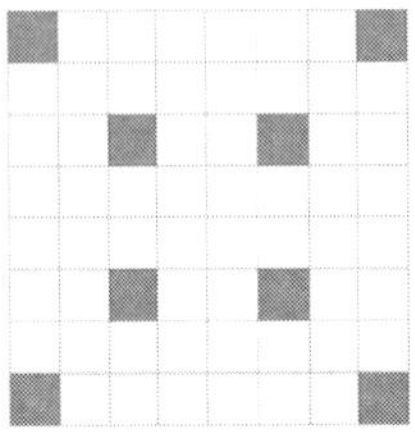	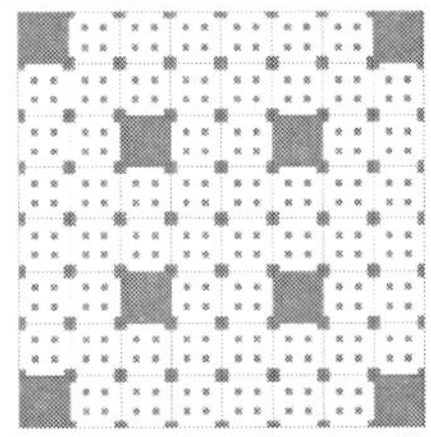

③ $\log_{512}25088=1.624$

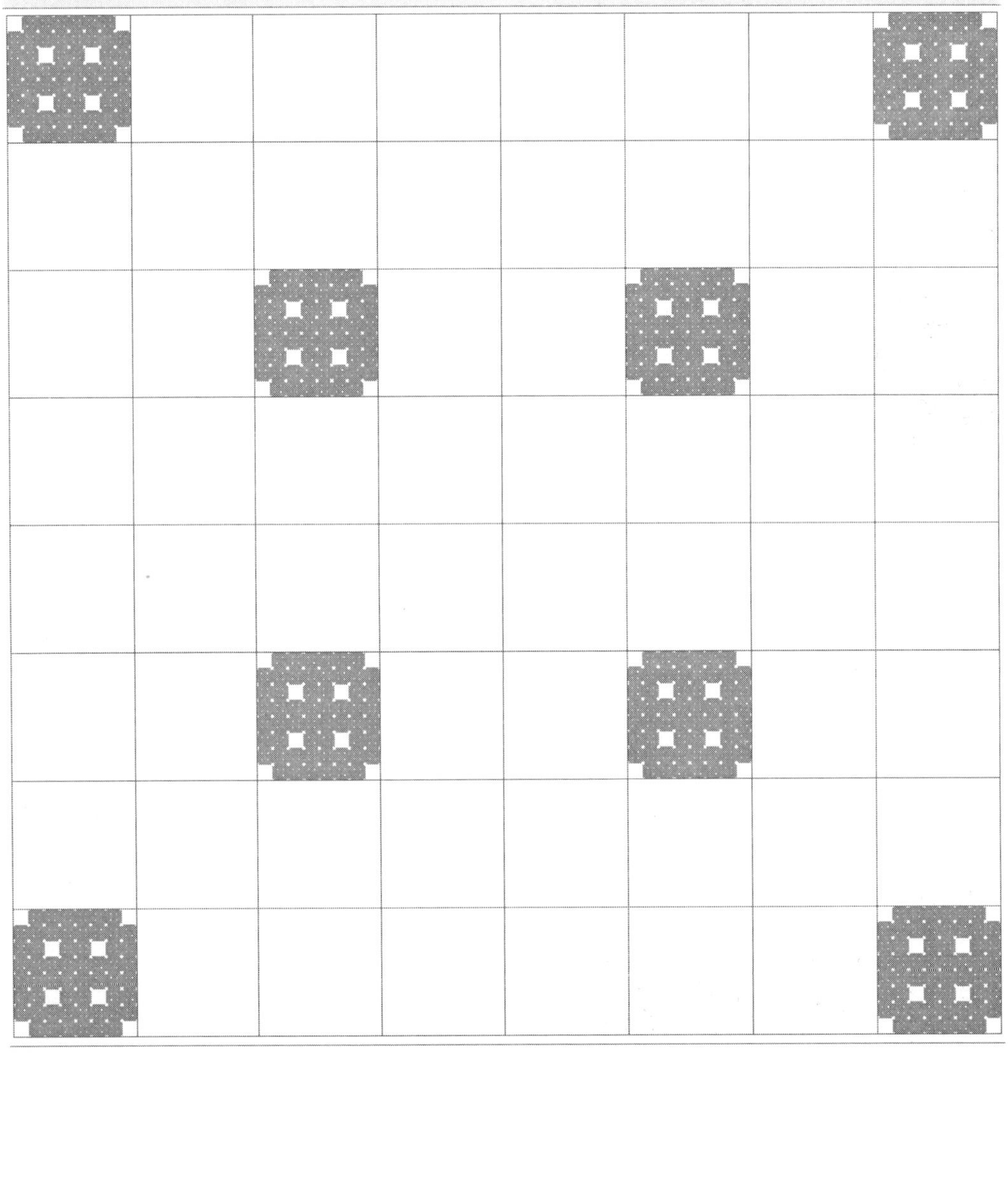

① $\log_8 8 = 1$	② $\log_{64} 960 = 1.651$
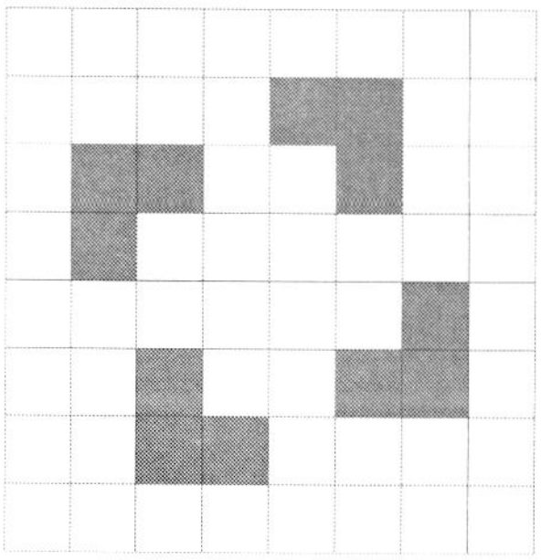	

③ $\log_{512} 25088 = 1.624$

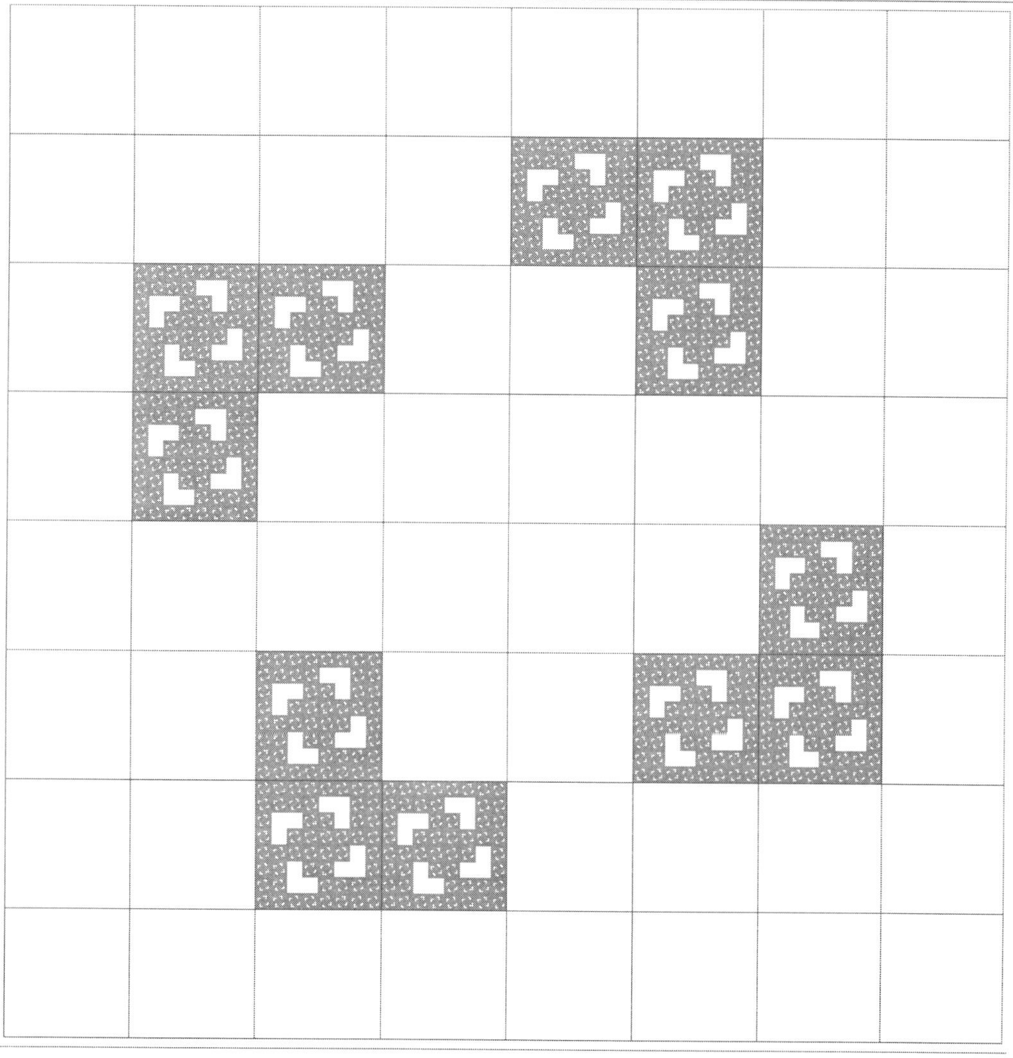

(2) 1단계 16개

① $\log_8 16 = 1.333$

② $\log_{64} 1792 = 1.801$

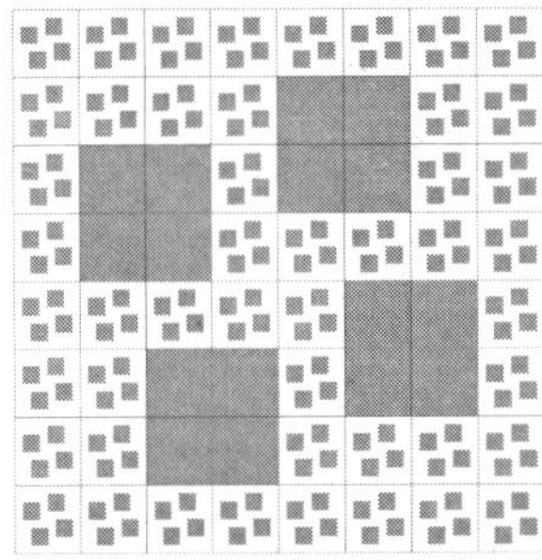

③ $\log_{512} 36864 = 1.686$

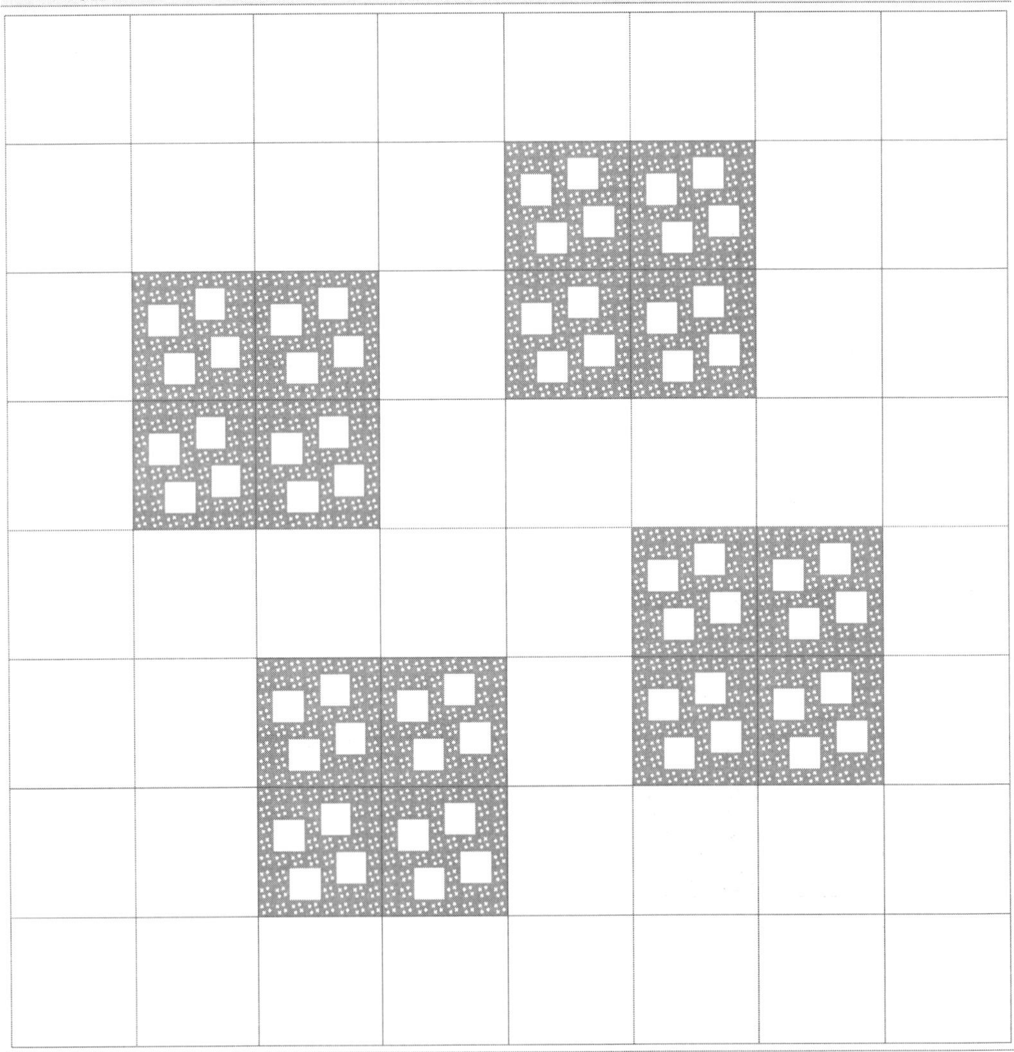

① $\log_{8}16 = 1.333$

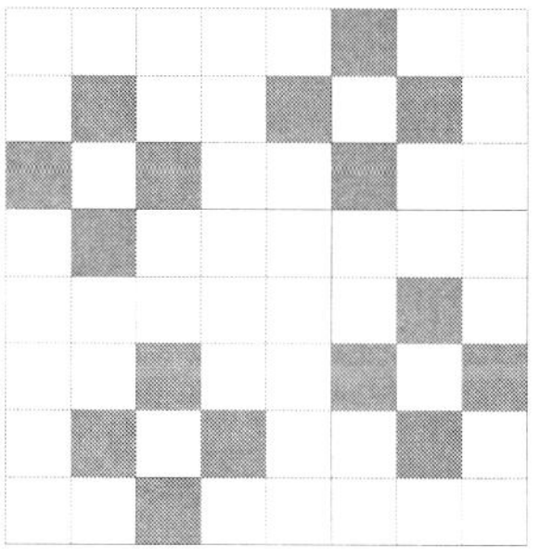

② $\log_{64}1792 = 1.801$

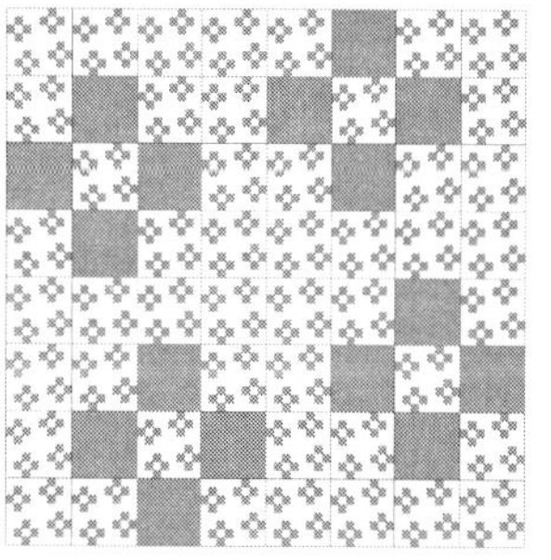

③ $\log_{512}36864 = 1.686$

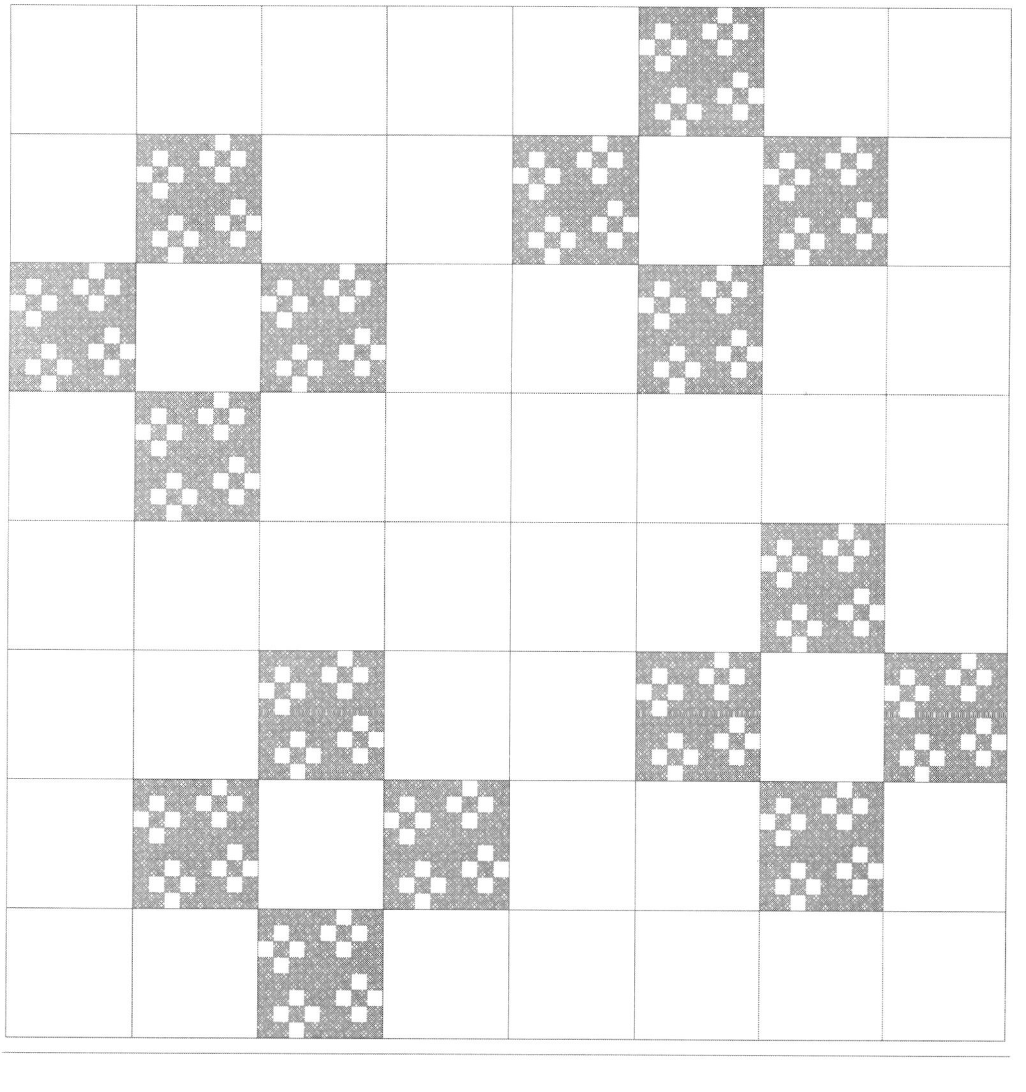

지은이_ 안대영

- 네이버 카페 프랙탈을 찾는 사람들
  (http://cafe.naver.com/chaosfractals)
- 한국교원대학교 수학교육 박사
- 충청북도 수석교사

- 저서 〈융합교육시리즈〉

① 프랙탈과 카오스
② 수학에서 느끼는 삶의 지혜
③ 프랙탈 디자인을 유혹하다
④ 수학의 본질은 디자인이다
⑤ 디자인을 사랑한 수학
⑥ 나는 프랙탈 디자이너
⑦ 프랙탈 디자인을 말하다
⑧ 덧셈 프랙탈 디자인을 만나다
⑨ 뺄셈 프랙탈 디자인을 만나다
⑩ 곱셈 프랙탈 디자인을 만나다
⑪ 나눗셈 프랙탈 디자인을 만나다

융합교육 시리즈 ⑧
덧셈 프랙탈 **디자인을 만나다**

2016년 1월 11일 초판 발행
2023년 8월 10일 초판 1쇄 발행

저 자 안대영
발행자 오판근
발행처 교우사

주 소 서울특별시 동대문구 제기동 148-19 교우빌딩 2층
전 화 925-2861~2, 편집부 / 925-2825, 홈쇼핑 / 969-5762
팩 스 925-2860

E-mail kyowoo@kyowoo.co.kr
홈페이지 http://www.kyowoo.co.kr
북스토어(쇼핑몰) http://www.kyowoo.co.kr

등 록 1994. 3. 24 제6-0256호

ISBN 979-11-251-0145-1
979-11-251-0028-7(세트)
값 22,000원